도시개발론

URBAN DEVELOPMENT THEORY

변병설 · 박석규

박영사

서 문

도시는 사람이 모여 사는 공간이다. 사람이 삶을 영위하기 위해서는 다양한 요소가 결합되어야 한다. 정치와 경제, 기술과 문화, 그리고 수많은 이해관계와 권력이 중첩되는 복합적 시스템이다. 도시는 인간의 다양한 삶을 압축적으로 드러내는 집합체이다. 도시개발은 도시에 거주하는 사람이 쾌적한 환경에서 행복하게 살아갈 수 있도록 좋은 터전을 만드는 행위이다.

좋은 터전을 만들기 위해서는 다양한 요소를 고려해야 할 것이다. 우리는 그 어느 때보다도 빠르게 변화하는 도시환경에 직면해 있기 때문이다. 기후 위기, 인구구조의 변화, 산업 재편, 기술 혁신, 그리고 삶의 방식 자체의 전환은 도시의 기능과 형태를 근본적으로 재구성할 것을 요구하고 있다. 도시개발은 더 이상 물리적 확장에 머무르지 않는다. 이제는 도시의 지속가능성, 형평성, 회복력, 포용성 등 다층적인 가치를 동시에 고려하는 통합적 사고가 요구된다.

이 책은 이러한 변화 속에서 도시개발이라는 주제를 학문적이면서도 실무적으로 조망하고자 한다. 도시개발의 이론적 기반에서부터 개발계획 수립과 집행 과정, 제도와 정책, 실제 개발 사례에 이르기까지 도시개발의 전 과정을 구체적으로 다루고자 하였다. 도시공간의 물리적 형성과 함께, 그 공간 안에서 이루어지는 사회적·경제적 작동원리를 통합적으로 이해할 수 있도록 노력하였다.

필자가 이 책을 집필하게 된 이유는 대학에서 도시개발론을 강의하면서 이론과 실무를 아우르는 적절한 교재가 부족하다고 느꼈기 때문이다. 이 책은 도시계획학, 부동산학, 공공정책 등 관련 분야 전공자들은 물론, 도시개발 실무자, 정책 입안자 등 다양한 독자층을 염두에 두고 집필되었다. 이론과 실제, 계획과 집행이 만나는 접점에서 도시개발을 바라보며, 독자들이 오늘의 도시 문제를 보다 깊이 있게 이해하고 내일의 도시를 설계하는 데 실질적인 통찰을 얻기를 기대한다.

이 책은 도시개발이라는 복합적인 주제를 총 네 개의 큰 틀로 나누어 구성하고 있다. 먼저 제1편에서는 도시개발의 기초적인 개념과 이론적 배경을 다룬다. 도시가 왜, 어떻게 개발되어야 하는지에 대한 근본적인 질문에서 출발해, 도시개발의 학문적 정의와 이론적

흐름, 그리고 역사적 전개 과정을 조망한다. 또한 도시개발이 어떤 방식으로 이루어져 왔는지, 환지, 수용 등 다양한 개발방식의 구조와 특징을 통해 도시개발의 원리를 이해하도록 돕는다.

제2편은 도시개발의 절차와 실무에 초점을 맞춘다. 개발계획 수립부터 인허가 절차, 보상, 그리고 실제 개발사업 시행에 이르기까지 행정적·법적 과정을 단계별로 설명하며, 특히 타당성분석과 도시설계의 기본 개념을 함께 다룬다. 경제적 타당성 평가, 주민참여, 설계와 계획 등이 유기적으로 연계되는 과정을 통해 도시개발의 실행력이 어떻게 확보되는지를 보여준다.

제3편은 다양한 도시개발 사례를 중심으로 구성되어 있다. 특히 국내 신도시 개발을 시기별로 나누어 1기, 2기, 3기 신도시의 특징과 배경, 정책적 함의를 살펴본다. 국가균형발전 전략의 일환으로 추진된 세종시와 혁신도시 사례, 그리고 정비사업과 도시재생 사례까지 포괄하며, 재개발·재건축뿐 아니라 소규모 주택정비사업, 도시재생 뉴딜 등 최근 주목받는 다양한 사업 유형을 설명한다. 더불어 해외 주요 도시의 도시개발 사례도 포함되어 있어, 국내외 개발전략과 차이를 살펴볼 수 있다.

제4편에서는 도시개발을 수행하고 관리하기 위한 구체적인 기법과 전략, 그리고 향후 도시개발의 나아갈 방향에 대해 다룬다. 도시계획 수립을 위한 기법부터 도시마케팅과 브랜딩, 부동산 개발금융까지 실무적으로 필요한 전략들을 상세히 소개하며, 기술 발전과 도시의 미래를 전망하는 내용을 통해 지속가능한 개발에 대한 문제의식도 함께 제기한다. 특히 도시개발의 변화 요인, 디지털 전환, 인공지능 도시(Urban AI) 등 최근의 흐름을 반영하여 도시개발의 확장성과 진화 가능성을 짚어본다.

이 책은 도시개발을 단순한 기술이나 행정 절차로 보는 시각을 넘어서, 도시를 구성하고 변화시키는 사람, 제도, 자본의 관계 속에서 도시개발을 바라보도록 유도한다. 기초 개념에서부터 실제 사례와 기법까지 일관된 흐름으로 구성된 본서는 도시개발을 처음 접하는 분에게 유용한 지식을 제공할 것으로 생각한다. 이 책이 출간될 수 있도록 도움을 준 박영사에 깊은 감사의 마음을 전하고 싶다.

인하대학교 연구실에서

저자 변병설·박석규

차 례

제4편 도시개발 관련 기법

제 1 편

도시개발의 이론적 배경

제1장

도시개발의 이해

제1절 도시개발의 개요

1.1 도시개발의 정의

도시개발이란 도시공간 내에서 이루어지는 다양한 개발행위로 볼 수 있지만 다양한 주체의 관점과 도시개발을 둘러싼 사회적·물리적·환경적 여건에 따라 다양하게 정의될 수 있다. 「도시개발법」에서는 도시개발사업을 '도시개발구역에서 주거, 상업, 산업, 유통, 정보통신, 생태, 문화, 보건 및 복지 등의 기능이 있는 단지 또는 시가지를 조성하기 위하여 시행하는 사업'으로 정의하고 있다. 이는 「도시개발법」 내에서 이루어지는 도시개발사업에 국한된 정의이다.

도시개발에 대해 보다 포괄적인 개념을 살펴보면 도시개발이란 도시적 형태와 기능을 갖춘 시가지를 조성하거나 도시공간을 생산, 공급하기 위한 개발행위로서 새로운 시가지 조성과 기존 시가지의 정비나 재개발을 포함하며, 개발행위에는 건축물의 건축 또는 재건축, 토목 구조물의 설치, 토지의 구획 및 형질변경, 토석의 채취, 물건을 적치하는 행위, 건축물 또는 토지의 용도에 대한 중대한 변경을 포함한다.[1]

도시개발에 대한 보다 포괄적 범위를 설정하고 이에 다양한 도시개발 사업들의 사례를 살펴보는 것이 필요하다. 최근의 도시개발은 통합적 도시개발, 스마트 도시개발, 지속

1 대한국토·도시계획학회(2008), 「도시개발론」, 보성각, p.28

가능한 도시개발, 포용적 도시개발, 녹색 도시개발, 압축 도시개발, 경관 중심 도시개발, 복합 도시개발, 역세권 도시개발 등으로 다양하다. 본 책에서 다루는 도시개발 사례들은 이러한 논의를 포함하는 계획을 다루고자 한다.

1.2 도시화 정의

도시화(Urbanization)란 도시지역에 인구가 집중되는 현상과 도시적 생활양식으로의 변화 과정을 복합적으로 의미하는 개념이다. 프리드만(John Friedmann)은 두 가지 형태의 도시화를 정의하고 있다. 프리드만이 정의한 첫 번째 형태는 인구와 비농업적 경제활동의 도시집중을 말하고, 두 번째 형태는 도시적 가치·행태·제도의 지리적 확산을 말하는 것으로 소위 현대화(modernization)라고 불리는 것을 의미한다. 따라서 첫 번째 형태의 도시화는 모든 인구가 도시지역에 거주하고 도시지역에서 경제활동을 할 때 포화점(a point of saturation)에 도달하며, 두 번째 형태의 도시화는 도시적 문화와 가치를 주변 지역에 사는 인구가 공유하게 될 때 포화점에 도달한다.[2] 넓은 의미의 도시화는 인구의 도시집중뿐만 아니라 도시적 생활양식·가치·제도의 공간 확산 과정을 함께 포함하지만 도시의 맥락에서 이들을 분리하여 분석하기가 어렵다. 그래서 통상은 도시인구의 증가를 도시화로 주로 본다.

인구의 도시집중은 왜 발생하며, 왜 도시는 계속 성장하는가? 이러한 물음에 대한 해답은 공간흐름과 이들이 초래하는 지역공간구조에 대한 프리드만(John Friedmann)의 분석틀로 설명될 수 있다. 프리드만은 공간 상에서의 흐름을 인구이동, 투자(자본이동), 의사결정, 혁신(Innovation)의 확산으로 분류하고, 이들 각각은 정주(定住) 패턴, 경제활동의 입지패턴, 권력의 공간구조, 사회·문화적 공간패턴을 지역공간상에 구조화하는 것으로 본다. 프리드만의 분석틀에 따르면 인구의 도시화는 인구이동에 의해 발생하며, 인구이동은 투자(자본이동), 의사결정의 흐름, 혁신의 확산에 의해 절대적인 영향을 받는다고 보았다. 인구의 도시화 원인을 규명하고자 시도한 많은 경험적 연구는 도시인구성장은 특히 경제력

2 Friedmann(1977); 박종화·윤대식·이종열(2024), 「지역개발론」, 박영사에서 재인용

의 도시집중에 가장 큰 원인이 있음을 보여준다.[3]

1.3 세계 도시화 추이

우리가 도시개발을 연구하는 이유는 2050년경에 소득수준이 높은 지역의 도시화율은 90%에 육박하여 10명 중 9명은 도시에 거주하게 되기 때문에 도시로의 인구유입, 거주환경, 교통 인프라 등에 관심을 가지고 대비해야 하기 때문이다.

도시화 비율의 급격한 증가는 다양한 도시 문제를 야기할 수 있기 때문에 이에 대비해야 한다. 도시 인구의 증가로 인해 주거 문제는 더욱 심각해질 것으로 예상된다. 특히 저소득층을 위한 주거환경 개선이 중요한 과제가 될 것이며, 이에 대한 종합적인 계획 수립이 필요하다. 도시 내 교통 혼잡 문제를 해결하기 위해 교통 인프라의 확충이 필수적이다. 대중교통망의 확대뿐만 아니라 스마트 교통 시스템의 도입을 통해 교통 체증을 줄이는 전략이 요구된다.

이와 더불어 도시화는 환경적 부담을 가중시킬 수 있기 때문에 친환경 에너지 사용을 장려하고, 녹지 공간을 확대하는 등 지속가능한 도시개발이 중요하다. 에너지 소비와 대기 오염 문제를 해결하지 않으면 도시의 삶의 질이 크게 저하될 수 있다. 또한, 인구 밀집 지역에서의 사회적 불평등과 범죄율 증가에 대한 대비도 필요하다. 이는 도시 내 안전성을 유지하는 데 중요한 요소로, 포용적인 도시개발과 더불어 치안 강화 대책이 요구된다. 마지막으로, 공공서비스와 사회기반시설의 개선은 필수적이다. 특히 교육, 의료, 복지 서비스의 접근성을 높이고, 디지털화된 서비스를 통해 시민들에게 더 나은 삶의 질을 제공하는 것이 중요하다. 이러한 요소들을 종합적으로 고려한 도시개발 전략이 도시화 시대에 요구된다.

도시화가 진행됨에 따라 도시의 자원 소비는 급격하게 증가할 가능성이 높다. 이에 대비해 도시 자원의 효율적인 사용과 관리가 필요하다. 물, 전기, 가스와 같은 필수 자원의 지속가능성을 보장하기 위해 자원의 순환 시스템을 구축하고, 효율적인 분배 및 절약 기술을 도입해야 한다. 이는 도시의 에너지 자급률을 높이고, 환경적 부담을 줄이는 데 기여

3 박종화·윤대식·이종열(2024), 「지역개발론」, 박영사

할 수 있다.

도시화는 대규모 인구 유입과 함께 새로운 일자리 창출의 기회도 제공할 수 있지만, 동시에 노동 시장의 불균형 문제를 야기할 가능성도 있다. 도시 내 일자리를 창출하기 위한 노력과 더불어, 기술 혁신과 창업을 촉진하는 정책이 필요하다. 4차 산업혁명과 연계된 새로운 경제 모델을 도입해 도시 내 고용 기회를 확대해야 한다. 이를 통해 도시 경제가 활성화될 수 있으며, 도시 주민들의 경제적 안정을 도모할 수 있다.

도시의 문화적 다양성과 사회적 포용성을 강화하는 것이 중요하다. 급격한 도시화 과정에서 문화적 정체성을 유지하고, 다양한 배경을 가진 사람들의 조화로운 공존을 도모하는 정책이 필요하다. 공공공간, 커뮤니티 센터, 문화 시설 등을 통해 사회적 교류를 촉진하고, 다양한 주민들이 함께 어울려 살아갈 수 있는 환경을 조성하는 것이 도시의 사회적 안정성에 기여할 것이다.

1.4 도시화 진행단계

도시화의 단계는 크게 4단계로 구분된다. 첫째는 도시화 단계로 인구와 경제 활동이 2·3차 산업지역에 집중적으로 모이게 되어 도시를 형성한다. 이때 1차 산업지역인 촌락의 인구가 2·3차 산업지역인 도시로 이동하게 된다. 도시 중심부는 상업, 주거, 산업 지역이 함께 공존하고 외곽 지역은 인구가 중심부로 유입되면서 감소한다.

둘째는 교외화 단계로 산업화가 진전됨에 따라 도시지역의 주거환경이 나빠진다. 이때 고소득자들은 저밀도의 쾌적한 환경을 찾아 교외지역으로 주거지를 옮기며 도시가 확대되어 간다. 이로 인해 직주거리가 멀어지고, 교통 혼잡과 통근비용, 에너지소비, 대기오염 등의 도시문제가 발생한다. 도시 중심부는 야간인구가 점차 줄어들기 시작한다.

셋째는 반도시화 단계로 도시규모가 커지면서 다양한 도시문제로 인해 사람들이 도시를 떠나 주변 지역으로 이주하는 현상이다. 특히 도시가 성장하면 토지에 대한 수요가 증가해 땅값이 크게 오르는데, 이를 부담하기 어려운 사람들은 위성도시 등 외곽지역으로 이동하게 된다. 이로 인해 도심에는 높은 땅값을 부담할 능력이 있는 상업시설들이 다수를 차지하는데, 상업시설의 특성상 상주인구는 적은 대신 유동인구가 많아진다. 도심은 도넛처럼 중심이 텅 빈 공동화 현상이 발생하게 된다.

넷째는 재도시화 단계로 공동화되어 낙후된 도시 중심부를 새로운 기능을 도입하여 경제적·사회적·물리적·환경적으로 부흥시키게 된다. 즉 인구의 감소, 산업구조의 변화, 도시의 무분별한 확장, 주거환경의 노후화 등으로 쇠퇴하는 도심을 재생시켜 활성화시키는 것이다. 도시재생 과정은 새로운 도시기능 도입, 지역자산 활용, 산업구조의 변화 등을 통해 고용기반을 창출하고 소득을 증대시킨다.

1.5 도시화의 집적이익

도시지역으로 인구와 산업이 집중되면 규모의 경제가 작용하여 집적이익이 발생한다. 인구의 집적이 이루어지면 노동시장과 소비시장이 형성되고, 도로 등의 시설이 마련되어 투자의 효율성과 생활의 편리성이 향상된다. 도시의 다양한 기능들이 집중됨으로써 산업의 규모가 커지고 이로 인해 생산성이 향상된다. 만약 인구와 산업이 분산되면 도시시설 설치에 대한 단위당 비용의 증가로 효율이 떨어지게 된다.

인구와 산업의 도시집적은 내부경제와 외부경제를 발생시켜 집적의 이익을 초래한다. 내부경제(internal economies)란 생산규모의 증대로 인해 생기는 생산에 들어가는 평균비용의 절감을 말하며 내부절약이라고도 한다. 내부경제가 생기는 이유는 분업으로 인한 노동력의 절약, 대단위 고정자본재의 이용으로 인한 기술·시설상의 절약, 판매비용의 절약, 경영비용의 절약 등을 들 수 있다.

외부경제(external economies)란 자신의 경제 활동과 관계 없이 다른 개인이나 기업의 활동으로 받는 이익을 말한다. 도시의 도로·항만·통신 등의 사회간접자본을 도시의 경제주체들은 무상 또는 저렴한 비용으로 이용할 수 있다. 이러한 장점으로 도시는 유사한 업종의 기업 및 연구소가 특정한 지역에 몰려들어 클러스터(cluster)를 형성한다. 그 지역에 위치한 경제주체들 모두가 더 많은 생산비 절감의 혜택을 받을 수 있기 때문이다.

외부경제는 승수효과, 예비능력 비축효과, 접촉효과로 구분할 수 있다. 승수효과(multiplier effect)란 특정한 지역에 하나의 산업이 입지하면 그 하나에 끝나지 않고 그에 연관된 산업이 연달아 입지하여 외부효과를 창출하게 된다. 예비능력 비축효과란 산업이 집적하여 클러스터가 형성되면 각 기업마다 상황변동에 대비해 비축해야 할 재고량을 분담함으로써 비용을 줄이는 것을 말한다. 접촉효과(contact effect)란 본래 만나면 만날수록 호감도가 증가하는 데서 비롯된 말로 인근에 관련 부처나 기업, 전문용역업체 등이 있으면 기술과 정보로의 접근 가능성을 손쉽게 하는 효과를 말한다.

도시화로 인한 집적이익은 사회·심리적으로도 나타나는데 도시의 방재시설은 자연재해로부터 안전하게 해주고, 방범시설은 신변안전과 사생활을 보호받을 수 있게 해준다. 또한 도시에서는 개인의 발전을 위한 다양한 기회가 주어지고, 더 많은 창조적인 아이디어들이 나오면서 새로운 사상과 발명을 싹트게 한다.

그러나 도시집적에는 이익만 있는 것은 아니다. 집적불이익도 발생하는데 내부경제에서 산출량이 지나치게 많아지면 오히려 평균비용이 증가하는 내부불경제(internal diseconomies)를 초래하게 된다. 외부경제에서도 도시규모가 커지고 산업이 발전함에 따른 부작용으로 환경파괴와 대기오염과 같은 각종 도시문제를 야기하는데 이를 외부불경제(external diseconomies)라 한다.

<그림 1-1>은 도시의 집적이익과 집적불이익을 곡선으로 나타내고 있다. OA구간은 집적의 이익이 발생하여 도시로의 인구이동이 나타난다. A지점은 집적이익이 최고에 이르는 점이고, AB구간은 집적이익은 변함이 없는데 집적불이익이 점차 증가하는 선이다.

그림 1-1 도시 집적이익과 불이익 곡선

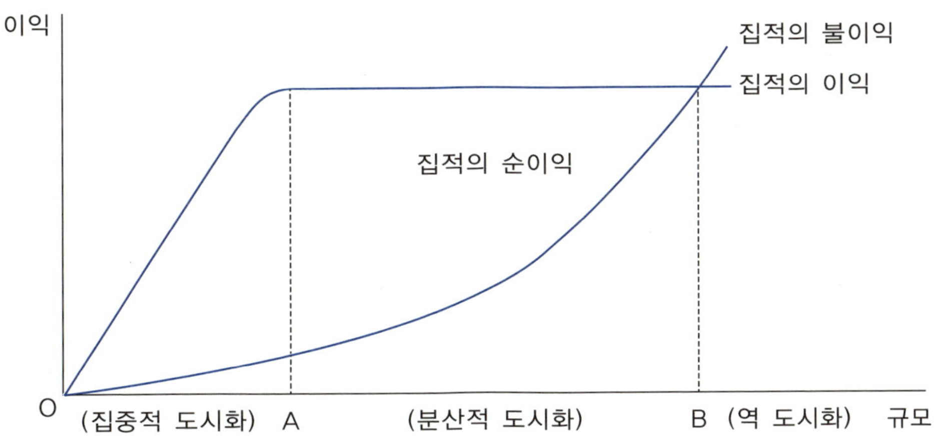

출처: 대한국토 · 도시계획학회(2016), 「도시계획론」, 보성각

B지점은 집적이익과 집적불이익이 일치하여 도시 집적으로 인한 순이익은 0이 되는 점이다. B지점 이상은 집적의 불이익이 집적의 이익보다 커지게 되는 단계에 이르고, 탈도시화 현상으로 인구가 감소하여 도시가 쇠퇴하게 된다.

도시의 집적이익과 불이익 곡선은 도시화의 진행 과정에서 발생하는 다양한 경제적·사회적 효과를 분석하는 데 중요한 도구로 사용된다. 이 곡선은 도시가 집적의 효과를 통해 경제적 이익을 극대화하지만, 일정 수준을 초과하면 혼잡, 환경 오염, 주거비 상승 등의 문제로 인해 불이익이 증가함을 보여준다. 예를 들어, 서울과 같은 대도시는 높은 집적도에서 창출된 경제적 기회와 문화적 다양성으로 인해 세계적인 경쟁력을 갖추게 되었지만, 과도한 인구 밀집으로 인해 교통 체증, 주거 문제와 같은 문제가 발생하는 사례가 이에 해당한다. 이는 도시관리 기능을 통해 적절히 관리되지 않으면 도시의 지속가능성이 저하될 수 있음을 시사한다.

도시의 집적이익과 불이익 곡선은 도시 성장의 단계별 정책 방향을 결정하는 데 유용하게 활용된다. 초기 집중적 도시화 단계에서는 산업 및 경제 활동의 중심지로서 도시의 역할을 극대화하는 데 중점을 둔다. 그러나 분산적 도시화 단계에 접어들면서, 주거지와 상업시설의 분산을 통해 교통 및 주거 문제를 완화하고자 노력한다. 이러한 노력의 대표적인 사례로 세종시와 지방의 혁신도시 같은 계획도시가 있으며, 이는 기존 대도시의 과밀화를 해소하면서 국가 균형 발전을 도모하기 위한 전략으로 설계되었다. 따라서 집적이익과 불이익 곡선은 도시의 지속가능성을 확보하기 위한 계획적 접근을 위한 이론적 토대를 제공한다.

제 2 절 도시개발의 이론

도시개발은 도시적 형태와 기능을 갖춘 시가지를 조성하거나 도시공간을 생산, 공급하기 위한 개발행위이다. 이 행위는 도시 지역 내의 땅을 바탕으로 하고 있다. 기반시설은 그 땅에 매설하거나 그 토대 위에 신설하게 되며, 각종 도시공간도 그 땅 위에 축조하게 된다.

따라서, 도시개발 이론에 접근하는 방식은 이 땅을 어떤 가치로 바라보는가에 달려 있다고 하겠다. 18세기 이전에는 여전히 농업 중심 사회여서 농지의 비옥도에 따라 땅의 가치를 부여하였다. 영국의 경제학자 데이비드 리카르도(David Ricardo)는 한계지(농작물이 간신히 자랄 수 있는 최저 품질 토지)보다 더 비옥한 토지는 한계지보다 더 많은 수익을 낼 수 있고, 이 추가적인 수익을 리카르도 지대(Ricardian Rent)라 한다.

20세기 초 다양한 도시개발 이론이 제시되었다. 중심지를 근거로 한 이론들과 도시 확장 시 교통로와 물리적 조건에 따른 방향성을 고려한 이론과 도시가 여러 중심지로 구성되는 복잡한 조건을 고려한 이론과 도시의 계층구조를 고려한 이론 등이 제시되었다. <그림 1-2>는 생태학적 관점에서 도시구조 변화과정을 군집, 집중, 침입, 승계, 지배, 분리의 과정으로 표현하고 있다.

그림 1-2 생태학적 관점에 의한 도시구조 변화과정

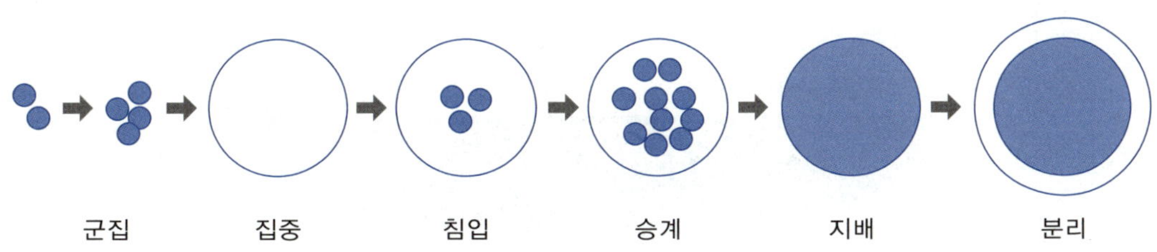

출처: 대한국토 · 도시계획학회(2015), 「토지이용계획론」, 보성각

2.1 입찰지대 이론

1964년 출간된 알론소의 책 제목인 『Location and Land Use: Toward a General Theory of Land Rent』에서 알 수 있듯이 알론소의 입찰지대 이론(Alonso's Bid－Rent Theory)은 중심지로부터 거리에 따라 토지의 용도(상업, 공업, 주거)를 토지 면적당 지대로 구분하였다. 땅의 소유자라면 당연히 지대(Rent)를 높게 지불하는 사업자에게 토지를 매각하거나 임대할 것이기 때문에 중심지로부터의 위치에 따라 용도가 결정된다고 본 것이다.

알론소의 입찰지대 이론의 도시 토지이용에 관한 일반 모형은 도시의 토지 이용구조를 농업적 토지이용과 같이 도심으로부터 거리가 멀어질수록 토지의 단위 면적당 지대가 낮아지며 이러한 경사도의 차이에 따라 사무실과 은행, 호텔, 그 외 상업시설들이 중심부에 가까운 곳을 점유하고 그 바깥에 주거지역이나 공업지역이 입지하는 것으로 설명한다. 이러한 설명의 근거에는 도시 토지의 가치를 결정하는 가장 중요한 변수는 도시 내부에서 그 토지가 갖는 위치적 접근성이며, 접근성이 우수할수록 높은 지대가 발생하고, 지가는 그 지대에 바탕을 두고 형성된다는 이론이다(임석회, 2014).

그림 1-3 알론소(Alonso)의 입찰지대 이론

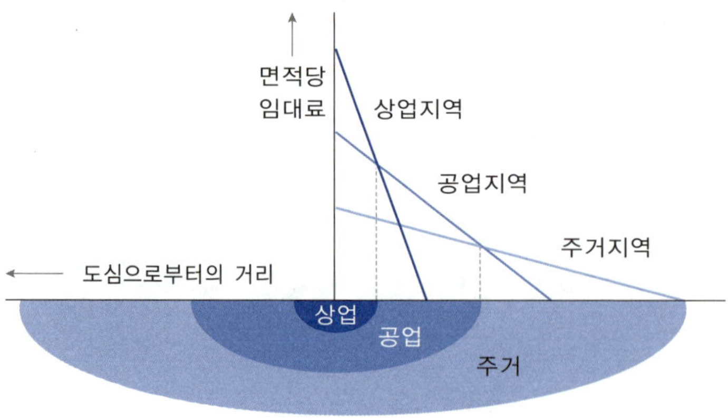

2.2 동심원 이론

1920년대에 버제스(Burgess, E. W.)는 「도시의 성장」이라는 논문에서 동심원 이론(Concentric Zone Theory)을 제안하였다. 도시를 5개의 동심원 구역으로 나누고, 이를 공간적 경쟁에 의해 결정된다고 보았다. 본 이론은 1920년대 미국 시카고의 도시 성장 패턴을 분석하면서 제시되었다. 당시 시카고는 1871년 대화재 이후 도시의 재건과 확장 과정에서 급격한 변화를 겪었다. 이러한 시카고의 급격한 도시 성장 패턴을 분석하면서 제시된 이론이기 때문에 동심원 이론 구역도에 차이나타운, 블랙벨트, 시칠리아 거주지 등이 언급되어 있다. 구역별 상세 현황을 살펴보면 제1지대는 중심업무지구(Central Business District: CBD), 제2지대는 점이지역(Zone in Transition)로 두 개의 다른 지리적 특성을 가진 지역 사이에 위치하는 지대로 주로 낡은 주택가와 경공업 지역으로 구성되며, 제3지대는 노동자 주거지역(Zone of Workingmen's Homes)이며, 제4지대는 중상류층 주거지역(Residential Zone), 제5지대는 통근자 지역(Commuters Zone)으로 외곽 교외 지역과 위성도시가 이에 해당되고, 공간적 경쟁은 제1지대에서 멀어질수록 감소한다.

그림 1-4 버제스(Burgess, E. W.)의 동심원 이론

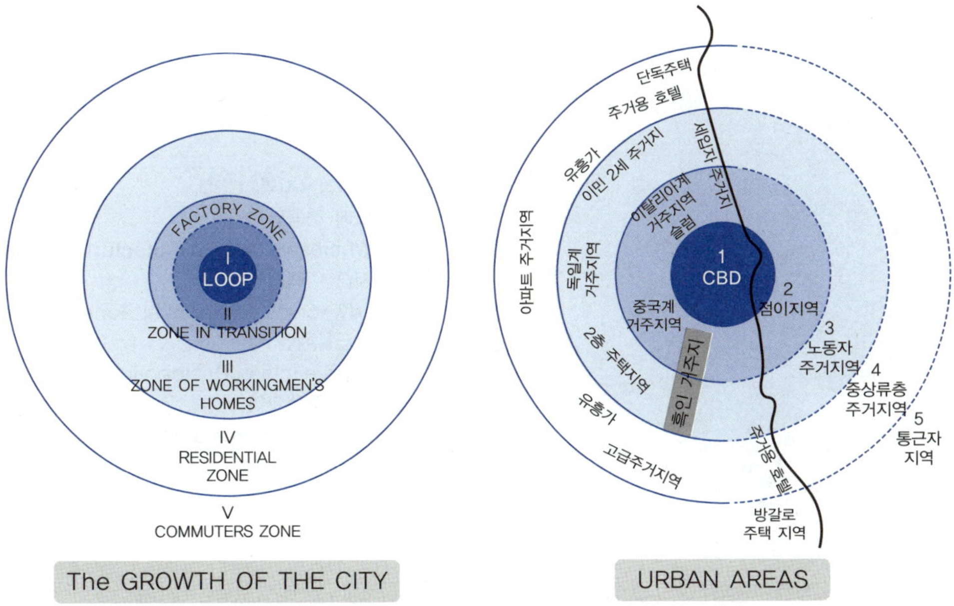

출처: gutenberg.org(좌), 김의준 외(2019, p.62)(우) 참조

2.3 선형 이론

선형 이론(Sector Theory)은 호머 호이트(Homer Hoyt)가 1939년에 「미국 도시에 있어서 주택지구의 구조와 성장」이라는 논문에서 발표하였다. 호이트는 보스턴, 시애틀, 샌프란시스코 등 미국의 142개 도시의 경험적 분석을 통해 도시가 단순히 동심원 구조가 아니고, 주거지역의 성장은 도심으로부터 방사형으로 간선 통근 도로망을 따라 부채꼴 형태의 소득계층별 주거지가 형성된다고 보며, 버제스가 주장한 동심원 이론을 비판했다. 선형 이론에서는 도시 내 특정 기능(예: 상업, 공업, 주거)이 도심에서 외곽으로 확장될 때 교통로의 영향을 크게 받는다는 점을 강조했다. 이 이론은 이후 도시개발 계획에서 교통 인프라의 중요성을 강조하는 데 기여하였다.

동심원 이론은 도시가 도심을 중심으로 여러 개의 동심원 형태로 확장된다고 설명하는 반면, 선형 이론은 도시가 교통로를 따라 부채꼴 모양의 섹터로 확장된다고 설명하였다. 동심원 이론이 도시 내 사회적 및 경제적 계층이 중심부에서 외곽으로 갈수록 낮아진다고 보는 반면, 섹터 이론은 일부 계층이 교통로를 따라 특정 섹터에 집중된다고 보았다.

그림 1-5 호머 호이트(Homer Hoyt)의 선형 이론

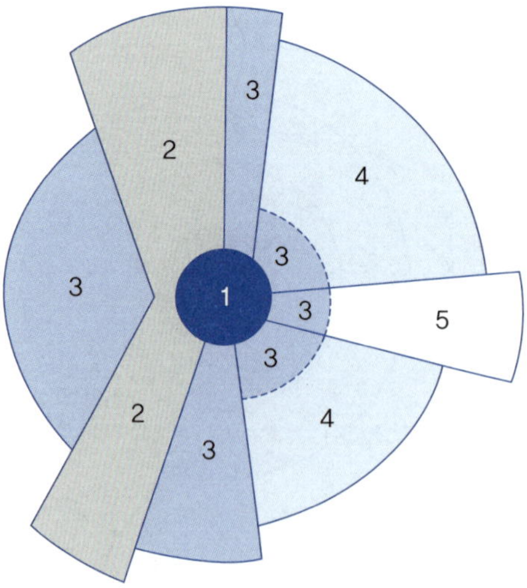

1. 중심업무지역: CBD
2. 도매 경공업지역: Wholesale and Manufacturing Zone
3. 저급 주택지역: Low-class Residential Zone
4. 중급 주택지역: Middle-class Residential Zone
5. 고급 주택지역: High-class Residential Zone

출처: 대한국토 · 도시계획학회(2022). 「국토 · 지역계획론」. p.94 참조

2.4 다핵심 이론

다핵심 이론(Multiple Nuclei Theory)은 1945년 해리스(Chauncy Harris)와 울만(Edward Ullman)에 의해 발표되었다. 이 이론은 도시 구조를 설명하는 중요한 대안적 모델로, 도시가 단일 중심지를 기반으로 성장하지 않고 여러 개의 핵심 지역(nuclei)을 중심으로 발전한다고 설명하였다.

다핵심 이론은 1940년대 미국의 도시들이 산업화와 인구 증가로 인해 급속하게 성장하면서, 전통적인 도시 구조 이론들로는 도시의 복잡한 성장 패턴을 설명하기 어렵다는 인식에서 출발하였다. 해리스와 울만은 기존의 동심원 이론이나 선형 이론이 도시의 다양한 발전 양상을 설명하는 데 한계가 있다고 보고, 도시가 여러 개의 핵심 지역을 중심으로 발전할 수 있다는 새로운 관점을 제시하였다. 본 연구는 로스앤젤레스, 시카고, 뉴욕과 같은 대도시의 다양한 기능(예: 상업, 공업, 주거) 중심지들이 각기 독립적으로 발달한 사례로 분석하였다.

그림 1-6 해리스-울만(Harris-Ullman)의 다핵심 모형

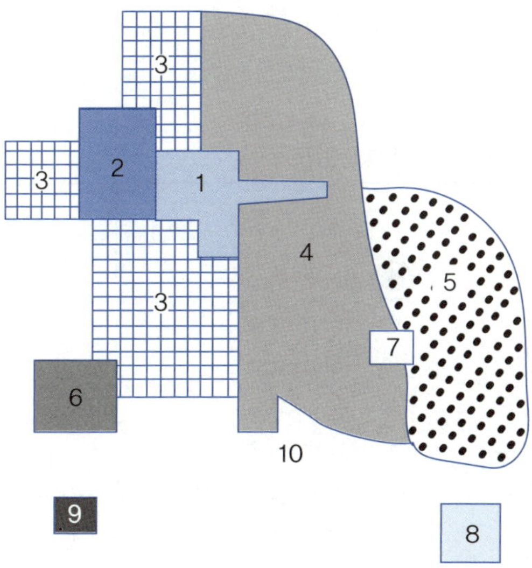

1. CBD
2. 도매 · 경공업지구
3. 저소득주택지구
4. 중급주택지구
5. 고급주택지구
6. 중공업지구
7. 외곽업무지구
8. 교외주거지구
9. 교외공업지구
10. 교외지구 및 위성도시

출처: 대한국토 · 도시계획학회(2015), 「토지이용계획론」, p.55 참고하여 정리

2.5 중심지 이론

중심지 이론(Central Place Theory)은 1933년 독일의 지리학자 발터 크리스탈러(Walter Christaller)에 의해 발표되었다. 이 이론은 경제지리학에서 중요한 이론으로, 주로 농촌 지역에서 도시와 마을의 공간적 배치와 기능을 설명하기 위해 개발되었다. 이는 1930년대 독일의 농촌 지역에서 관찰된 도시와 마을의 공간적 구조를 이해하려는 노력에서 시작되었다. 당시 유럽, 특히 독일에서는 도시와 마을들이 일정한 패턴으로 배치된 것이 관찰되었고, 이를 설명하기 위해 크리스탈러는 경제적 원리에 기반해 설명하였다. 크리스탈러는 중심지들이 제공하는 서비스와 상품의 범위와 규모가 도시와 마을의 규모 및 배치와 어떠한 관련이 있는지를 연구하였다. 중심지의 조건은 재화의 도달 범위가 최소 요구치와 같거나 큰 경우 성립하고, 중심지가 하나일 경우 배후지는 원형이며, 여러 중심지가 경쟁관계에 있을 경우 중심지 간의 경쟁을 최소화하기 위해 정육각형의 형태가 된다고 제안하였다. 중심지의 크기는 거래되는 상품이나 서비스의 종류에 따라 다르고, 상위 중심지는 하위 중심지의 기능을 포함하기도 한다.

독일어로 지점과 권역 단위의 G, B, K, A, M은 각각 대규모 중심지, 지역 중심지, 소규모 중심지, 생활권 중심지, 최소 중심지로 구분할 수 있다. 최소 중심지인 M－place는 마치 분자 안의 원자 형태처럼 보이며 더 이상 세분화할 수 없는 지역 단위로 볼 수 있다.

그림 1-7 발터 크리스탈러(Walter Christaller)의 중심지 이론

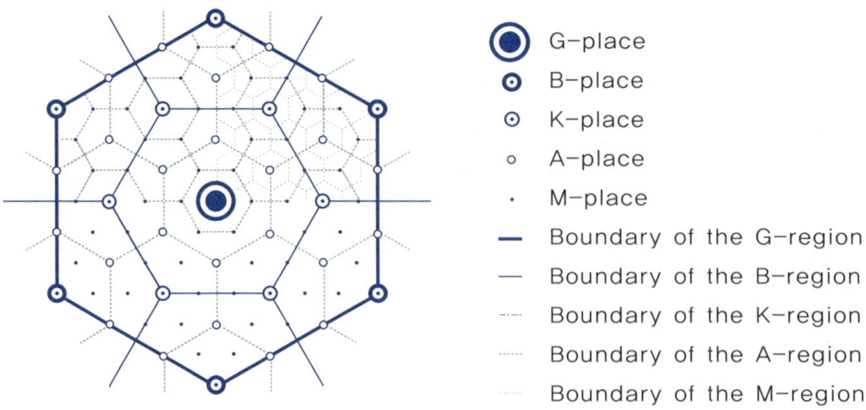

출처: academia.edu

2.6 성장극 이론

성장극 이론(Growth Pole Theory)은 1950년에 프랑스의 경제학자 페루(François Perroux)에 의해 제안되었다. 페루는 경제 성장이 특정한 중심지(혹은 극, pole)에서 시작되어 주변 지역으로 확산된다고 주장하였다. 성장극 이론은 2차 세계대전 이후 유럽의 경제 재건과 지역 개발의 필요성에서 출발하였고, 당시 많은 국가들은 경제 성장을 촉진하기 위해 특정 지역에 자원을 집중 투자하고, 이를 통해 국가 전체의 경제를 활성화하려는 시도를 하였다. 페루는 특정 중심지가 경제 성장을 이끌어갈 수 있다고 주장하였고, 이 중심지에서 시작된 경제 활동이 주변 지역으로 파급효과를 일으켜 지역 전체의 경제를 활성화할 수 있다고 하였다. 성장극 이론은 국가적, 지역적 경제개발 전략에 주로 적용되며, 국가나 지역의 불균형한 경제 성장을 설명하는 데 사용된다. 성장극 이론은 선도(핵심) 지역에 의존하는 다른 지역에 연쇄 효과를 창출한다.

최근의 지구촌 글로벌 공급망 형성으로 성장극 이론은 다소 쇠퇴하고 있다. 핵심 산업에서 발생한 성장 효과(예: 생산량 증가, 기술 혁신, 투자 증대 등)가 꼭 그 산업이 위치한 지역만이 아니라 지리적으로 멀리 떨어진 지역까지 영향을 미칠 수 있는데, 이는 글로벌 공급망을 통해 제품과 서비스의 흐름이 지역 경계를 초월하기 때문이다.

그림 1-8 페루(Perroux)의 성장극 이론

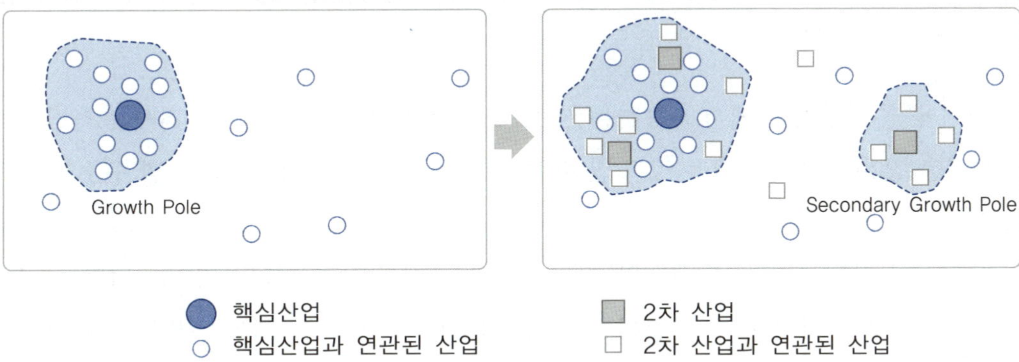

출처: 저자 작성

제3절 도시개발의 역사

3.1 이상주의적 도시개발

역사가 기록되기 전 사람들의 삶은 자연과 어우러져 지내왔다. 거주지는 넓은 들판과 푸른 바다와 우거진 녹지 속에 있었다. 그러다 17~18세기의 근대 도시에 이르러 영국에서 시작된 산업혁명으로 영국에서 사람들의 거주공간은 점차 공장과 이를 이어주는 철도 등에 자리를 내어주고 점차 열악한 환경에 놓이게 되었다.

그림 1-9 산업혁명 당시 영국의 공장촌(Industrial towns)

출처: historycrunch.com

당시 공장 주변 벤치에서 노숙하는 사람, 실내 벤치에서 앉아서 밤을 지새는 사람들에게 나무틀 같은 곳에서 담요를 덮고 잘 수 있는 숙소는 지금의 비즈니스 호텔 수준일 정도였다.

이러한 상황에서 1848년 채드윅(Chadwick)을 중심으로 한 일군의 정치인과 지식인들의 주도로 지방정부가 적정 수준의 위생시설과 배수시설을 설치할 것을 규정한 공중위생법(Public Health Act)이 제정되었다. 환경악화로 인한 사회 전체의 위기에 대한 위로부터의 개혁이었다. 공중보건에 관한 사항이 주된 관심이었지만 보건환경의 개선을 위해서는 건조환경의 개선이 필수적이라는 인식을 했다는 점에서 오늘날 도시연구자들은 공중위생법을 근대 도시계획법의 모태로 평가한다. 공중위생법의 제정은 자연질서라고 생각했던 자유방임주의(laissez-faire)에 대한 중대한 도전이라는 점에서 수정 자본주의의 시작이라고도 평가할 수 있다. 자본주의가 태동한 영국에서 19세기까지 사유재산권과 간섭없는 경제활동의 자유는 천부의 권리로 인정되었으며, 자유주의 사상의 토대를 이루었다. 공중위생법은 개인의 사유재산권과 경제활동의 자유가 무제한의 권리가 아니라 공동체의 존속을 위해서는 제한받을 수 있는 한정적 권리임을 천명했다는 점에서 큰 의의를 갖는다.[4]

이렇게 자본가와 노동자 사이의 지위와 간극이 심할 때, 영국 웨일즈 출신의 자수성가한 자본가인 로버트 오웬(Robert Owen, 1771~1858)은 자본가와 노동자의 이익을 조화롭게 결합함으로써 유기적 공동체(organic community)를 이룰 수 있다고 생각했다. 그는 노동자의 행복이 결과적으로 생산성의 향상과 수익 증진으로 연결되므로 자본가에게도 바람직한 결과를 가져온다고 주장했다. 오웬은 19세기 영국 노동자들의 열악한 상황을 타개할 방법으로 자족적 공동체의 구현을 주창했다. 오웬은 1,000~1,500acre(405~607ha)의 토지에 1,200명의 인구를 수용하여 공동체를 형성하고, 농업과 동시에 제조업을 보유하고, 노동과 그 성과는 공동체가 함께 경험해야 한다고 생각했다. 그러나 영국에서는 여러 비판에 직면한 오웬은 자족적 노동 공동체를 직접 실현하기 위해 900여 명의 추종자와 함께 1824년 미국으로 건너갔으며, 이후 직간접적으로 다수의 프로젝트를 진행하였는데 미국에서 최소 16개의 이상촌이 오웬 또는 그에 영향을 받은 이들에 의해 건설되었다. 그중 인디애나주의 뉴 하모니(New Harmony)에 건설된 공동체 마을은 오웬이 이룬 가장 야심찬 성과로 평가된다. 하지만 뉴 하모니 조성 첫 해에 1,000명 이상의 주민 유치 성과를 올렸지만 2년간 운영되는 동안 파산하게 되고, 미국 내 나머지 프로젝트들도 대부분 실패로 끝나게 되었다. 하지만 오웬의 자족성에 대한 강조는 하워드의 전원도시를 거쳐 단위 도시 조성의 주요한 개념으로 자리 잡았고, 오웬의 마을을 둘러싼 농경지 개념은 하워드에게로 이어지고 애버크롬비의 대런던계획에서 그린벨트 개념으로 구체화되었다.

4 김홍순(2021), 「인물로 보는 서양 근대도시계획사」, 박영사, p.12

그림 1-10 오웬(R. Owen)의 공장촌계획(New Harmony)

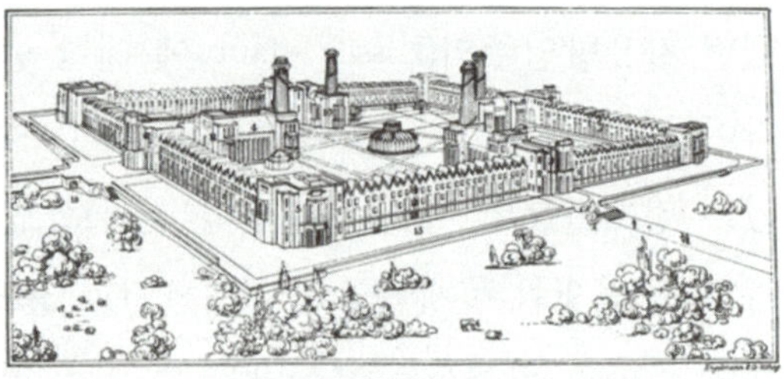

DESIGN
for a Community of 2000 Persons founded upon a principle
Commended by Plato, Lord Bacon and Sir Thomas More

출처: en.wikipedia.org

프랑스 건축가인 르두(Claude-Nicolas Ledoux, 1736~1806)에 의해 계획된 이상적인 도시, 쇼우(Chaux)는 실제 건설되지는 않았지만 소금공장을 중심으로 주거를 포함한 도시기능(화약고, 제빵소, 시청, 목욕탕, 작업장, 경찰서, 교도소, 교회, 공원)을 계획하였다. 이는 오웬 이념의 신보수주의적 변용으로 볼 수 있으며,[5] 당시에 혁신적이고, 이상적인 도시계획으로 도시설계와 건축역사에 중요한 위치를 차지하고 있다.

그림 1-11 르두(Ledoux)의 쇼우(Chaux)

출처: socks-studio.com

5 김홍순(2021), 「인물로 보는 서양 근대도시계획사」, 박영사, p.22

프랑스 철학자 샤를 푸리에(Charles Fourier)가 주장한 협동체의 원리는 지역의 중심에 위치한 거대 복합건물 팔란스테르(Phalanstere)에 의해 구현된다. 팔란스테르는 '마을 주민들의 거주지이며 모든 설비가 갖추어진 궁전'으로 4층의 건물로서 베르사유 궁전의 영향을 받은 것으로 보인다. 건물은 그 규모가 너무 커지지 않도록 2중으로 배치하고, 두 건물 사이의 간격은 30~40m이다. 오웬과 달리 푸리에는 팔란스테르에서 독립적인 주호를 고려하지 않고 구성원들이 큰 홀에서 공동생활하는 구상을 제시했다. 노인은 1층, 어린이는 2층, 성인은 3층에서 생활하도록 계획되었다.

그림 1-12 푸리에(Charles Fourier)의 판란스테르(Phalanstere)

출처: en.wikipedia.org

솔트(T. Salt)의 솔테어 빌리지(Saltaire Village)는 실제 지어졌으며, 노동자들에게 주거, 학교, 병원 등의 복지시설을 제공하여 공장과 주거지를 통합한 성공적인 모델로 평가받으며, 2001년에는 유네스코 문화유산으로 등재되었다.

그림 1-13 솔트(T. Salt)의 솔테어(Saltaire Village)

출처: en.wikipedia.org

3.2 전원도시운동

하워드(E. Howard)는 1898년 『To－morrow: A Peaceful Path to Real Reform』이라는 다소 혁명적인 제목으로 책을 발간하였다. 이후 1902년 '내일의 전원도시'로 제목을 변경하여 출간했다. 전원도시의 구상은 58,000명이 거주하는 소도시로서 방사·환상형의 시가지 패턴을 갖고 있다. 향후 도시발전 과정으로 지역확대가 불가피하면 위성도시 성격의 32,000명 규모의 새로운 전원도시를 6개 배치하여 총인구 250,000명이 거주하는 계획이다. 이 계획의 주안점은 도시(town)와 시골(country)의 장점을 살리는 것, 즉 도시개발에 자연의 환경을 중요시한 계획이었다. 현재 도시개발의 주요 개념인 개발이익의 사회 환원 또는 지역 재투자의 개념을 적시했다는 점에서 시사하는 바가 크다. 하워드의 구상은 런던 북쪽 지역에 세운 전원도시인 레치워스(Letchworth)라는 최초의 전원도시로 구현되었다. 하워드가 제시한 신도시와 그린벨트, 도시규모, 자족성, 토지공개념, 근린주구, 사회도시 이념은 오늘날까지 도시계획에서 핵심적 기법으로 활용되고 있다. 물론 그의 사상은 그 자신이 개발했다기보다 그 이전의 유토피아적 전통과 그가 신봉한 협동적 사회주의 이념으로부터 차용된 것이었지만 하워드는 그 집대성을 통해 현대 도시계획이 나아가야 할 방향을 제시했다고 할 수 있다.[6]

6 김홍순(2021), 「인물로 보는 서양 근대도시계획사」, 박영사, p.68

그림 1-14 하워드(E. Howard)의 전원도시계획안

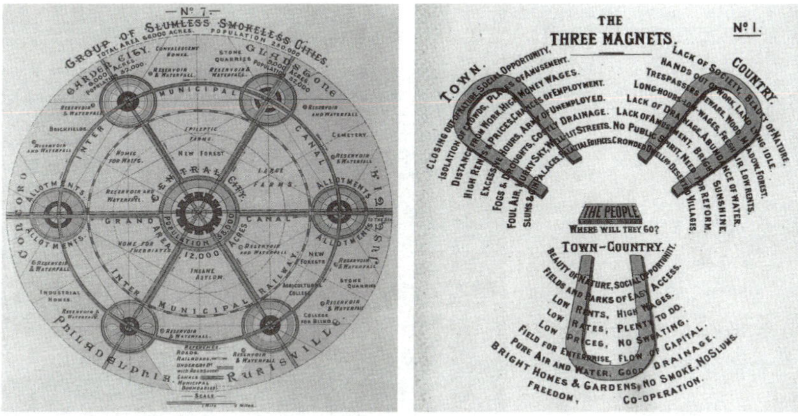

출처: en.wikipedia.org

3.3 미국의 도시미운동과 근린주구 단위계획

영국의 산업혁명 영향으로 미국도 공업화가 급진전하면서 급속한 성장을 하였으나, 도시의 정주여건은 더욱 열악해졌다. 미국의 계획가 번햄(D. H. Burnham)은 콜롬버스의 신대륙 발견 400주년을 기념하여 개최된 만국박람회장 설계를 통해 거대 공업도시의 추악함도 도시예술을 통해 해결할 수 있다는 것을 보여주었다. 그는 도시를 아름다움과 질서, 체계, 조화를 통해 예술적으로 계획하였고, 고전적인 미를 강조하였으며, 이러한 노력은 도시미운동의 안내자 역할을 했다.

도시미운동은 1900년에서 1920년대까지 미국의 도시계획에 가장 많은 영향을 미쳤으며, 도시의 아름다움을 통한 개발뿐만 아니라 문화적이고 예술적이며 환경적인 도시개발 운동이다. 이에 따라 당시의 시카고, 샌프란시스코, 워싱턴 등은 고전적이고 화려하며 예술적인 도시미를 갖게 되었다.[7]

7 대한국토·도시계획학회(2008), 「도시개발론」, 보성각, p.77

그림 1-15 번햄(D. H. Burnham)의 만국박람회장 지도와 농업관 야경

출처: en.wikipedia.org

1918년 1차 세계대전 승리 이후 미국은 자동차 전성시대를 맞이하였다. 미국에 3,000만 대가 넘는 자동차가 운행되었고, 미국인 4명 중 1명이 자동차를 소유하여 집집마다 1대의 차가 있었던 셈이다. 당시 하워드의 전원도시 사상에 영향을 받은 계획가들은 기존의 격자형 도로에서 벗어나 자동차 없는 주거환경을 건설하고자 하였다. 1928년 미국의 페리(C. A. Perry)는 160acre(65ha)의 면적에 37.5명/acre의 인구밀도를 가진 단독주택지로서 학생수 1,000명에서 1,600명의 초등학교를 중심으로 3,000명에서 9,600명, 최대 10,000명의 주민이 거주하는 지름 1/2mile(약 800m)의 주거단지를 제안하였다. 이러한 근린주구 이론은 1940년대 미국의 전문단체와 공공기관에서 주거지의 계획, 설계 기준으로 채택하여 구체화되었고, 미국뿐만 아니라 세계 각국에서 널리 사용되어 주거지 설계에 중요한 개념으로 자리 잡았고, 신도시 개발에도 적용되어 왔다.[8]

8 이진원(1996),「크래런스 페리의 근린주구 이론분석」

그림 1-16 페리(C. A. Perry)의 근린주구이론

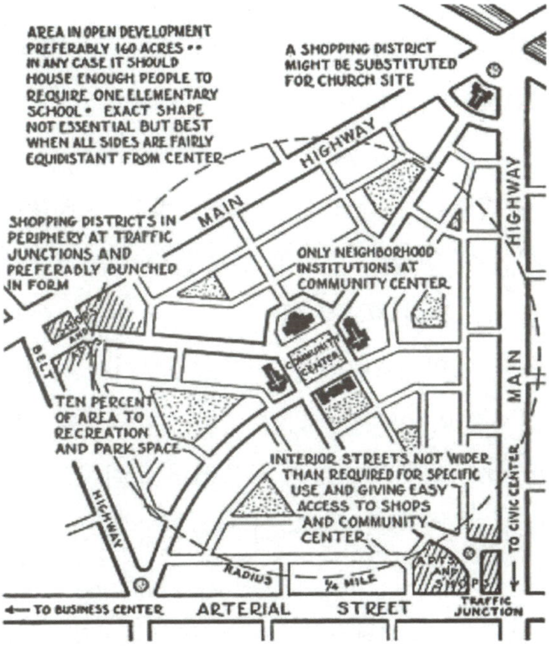

출처: en.wikipedia.org

3.4 근대도시운동의 전개[9]

전원도시 개념에 대한 반발로서 르 꼬르뷔제(Le Corbusier)는 새로운 도시형태를 제안하였다. 르 꼬르뷔제는 1933년 '빛나는 도시(Ville Radieuse)'에서 광대한 오픈 스페이스로 둘러싸인 마천루(skyscraper)를 중심으로 하는 도시를 제안했다. 르 꼬르뷔제는 도시의 밀도를 높이고 교통 접근성을 제고하여 현대적 생활양식을 반영하고자 하였다. 이러한 개념에 따라 실제 지어진 도시는 인도의 찬디가르(Chandigarh)와 브라질의 브라질리아(Brasilia)가 있다.

9 김홍순(2021), 「인물로 보는 서양 근대도시계획사」, 박영사

1) 르 꼬르뷔제의 제안

르 꼬르뷔제는 1933년 '빛나는 도시'를 발표했다. 기존에 발표한 '현대도시' 계획에서 보여준 웅대한 스케일에는 변화가 없었지만 계획의 기조가 크게 바뀌었다. 이전의 계획이 자본가와 엘리트들을 위한 계층분리적 계획이었다면 '빛나는 도시'는 '평등'을 테마로 한 협동의 도시였다.

'빛나는 도시'는 중앙집중식 모델에서 벗어나 개방형, 선형(線形) 도시 모델이다. '빛나는 도시'는 평행한 띠 안에 위성도시, 업무지구, 운송지구, 주거지구, 녹지지구, 경공업지구, 창고지구, 중공업지구 등의 기능을 나누어서 수용했다. 도시는 인간의 신체를 은유한 형태로 계획되었다. 두 개의 주거지구는 허파, 그 사이에 위치한 문화센터는 심장, 맨 위에 위치한 16동의 십자형 마천루는 머리를 의미하는 것으로 해석된다. 모든 구조물은 필로티 구조로 되어 있어서, 차량은 필로티 하부에서 움직이고, 지상부는 보행자가 자유롭게 이동하는 연속적인 공원이 된다. 녹지의 추가공급을 위해 옥상정원 개념이 도입되었다.

'빛나는 도시'에서 모든 사람은 최소한의 개인공간만을 갖고 집단적으로 서비스를 제공받는 아파트인 위니떼(Unité)에 거주한다. 위니떼는 푸리에의 사상과 르 꼬르뷔제 자신이 개발한 도미노(Domino) 주택 개념을 결합·발전시킨 것이었다. 동(棟)당 2,700명의 거주자를 갖는 위니떼는 대량생산체제에 의한 조립식 건설방식에 의해 공급된다. 위니떼 안에서 모든 가족은 '현대도시'와 달리 직업이 아닌 '필요'에 의해 주거를 배분받는다. 자연스럽게 다양한 직업의 사람들이 섞여 살게 된다.

'빛나는 도시'의 특징은 주거보다 집합 서비스 기능에서 두드러지게 나타난다. '빛나는 도시'에서 르 꼬르뷔제는 남성과 여성이 동등하게 일하는 사회를 고려했다. 이는 푸리에의 팔란스테르 개념을 수용한 것이었다. 르 꼬르뷔제는 이제 남성과 여성의 전통적 성역할 구분이 종말을 맞을 것이라고 예견했다. 따라서 가사 서비스를 공동체 내에서 공유 서비스로 제공할 필요가 있다고 보았다. 위니떼는 집합적 서비스의 제공을 위해 육아, 세탁실, 음식점, 청소 서비스의 편의시설을 갖추게 된다.

그림 1-17 르 꼬르뷔제의 빛나는 도시(Ville Radieuse)

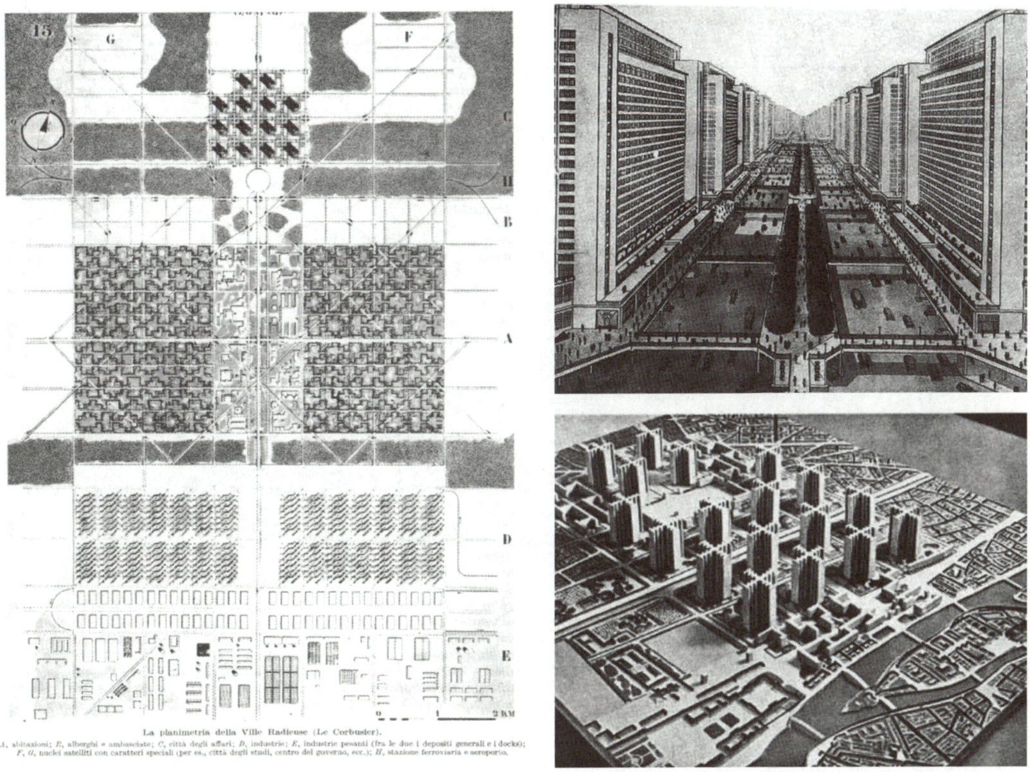

출처: archdaily.com

르 꼬르뷔제의 여러 제안들이 당대에 많은 영향을 미치고 새로운 대안으로 평가받았음에도 불구하고 도시단위의 계획에 적용하지는 못하고 있었던 시기에 '르 꼬르뷔제'에게 실제 도시를 만들 기회가 찾아왔다. 파키스탄이 인도로부터 분리 독립함으로써 펀자브(Punjab) 주가 양분되었다. 인도 정부는 새로운 주도(州都)를 건설하고자 했다. 당대 최고의 도시계획가로 공인되던 르 꼬르뷔제에게 1950년에서 1951년까지 인도 정부가 인도령 펀자브 주의 주도 찬디가르(Chandigarh)를 계획해줄 것을 의뢰하였다.

찬디가르 계획의 최초 작성자는 미국의 계획가 알버트 메이어(Albert Mayer, 1897~1981)였다. 메이어는 전원도시 전통에 기초한 근린주구 형태의 도시를 구상했다. 1951년 메이어의 파트너였던 노위키(Matthew Nowicki)가 비행기 사고로 사망하면서, 르 꼬르뷔제가 계획작업을 승계했다. 르 꼬르뷔제는 메이어의 계획을 수정해서 대규모 오픈 스페이스로 둘러싸여진 슈퍼블록과 엄격한 기능분리 및 보차분리 체계를 완성했다.

그림 1-18 르 꼬르뷔제(Le Corbusier)의 찬디가르(Chandigarh) 마스터플랜

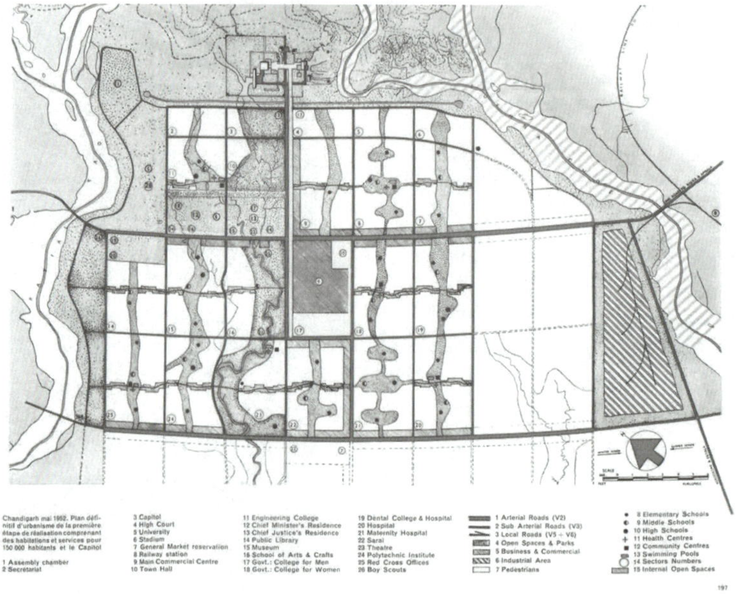

출처: townandcountryplanninginfo.com

찬디가르 계획에서 르 꼬르뷔제의 역할이 두드러졌던 부분은 개별 건축물에 대한 설계로, 브루탈리즘적(Brutalism) 건축문법이 돋보이는 일련의 기념비적(Monumental) 건물들을 선보였다.

찬디가르의 목표 인구는 50만 명이고, 800m×1,200m 격자형 슈퍼블록에 풍부한 오픈스페이스가 계획되었다. 르 꼬르뷔제는 도시 마스터플랜과 함께 의회의사당, 대법원, 주정부청사 등의 건축설계와 그림자타워, 오픈핸드 등 여러 도시조형물도 설계하였다. 르 꼬르뷔제가 설계한 행정타운(Capitol Complex)은 유네스코 세계 문화유산에 등록되었다.

그림 1-19 찬디가르(Chandigarh) 주 의사당 전경(상), 의사당 출입문(하)

출처: http://en.wikipedia.org

르 꼬르뷔제의 가장 의미 있는 도시계획은 브라질의 수도 '브라질리아'일 것이다. 브라질 정부는 기존 수도인 리우데자네이루(Rio de Janeiro)의 인구과밀 문제와 지역 균형 발전을 도모하고자 새로운 행정수도를 건립하기 위한 국제공모를 했고 르 꼬르뷔제의 제자 루치오 코스타(Lúcio Costa)가 Pilot Plan을 제출해서 당선됐다. 계획은 파라노아(Paranoá) 호수 주변의 지형적 요건을 반영한 스케치였는데, 비행기 날개 모습과 같은 형상을 갖고 있다. 루치오 코스타는 스승이 물려준 기능분리, 고층건물과 오픈스페이스, 모뉴멘탈리즘, 슈퍼블록, 자동차 중심의 계획 원칙을 성실하게 실현했다.

브라질리아는 '빛나는 도시'에서처럼 모든 계층들이 함께 거주하는 사회를 구현하고자 했지만 이러한 계획의 비전은 실현되지 못하였다. 최근의 브라질리아는 당초계획인구 300만 명을 크게 초과하고 있으며, 기존의 자동차 중심으로 설계되어 교통체증이 심각했던 상황은 지하철 개통으로 개선된 상태이다.

그림 1-20 브라질리아(Brasilia) 계획 도면

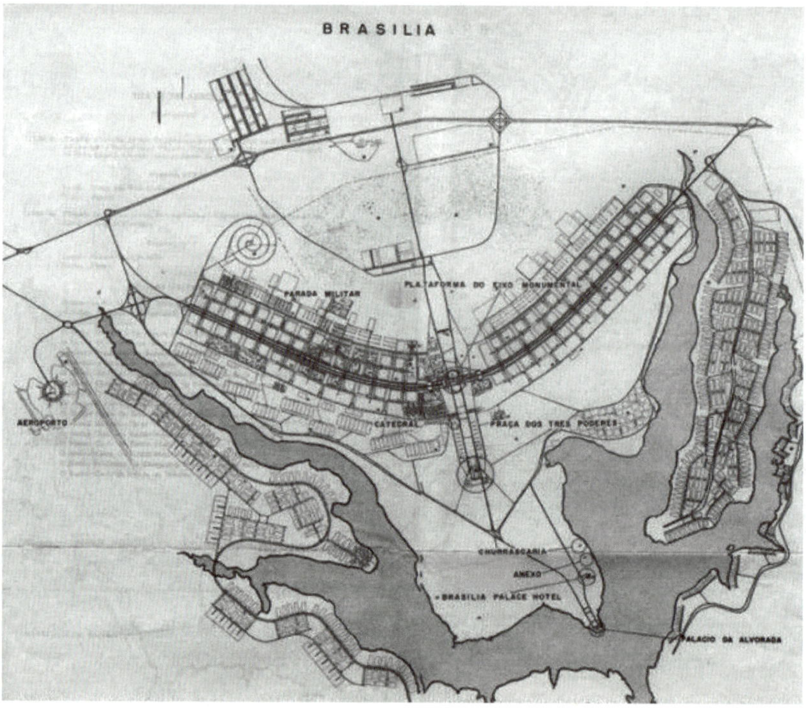

출처: whc.unesco.org

이렇듯 브라질리아는 해안가 중심의 경제 상황을 내륙으로 전이하는 데 성공하였다. 다만, 초기 계획인구를 초과했지만 확장 방안이 부족했다. 이후에 2개의 지하철 노선으로 교통체증을 개선한 바는 의미가 있다.

브라질리아는 신수도 건설계획 발표 이후 41개월 만인 1960년 4월 완성되어 명실상부

한 수도 지위를 얻었다. 쿠비체크 대통령이 숲을 그렸다면 도시계획의 마스터플랜을 짠 루치오 코스타, 중요 건물을 설계한 오스카르 니에메예르 등 '거장'들이 나무를 채워넣었다. 고원지대의 들판에 불과했던 도시는 현재 약 300만 명의 인구를 보유하며 브라질 4대 도시로 성장했다.

브라질리아는 도시공간을 업무·주거·상업지역으로 구분하는 현대 도시설계의 모범으로 자리잡기도 했지만, 반면교사로도 남아 있다. 설계자들은 고위공무원부터 노동자들까지 어울려 사는 '모두를 위한 도시'를 꿈꿨지만, 개발 전후 서민이 감당할 수 없을 정도로 집값이 비싼 '부자 도시'가 됐다. 브라질리아에서 일하는 노동자의 75%는 위성도시 등 외곽에서 출퇴근하며, 도심은 정치인, 고위공무원, 법조인 등의 거주지가 됐다.[10]

도시계획뿐만 아니라 르 꼬르뷔제는 건축을 통해 맞춤형 주택을 짓고 살 수 없는 일반 시민들의 주거를 개선하기 위해 인체의 보편적인 치수와 활동 유형을 분석해서 거주하기에 편안하면서도 삶의 질이 높은 생활공간을 설계하였으며, 그 아파트를 설계할 때 적용한 이론이 모듈러 이론이다. 1952년 프랑스 마르세유에 건설된 위니테 다비타시옹(Unité d'Habitation)은 르 꼬르뷔제의 모듈러 이론이 처음 적용된 아파트이다.

르 꼬르뷔제가 제안한 모듈러는 사람의 인체가 얼마나 아름다운지 수학적으로 증명한다. 일반적으로 알려진 황금비율의 근삿값은 1:1.618이다. <그림 1-21>의 모듈러에서 자연스레 들어올린 손끝에서 머리끝까지 430mm, 머리에서 배꼽까지 700mm, 배꼽에서 발바닥까지 1,130mm이며, 이 치수는 황금비율과 거의 유사한 비율이다. 성인이 자연스레 들어올린 손높이가 층고가 되어 현재 대부분의 아파트 표준 천장고는 2,300mm이다. 이처럼 모듈러 이론은 사람의 손과 발이 닿는 위치에서 몸을 지탱하고, 팔꿈치 길이에 영향을 받는 식탁이나 책상 등 다양한 신체활동이 이루어지는 공간이 편안하게 구성될 수 있도록 제안되었다.

---

10 정환보(2020.10.5), 경향신문 보도자료

그림 1-21 '르 꼬르뷔제'의 모듈러(Modular) 이론

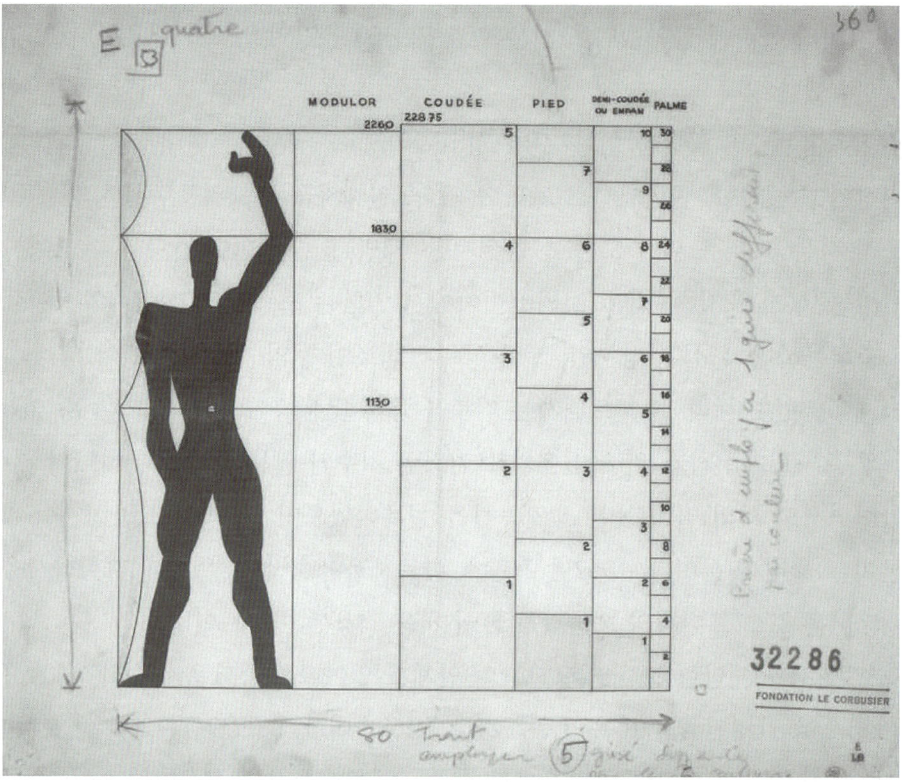

출처: Fondation Le Corbusier

2) 제인 제이콥스(Jane Jacobs)

제인 제이콥스는 르 꼬르뷔제로 대변되는 모더니즘적 도시계획에 부정적 입장이었다. 사회운동가로서 제이콥스는 뉴욕의 건설지휘자로 평가받던 로버트 모제스에 맞서 그리니치 빌리지(Greenwich Village) 등 뉴욕 구시가지의 교통 효율 중심적인 재개발사업을 막아냈다.

『미국 대도시의 죽음과 삶』이라는 책에서 주변 사람들에게 본인의 생각을 쉽게 이야기하듯이 공원, 저렴한 소매점, 가로환경, 신축과 구축 건물을 설명하면서 "도시는 마치 거리에서 펼쳐지는 발레와 같다."라고 표현하였다. 이러한 그녀의 아이디어는 현대 도시설계, 뉴어바니즘(New Urbanism), 도시재생에 많은 영감을 준 것으로 평가된다.

제인 제이콥스의 주장은 '좋은 도시 만들기'의 원리를 제시한 것이 아니라, '좋은 도시' 의 원리를 지적한 것이다. 제이콥스는 도시계획에 의해 좋은 도시가 만들어질 것이라 기대하지 않았다. 그녀는 좋은 도시가 그 구성원들과 구성요소들 간의 상호작용, 무의식적·의식적 협력에 의해 스스로 그리고 점진적으로 만들어지는 것이라고 생각했다. 제이콥스에게 도시는 수리가 가능하지만 변화시킬 수는 없는 대상으로 이해되었다. 결국 그녀의 처방은 도시 내부의 마을들을 계획가가 손대기 이전의 모습 그대로 유지하자는 주장으로 모아진다. 계획을 혐오했던 제이콥스는 오늘날 자신의 주장이 현대 도시계획의 원리로 칭송받고 사용되는 것에 대해 많이 놀랄 것이다(김흥순, 2021).

그림 1-22 맨해튼 고속도로 계획안(좌), 제인 제이콥스(우)

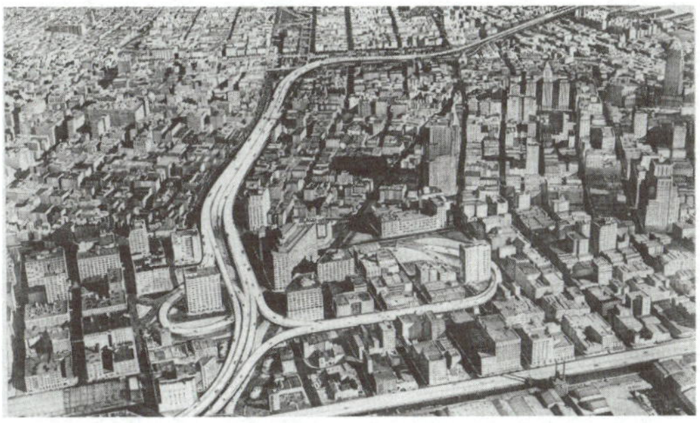

출처: Wikipedia

제2장

도시개발 방식

제1절 도시개발 방식

도시개발의 방식은 대상지 여건, 개발주체, 토지취득방식, 토지의 용도, 법적근거 등에 따라 다양하게 분류될 수 있다. 여기서는 각각의 방식에 따른 도시개발을 구분하고, 그 특징을 살펴보자.

1.1 신개발과 재개발

도시개발의 출발점은 사업대상지이며, 그 대상지의 현재 상태에 따라 신개발과 재개발로 구분할 수 있다. 신개발이란 사업지 여건이 아직 도시적 형태와 기능을 지니지 않은 토지에 도시적 기능을 부여하기 위해 토지의 형질을 변경하거나 기반시설을 설치하고, 각종 도시계획시설을 배치하는 개발행위를 의미한다. 이에 비해 재개발은 노후되거나 쇠퇴한 사업지를 대상으로 하는 정비활동으로서 도시의 기능을 회복하거나 환경의 질적 수준을 제고하기 위해 사업지 전체에 대한 계획에 따라 전면 철거 또는 일부를 수복·보전·개량하는 개발행위를 의미한다.

1) 신개발

신개발의 사업유형을 살펴보면 신도시 개발, 행정중심복합도시개발, 혁신도시개발, 도청이전 신도시 개발 등이 있다. 이러한 사업의 특징은 토지개발, 건축물 개발, 토지와 건축물의 종합개발 등 세 가지 유형으로 구분할 수 있다. 예전의 신개발은 평면적인 토지이용계획에 맞게 토지개발 후 입체적인 볼륨을 형성하였다. 개별사업자는 다소 무계획적으로 조성하거나 그 조성 시기도 예측하기 힘든 경우가 많았다. 최근 3기 신도시 이후에는 신도시 조성 이전 단계부터 도시의 전체적인 장소의 맥락과 도시마케팅 측면, 앵커시설의 조성, 녹지축, 통경축 등의 요소 등을 감안하여 토지개발 단계에서부터 입체적 개발을 염두에 두고 진행하고 있다.

2) 재개발

(1) 재개발의 개념

재개발은 기존 도시의 사회·경제적 변화, 건축물 및 도시 시설의 노후화, 공공기반시설의 부족, 도시환경의 악화를 개선하기 위해 기존 시가지의 일부를 개수하거나 재건축하고 시설을 확충하는 개발행위이다. 보다 넓은 의미로 해석하면, "장기적으로 기존 도시의 물리적 환경을 통합적으로 개선하여 사회경제 여건에 적응시키는 지속적인 도시성장 및 발전 과정"으로 정의할 수 있다. 실질적으로는 협의의 개념인 "물리적인 도시공간의 개선을 위한 수단"으로 이해할 수 있다.

(2) 재개발의 필요성

재개발은 도시의 성장과 변화, 도시의 재구성, 건물의 경제적 수명과 관련하여 검토할 수 있다. 도시지역은 경제적·사회적 여건의 변화에 따른 내부적 재구성을 통해 도시의 지속 가능성을 확보하는 것이 중요하다. 도시의 영향력을 유지하려면, 정책적·경제적 요구에 맞춰 적절히 대응하면서 발전을 도모할 필요가 있다. 이러한 변화 속에서 도심이나 낙후된 지역은 재개발을 통해 개선될 가능성이 있으며, 이를 통해 도시의 경쟁력을 강화할 수 있다.

도시 공간구조의 재구성은 물리적 변화를 넘어서 도시의 변화에 대한 전략적 대응을 포함한다. 도시의 변화에 맞춰 도시 기능을 유지하고 효율적으로 운영하려면, 경제적 수요의 변화와 인구 및 자원의 재분배에 적절히 대처해야 한다. 이는 도시계획에서 필수적인 부분으로, 도시가 지속적으로 발전하려면 이러한 요소들을 고려한 대응전략이 필요하다.

도시재개발은 건축물의 경제적 수명과 관련된 수리(refurbish), 개조(convert), 대체(displace), 방치(abandon)에 관한 결정을 고려한다. 신축건물의 경우 임대수익이 유지되는 동안에는 관리운영비가 상대적으로 적게 들지만, 시간이 지나 건물이 쇠퇴하면 관리운영비가 증가해서 실질적으로 수익성이 감소한다. 이러한 관리운영비가 임대수익을 초과하게 되는 시점에서 재개발이 이루어질 가능성이 높다. 재개발을 통해 이익을 얻는 방식은 첫째, 기존 건물을 보수하거나 개조한 후 새로운 용도로 전환하는 방법이다. 둘째, 기존 건물을 철거하고 새로운 건축물로 재건축하는 경우이다. 이러한 재개발이 항상 경제적으로 성공하지는 않으며, 타당성이 없다고 판단될 경우 재개발은 일어나지 않고, 건물은 공가로 방치될 가능성이 높다.

(3) 재개발의 목적

재개발의 일반적인 목적은 정주여건이나 이용상 문제가 있다고 판단되는 지구의 개선 및 활성화에 있다. 주거환경을 개선함으로써 주민의 주거안정을 도모하고, 노후화된 건축물을 대체하거나 개보수함으로써 경제적인 효율성을 증대시키는 것이 주요한 목표이다. 이 과정에서 주택 및 물리적 시설의 불량과 노후화를 개선하고 예방하는 것이 중요한 과제이다. 불량한 주택 환경은 생활의 질을 저하시킬 수 있으며, 지역사회의 전체적인 주거환경을 악화시키는 원인이 되기 때문에 재개발을 통해 이러한 문제들을 해결해야 한다.

재개발은 교통시설과 공원, 녹지 등 지역사회를 위한 기반시설을 확충하고, 공공서비스를 더욱 잘 활용할 수 있도록 개선하는 데 초점을 맞추고 있다. 이를 통해 주민의 삶의 질을 향상시키고 도시의 공공시설과 서비스가 보다 효율적으로 운영되도록 하는 것이 재개발의 중요한 목적 중 하나이다. 아울러, 재개발은 사회·경제적 효율성을 증대시키는 데 기여하며, 집중된 산업 및 인구를 효과적으로 수용하는 환경을 조성한다. 도시의 경제적 성장을 촉진하고, 상업 지역의 활성화를 통해 도시 전체의 경쟁력을 강화시키는 중요한 역할을 한다. 이러한 목표들이 재개발의 핵심적인 추진 동력으로 작용하고 있다.

(4) 재개발의 유형

재개발의 유형은 재개발 대상의 공간적 범위와 토지 이용, 재개발 방식 등에 따라 다양하게 나눌 수 있다. 먼저, 재개발 대상의 공간적 범위에 따라 분류하면 개별 필지 단위의 재개발, 가구(block) 단위의 재개발, 그리고 지구 단위의 재개발로 나눌 수 있다. 이러한 구분은 재개발의 범위를 좁은 단위에서부터 넓은 단위까지 단계적으로 확대하여 이해할 수 있는 유형이다.

재개발 방식에 있어서는 점진적 재개발과 종합적 재개발로 나누어 볼 수 있다. 점진적 재개발은 토지 소유자가 자신의 토지에서 개별 건축물을 단계적으로 재개발하는 방식으로, 소유주의 자금을 통해 사업이 추진된다. 이와 달리 종합적 재개발은 넓은 범위의 토지를 대상으로 하는 대규모 사업으로, 공공기관이 주도하거나 민간과 공공이 협력하여 이루어진다.

재개발 대상의 토지 이용에 따라 주거지 재개발, 상업 및 업무지구 재개발, 공공시설정비 재개발로 분류된다. 주거지 재개발은 주거환경을 개선하는 데 중점을 두고, 상업지구나 업무지구 재개발은 도시 경제 활성화와 공공 인프라 개선을 목적으로 한다. 또한 공공

표 2-1 재개발의 유형

분류기준	재개발의 유형
재개발 대상의 공간적 범위	개별 필지 단위 건축물 재개발
	가구(block) 단위 재개발
	지구 단위 재개발
재개발 대상의 토지 이용	주거지 재개발
	상업 및 업무지구 재개발
	공공시설정비 재개발
재개발 시행방식	전면재개발(redevelopment)
	수복재개발(rehabilitation)
	보존재개발(conservation)

출처: 대한국토 · 도시계획학회(2008), 「도시개발론」, p.39

시설정비 재개발은 공공서비스와 사회기반시설의 효율적 운영을 위해 시행된다.

마지막으로, 재개발을 시행하는 방식에 따라 전면재개발, 수복재개발, 보전재개발로 구분된다. 전면재개발은 대상구역의 도시시설과 구조물이 전체적으로 노후화되어 있고, 도시환경이 극도로 불량하다고 인정될 때에 구역 전체를 대상으로 기존 시설을 철거하고 새로운 건축물을 세우는 방식이며, 수복재개발은 부분적인 철거재개발 형식으로 구역 전체의 기능과 환경을 회복하거나 개선시켜 기존의 낙후된 시설을 보수하고 기능을 회복시키는 방법이다. 보전재개발은 아직은 불량 또는 노후화 정도가 심하지 않으나, 현 상태가 지속될 경우 환경악화가 예상되는 지역에 예방적 조치로 시행하는 재개발방식으로서 주로 역사적, 문화적 가치를 보존하면서 동시에 기능을 개선하는 방식으로, 역사성이 있는 건축물이 대상이 된다.

1.2 개발행위와 도시개발

도시개발 유형을 개발 규모에 따라 구분하면 소규모 개발과 대규모 개발로 나눌 수 있다. 우리나라에서는 「국토의 계획 및 이용에 관한 법률」과 「도시개발법」을 통해 일정 규모에 미달하는 소규모 신개발은 개발행위로 규정하고, 일정 규모 이상의 대규모 신개발은 도시개발사업으로 규정하여 관리한다. 개발행위와 도시개발사업이 별도의 체계로 운영되고 있는 이러한 구분은 도시개발 제도를 이해하는 데 있어 매우 중요한 요소이다.

「국토의 계획 및 이용에 관한 법률 시행령」 제55조에서는 개발행위의 범위를 도시지역의 경우 주거지역, 상업지역, 자연녹지지역, 생산녹지지역에서는 1만m^2 미만, 공업지역에서는 3만m^2 미만, 보전녹지지역에서는 5천m^2 미만이어야 한다고 규정하고 있다. 비도시지역인 관리지역과 농림지역에서는 3만m^2 미만, 자연환경보전지역에서는 5천m^2 미만이 되어야 한다. 이러한 규정에 따르면 일정 규모 기준에 미달하는 소규모 개발은 개발행위로 구분된다.

그렇다면 일정 규모 이상이 되는 대규모 개발사업은 무엇인지에 대해 「국토의 계획 및 이용에 관한 법률」은 도시계획사업을 개발행위허가 대상의 범위에서 제외시키고 있으며, 이는 개발행위와는 구별하여 별도의 도시개발 관련 법을 통해 밀접히 관리할 필요가 있기 때문이다. 도시계획사업에 포함되는 개발사업은 도시계획시설사업, 「도시개발법」에 의한 도시개발사업, 그리고 「도시 및 주거환경정비법」에 의한 정비사업 등으로 규정되고 있으며, 각 사업별로 법령에 규정된 기준 등이 상이한 관계로 여기에서는 「도시개발법」에 의한 도시개발사업을 대표로 설명하겠다.

「도시개발법」 제2조(정의)에서 도시개발사업을 주거·상업·산업·유통·정보통신·생태·문화·보건 및 복지 등의 기능이 있는 단지 또는 시가지를 조성하기 위하여 시행하는 사업으로 규정하고 있다. 도시개발사업구역의 지정 면적은 일정 규모를 초과해야 하며, 도시지역과 비도시지역에 따라 기준이 달라진다. 예를 들어, 도시지역에서는 주거지역 및 상업지역의 경우 1만m^2 이상, 공업지역은 3만m^2 이상, 자연녹지지역은 1만m^2 이상이어야 한다. 반면, 비도시지역의 경우에는 30만m^2 이상의 면적이 필요하다(「도시개발법 시행령」 제2조).

이처럼 「도시개발법」상 도시개발사업 구역 지정 요건을 충족하지 못하는 소규모 개발은 개발행위로 분류되며, 일정 규모를 초과하는 경우에만 도시개발사업으로 인정된다.

1.3 개발방식

개발방식이란 개발사업을 시행하는 방식으로, 개발사업의 주체, 토지의 취득 방식, 개발할 토지의 용도, 그리고 개발사업의 법적 근거 등의 기준에 따라 다양한 유형으로 나눌 수 있다. 이러한 개발방식에 따라 다양한 유형의 도시개발이 이루어지며, 각 방식은 그에 따른 법적 절차와 적용이 다를 수 있다.

표 2-2 개발방식의 유형

개발주체	토지취득방식	토지의 용도	법적근거
• 공공개발 • 민간개발 • 민관합동개발 • 제3섹터개발	• 전면매수방식 • 환지방식 • 혼용방식 • 신탁개발방식	• 택지개발 • 산업단지개발 • 물류단지개발 • 복합단지개발	• 도시개발법 • 도시 및 주거환경정비법 • 주택법 • 택지개발촉진법 • 산업입지 및 개발에 관한 법률 • 기타 도시개발 관련 법률

출처: 대한국토 · 도시계획학회(2008), 「도시개발론」 기반으로 작성

1) 개발주체별 개발방식

도시개발은 개발사업의 주체를 기준으로 크게 공공개발과 민간개발로 나눌 수 있다. 또한 공공과 민간이 협력하여 시행하는 개발방식도 있으며, 이는 공공과 민간이 각각의 역할을 맡아 진행하는 협력적 형태의 개발이다. 공공개발은 정부나 지방자치단체가 주도하는 방식으로, 사회적 목적을 최우선으로 고려하여 사업을 추진한다.

반면 민간개발은 민간 투자자들이 사업을 주도하는 방식으로, 주로 수익성을 고려하여 진행된다. 민간 주체가 주도하는 개발은 시장 경제의 원리에 따라 운영되며, 이익 창출을 목적으로 하며, 토지소유자 또는 토지소유자로 구성된 조합 그리고 토지소유자 등의 자금과 인허가 사항 등을 관리할 민간기업 등이 사업시행자인 경우이다.

민관합동개발은 공공과 민간이 함께 참여하는 방식으로, 이들 두 주체가 협력하여 시행하는 형태를 말한다. 이는 공공의 자원과 민간의 자본이 결합되어 추진되며, 공공은 사회적 요구를 반영하고, 민간은 사업의 효율성을 높이는 역할을 한다. 이러한 방식은 통상의 공공에서 택지를 조성하고, 다시 민간사업자가 그 위에 건물을 짓는 방식에 비해서 사전 협의를 통해 절·성토량을 조정함으로써 사업비를 절감할 수 있다는 장점이 있다.

이상의 개발방식과 달리 제3섹터개발(일본식, 미국식은 PPP: Public－Private Partnership)은 공공과 민간이 공동출자한 법인조직이 프로젝트를 개발하는 형태로, 양측의 자원을 최대한 활용하여 도시개발 사업의 효율성과 공익성을 동시에 추구한다.

2) 토지취득방식별 개발방식

토지개발 대상지의 토지 취득 방식에 따라 개발방식은 환지방식, 수용·사용방식, 전면매수방식, 혼용방식, 신탁개발방식으로 구분할 수 있다. 환지방식은 사업 시행 후 사업에 소요된 비용을 충당하기 위한 토지와 공공용지를 제외한 토지를 소유주에게 돌려주는 방식이며, 수용·사용방식과 전면매수방식은 사업주체가 공공 목적을 위해 필요한 토지를 수용·사용하거나 매수하는 방식이다.

이에 반해 혼용방식은 한 사업지구 안에서 수용·사용방식과 환지방식을 혼합하여 적용하는 방식이다. 신탁개발방식은 토지를 신탁하여 신탁회사가 개발을 주도하는 방식으로, 신탁회사가 토지소유권을 이전받아 토지를 개발한 후 분양하거나 임대하여 그 수익을 신탁자에게 돌려주는 방식이다.

환지방식에서는 해당 지역의 토지 소유자가 환지처분을 통해 새로이 정비된 토지를 제공받게 되며, 수용·사용방식은 법적 절차에 따라 사업이 집행된다.

그림 2-1 수용·사용방식(상), 환지방식(하) 개념도

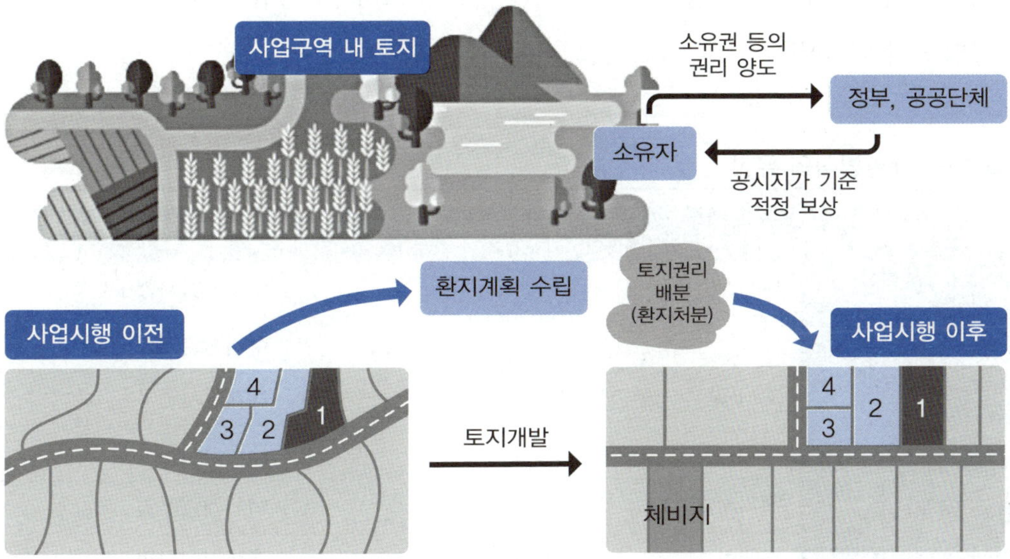

출처: 서울도시계획포털

3) 토지용도별 개발방식

도시개발 방식은 토지의 용도에 따라 택지개발, 산업단지개발, 물류단지개발, 복합단지개발 등으로 분류할 수 있다. 택지개발은 주거, 상업, 업무용 건축물을 건설하기 위한 용지를 조성하는 것을 의미한다. 주거용지는 주택 건설을 목적으로 하고, 산업단지개발은 공장을 비롯한 산업시설을 조성하는 데 중점을 둔다. 이러한 개발방식들은 특정 용도에 맞게 도시 내에서 필요한 기능을 적절히 배치하는 것을 목표로 하며, 물류단지개발은 물류와 유통의 효율성을 높이기 위한 시설을 집중적으로 배치하는 것이 핵심이다.

4) 근거법률별 개발방식

현재 우리나라에서 시행하고 있는 도시개발 사업방식은 사업시행 근거 법률에 따라 구분하면 크게 도시계획사업과 개별 법령에 따른 비도시계획사업으로 구분할 수 있다. 도시계획사업은 「도시개발법」에 의한 도시개발사업과 「도시 및 주거환경정비법」에 의한 세 가지의 정비사업이다. 특별법 또는 촉진법에 따른 비도시계획사업은 다음과 같이 다양한 법령에 따라 실시된다.

표 2-3 개발방식의 유형

대분류	사업시행 근거법률	도시개발의 유형
도시계획사업	도시개발법	도시개발사업
	도시 및 주거환경정비법	주거환경개선사업
		재개발사업
		재건축사업
특별법 또는 촉진법에 의한 개발사업 (비도시계획사업)	택지개발촉진법	택지개발사업
	주택법	주택건설사업
	산업입지 및 개발에 관한 법률	산업단지개발사업
	물류시설의 개발 및 운영에 관한 법률	물류단지개발사업
	기업도시개발 특별법	기업도시개발사업
	신행정수도 후속대책을 위한 연기·공주지역 행정중심복합도시 건설을 위한 특별법	행복도시개발사업
	혁신도시 조성 및 발전에 관한 특별법	혁신도시개발사업
	경제자유구역 지정 및 운영에 관한 특별법	경제자유구역 개발사업
	도시재정비 촉진을 위한 특별법	도시재정비사업
	공공주택특별법	공공주택건설사업
	기타	기타

제2절 도시개발의 변화 요인

2.1 부동산개발 변화에 영향을 미치는 요소

현대의 도시개발은 다차원적인 변화와 도전에 직면해 있으며, 다양한 변화 요인 중에 사회적, 생태적, 정치적, 경제적 변화 요인이 도시의 성장과 발전에 중대한 영향을 미치는 요소로 작용하고 있다.

표 2-4 부동산개발에 영향을 미치는 요소

양상	현상
사회적 변화	• 인구 통계학적 변화 • 인구 증가 • 고령화 • 도시화 • 이주 경향 • 젠트리피케이션 • 도시 내 공간 분리
생태적 변화	• 글로벌 환경 변화 • 지구 온난화 • 산림 벌채 • 해양 산성화 • 생물 다양성 감소
정치적 변화	• 교토 의정서(1997년 서명) • 에너지 절약과 지속가능성, 자원절약 및 재생에너지 관련 법률 • 탄소 배출권 거래 • 지속가능한 혁신 포럼(2015, 파리)
경제적 변화	• 건설 산업의 노동 시장 변화 • 건설 부문의 새로운 환경 기술 • 환경 및 에너지 효율적 건물과 도시 재개발 프로그램 • 건물의 전체 생애주기(건설 및 운영 비용) 고려

출처: G. Squires, E. Heurkens and R. Peiser(2018), 「Routledge Companion to Real Estate Development」

1) 사회적 변화

도시개발에 있어 사회적 변화(Social Change)는 가장 중요한 변수 중 하나이며, 인구 구조의 변화(예: 인구 증가, 고령화)는 도시계획과 주거지 개발에 중대한 영향을 미치며, 도시화 및 이주 패턴의 변화로 인해 새로운 주거지와 인프라 개발의 필요성이 대두되고 있다. 도시 내 젠트리피케이션과 공간적 격차는 도시의 사회적 형평성 문제를 부각시키고 있어 이에 대한 고려가 필요하다. 원도심을 개발할 경우, 기존 거주자의 이주대책 등에 세심한 배려가 필요하다.

2) 생태적 변화

환경적 지속가능성은 현대 도시개발의 핵심 이슈이다. 글로벌 환경 변화, 특히 기후 변화와 그에 따른 영향(예: 지구온난화, 삼림 파괴, 해양 산성화, 생물다양성 감소)은 도시의 건축 및 개발 방식에 새로운 제약을 부과하고 있다. 지속가능한 건축 기술과 친환경 도시 설계는 이러한 생태적 변화(Ecological Change)에 대응하기 위한 필수적 요소이다. 이는 도시가 에너지 효율을 높이고, 환경적 영향을 최소화하는 방향으로 계획되어야 한다. 친환경개발, 스마트시티 등 여러 방안들이 있지만 이러한 개발이 도시 내의 편리한 생활을 위한 데이터 수집 등에 국한되지 않고 궁극적으로는 개발면적을 효율적으로 사용하면서 에너지 효율을 높여 에너지 총량을 적정하게 관리하는 방안이 필요하다.

3) 정치적 변화

정치적 변화(Political Change)는 도시개발의 법적 및 규제적 환경을 조성한다. 이는 도시개발에 국한되지 않고 각종 제품생산, 국제교역 등 산업 전반에 영향을 미치고 있다. 예를 들어 유럽연합에 반도체를 수출할 경우 생산과정에서 사용하는 전력이 친환경적인 과정을 거친 것인지 등에 규제가 있어서, 전력 생산 자체도 태양광, 풍력 등 친환경 요인이 요구된다. 1997년 교토 의정서(Kyoto Protocol)의 서명 이후, 각국 정부는 에너지 절약과 지속가능성, 자원 절약 및 재생가능에너지를 촉진하는 법안을 제정하고 있다. 이러한 법적 변화는 도시개발 과정에서 에너지 효율성, 지속가능성, 그리고 새로운 건축 기술 채택을 가속화하는 요인이 되고 있으며, 파리에서 열린 지속가능혁신포럼과 같은 국제적 회의들은 지속가능한 도시개발의 중요성을 재확인하며 정책 방향을 설정하는 데 영향을 미치고 있다.

4) 경제적 변화

건설업의 노동 시장 변화, 새로운 환경 기술의 도입, 에너지 효율적인 건축물 및 도시 재개발 프로그램은 도시의 경제적 성장을 주도하는 주요 요소들이다. 특히, 건물의 생애 주기비용의 고려는 도시개발의 경제적 효율성을 좌우하는 중요한 요인이다. 이러한 경제적 변화(Economic Change)는 도시가 지속 가능하고 효율적인 방식으로 성장할 수 있도록 유도하며, 이는 궁극적으로 도시의 장기적 번영과 밀접하게 연결된다.

2.2 도시개발의 변화

현대 도시개발의 변화는 다양한 도시 문제를 해결하기 위한 필수적인 요소로, 인구 변화, 압축 도시 모델, 용도지역제 변경, 화이트 조닝과 같은 새로운 접근 방식을 통해 도시 경쟁력을 강화하는 방향으로 나아가고 있다.

먼저, 인구 변화에 따라 도시는 점점 더 다양해지는 인구 구성을 고려해야 하며, 고령화와 인구 감소 현상이 두드러지는 현재, 도시는 보다 효율적이고 지속가능한 인프라를 구축할 필요가 있다. 이를 위해서는 도시 내 주거와 상업, 여가 시설을 통합하고, 편리한 대중교통망을 제공하여 시민들의 삶의 질을 향상시키는 노력이 필요하다. 또한, 도심 내 청년층을 유입하기 위해 청년 주거 정책 및 혁신적인 일자리 창출이 필수적이다.

압축도시(compact city) 모델은 이러한 문제를 해결할 수 있는 방안 중 하나로 제시되고 있다. 압축도시는 도시 공간을 효율적으로 활용하여 교통 에너지 소비를 줄이고, 녹지 공간을 확보하는 데 목적이 있다. 이는 도보나 자전거 이용을 장려하고, 다양한 용도가 혼합된 지역을 통해 도시 내 생활 편의성을 높이는 접근 방식이다. 압축도시는 특히 고밀도 개발을 통해 도시의 자원을 효과적으로 활용하고, 도시 외곽의 무분별한 확장을 방지하는 데 기여할 수 있다.

용도지역제 변경 역시 도시개발의 중요한 변화 중 하나로, 용도 구분의 경직성을 완화하여 도시의 유연한 발전을 가능하게 한다. 기존의 엄격한 용도지역 구분은 지역의 다양성과 활력을 저해하는 요소로 작용해왔다. 그러나 최근에는 상업, 주거, 문화 등 다양한 용도가 공존할 수 있도록 규제를 완화하여, 보다 다채롭고 활기찬 도시 공간을 조성하려는 움직임이 늘어나고 있다. 이를 통해 도시는 보다 창의적이고 자율적인 개발을 유도할 수 있으며, 지역 경제 활성화에도 긍정적인 영향을 미칠 수 있다.

해외의 화이트 조닝(white zoning)은 이러한 변화의 일환으로, 특정 용도를 지정하지 않고 다목적으로 사용할 수 있는 지역을 설정하는 방식을 말한다. 화이트 조닝은 기존의 용도지역제의 한계를 극복하고, 변화하는 도시의 요구에 맞춰 유연하게 대응할 수 있는 방안이며, 이러한 접근 방식은 창의적 산업이나 스타트업이 활발히 활동할 수 있는 환경을 조성하는 데 유리하며, 도시의 경쟁력을 강화하는 데 중요한 역할을 한다.

결론적으로, 도시는 인구 변화와 환경적, 경제적 요구에 맞춰 압축적이고 유연한 공간 활용을 통해 미래 경쟁력을 갖추어야 한다. 용도지역제의 유연화와 압축 도시 모델의 도입, 그리고 화이트 조닝 같은 혁신적인 접근 방식을 통해 도시 내 모든 구성원이 더욱 효율적이고 편리하게 생활할 수 있는 환경을 조성하고, 지속가능한 성장을 도모해야 할 것이다.

제3절 도시공간 계획의 변화

3.1 도시공간 계획 변경 필요성

현재의 도시계획 체계는 20세기 제조업 시대에 마련되었다. 공장 굴뚝의 매연으로부터 주거환경을 보호하기 위해 주거지역을 분리하고, 상업과 제조업 중심의 공장지역을 구분하는 방식으로 토지의 용도(주거·상업·공업 등)를 엄격하게 구분하였다. 그 시절 집에서 직장(공장)으로 가는 버스를 타기 위해 길게 늘어서서 기다리는 것이 하루의 일상이었다.

우리의 산업체계는 놀라울 정도로 변화되어 기존의 굴뚝공장이 첨단 반도체 캠퍼스로, 식물원 옆의 연구단지로, 4차 산업혁명에 맞게 디지털 전환이 이루어졌다. 이러한 경제·사회구조 변화로 인해 새로운 공간전략이 요구되고 있으며, 지식노동 중심의 4차 산업은 주거·문화·여가 등이 어우러져 정보교환·인재유입에 유리한 직주근접형 산업공간을 선호하게 되었다.

이미 싱가포르, 미국 보스턴이나 뉴욕의 도시들은 도시공간을 혁신적으로 이용하는 방안을 강구하여 도시 경쟁력을 고도화시키고 있다. 이러한 도시 경쟁력을 바탕으로 전 세계 일류기업의 본사나 대륙별 거점 지사 등을 유치하는 등 초격차의 산업 생태계를 구축해가고 있다. 우리의 'K－산업', 'K－컬처'가 세계적인 브랜드로 자리 잡고 있는 현 시점에서 우리의 도시공간 계획 변경은 필수적인 일이라 하겠다. 도시지역에 인구의 92%가 거주하지만, 우리국토의 산지 등의 여건으로 사용면적(주거·상업·공업)은 전 국토의 4.1%에 불과하기 때문에 도시공간을 고밀·복합 개발하여 도시 내에서 이동시간을 줄이고, 한정된 공간을 효율적으로 활용하는 방안으로 도시공간 계획이 변경되어야 한다. 이러한 변화에 대응하기 위해 국토교통부는 경직되고 획일적으로 운영되어온 도시계획 체계를 경제·사회구조 변화에 맞게 개편하기 위해 2023년 1월 '도시계획 혁신방안'을 발표하였고, 도시계획 혁신방안 중 공간혁신구역은 도시혁신구역, 복합용도구역, 도시계획시설 입체복합구역 등 세 가지 새로운 용도구역을 신설하고 과감하게 도시계획 규제를 완화하고자 하였다.

또한, 국회는 「국토계획법」 개정(2024.2.6.) 및 시행(2024.8.7.)에 대한 입법을 완료하였다. 내용은 기존 입지규제최소구역을 개편하여 도시혁신구역, 복합용도구역, 입체복합구역으로 변경하는 방안과 기존 도시기본계획과 도시관리계획상의 간극을 줄이기 위한 생활권계획 수립의 특례를 포함한다.

3.2 도시혁신구역[1]

기존의 경직된 도시계획 체계는 민간의 창의적 계획수립과 융복합이 필요한 대규모 프로젝트 추진에 한계가 있어 도시규제가 적용되지 않는 입지규제최소구역을 2015년에 도입했으나, 공공중심, 민간 참여유인 부족 등으로 2024년까지 약 10년 동안 5곳 지정에 그쳐 그 활용성이 저조한 실정이었고, 4곳(부산, 고양, 포항, 경주)은 공공시행(LH, 지자체)이며, 1곳(인천)은 민간사업자 공모 중이었다.

1 국토교통부(2023.1), 「도시계획 혁신 방안」

표 2-5 입지규제최소구역의 문제점

지정요건	• 도심, 철도역사 등 지역거점, 대중교통 결절지 등 공급자 중심의 지정 요건을 규정하고 있어, 제도 도입취지와 달리 민간의 창의성 제약
사업성	• 전체 연면적 중 주거 비율이 40%로 제한되어 있어 사업성 확보에 제약
민간 참여유인	• 민간기업도 입지규제최소구역 제안이 가능하나, 개발사업과 연계되지 않아 제안 실익이 적음(그간 지정된 5곳 중 민간제안이 1건도 없음) • 공공선정부지와 민간선호부지의 불일치

출처: 국토교통부, 2023.1. 도시계획 혁신 방안

도시혁신구역은 지방자치단체와 민간이 도시계획 규제 없이 창의적인 개발을 할 수 있도록 토지 및 건축 용도에 제한을 두지 않고 용적률과 건폐율 등을 지방자치단체가 자유롭게 정할 수 있는 구역이다. 도시혁신구역은 입지규제최소구역의 운영과정에서 나타난 한계를 극복하기 위해 구역 지정요건을 완화하고, 민간이 구역 지정을 제안하는 경우 도시개발구역 지정을 의제하며, 제안자에게 사업시행 자격을 부여하는 등 민간 참여를 높이기 위한 방안을 보완하였다. 입지규제최소구역은 지정요건을 한정하고 있었으나 도시혁신구역은 도시공간의 창의적이고 혁신적인 개발이 필요하다고 인정되는 지역이면 어디에나 지정이 가능하기 때문에 민간이 선호하는 도심 내 유휴부지 등에도 지정이 가능하다.

도시 내 혁신적 공간 조성을 위해 기존의 지정요건을 폐지하고, 창의적 계획이 필요한 지역에 자유롭게 지정할 수 있도록 하여 대상 지역에 제한을 두지 않는 방향으로 대상지역 제한을 없애고, 토지의 용도와 밀도(용적률 및 건폐율)는 보다 자유롭게 계획하며, 민간 사업성 제고를 위해 전체 연면적 중 단일용도 비율(60 → 70%)과 주거용도 비율(40 → 50%+a) 제한을 완화하되, 단일용도 고밀개발 등 악용방지를 위해 적정한 상한선을 유지할 예정이다. 국·공유부지에서는 사권(私權) 설정이 제한되어 민간 활용이 불가능한 점을 감안하여 국공유재산 장기임차 허용 등 규제특례를 부여하는 방안을 추진할 예정이다.

지정절차에서 지자체가 공간재구조화 계획(제도신설)을 수립하여 구역을 지정하고, 남용 방지를 위해 공간재구조화계획은 중앙도시계획위원회의 심의를 거치도록 하고, 민간참여 활성화를 위해 민간이 제안하는 경우 도시계획구역 지정을 의제 처리하고, 제안자에게 시행자격을 부여하여 즉시 착수가 가능하도록 할 계획이다. 본 사업방식으로 인해 철도정비창 등 민간이 선호하는 도심 내 유휴부지 등에 업무, 호텔, 주거, 병원, 공원 등 고밀 융복합 개발이 활발하게 이루어질 것으로 기대된다.

그림 2-2 싱가포르 마리나베이 개발 전(좌), '화이트 존' 도입·개발 후(우)

출처: marina-bay.com

3.3 복합용도구역[2]

기존에는 도시관리 목적에 따라 주거·상업·공업 등 용도지역을 지정하고, 그에 맞게 설치 가능한 시설과 밀도를 각기 다르게 허용하고 있었으나, 기존의 도시계획 제도로는 근로자들의 근무형태가 원격근무, 워케이션 등으로 다양화되어 가고 주거지역 내 거점 오피스, 융복합 신산업 단지 등이 생기는 시대상을 반영하기에는 한계가 있었다. 예를 들어, 주거지역에서 직주근접의 형태로 개발하고 싶은 시행자가 있어도 주거지역에는 업무시설이 제한되고, 상업지역에는 아파트가 제한되는 등 한계가 있었다.

이러한 사항을 개선하기 위해 직주락(職住樂, Live-Work-Play)이 융합된 '복합용도구역'을 도입하게 되었으며, 노후·쇠퇴 등으로 기존 용도지역의 변화가 필요하나, 전면 재개발보다는 점진적·융합적 전환이 필요한 지역에 적용된다. 토지이용은 복합용도계획(기능별 비율, 배치 등)을 적용하여, 기존 용도지역의 변경 없이도 타 용도시설 설치 허용하고, 밀도의 경우 주변과 조화로운 경관, 복합화 촉진 등을 고려하여 기존 용도지역의 용적률 범위 내에서 적용될 것이다. 공업지역에도 주거·상업지역 시설 설치가 가능하고, 주거지

2 국토교통부(2023.1), 「도시계획 혁신 방안」

역에 상업지역 시설 설치가 가능하게 계획될 예정이다. 아울러 임대주택 등 공공사업을 추가 시에는 단일용도 70% 상한, 주거는 50%+a 비율이 적용될 예정이다.

그림 2-3 복합용도구역 적용 예시

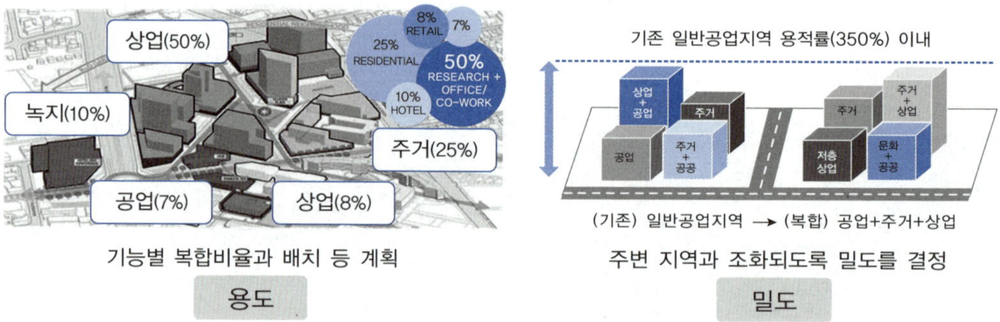

출처: 국토교통부(2023.1), 「도시계획 혁신 방안」

지정절차는 지자체가 도시공간 재구조화 계획(제도신설)을 수립하여 구역을 지정하되, 제도의 남용방지를 위해 공간재구조화계획은 중앙도시계획위원회 심의를 받게 된다. 본 사업방식을 통해 노후 공업단지, 쇠퇴 구도심 등을 직주근접 수요에 부응하는 업무·상업·문화·주거 복합지역으로 점진적 전환에 활용하기 위함이고, 특히 영세 제조업자가 많아 전면 재개발이 곤란하고, 제조업 기반 유지를 위해서는 비산업 용도로의 변경도 여의치 않기 때문에 점진적인 공업지역 복합 정비를 위해 복합용도구역 활용이 절실하다.

그림 2-4 복합용도구역 유사 사례: 미국 보스턴 혁신지구

출처: boston.com

복합용도구역의 유사 사례로는 미국 보스턴 혁신지구가 있으며, 기존 용도지역에 유연성을 부여하는 복합용도지구를 1997년에 도입하여 주거, 상업, 준공업이 혼합된 지구를 형성하였다. 2000년부터 항만 물류창고 등을 주거, 업무, 공공·문화시설, 공원으로 구성된 수변지역으로 복합용도 재개발이 진행 중이다.

복합용도구역은 주거·업무·여가 등 다양한 도시기능이 융복합된 공간을 조성하기 위해 기존 용도지역을 변경하지 않고도 타 용도의 시설 설치가 가능한 구역이다. 복합용도구역으로 지정되면 주거지역에 업무시설을 설치하는 것이 가능해진다. 쇠퇴하고 노후한 지역의 경우 전면 재개발을 통해 용도지역을 변경할 수도 있지만, 도심의 노후 공업지역은 영세 제조업자가 많아 전면 재개발이 어렵다. 복합용도구역은 이처럼 전면 재개발이 불가능하여 점진적 정비가 필요한 곳에 지정하며, 밀도는 기존 용도지역의 용적률 범위 내에서 결정된다.

3.4 입체복합구역[3]

기존에는 체육시설·공원·터미널 등 도시계획시설은 입지조건이 우수함에도 규모·입지·용도 제한 등으로 단일·평면적 활용에 그쳐서 2022년 8월 기준 도시계획시설 중 중복 입체결정된 비율은 3.5%에 불과한 실정으로 일상 공간에서 문화·여가 등 복합적인 공공서비스 수요 증가에 대응하기 어려운 실정이었다.

이를 개선하기 위해 도시계획시설을 융·복합 거점으로 활용하도록 입지가능지역 확대, 밀도 완화를 위한 도시계획시설 입체복합구역을 도입하였다. 입체복합구역은 국민편의 제고와 지역경제 활성화 등을 위한 경우에 적용하고 무분별한 남발 방지를 위해 세부 지정요건은 국토교통부 지침에 규정될 예정이다. 토지이용과 관련해서는 용도지역에 따라 각종 시설 설치가 제한된 도시계획시설을 도시계획위원회 심의를 거쳐 복합화를 허용하기로 했다. 기존 용도지역에서 입지가 제한된 시설은 종합의료시설, 전시장 및 국제회의시설, 체육시설, 유원지 등 14종인데, 입지완화 예시로 전용주거지역에는 체육시설만 허용되지만 종합의료시설도 설치 가능하게 하고, 이 경우 도시계획시설과 다른 시설의 복

3 국토교통부(2023.1), 「도시계획 혁신 방안」

합 촉진을 위해 밀도를 1.5~2배로 상향하고, 민간참여 활성화를 위해 국·공유재산 장기 사용 특례를 부여할 수 있다.

입체복합구역은 도시·군관리계획의 수립 또는 변경을 통해 지정하게 되며, 기대효과로는 도로·철도 지하화 후 상부복합개발, 공공청사·주택·종합의료시설 복합조성 등 기반시설 입체복합화가 가능하게 된다.

그림 2-5 적용예시: 노후청사 복합개발(좌), 역세권 복합개발(우)

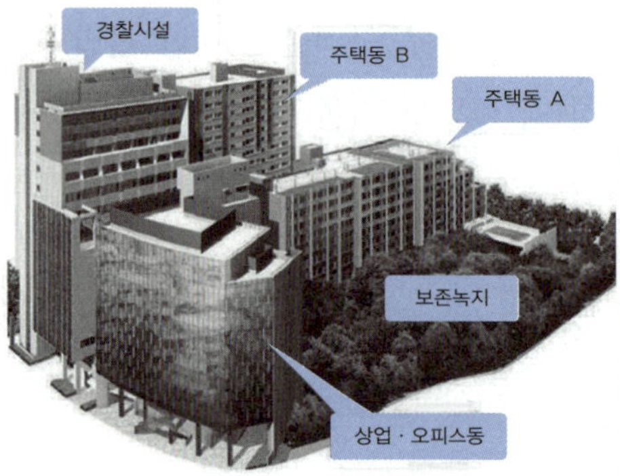

출처: 국토교통부(2023.1), 「도시계획 혁신 방안」

3.5 N분 생활권 조성[4]

도시 전체 계획을 총괄하는 도시기본계획과 사업지를 대상으로 구체적인 용도에 맞는 효력을 발생시키는 집행계획인 도시관리계획 사이에는 간극이 존재해왔다. 이러한 간극을 좁히는 일환으로 생활권계획이 2014년 도시기본계획 수립지침에 근거가 마련되었다. 최근 「국토계획법」 개정(2024.2.6.) 및 시행(2024.8.7.)에 따라 「국토계획법」 제192조의2(생활권계획 수립의 특례)에 생활권 계획 수립할 수 있는 근거는 마련되었다.

기본계획상 부문 계획인 '생활권계획을 제도화'하는 것으로서 수립범위는 실질적인 경제·사회 활동이 이루어지는 단위로 구분하고, 생활권 단위 도시관리가 필요한 지자체가 수립하는 것이며, 의무적으로 수립하는 것은 아니고, 필요시 행정구역 경계를 넘는 광역

4 국토교통부(2023.1), 「도시계획 혁신 방안」

생활권계획 수립도 가능하도록 규정할 예정이며, 계획내용으로는 권역내 개발방향, 생활인프라, 밀도·높이 관리방안 등 생활권 중심의 도시 발전을 위한 공간계획 수립, 이와 관련된 수립지침은 별도 마련할 것이다. 도시·군기본계획의 주요내용을 생활권 단위로 구체화하여 제시하고, 관리계획에 생활권 단위의 공간관리 방향성을 제시할 계획이다. 계획 특례로는 현재 기본계획을 통해 계획인구 및 시가지개발물량의 총량과 배분 통제하고 있으나, 생활권계획에 조정 기능을 부여하여 생활권 계획이 도시기본계획을 보완하는 같은 위계의 계획적 성격을 가지게 되며, 예시로 기본계획상 계획인구는 정주인구 기준으로 산정되지만, 생활권계획을 통한 인구 조정 시 관광·산업 등 생활인구까지 고려할 수 있도록 개선될 예정이다.

그림 2-6 생활권 도시계획 적용예시: N분 도시

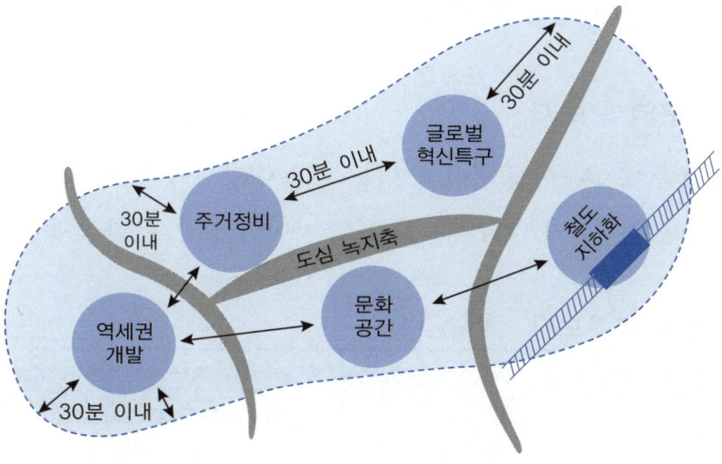

출처: 국토교통부(2023.1), 「도시계획 혁신 방안」

3.6 도시계획 혁신 방안의 기대효과

도시공간 혁신을 통해 다양한 도시 모습이 나타날 것으로 예상된다. 기존의 주어진 틀에 박힌 도시개발에서 벗어나 도시계획을 유연하게 적용하여 뉴욕 '허드슨 야드', 싱가포르 '마리나 베이', 일본 '롯폰기 힐스' 등과 같은 창의적인 랜드마크 조성의 토대를 마련하게 된 것에 의미가 있다. 도시계획에서 민간의 제안을 폭넓게 허용하고, 대폭적인 규제 완

화를 통하여 민간이 개발 역량을 최대로 발휘 가능하도록 지원하고, 고밀복합 개발에 의한 개발이익은 공공기여를 통해 지역에 환원하는 방식이다.

경제사회 여건 변화에 신속 대응하는 도시계획으로 전환하여 도시개발 추진 시 공간재구조화계획을 통해 도시계획 수립·변경에 소요되는 기간을 단축하여 신속한 공간구조 재편이 가능하도록 제도적으로 지원하게 되었다. 기존의 도시기본계획의 수립기준이 20년(5년마다 재검토)이고, 도시관리계획은 5년마다 재검토하였지만, 앞으로 공간재구조화계획은 수시로 수립 가능하게 되어 있어 도시 기능 변화에 능동적으로 대응할 수 있다.

또한 생활권 단위 계획수립을 통하여 삶의 질과 지속가능성을 제고하고, '내가 사는 곳'에서 경제·생활 여건이 충족되어 삶의 질을 제고하고, 도시에서의 이동시간을 단축하는 방향으로 도시계획을 수립할 수 있는 근간이 마련되었다.

3.7 공간혁신구역 후보지 선정 사례

1) 도시혁신구역 후보지

도시혁신구역 후보지는 여섯 곳이다. 이중 '서울시 양재역'은 서울과 서울 동남쪽 신도시를 이어주는 교통거점이자 강남역, 신논현역 사이의 상업, 문화의 축을 연결하는 곳이

표 2-6 도시혁신구역 후보지

지역(6곳)	개발 구상(안)
서울시 양재역	GTX, 광역버스환승 등 교통요지로 서초구 청사와 환승센터 복합개발
서울시 김포공항역	드론 등 미래형 교통허브, 복합환승센터 구축
서울시 청량리역	일자리 지원·청년주거·문화시설 등을 복합한 광역환승 거점 조성
양주시 덕정역	GTX-C 환승센터와 연계한 주거·상업·업무·문화 복합공간 조성
광명시 KTX역	KTX 광명역 주차장 부지 등에 컨벤션센터, 상업·업무시설 조성
의정부시 역전근린공원	복합환승센터, 교육연구·업무시설, 청년임대주택, 컨벤션센터 등 조성

출처: 국토교통부(2024.7.1), 보도자료

기도 하다. '서울시 김포공항역'은 서울시 도시기본계획 2040과 인천시 도시기본계획 2040에서도 연계되는 곳으로 서울서북부, 인천의 경제축과도 연결되는 핵심 거점이기도 하다. 현재 이렇게 중요한 사업지가 단순 노외주차장으로 이용되고 있는 실정이라서 미래형 교통체계 및 복합환승센터 구축을 계획 중이다.

도시혁신구역 선도사업 후보지 중 양재역 복합환승센터와 김포공항역 복합환승센터를 살펴보자. 양재역 복합환승센터는 인구 밀집 및 산업·경제활동 중심지로 고도화가 필요한 교통거점으로 3호선, 신분당선, GTX의 트리플 역세권에 건물 상부의 UAM 존(Zone)과 지하의 광역버스환승 공간을 더하면 서울의 주요 교통거점이 될 것이고, 서울도시기본계획 2040에 양재, 삼성, 수서·문정을 잇는 미래융합 혁신축으로 계획되어 있다.

김포공항역 복합환승센터 계획은 김포공항을 도쿄 하네다공항이나 싱가포르 창이공항 등 모빌리티 중심의 미래 첨단산업 클러스터를 갖춘 산업거점으로 개발한다는 구상이다. 김포공항을 기존 공항 인프라와 UAM 이착륙장·S－BRT(간선급행버스) 등 신규 복합환승시설을 연계한 모빌리티 첨단산업 클러스터로 확대한다는 구상으로 서울특별시 서부, 경기도 서부, 인천광역시 동부를 하나의 산업, 문화 벨트로 연결하는 거점이 될 것이다.

그림 2-7 양재역 환승센터 단면도(좌), 김포공항역 환승센터 조감도(우)

출처: 서울특별시

2) 복합용도구역 후보지

도시 확장, 주변 여건 변화에 따라 기존 시설의 이전이 필요한 곳이나, 산업구조 변화 등을 반영하여 새로운 기능 조성이 필요한 지역이 다음과 같이 복합용도구역 후보지로 선정되었다.

표 2-7 복합용도구역 후보지

지역(6곳)	개발 구상(안)
서울시 독산공군부대	기존 군부대를 압축 배치하고, 첨단산업·주거·복합업무시설 등 조성
부산시 영도구 청학동 일원	노후 공업지역에 주거·상업·업무·문화복합 거점 조성
인천시 인천역	인천역 인근 구도심에 주거·관광·문화·청년창업시설 등 복합개발
청주시 교직원공제회	청주 원도심에 청년특화공간, 문화·산업·업무 공간 조성
상주시 시청 부지	시청 이전 후 남은 부지에 주거, 문화 등을 고밀·복합하여 원도심 재생
양산시 부산대 양산캠퍼스	대학교 유휴 부지에 주거·연구·산업 복합단지 조성

출처: 국토교통부(2024.7.1), 보도자료

3) 입체복합구역 후보지

기반시설을 복합 활용하거나, 민간의 창의적 개발을 유도할 수 있는 지역이 다음과 같이 도시계획시설 입체복합구역 후보지로 선정되었다.

표 2-8 복합용도구역 후보지

지역(4곳)	개발 구상(안)
부산시 금사산업 혁신플랫폼	노후공업지역에 의류 R&D센터, 청년주택 등 복합개발
대전시 반석역 환승주차장	환승주차장 시설에 청년임대주택과 주민편의시설 복합
울산 언양 임시버스터미널	주차장 시설에 청년임대주택, 창업지원시설 등 복합
통영시 신아조선소	폐조선소 일대에 관광·상업·업무 복합시설, 문화공원 등 조성

출처: 국토교통부(2024.7.1), 보도자료

제 2 편

도시개발의 절차

제3장

도시개발의 구상과 기획

제1절 개발구상

1.1 개발의 목표와 전략

도시개발의 목표는 개발주체에 따라 달라지며, 공공에서 추진하는 도시개발사업의 목표는 시민 편익 증진으로 주거, 교통, 공원, 교육, 치안, 소방 등의 공공서비스를 강화하는 데 중점을 두고 관리하며, 민간에서 추진하는 사업들은 사업을 통한 수익 극대화를 목표로 하고 있다.

최근의 민간 개발사업에서 사업성 개선을 위해 인허가 단계에서 용적률 상향을 목적으로 하여 일정 비율의 임대주택을 수용하거나, 공공보행통로를 개설하는 등 일부 공공성을 반영하고 있다.

공공개발사업의 경우도 여러 지역에 지속적으로 개발사업을 추진하기 위해서는 한정된 국가 재원을 효율적으로 사용하여야 하며, 시민복리를 위한 사업을 추진하더라도 사업비 관리 등에 신경을 써야 한다.

그림 3-1 전략수립 시 고려사항

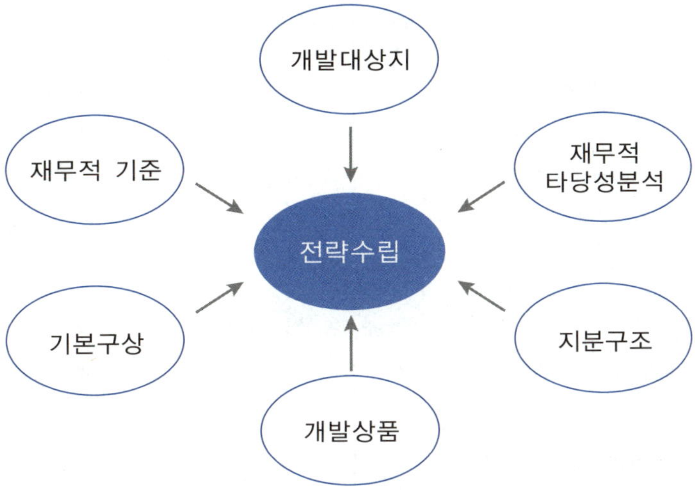

출처: 대한국토 · 도시계획학회, 도시개발론, 2008

<그림 3-1>은 개발전략을 수립할 때 고려해야 할 주요 요소를 표현한 것이다. 개발대상지의 분석에는 사업 부지를 포함한 인근 지역의 기반시설, 부지경계선, 지형, 지세, 공법상 규제, 토지이용계획 등이 포함된다. 재무적 기준은 자금조달의 지분구조, 현금흐름, 사업 준공 후 매각 또는 보유 여부 등에 대한 일정과 자금 시재 등을 고려한다. 재무적 타당성분석은 개발의 목표, 전문가의 의견, 입지, 시장분석, 경쟁시설 분석, 분양 가능성, 개발팀의 의견, 재무적 타당성분석, 사전기획, 트렌드, 디자인, 개발기본계획 등의 종합적인 분석이 요구된다. 기본구상은 사회적 목표, 재무적 목표, 비즈니스 계획 등이 포함된다. 지분구조는 가장 합리적인 투자구조를 갖추기 위해 단순 주식회사, 부분투자자, 입주자 수요, 재무적 투자자, 일반주주, 창업투자회사 등 다양한 재무적 투자형태를 검토하여야 한다. 최종 단계인 개발프로젝트는 주거용, 업무용, 상업용, 숙박용, 산업용 등과 혼합개발 등 여러 형태로 진행되며, 개발사업 추진 시 상기의 고려대상은 거의 동시에 추진되며, 상호 보완적 구조로 추진된다.[1]

1 대한국토·도시계획학회(2008),「도시개발론」, 보성각, pp.141－142

그림 3-2 이상적인 개발 조직(Ideal Development Team)

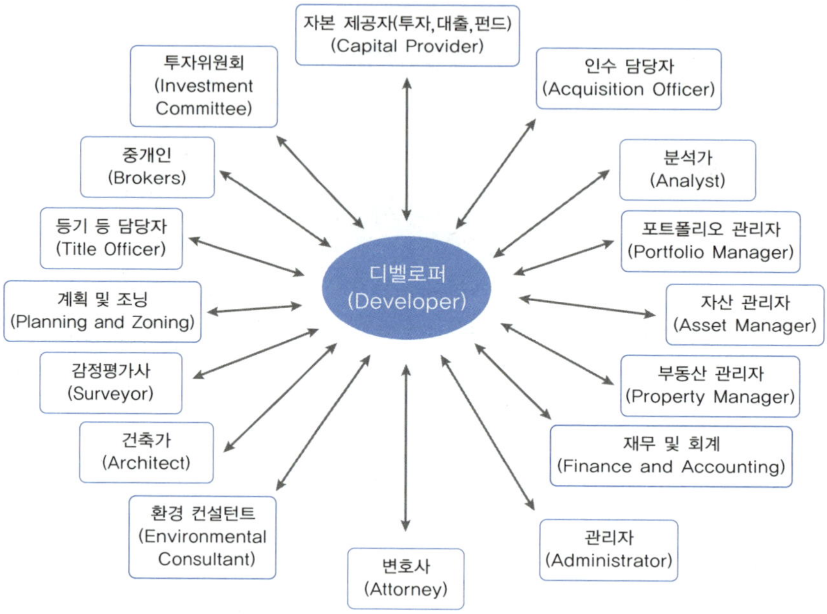

출처: STEPHEN P. PECA(2009), 「Real Estate Development and Investment」, John Wiley & Sons

그림 3-3 현실적인 개발 조직(Realistic Development Team)

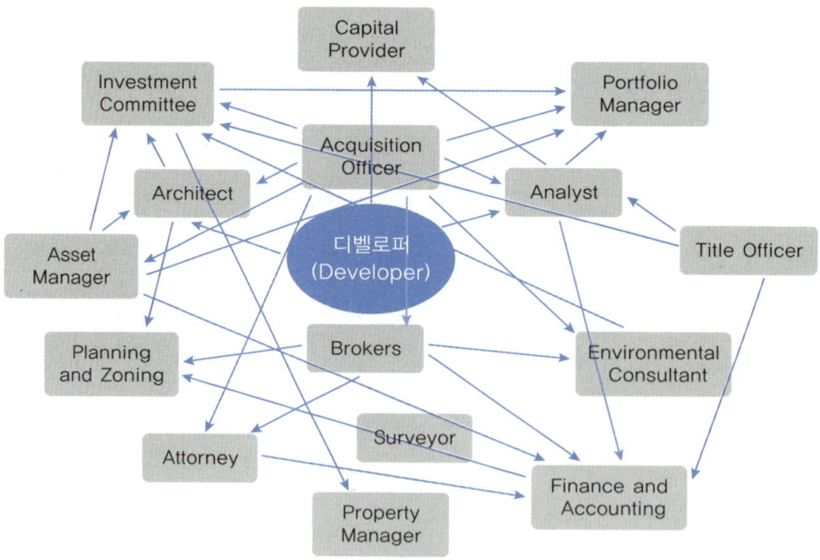

출처: STEPHEN P. PECA(2009), 「Real Estate Development and Investment」, John Wiley & Sons

개발 시행자(Developer)는 <그림 3-2>에서와 같이 개발사업에 참여하는 다양한 참여자들을 이상적으로 조율하고 싶어 하지만 현실의 개발사업에서는 <그림 3-3>에서 보듯이 각 분야별 주체들이 동시다발적으로 연결되며 업무가 진행된다. 그만큼 개발 시행자의 경험과 여러 사업 참여 주체들의 분쟁 조정 역할이 더욱 중요해지는 이유이기도 하다.

개발구상 단계에서 이와 같은 다양한 요인들을 고려하여 개발사업 실시 여부를 결정하는 과정을 <그림 3-4>와 같은 절차를 거치게 된다. 첫 번째로 개발 시행자는 사업 검토 부지를 평가하여 부지의 특성과 개발 가능성 등을 면밀히 검토하고, 재무적 제약 요인, 시장 정보, 제반 상황, 규제사항 등 다양한 요소를 고려하여 프로젝트의 타당성을 평가하게 된다. 두 번째로는 전략적 검토단계로 경제적 타당성을 평가하기 위한 재무 분석이 수행되고 비용, 잠재적 수익, 전반적인 재무 상태 등을 평가하게 된다. 이때에 프로젝트의 경제적 안정성을 확인하는 데 중점을 두는 것과 동시에 프로젝트 설계 검토가 이루어지게 된다.

이후에 재무 및 공사비 등을 조율하여 초기 계획이 수립되게 된다. 이를 바탕으로 세부적인 계획수립과 비용 산정이 이루어진다. 이 단계에서 공사비가 추정되고, 필요에 따라 초기 계획의 실행 가능성을 재평가하고 재검토가 이루어질 수 있다. 자금 조달 계획은 초기 계획이 확정된 후에 이루어지며 개발 시행자는 건설금융, 운영금융, 자기자본을 확보하는 과정을 통해 프로젝트를 실행할 수 있는 재정적 기반을 마련하게 된다. 이러한 자금 조달 계획은 프로젝트의 시작과 완료에 필수적이고, 신중한 준비가 필요하다. 마지막으로, 프로젝트의 모든 측면이 설계에서 자금 조달까지 일치하고 실행 가능하다는 것을 확인하기 위해 최종 점검을 하게 된다. 이 단계에서는 프로젝트의 모든 요소를 반영하였는지 확인하고, 필요할 경우 마지막 재검토 및 수정 작업이 이루어진다. 모든 점검을 통과하면, 최종적으로 "진행결정"이 내려지게 된다. 이 결정에 따라 확약 과정을 거쳐 공사 도면 준비와 공사 착수로 이어진다. 이러한 과정은 반복적이고 다양한 이해관계자들이 참여하게 되며, 철저한 조정과 신중한 검토를 통해 프로젝트의 위험을 최소화하고 성공 가능성을 높이는데 기여하게 된다. "진행결정(Go Decision)"을 내리기까지의 과정은 부동산 개발의 전반적인 성공을 좌우하는 중요한 단계로, 각 단계에서의 철저한 검토와 준비가 필수적이다.

그림 3-4 진행결정(The Go Decision)

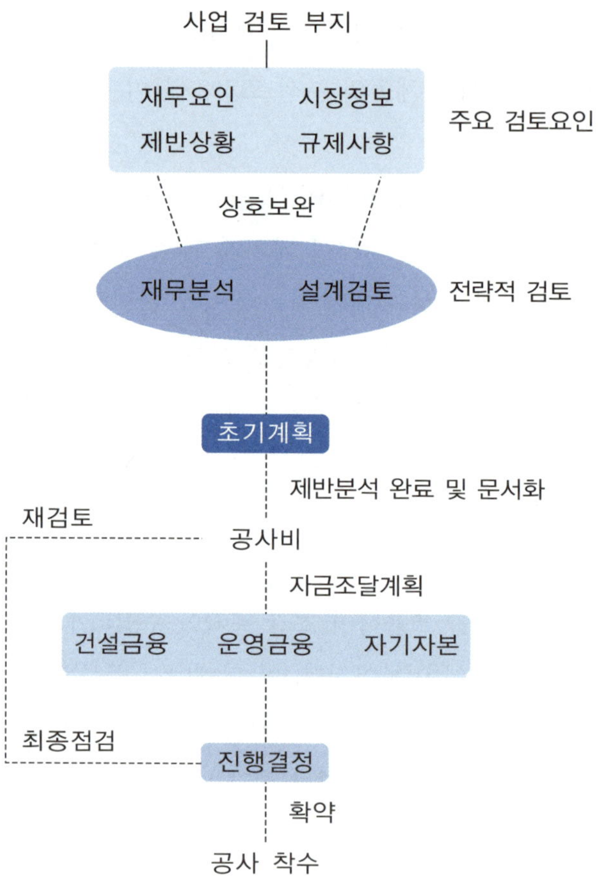

출처: Richard B. Peiser and David Hamilton(2012), 「Professional real estate development: the ULI guide to the business」, Urban Land Institute

1.2 경제 여건 검토

1) 부동산 시장 사이클

전반적인 개발구상은 전형적인 부동산 사이클을 고려해야 하며, 부동산 경기의 현 단계가 확장, 공급과잉, 침체, 회복 단계 중 어느 단계에 있는지를 파악하고 단계별 위험요인과 대응방안을 강구하여야 한다. <그림 3-5>는 일반적인 부동산 사이클을 보여주고 있으며, 각 단계별 주요 특징이 기술되어 있다. 부동산 사이클 중 1단계 확장기에는 활발한 건설 활동이 이루어지며, 점유율이 지속적으로 상승하고, 시장 성장과 낙관적인 전망이 특징이다. 2단계 공급과잉기에는 건설이 계속됨에 따라 시장에는 공급이 과잉되고, 이로 인해 점유율이 감소되기 시작하며, 임대료는 상승 없이 정체되는 시기이다. 3단계 침체기에는 새로운 건설 프로젝트 착공은 없으나, 확장기에 시작된 프로젝트들이 계속해서 시장에 나오면서 기존의 과잉공급에 더해지게 되고, 이는 점유율과 임대료가 모두 감소하게 되고, 시장에서는 임대료가 감소된 물량을 흡수하는 과정을 거치게 된다. 4단계 회복기에는 새로운 건설 프로젝트가 많지 않으며, 시장이 점차 안정화되고, 과잉공급이 점차 흡수되면서 점유율과 임대료가 다시 상승하기 시작하는 단계이다. 각 단계는 다음 단계에 영향을 미치며 시장상황, 금리, 소비자 구매의향 등과 같은 다양한 요인의 영향을 받으며, 이러한 주기를 잘 파악하여 개발사업에 고려해야 한다.

그림 3-5 전형적인 부동산 시장 사이클(Typical Real Estate Market Cycle)

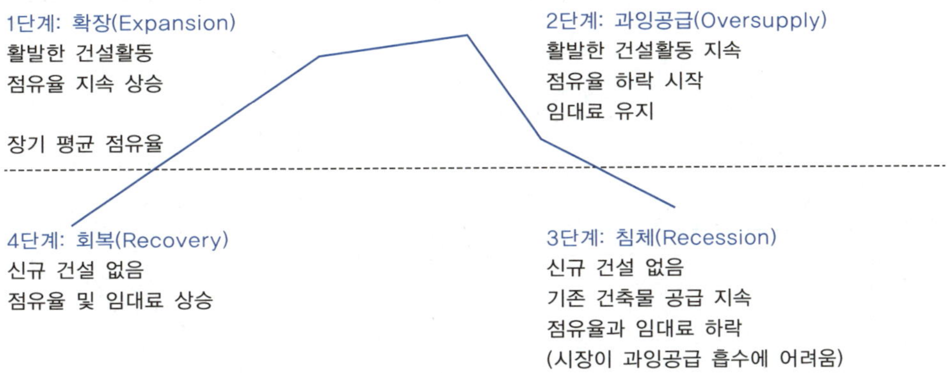

출처: Nathan S. Collier, Courtland A. Collier et al.(2008)

2) 장기파동 이론

앞서 살펴본 부동산 시장 사이클이 지역 단위 또는 국가 단위의 경제규모에서 일어나는 전형적인 부동산 시장 사이클로 볼 수 있으나, 보다 장기적이고 국제 통상 규모의 흐름을 설명하기에는 한계가 있는데, 이를 보다 거시적인 관점에서 설명하는 이론이 장기파동 이론(Long Wave Theory)이다. 장기파동 이론을 연구한 여러 경제학자들이 있지만 대부분 이론적인 연구에 치중한 반면 콘드라티에프(Nikolai Kondratiev)는 경험적인 연구를 했는

데, 그는 1925년에 발표한 「장기 순환파동(The Long Wave Cycle)」이라는 논문에서 1790년부터 1920년 사이의 일차산품(一次産品) 가격, 금리, 임금, 무역, 석탄의 생산량과 소비량, 저축, 금의 생산량 등에 관한 경제적 자료는 물론 정치적 사건도 정리해보고 나서 48~60년 주기의 장기파동이 존재한다는 결론을 내렸다. 그의 이러한 주장은 당시에는 별로 주목을 받지 못하였는데 이후 1935년에 슘페터(Joseph Schumpeter)가 「경제통계평론(The Review of Economic Statistics)」에 '경제변화에 대한 분석'이라는 제목의 글에서 콘드라티에프가 주장한 장기순환파동을 '콘드라티에프 파동(Kondratiev wave)'으로 명명하면서 주목을 받기 시작했다.

슘페터는 혁신과 산업의 선도부문이 기존의 지배적인 산업을 밀어내고 장기적인 상승파동을 이끌어낸다고 주장하였으며, 비유적으로 "마차의 수를 아무리 늘려도 기차가 될 수 없다"고 설명하였다. 슘페터는 경기순환 파동을 장기의 콘드라티에프 파동(Kondratiev wave), 중기의 쥐글라 파동(Juglar cycle),[2] 단기의 키친 파동(Kitchin cycle)[3]으로 분류했다.

그림 3-6 슘페터의 장기·중기·단기 파동

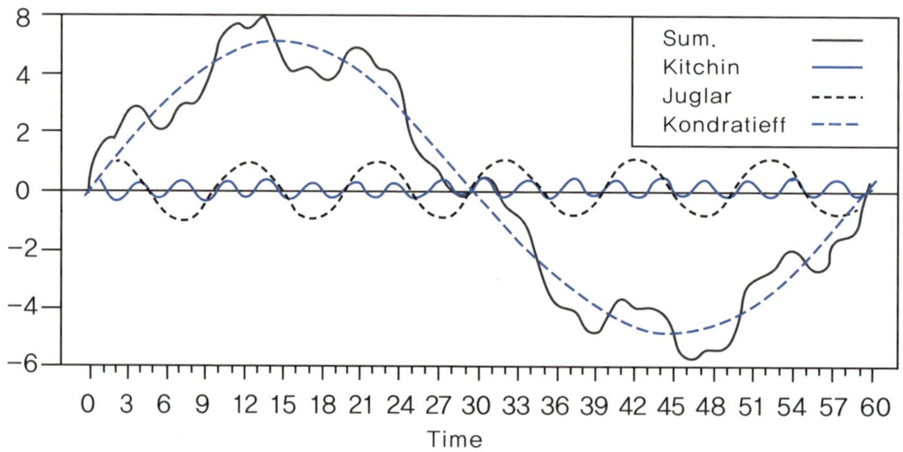

출처: Schumpeter, Joseph A.(1939). p.213

2 프랑스 경제학자 '쥐글라'는 금리, 차입금 등을 분석하여 7~12년 주기의 설비투자 사이클(equipment investment cycle)을 주장하였다.

3 영국의 사업가이자 통계학자인 '조셉 키친(Joseph Kitchin)'은 미국과 영국의 이자율과 기타 데이터를 분석하여 약 40개월의 짧은 경기 주기를 발견했는데, 주요 요인을 '상품 재고' 요인으로 파악하였다.

또한 1930년대 초에는 이 세 가지 파동의 곡선이 동시에 하락했고, 이것이 대공황의 원인이 되었다고 지적했다.[4]

표 3-1 콘트라티예프 장기순환 파동

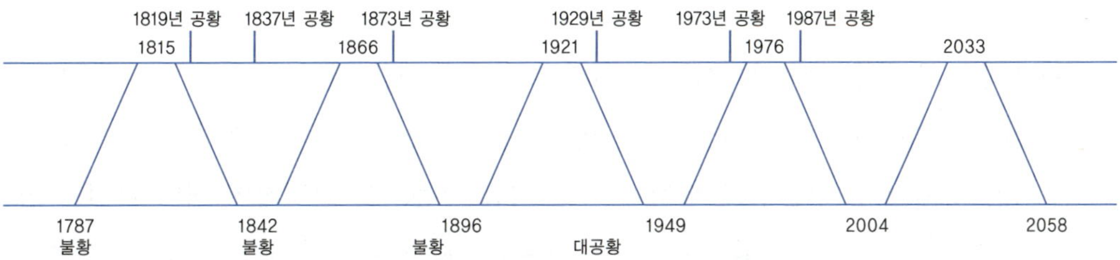

구분	제1파동 (1787~1842)	제2파동 (1842~1896)	제3파동 (1896~1949)	제4파동 (1949~2004)	제5파동 (2004~2058)
상승기	1780년대 후반부터 1810~1817년까지	1840년대 후반부터 1870년대 전반까지	1890년대 전반부터 1914~1920년까지	1940년대부터 1970년대까지	1995~2004년부터 2025~2035년까지
하락기	1810~1817년부터 1840년대 후반까지	1870년대 전반부터 1890년대 전반까지	1914~1920년부터 1940년까지	1970년대 후반부터 2000년대 초반까지	2025~2035년부터 2055~2065년까지
주요 산업 및 특징	운하·도로·다리 건설, 미국의 세계시장 진입, 새로운 발명의 제조업 적용(산업혁명)	미국의 철도부설, 캘리포니아와 호주의 금 발견	전기, 화학, 통신, 자동차 산업의 발달	전자제품, 우주항공산업 발달, 소비자주의 대두, 보건의료, 레저 등 서비스 산업의 발달	중국, 동유럽, 러시아 등의 시장 개방, 통신, 정보기술 등의 발달

출처: Marc Faber(2020), 「내일의 금맥」, 구홍표·이현숙 역, 필맥, p.176

4 Marc Faber(2020), 「내일의 금맥」, 구홍표·이현숙 역, 필맥, p.177 참조

제2절 개발여건 분석

2.1 입지분석

입지분석은 부지의 최대 가치를 이끌어내기 위해 부지를 면밀히 분석하는 타당성분석 중 가장 먼저 실시하게 된다. 입지분석은 크게 두 가지 유형으로 나누어 볼 수 있다. 첫째, 특정 부지가 정해진 상태에서 그 부지에 가장 적합한 용도를 결정하여 최대 가치를 창출

표 3-2 사업부지 입지 분석 방안

구분	조사항목	조사방법
물리적 여건	• 지형, 지질 등 자연특성 분석 • 부지의 일반적인 특성 분석 • 전력, 가스 등 기반시설 특성 분석	• 현장조사 • GIS 조사
지리적 여건	• 초·중·고 통학거리 및 학원가 현황 • 대중교통 현황(전철, 버스 거리 등) • 쇼핑, 공공시설과의 거리 및 접근성 • 주거의 쾌적성, 조망권 등 • 신축 상황 및 나대지 현황 • 경제시설, 보완시설	• 현장조사(사진 촬영) • 지적도, 노선도 • 정밀지도 이용
분양 여건	• 업종 분포/특성 및 공공시설 등 확인 • 상권의 성쇠 상태, 발전가능성 • 임대현황(주요빌딩 현황, 임대료, 공실률)	• 현장조사 • 전문지 등 자료 이용
법적·제도적 여건	• 도시계획 등 확인 • 재건축 관련 규제 등 확인	• 문헌조사 • 인터넷 조사(최신 자료)
경제적 여건	• 일반 경제지표 등 확인 • Lifestyle 변화 등 확인	• 문헌조사 • 인터넷 조사(최신 자료) • 현장조사
기타 여건	• 부지 내 사권설정(전세권, 지상권, 저당권, 임차권 등) 여부 확인 • 토지 수용 시 무연고 묘지 등 확인	• 현장조사 • 인터넷 조사(최신 자료)

출처: 저자 작성

하는 방식이다. 둘째, 개발사업자가 특정 사업을 염두에 두고 그에 적합한 최적 입지를 갖춘 대상부지를 찾는 방식이다. 입지의 특성은 물리적 요인, 지리적 요인, 법·제도적 요인 및 경제적 요인 등으로 구분할 수 있다.

또한 입지분석은 사업 유형(상업시설, 주거시설, 공업시설, 레저시설 및 신도시 개발 등)에 따라 조사항목과 조사방법이 달라지며, 일반적인 주거 및 상업시설의 입지는 [표 3-2]와 같이 살펴볼 수 있다.

2.2 물리적 여건 분석

개발대상 지역의 지형, 지질 등을 분석하는 자연특성분석, 사업대상지의 일반적인 특성을 분석하는 토지공부(土地公簿) 분석과 전력·통신·상하수도·가스 등을 파악하는 기반시설 특성분석이 있다. 예를 들어, 평창올림픽 전 개발여건 분석 보고서를 보면 강릉시의 표고분석, 수계분석 및 자연경관 특성분석이 포함되었다.

그림 3-7 강릉시 물리적 여건(자연특성) 분석 예시

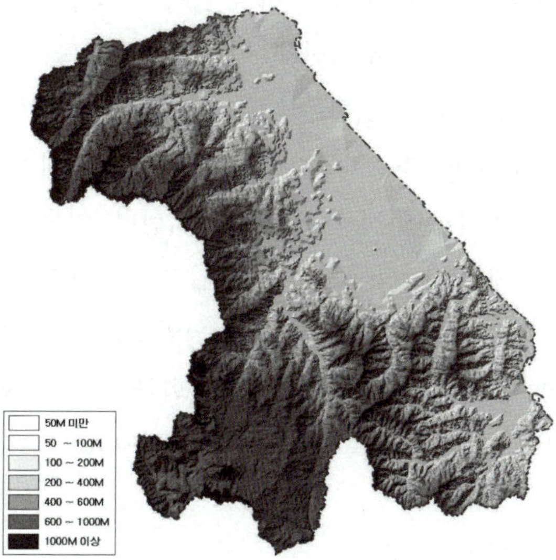

강릉시 표고분석도

강릉시 수계분석도

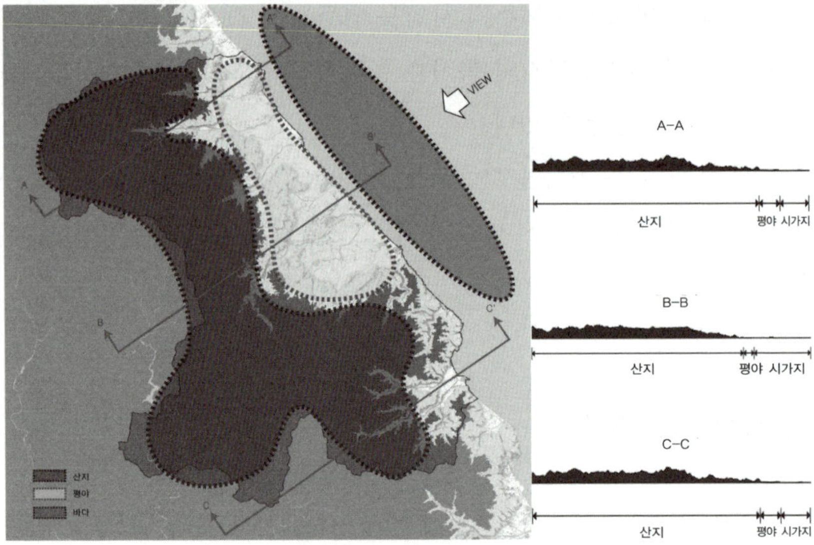

강릉시 자연경관 특성분석도

출처: 강원도(2012), 「2018 평창동계올림픽 대회관련시설 설치 · 이용 등에 관한 계획: 개발여건 분석보고서」

2.3 지리적 여건 분석

지리적 여건의 대상은 개발대상 지역을 포함하여 좀 더 넓은 지역 단위의 도시 또는 지역이며, 분석 방법은 지역특성분석과 접근성 분석이 이루어진다. 이는 개발 수요를 예측하는 기초가 되며, 개발의 유형, 규모, 개발방향 등을 설정하는 데 도움이 된다. 지역특성분석에는 인구, 인구구성비, 인구밀도, 인구증가율, 가구 수, 가구 구성원, 가구증가율, 학력수준, 직업, 거주형태, 소득수준, 생활환경, 역사·문화적 환경 등을 분석한다. 이를 통해 개발수요를 예측하는 중요한 단서를 확보하게 된다. 접근성 분석은 입지에서 가장 중요한 요인인 교통을 분석하는 것으로, 주요 간선도로, 차선 수, 폭, 속도, 일일교통량, 과밀지점 및 과밀도, 물리적 도로조건, 철도, 공항, 항만 등을 분석한다. 또한, 화물 수송과 관련한 사항도 포함하여, 사람과 화물의 움직임에 영향을 미치는 요인들을 분석한다.[5]

5 대한국토·도시계획학회(2008), 「도시개발론」, 보성각, pp.147－148

그림 3-8 강릉시가지 가로망(좌), 인문경관 특성분석도(우), 2012년 기준

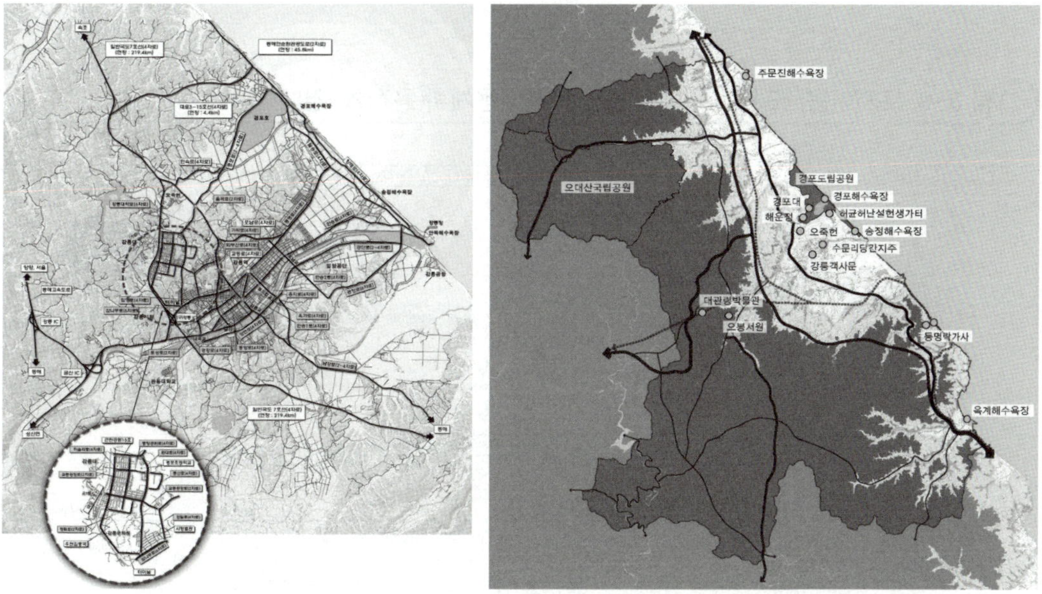

출처: 강원도(2012), 「2018 평창동계올림픽 대회관련시설 설치 · 이용 등에 관한 계획: 개발여건 분석보고서」

2.4 법·제도적 여건 분석

법적·제도적 여건은 개발 환경을 분석하는 데 있어서 중요한 역할을 한다. 개발의 가능성과 한계를 결정짓는 각종 법적 규제는 사업의 성공 여부를 좌우할 수도 있다. 예를 들어, 재건축 시장에서는 재건축 규제의 강도에 따라 시장이 위축되기도 하고 활성화되기도 한다. 재건축 대상 연한의 완화나 용적률 상향 조정과 같은 규제의 완화는 개발을 촉진시키는 반면, 재건축 조건 강화나 초과이익 환수제 등은 사업성을 낮추고 개발 수요를 줄이는 효과를 낳는다. 이러한 이유로 개발자는 해당 지역의 법적 규제와 제한 사항을 철저히 분석하고 이해해야 한다. 이는 사업의 기본 방향을 설정하는 데 필수적인 과정이다. 따라서 개발을 계획할 때 법적 여건을 충분히 검토하여, 예상되는 장애 요인을 미리 파악하고 대처 방안을 마련해야 한다. 이는 사업의 리스크를 줄이고 성공적인 개발을 이루기 위한 필수적인 절차라 할 수 있다.

도시개발과 관련된 주요 법적 규제에는 도시기본계획, 도시관리계획, 그리고 지구단위계획 등이 포함된다. 이러한 상위계획들은 개발 가능 여부를 결정하며, 특히 용도지역 지정, 건폐율 및 용적률 제한, 건축물의 높이 규제 등은 개발 방식에 큰 영향을 미친다.

그림 3-9 토지이음, 도시계획 자료(좌), 토지이용계획(용적률·건폐율)(우)

소재지	서울특별시 영등포구 여의도동 1		
도시계획도	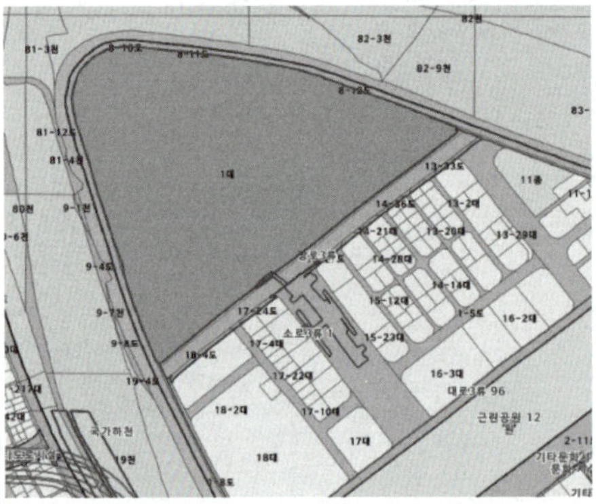		
범례	도시계획시설	광로1류(폭 70m 이상) 대로1류(폭 35m~40m) 중로1류(폭 20m~25m) 기타도로시설 근린공원 기타문화시설 기타하천시설	광로3류(폭 40m~50m) 대로3류(폭 25m~30m) 소로3류(폭 8m 미만) 기타철도시설 교통광장 국가하천
	지구단위계획구역	지구단위계획구역 차량출입불허구간	건축한계선 공동개발선(지정)

소재지	서울특별시 영등포구 여의도동 1

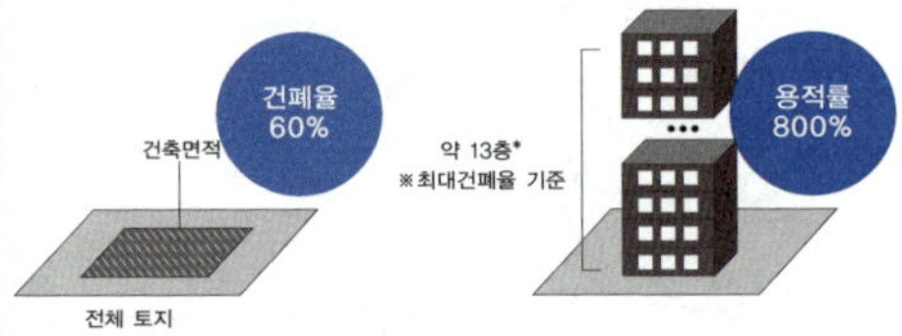

* 기재 층수(A) = 용적률(B) ÷ 건폐율(C)로 단순 계산된 수치이며, 건폐율을 달리하는 경우에는 층수가 변경될 수 있습니다.

전체면적	333,750m²
일반상업지역	334,710.2m²

※ 위 용도지역별 개별 면적은 대략적 수치를 산출한 것으로서, 법적 효력이 없는 참고자료입니다.

■ 규제 법령

	건폐율	용적률
일반상업지역	60%	800% 600%(서울도심)

건폐율

일반상업지역
국토의 계획 및 이용에 관한 법률 제77조(용도지역의 건폐율)
국토의 계획 및 이용에 관한 법률 제84조(둘 이상의 용도지역 · 용도지구 · 용도구역에 걸치는 대지에 대한 적용 기준)
국토의 계획 및 이용에 관한 법률 시행령 제46조(도시지역 내 지구단위계획구역에서의 건폐율 등의 완화적용)
국토의 계획 및 이용에 관한 법률 시행령 제84조(용도지역 안에서의 건폐율)
국토의 계획 및 이용에 관한 법률 시행령 제94조(2 이상의 용도지역 · 용도지구 · 용도구역에 걸치는 토지에 대한 적용 기준)
서울특별시 도시계획 조례 제44조(용도지역 안에서의 건폐율)
서울특별시 도시계획 조례 제45조(그 밖의 건폐율)
서울특별시 도시계획 조례 제47조(건폐율의 완화)

용적률

일반상업지역
국토의 계획 및 이용에 관한 법률 제78조(용도지역에서의 용적률)
국토의 계획 및 이용에 관한 법률 제84조(둘 이상의 용도지역 · 용도지구 · 용도구역에 걸치는 대지에 대한 적용 기준)
국토의 계획 및 이용에 관한 법률 시행령 제85조(용도지역 안에서의 용적률)
국토의 계획 및 이용에 관한 법률 시행령 제94조(2 이상의 용도지역 · 용도지구 · 용도구역에 걸치는 토지에 대한 적용 기준)
국토의 계획 및 이용에 관한 법률 시행령 부칙2(감염병관리시설 설치를 위한 용적률 특례에 관한 적용례 등)
서울특별시 도시계획 조례 제48조(용도지역 안에서의 용적률)
서울특별시 도시계획 조례 별표16(상업지역 내 주거복합건축물의 용도 비율 및 용적률)

출처: 토지이음, www.eum.go.kr

2.5 경제적 여건 분석

경제적 여건 분석은 해당 지역의 부동산 시세와 거주민의 소득수준, 구매력 수준, 지역 내 산업구조, 개발 과정 및 지역 내 유휴 부지 신축 여부, 인근의 공지 등을 포함하여 이루어진다. 지역상권 분석은 상권 내 상업 활동의 분포와 소비자들이 이용하는 매장의 유형을 파악하여 해당 상권의 특징을 파악하는 것을 목표로 하고, 이를 통해 지역 내 상업 구조와 유동인구의 흐름을 예측할 수 있게 된다. 이러한 분석을 바탕으로 상권 내 어떤 업종이 활성화되어 있는지, 상업 용도의 시설이 얼마나 적합한지를 판단할 수 있다.

고객성향 분석은 지역 주민들의 소비 형태와 주요 선호도를 분석하는 과정으로, 지역 내 소비자들의 연령, 성별, 소득 수준 등을 바탕으로 특정 소비자층의 요구와 성향을 이해하는 데 도움이 된다. 이를 통해 지역 상권에서 타깃이 되는 주요 고객층이 누구인지, 이들이 어떤 상품이나 서비스를 필요로 하는지 파악할 수 있다. 이러한 정보는 매장 운영 전략과 마케팅 캠페인을 수립하는 데 중요한 기초 자료가 된다.

타깃 고객 선정은 앞서 이루어진 고객성향 분석을 바탕으로 특정 고객층을 선정하여 그들에게 맞는 맞춤형 상품과 서비스를 제공하는 것을 목표로 한다. 연령, 성별, 소득 수준뿐만 아니라 생활 패턴과 소비 성향을 분석하여 매장의 핵심 타겟 고객층을 정의하고 이를 통해 효과적인 마케팅 전략을 수립하고 자원 배분의 효율성을 극대화할 수 있다.

전반적인 경제적 여건 분석은 이러한 지역 상권 분석, 고객 성향 분석, 타깃 고객 선정과 더불어 다양한 경제적 요인을 종합적으로 고려하는 것을 포함한다. 예를 들어, 해당 지역의 경제 성장률, 일자리 창출 능력, 산업의 다양성 등도 중요한 분석 요소이다. 이러한 경제적 요소를 면밀히 분석함으로써 상권의 활성화 가능성을 예측하고, 개발과 투자에 대한 전략적 결정을 내리는 데 필요한 근거를 마련할 수 있다.

2.6 기타 권리분석

부동산 권리 분석은 소유권, 임대권, 저당권 등과 같은 기본적인 권리 관계를 명확히 하여 개발 잠재력을 평가하고, 예상되는 법적 위험 요소를 사전에 식별하는 데 중점을 둔다. 이러한 분석을 통해 개발자는 대상 부동산의 실질적인 소유자와 이해관계자의 범위를 확인하고, 권리 관계의 복잡성이나 잠재적 분쟁 요소를 사전에 파악할 수 있다. 예를 들어, 기존의 미등기 사항이나 가등기 설정, 저당권의 순위 등은 사업 추진에 있어 중요한 요소로 작용할 수 있으며, 이를 정확하게 분석하는 것이 중요하다.

권리 분석에서는 등기부등본뿐만 아니라, 지적도, 토지이용계획 확인서 등 다양한 공적 장부와 서류를 활용하여 권리 관계를 입체적으로 검토해야 한다. 특히, 권리 분석 중에는 등기부에 등재되지 않은 권리나, 권리자의 신원 확인이 어려운 경우도 발생할 수 있으므로, 현장 조사와 주민 인터뷰 등을 통해 비공식적인 권리 관계나 잠재적 이해관계자를 파악하는 것도 필요하다. 이 과정에서 법률적 자문을 활용하여 사업에 대한 리스크를 최소화하고, 잠재적 분쟁을 예방하는 것이 중요하다. 따라서, 권리 관계를 명확히 하기 위해서는 법적 검토뿐만 아니라, 물리적 조사와 행정적 확인 작업이 동시에 이루어져야 한다. 이와 같은 권리분석은 도시개발 사업의 안정성을 확보하는 데 기여한다.

표 3-3 장부 발행(열람)처

순번	장부	발행(열람)처
1	등기사항증명서	대한민국 법원 인터넷등기소, www.iros.go.kr
2	매각물건명세서	대한민국 법원 법원경매정보, www.courtauction.go.kr
3	현황조사서	
4	감정평가서	
5	건축물관리대장	정부24, www.gov.kr
6	토지이용계획확인원	
7	지적도 및 토지대장	

* 환경영향평가 관련 자료는 환경영향평가 정보지원시스템, www.eiass.go.kr에서 확인 가능
출처: 저자 작성

제3절 개발계획의 수립

3.1 토지이용계획

1) 토지이용계획의 의의

토지이용계획(land use planning)은 도시계획의 부문 계획 중 하나로, 계획구역 내 토지를 어떻게 이용할 것인가를 결정하는 계획을 말한다. 토지구역 속에서 이루어지는 제한 활동을 명확히 하고, 이들 활동을 종합적이고 합리적으로 배치하는 일련의 과정이라고 할 수 있다. 광의적으로는 도시계획구역 내에서 토지의 용도를 주거, 상업, 공업, 녹지지역으로 배분하는 계획이고, 협의적으로는 유사한 용도의 합리적 배치를 통해 이질적 시설의 혼재를 막고 도시기능을 규제하고 관리하는 토지이용규제라 할 수 있다. 토지이용계획은 교통계획, 도시시설계획, 공원녹지계획과 더불어 도시계획의 4대 요소로 평가받는다.

토지이용계획의 유형은 계획대상 범위에 따라 유럽형과 미국형으로 분류되며, 유럽형은 토지이용계획을 교통계획이나 시설계획을 포함하는 종합적인 기본계획(독일) 또는 구체적인 토지이용계획(프랑스)으로서, 도시군기본계획의 내용과 궁극적으로 동일하다. 반면에 미국형은 토지이용계획을 기반시설계획, 도심·주거환경계획, 경관·미관계획, 공원·녹지계획, 방재·안전계획 등과 함께 도시계획의 한 부문으로 보는 유형으로 우리나라 도시계획도 이에 해당한다.

우리나라는 토지이용계획을 지역·지구제와 혼합하여 사용하기도 한다. 도시·군기본계획에 의해 우리나라는 도시를 주거지역, 상업지역, 공업지역, 녹지지역으로 용도지역을 구분하고, 이들은 필요에 의해 도시·군관리계획 결정으로 경관지구, 고도지구, 방화지구, 방재지구, 보호지구, 취락지구, 개발진흥지구, 특정용도제한지구, 복합용도지구로 세분하여 지구를 지정할 수 있다. 이처럼 지역·지구제는 토지이용계획을 구체적으로 실현하는 법적·행정적 방안 중에 하나이다. 또한 토지이용계획을 합리적으로 실행하기 위한 제도적 장치가 용도·지구제이다.

토지이용계획은 사유재산권에 대한 공적 제한을 의미한다. 헌법 23조에는 모든 국민의 재산권은 보장되지만 공공의 필요에 의해 재산권의 수용·사용·제한을 받을 수 있으며, 정당한 보상을 지급하여야 한다고 명시하고 있다. 사유재산권의 공적 제한은 한정된 토지자원을 효율적으로 이용하기 위해서이다.

2) 토지이용계획의 역할과 수립목표

토지이용계획은 도시의 장래 공간구성, 토지이용의 규제와 실행수단, 도시설계 지침, 난개발 방지, 미래를 위한 토지 보존 등과 같은 역할을 한다. 장래의 공간구성은 현재의 도시기능을 바탕으로 미래의 공간 배치 및 정비계획을 제시한다. 토지이용의 규제와 실행수단은 용도지역 등 집행수단 운용 근거를 제공한다. 도시설계에 대한 지침은 토지이용의 공간계획에 대한 지침을 제시한다. 난개발 방지는 난개발로부터 발생하는 무질서한 도시의 확산을 방지하고, 미래를 위한 토지보존은 장래 도시공간구조의 균형을 유지하고 토지자원을 보존한다.

토지이용계획의 수립목표는 공공의 안전과 이익이다. 이를 위한 요소로는 안정성, 보건성, 편의성, 쾌적성, 경제성 등이 있다. 안정성은 시민의 생명과 재산에 관계되는 일로 자연재해, 화재, 각종 사고로부터 안전성을 확보하는 것이다. 보건성은 인간의 육체적, 정신적 건강상태를 유지하는 일로 질병과 피로예방, 환경오염으로부터 보호, 적정한 일조량, 신선한 바람길 등을 확보하는 일이다. 편의성은 지역 간 상호관계를 시간적, 노동적으로 편리하게 해주는 일로 주거지와 직장, 주거지와 시장, 주거지와 학교, 직장과 시장, 직장과 여가시설 사이의 관계를 빠르고 안전하게 하는 것이다. 쾌적성은 환경의 즐거움을 주는 일로 자연경관과 쾌적성, 역사유물이 주는 문화적 만족감, 지역의 미적 요소 등을 확보하는 것이다. 경제성은 공적 낭비가 생기지 않도록 하는 것으로 지자체와 시민이 부담해야 할 시간과 에너지 비용 등을 절약하는 것이다.

3) 토지이용계획의 고려사항

토지이용계획이란 장래 예상되는 제반활동 등을 예측하고 이에 따른 토지 공간 수요를 추정하여 이를 합리적으로 배치, 유도하는 계획으로서 당해 토지의 물리적 효용성, 공간적 기능에 따라 그 토지가 가장 유효하게 사용될 수 있도록 용도를 배분하는 계획을 말한다. 이러한 토지이용계획은 지역의 특성과 대상부지의 수용능력의 한계, 장래 변화, 주

변 지역과의 연계성 등을 고려하여 합리적으로 이루어져야 한다.[6]

<그림 3-10>은 토지이용계획 관련 정부, 시장경제지향자, 이해관계자, 토지계획가 각 주체들이 본인들에게 유리한 토지이용계획을 수립하기 위해 기존 계획, 관련 법규, 사회적 규범, 기타 통제수단에 영향을 미치는 관계도이다. 이처럼 토지이용계획은 토지소유자, 지역주민, 정부, 개발공기업, 민간개발업자 등 여러 주체별로 추구하는 방향이 다를 수 있으며, 공공의 목적에 부합하게 수립되기 위해서 해당 사업지역의 안전성, 보건성, 편의성, 쾌적성, 경제성 등이 고려되어야 한다.

그림 3-10 이해당사자와 계획가의 토지이용게임 규칙

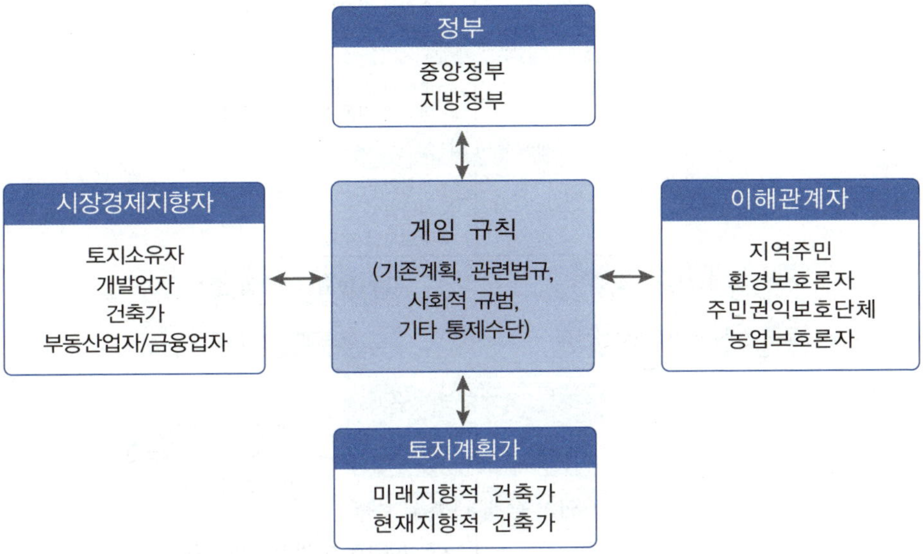

출처: 대한국토 · 도시계획학회(2015), 「토지이용계획론」, 보성각

4) 토지이용계획의 수립과정

토지이용계획의 수립과정은 일방적인 작업이 아니라 상호환류(feedback)가 필요한 작업으로 계획안에 문제가 발생하면 목표설정단계로 환류하여 계획작업이 반복되어야 한다. 문제인식, 현황조사 및 자료수집, 조사자료의 분석 및 종합, 미래예측, 계획목표의 설

6 대한국토·도시계획학회(2008), 「도시개발론」, 보성각, p.150

정, 적정개발밀도 설정, 용도별 적정 소요면적 산정, 현황분석 및 종합, 용도별 적지 분석을 통한 토지이용 기본구상에 이어 토지이용계획 대안작성, 대안의 평가선정 및 수정을 통해 최종적으로 토지이용계획안을 결정하게 된다.

그림 3-11 토지이용계획 수립 과정

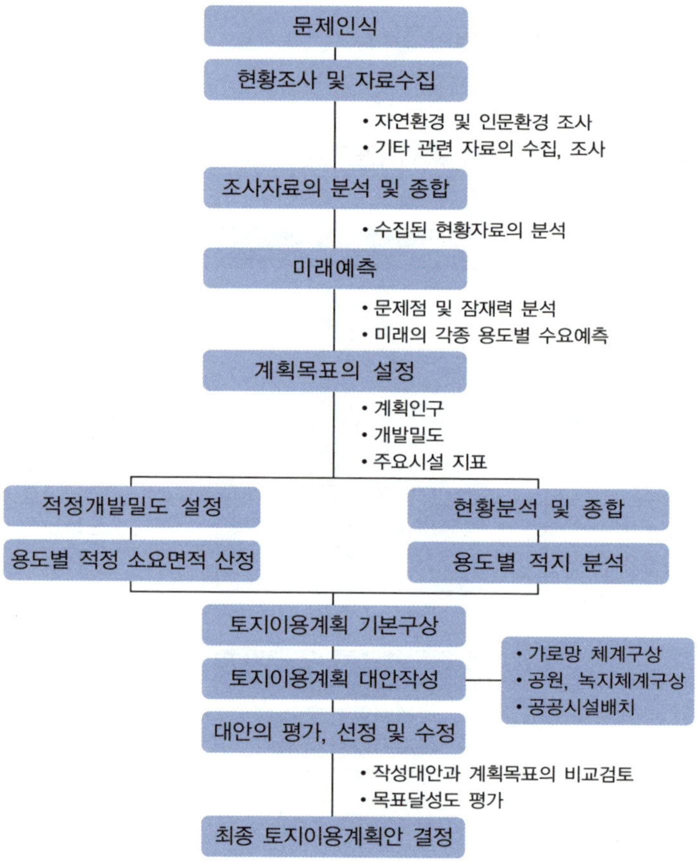

출처: 대한국토 · 도시계획학회(2008), 「도시개발론」, 보성각

3.2 개발계획 수립

토지이용계획은 일반적으로 입지계획(location planning), 시설계획(facility planning), 규모계획(scale planning), 입지배분계획(allocation planning)으로 분류된다. 입지계획은 비전이나 목표 그리고 사업의 종류와 규모에 적합한 사업 대상지를 찾아내는 일련의 작업이고, 행정중심복합도시나 신도시 등의 입지를 선정하는 작업이다. 기업이 사업전략을 수립한 후 이에 적합한 입지를 찾는 것도 입지계획의 범주에 포함된다. 입지계획의 결과는 사업 대상지의 행정구역의 위치, 크기, 형상 등으로 표현될 수 있다.

1) 입지계획

입지계획은 비전이나 목표에 따라 사업의 종류와 규모에 적합한 사업 대상지를 찾아내는 과정을 의미한다. 이는 도시나 신도시의 입지를 결정하는 작업으로, 해당 지역의 조건을 고려하여 최적의 위치를 선정하는 것이 핵심이다. 입지계획은 도시 내 다양한 기능을 적절히 배분하고, 주민들의 생활 편의성을 높이기 위해 중요한 역할을 한다. 입지계획은 기업의 사업전략 수립에도 중요한 영향을 미친다. 사업의 성공을 위해서는 사업에 적합한 입지를 선정해야 하며, 이를 통해 사업의 효율성을 극대화할 수 있다. 입지계획의 결과는 행정구역의 위치, 크기, 형상 등으로 표현될 수 있으며, 이 과정에서 사회적, 경제적 요소들이 함께 고려된다.

입지계획은 도시의 효율적이고 지속가능한 발전을 도모하기 위한 중요한 기초 작업이며, 이를 통해 도시의 기능적 특성을 강화하고, 공간 자원의 효율적 배분을 실현할 수 있다. 도시 내의 균형 잡힌 성장을 도모하고, 주민들에게 쾌적한 생활환경을 제공하는 데 입지계획이 중요한 역할을 한다. 자족성이 높은 도시를 만들기 위해서는 입지 요소 중 적정 사업면적, 교통계획, 산업 연관성 등을 면밀히 상호 검토하여야 한다.

2) 시설계획

시설계획은 주거지역, 상업지역, 공업지역, 녹지지역의 기능에 필요한 기반시설에 대해 계획하는 것을 의미한다. 도시기반시설에는 도로 등과 같은 필수적인 시설이 포함되며, 도시·군관리계획으로 결정하여 설치하는 시설과 체육시설 등과 같이 도시·군관리계획 없이도 설치 가능한 시설로 구분된다. 이와 같이 시설계획은 해당 지역의 기능에 맞는 시설을 적절히 배치하여 도시 기능을 효율적으로 유지하는 중요한 역할을 한다.

시설계획을 수립할 때에는 도시계획시설의 종류와 기능에 따라 그 위치와 면적 등을 결정한다. 이 과정에서 주거, 상업, 공업 등의 지역별 특성을 고려하여 각 기능에 맞는 시설이 적절히 배치되도록 계획을 세운다. 이를 통해 지역 사회의 필요와 도시 기능의 조화를 유지하며, 도시 내에서의 생활 편의성을 높이는 데 기여한다. 시설계획은 공공의 이익과 안전을 보장하기 위한 필수적인 요소로 작용하며, 도시의 균형 잡힌 발전을 위해 중요하다. 도시기반시설의 적절한 설치와 유지 관리가 이루어져야만 시민들이 안정적이고 편리하게 생활할 수 있으며, 도시의 경제적, 사회적 효율성도 증대될 수 있다.

3) 규모계획

규모계획은 단지 및 지구단위 차원의 시설을 단지의 조성 목적에 따라 주거단지, 공업단지, 복합단지 등에 필요한 시설로 구분하는 것을 의미한다. 이들 시설은 법적으로 허용된 범위에서 토지면적을 산정하며, 해당 시설이 도시 내에서 어떠한 역할을 하는지 고려하여 설치된다. 규모계획은 특히 시설의 효율적인 배치를 통해 도시의 공간 구조와 기능을 최적화하는 중요한 단계이다.

규모계획에서 중요한 요소 중 하나는 건물의 건폐율, 용적률 및 높이와 같은 물리적 속성을 결정하는 것이다. 시장, 공공청사, 문화시설, 연구시설, 사회복지시설, 장례시설, 종합의료시설 등 다양한 도시계획시설들은 이 같은 기준을 바탕으로 설계되고 건축된다. 이를 통해 도시의 조화로운 발전을 도모하며, 용도구역 내에서 특정 시설이 차지하는 비중과 기능을 명확히 한다.

규모계획은 또한 각종 토지 행위를 규제하는 역할을 한다. 용도구역에서 토지의 용도가 지정된 이후에는 해당 지역 내에서 허용되는 건축행위나 토지이용의 형태가 규제되며, 이를 통해 도시의 계획적 개발이 가능해진다. 이와 같은 규제는 도시의 안전과 환경적 균형을 유지하고, 지역 주민의 삶의 질을 높이기 위한 중요한 기초가 된다.

4) 입지배분계획

입지배분계획은 시설 및 규모계획에서 산출된 용도별 면적과 시설을 공간에 평면적으로 또는 입체적으로 배분하는 과정을 의미한다. 평면적으로는 공간구조와 연결 계획이 구축되어, 도시의 각 공간들이 상호 연계성을 갖도록 한다. 이를 통해 도시 전체의 균형 잡힌 발전을 도모하고 효율적인 토지 이용을 가능하게 한다.

입체적으로는 단지 및 지구단위계획과 건물계획 등을 통해 밀도가 배분된다. 이러한 입체적 배분은 공간의 수직적 활용을 극대화하고, 다양한 기능의 공간을 복합적으로 배치함으로써 도시의 기능성을 높인다. 이를 통해 도시는 공간을 보다 효율적으로 활용하며, 경제적, 사회적 요구를 충족시킬 수 있다.

도시차원의 대규모 배치계획일수록 공간구조와 연결체계 등 평면적인 계획이 중시되며, 건물 차원의 소규모 배치계획일수록 입체계획이 중요하다. 배치계획의 결과는 토지이용계획도가 되며, 이는 완성된 토지이용계획의 표준이 되어 도시개발의 방향성을 제시하는 중요한 역할을 한다.

제 4 장

타당성분석

제 1 절 타당성분석의 개요

1.1 타당성분석의 이해

도시개발 사업은 사업 유형과 규모에 따라 사업비가 대규모로 투입된다. 국토의 효율적인 이용과 제한된 자원으로 개발의 효율을 높이기 위해 공공기관 사업 중 총사업비가 2,000억 원 이상이고 국가의 재정지원금액과 공공기관 부담금액의 합계액이 1,000억 원 이상인 신규(사업추진을 위한 관련 예산이 투입되기 이전 상태) 투자사업 및 자본출자에 대해서는 기획재정부 훈령인 「공기업·준정부기관 사업 예비타당성조사 운용지침」에 따라 예비타당성조사를 실시하게 된다. 건설공사의 타당성조사와 관련해서는 국토교통부 「건설공사 타당성 조사 지침」에 따라 총사업비 500억 원 이상의 건설공사에 대한 타당성조사를 실시하게 되어 있다.

타당성조사에서는 수요예측, 편익추정, 기술적 검토, 경제성 검토, 재무 분석, 정책적 분석 및 종합분석 등을 수행하게 된다. 여기서 주요 쟁점은 공공성이 강한 도시개발사업 중 신공항건설, 신도시건설이나 지역거점 의료시설 건립사업 등의 경우에는 건설비와 운영비 등의 사업을 통한 수익만으로 충당하기 힘든 경우가 대부분이다. 공공성이 강한 도시개발사업에서 단순 재무적인 지표만으로 사업 타당성을 분석하는 것은 그 사업의 가치를 제대로 반영할 수 없는 문제가 발생할 수 있다.

이러한 점을 보완하기 위해 「예비타당성조사 수행 총괄지침」 제2절 '편익의 추정'에서는 교통시설 사업의 편익, 공항사업의 편익, 의료시설사업의 편익 등을 구체적으로 명기(교통비 절감 편익, 응급사망 감소 편익 등)하여 각 사업별로 반영할 수 있게 하고 있다. 그럼에도 금전적인 형태로 편익을 표현하기 어려운 기타 재정사업의 편익은 비용편익 분석이 아닌 비용효과성 분석을 사용할 수 있다. 이 경우 개별 정책의 효과성, 정부와 민간의 비용부담, 형평성에 미치는 영향 등을 종합적으로 고려하여 판단할 수 있다. 따라서 재무적 지표가 기준치에 충족하지 못한 경우에도 사회적 편익 등을 고려하여 경제성 분석에서는 기준에 부합되게 산정될 수 있게 된다.

타당성 조사(feasibility study)란 프로젝트의 가능성, 타당성, 투자효과에 대한 조사로 일반적으로 프로젝트가 사회적, 기술적, 경제적, 재무적 측면에서 실시 가능한지를 객관적으로 증명하기 위한 조사이다. 공공사업 타당성 조사란 제한된 재원을 효율적으로 사용하기 위하여 지방자치단체가 추진하고자 하는 사업이 정책목표를 실현할 가능성이나 집행가능성이 있는지 평가하는 것이며, 민간사업과 달리 효율성뿐만 아니라 공공서비스 제공 및 혜택에 대한 형평성을 고려하여 최적의 대안 또는 편익 극대화 방안을 모색하는 것이다.[1]

1.2 경제성 분석

공공에서 실시하는 개발사업의 통상적인 타당성조사의 절차 순서를 살펴보면 사회적, 기술적 검토를 완료한 이후 1단계로 경제성 분석을 실시한다. 경제성 분석은 국민경제 전체의 관점에서 사회적 편익 및 사회적 비용을 포함하여 분석하는 것으로 장기적인 관점에서 종합적으로 판단한다. 이러한 경제성 분석은 편익비용비율(B/C, Benefit－Cost Ratio), 순현재가치(NPV, Net Present Value), 내부수익률(IRR, Internal Rate of Return) 등을 통하여 수행한다. 필요한 경우 경제성 분석 시 추정값의 오차를 보완하기 위하여 주요 변수인 수요, 비용, 할인율 등에 변화를 주어 민감도 분석을 수행한다.

1 노병욱(2011), 「공공건축 사업타당성 분석 실무」, 교문사

표 4-1 경제성 분석기법 비교

구분	판단	장점	단점
편익/비용 비율(B/C)	B/C≥1	이해 용이, 사업규모 고려 가능	상호배타적 대안 선택의 오류발생 가능
순현재가치 (NPV)	NPV≥0	• 대안 선택 시 명확한 기준 제시 • 장래발생편익의 현재가치 제시 • 한계순현재가치 고려 • 타 분석에 이용 가능	• 이해하기 어려움 • 대안 우선순위 결정 시 오류발생 가능
내부수익률 (IRR)	IRR≥r	• 사업의 수익성 측정 가능 • 타 대안과의 비교 용이 • 평가 과정, 결과 이해 용이	• 사업의 절대적 규모를 고려하지 않음 • 몇 개의 내부수익률이 동시에 도출될 가능성 내재

출처: 한국개발연구원(2008), 「예비타당성조사 수행을 위한 일반지침 수정 · 보완연구」 제5판

경제성 분석에서 편익과 비용 산정의 불확실성에 대처하기 위해 민감도 분석(Sensitivity Analysis)이 실시된다. 민감도 분석은 투자비 또는 경제성에 영향을 미치는 변수, 예를 들면 공사비, 운영비, 수요, 할인율 등 주요 변수를 일정량 변화했을 때 경제성 결과에 어떤 영향을 미치는지를 분석하는 것이다.

민감도 분석은 타당성분석 과정에서 사용한 여러 가지 변수들을 변화시켜 최종적인 분석 결과가 미래에 예측치 못한 상황변화에 대응할 수 있도록 하는 것이다. 민감도 분석은 주요 변수들의 비율(%)을 증감시키는 방법으로 수행하게 되며, 공사비는 특수한 공법의 이용, 공사 수량의 변화 등으로 인하여 사업비가 변할 경우를 가정하고 민감도 분석을 실시하며 사업내용, 대상지역의 특성 등에 따라 적절한 변동 폭을 설정하고 민감도 분석을 수행한다. 사회적 할인율은 고정된 것으로 가정하나, 외부적인 요인으로 인해 발생하는 환율이나 금리의 급격한 변동을 효과적으로 반영할 수 있도록 사회적 할인율을 달리하여 민감도 분석을 실시한다.

표 4-2 경제적 타당성조사의 민감도 분석범위

<table>
<tr><th colspan="2">구분</th><th colspan="2">적용범위</th></tr>
<tr><td colspan="2">비용</td><td colspan="2">+10%, +20%, +30%, +40%, +50%</td></tr>
<tr><td colspan="2">편익</td><td colspan="2">−30%, −20%, −10%, +10%, +20%, +30%</td></tr>
<tr><td rowspan="3">할인율</td><td rowspan="2">철도사업</td><td>개통 후 30년까지</td><td>개통 후 31~40년</td></tr>
<tr><td>2.5%, 3.5%, 5.5%, 6.5%</td><td>1.5%, 2.5%, 4.5%, 5.5%</td></tr>
<tr><td>기타</td><td colspan="2">2.5%, 3.5%, 5.5%, 6.5%</td></tr>
</table>

출처: 국토교통부(2022), 「교통시설 투자평가지침(제7차 개정)」

1.3 재무분석

경제성 분석은 사회적 입장에서 공공 측면으로 사업 추진 여부를 판단하며, 재무분석은 개별 사업주체에 따른 측면에서 사업 추진 여부를 판단하므로 분석에 차이가 있다. 재무분석은 사회 전체의 입장이 아닌 개별사업 내 입장에서 실제 금전적 비용과 수입을 추정하고 이에 대한 수익률을 계산한다. 따라서 재무분석에서는 실제 투자액과 현금 흐름이 중요하다. 재무분석 시 가정 사항은 건설기간은 사업별 내용연수를 적용하는 것을 원칙으로 하며, 사업별 건설 기간은 경제성 분석에서 사용한 건설기간과 동일하게 적용한다. 재무분석 시 사용기간(운영기간)은 시설의 노후로 인한 설비 등 대수선이 발생하지 않는 기간 내의 경제적 수명을 고려하여 결정한다. 예를 들면 도로사업 30년, 철도사업 30년(도로와의 비교 가능성 고려), 공항시설 30년으로 운영기간을 정할 수 있다. 세금, 이자비용 등 이전지출은 경제성 분석에서는 제외하였으나, 재무 분석에는 이 비용들을 포함하여 분석한다.

1.4 정책적 분석

타당성조사의 내용은 크게 경제성 분석과 정책적 분석으로 구분하며, 경제성 분석은 사업시행에 따른 국민경제적 효과를 편익 또는 비용으로 계량화하여 비용-편익 분석의 틀을 이용하여 그 결과를 도출한다. 한편 정책적 분석은 사업시행에 따른 사회적 편익 또는 비용 중에서 계량화하여 비용－편익 분석틀 속에 포함할 수는 없으나 사업의 시행 여부를 판단하는 데 고려하여야 할 평가요소들에 대한 분석을 수행한다.

정책적 분석의 주요 고려대상은 지역낙후도(인구증가율, 제조업 인구비율, 도로율, 제정자립도, 승용차 등록대수, 인구당 의사 수, 노령화지수 및 도시적 토지이용비율 등 8개 지수로 산정), 지역경제 파급효과(해당 사업으로 발생하는 생산량, 부가가치, 고용 등 증가분을 계량화한 수치로 산정), 환경성검토, 관계기관 협의를 통해 반영하게 된다.

1.5 타당성분석 결과 예시

각 단계별로 평가된 결과는 다음과 같이 제시될 수 있다.

1) 경제적 타당성 평가 결과

(1) 비용－편익비(B/C Ratio)가 1.0을 초과할 경우 대상 개발사업은 사회적으로 가치가 있다고 판단되어 채택할 수 있으나, 편익과 비용의 산정에 어느 정도 불확실성이 포함되어 있기 때문에 민감도 분석에서도 대부분의 경우 비용－편익비가 1.0 이상이 되는 사업을 선정한다.

(2) 순현재가치(NPV)는 투자를 통해 얻을 수 있는 효과의 크고 작음을 나타내므로 순현재가치가 (+)값일 때는 대상 투자사업이 사회적으로 수행할 가치가 있다고 판단한다. 다만, 이 지표를 우선순위 판단에 적용할 경우 큰 규모의 사업에 우선순위가 주어지는 문제가 있어 이 지표는 참고자료로 사용한다.

(3) 내부수익률(IRR)은 일반적으로 비용－편익비와 경제적 순현재가치가 사업의 채택 조건을 충족시킨다고 할 때 사업수익률은 사회적 할인율보다 높은 값을 가진다. 이 경우 해당 사업의 타당성이 있는 것으로 판단한다.

2) 재무적 타당성 평가 및 민자유치 가능성 검토 결과

(1) 재무분석은 사회 전체의 입장이 아닌 개별사업 내 입장에서 실제 금전적 비용과 수입을 추정하고 이에 대한 수익률을 계산하는 것이며, 경제적 타당성분석

결과 사업의 타당성이 있는 것으로 분석된 사업 중 효율성·창의성 등의 측면에서 공공부문보다 민간부문에서 사업을 추진하는 것이 바람직할 경우에는 재정사업보다 민간투자사업으로 검토할 수 있는 사업에 한하여 재무분석을 수행하도록 한다.

(2) 민간투자 사업으로 검토하기 위해서는 해당 사업의 법적·정책적 판단과 함께 국가적인 관점에서 해당 사업의 타당성 여부를 검토한 후 민간투자 대상사업 여부를 판단한다.

(3) 재무분석 결과 수익성 지수가 1을 넘으면 해당 사업은 사업성이 있는 것으로 평가할 수 있으며, 또한 재무적 순현재가치(NPV)의 값이 양(+)의 값으로 산정되면 재무적 타당성이 있는 것으로 판단한다. 이 경우 사업수익률은 재무적 수익률보다 높은 값을 가지며 해당 사업의 재무적 타당성이 있는 것으로 판단한다.

3) 정책적 타당성 평가 검토 결과

(1) 정책적 타당성은 사업을 추진하면서 고려 또는 배려하여야 하는 정책적인 사항을 포함하며, 정책적 분석으로 지역낙후도, 지역경제 파급효과, 환경성검토, 관계기관 협의 등 네 가지 항목에 대한 결과를 분석하여 종합적인 결론을 도출한다.

(2) 정책적 타당성 평가항목 중 지역낙후도 개선은 지역 균형발전에 기여하는 정도를 검토하여 대상사업의 공간적 범위를 파악하고 사업이 속한 지역의 지역 낙후도 지수를 파악하여 평가한다. 또한 민원발생 가능성 등 사업 추진에 저해되는 요소를 종합적으로 고려하여 평가를 수행하며, 사업추진 기간 동안 갈등해소 및 민원발생 정도를 파악한다.

1.6 타당성 검토의 범위와 내용

도시개발 사업은 주로 공공에서 추진하는 데 공공의 도시개발 사업 타당성 검토는 개발환경, 기술성, 수요 추정, 경제성, 재무성, 정책성, 재원조달 측면에서 검토한다. 개발환경에서는 먼저, 국토종합계획부터 도시·군기본계획까지 사업과 관련한 상위계획과 해당 사업의 개발 방향이 부합하는지, 사업을 수행함에 있어 법적으로 적정한지 상위계획과의 부합성, 법적 적합성을 검토한다. 다음으로 사업대상지가 속한 시군구 단위의 기본 현황과 국내외 경제 동향 및 부동산 시장 동향을 분석하고, 관련 부동산 정책을 분석하여 해당 사업에 미치는 영향을 검토한다. 또한 입지분석을 통해 인근 지역의 유사 부동산 공급현황 및 가격수준을 검토하고 해당 사업의 시장경쟁력을 분석한다.

기술성에서는 토지이용계획 등 개발기본구상과 계획을 검토하며, 개발기본계획에 대한 검토 내용을 토대로 총사업비를 추정한다. 여기서 추정된 총사업비는 경제성과 재무성의 산정 근거로 활용한다.

수요 추정에서는 해당 사업의 도입기능에 따라 시설수요 추정을 수행하고, 해당 수요는 경제성 분석의 사회적 편익 산정 근거로 활용한다.

경제성 분석에서는 국민경제적 관점에서 사회적 편익과 비용을 분석하여, 해당 사업을 통해 국민경제적 측면에서 편익이 발생하는지 등 경제적 타당성을 판단한다. 경제성 분석을 위해서는 편익－비용, B/C Ratio, IRR, NPV를 산출하고, 이에 대한 민감도 분석을 수행한다.

재무성 분석에서는 각 사업 주체의 측면에서 재무적 수입(현금유입) 및 비용(현금유출)을 분석하여 해당 사업을 통해 각 사업 주체의 재무적 건전성을 저해하지 않는지 등 재무적 타당성을 평가한다. 재무성 분석을 위해서는 수익－비용, PI, FIRR, FNPV 등을 산출하고, 이에 대한 민감도 분석을 수행한다.

또 재원조달 분석에서는 재무성 분석에서 추정된 재무제표를 근거로 필요한 기채규모와 중기재무관리계획 및 재원조달 가능성 등을 분석하며, 지방채(공사채) 승인심사기준에 부합하는지 검토한다. 정책성에서는 사업 추진의 필요성 및 시급성, 경제성·재무성 등 계량적인 분석에서 검토할 수 없는 정성적 요소들을 검토한다. 지역경제 파급효과, 지방재정 효과 등 사업추진의 효과를 검토하고, 이외에도 기타 정책적인 요소들을 종합적으로 검토한다.[2]

통상의 타당성분석은 개발환경, 기술성, 경제성 분석까지 이루어지며, 공공사업에서 평가하는 재무성 분석, 재원조달 분석 및 정책성 분석의 세부 자료는 관련 지침을 참고하고, 신규투자사업 타당성 검토의 범위 및 내용은 [표 4－3]과 같다.

2 도주은 외(2021), 「지방공기업 신규투자사업 타당성검토를 위한 일반지침 연구」, 지방공기업평가원

표 4-3 신규투자사업 타당성 검토의 범위 및 내용

<table>
<tr><th>구분</th><th>검토항목</th><th>주요 검토내용</th></tr>
<tr><td rowspan="4">개발
환경</td><td>일반현황</td><td>• 사업대상지가 속한 시군구 단위의 기본현황(인구추이, 주택 현황, 산업 현황 등) 검토</td></tr>
<tr><td>상위계획 및 법제도</td><td>• 상위계획과의 부합성 및 법제도적 적합성 검토</td></tr>
<tr><td>시장환경</td><td>• 국내외 경제 동향 분석
• 정부의 부동산 정책·지침 분석
• 관련 정책·지침이 사업에 미치는 영향 검토
• 사업 관련 부동산 시장 동향 검토</td></tr>
<tr><td>입지분석</td><td>• 입지분석 등을 통해 사업의 시장경쟁력 등을 검토</td></tr>
<tr><td rowspan="3">기술성</td><td>개발기본계획</td><td rowspan="3">• 토지이용계획 등 개발기본구상과 계획을 검토
• 검토 내용을 토대로 총사업비를 추정
• 도입기능별 시설수요 추정</td></tr>
<tr><td>총사업비</td></tr>
<tr><td>수요 추정</td></tr>
<tr><td rowspan="3">경제성</td><td>편익–비용</td><td rowspan="3">• 국민경제적 관점에서 사회적 편익과 비용을 분석하여 경제적 타당성을 평가
• 당해 사업에 투자함으로써 국민경제에 부담을 주지 않는지를 평가함</td></tr>
<tr><td>B/C ratio, IRR, NPV</td></tr>
<tr><td>민감도</td></tr>
<tr><td rowspan="3">재무성</td><td>수익–비용</td><td rowspan="3">• 개별 사업 주체의 관점에서 재무적 수입(현금유입)과 비용(현금유출)을 분석하여 재무적 타당성을 평가
• 당해 사업에 투자함으로써 개별 사업 주체의 재무적 건전성을 저해하지 않는지를 평가함</td></tr>
<tr><td>PI, FIRR, FNPV</td></tr>
<tr><td>민감도</td></tr>
<tr><td rowspan="2">재원
조달</td><td>기채규모 추정</td><td rowspan="2">• 필요 기채규모 추정
• 중기재무관리계획 검토 및 재원조달 가능성 분석
• 지방채(공사채) 승인심사기준에 부합하는지 검토</td></tr>
<tr><td>지방채 발행</td></tr>
<tr><td rowspan="4">정책성</td><td>사업추진 필요성·시급성</td><td rowspan="4">• 경제성·재무성에서 검토할 수 없는 정성적 요소(필요성·시급성·정책부합성 등)를 분석
• 사업추진 효과를 분석
• 기타 정책적 요소들을 검토</td></tr>
<tr><td>정부정책 부합성</td></tr>
<tr><td>지역경제 파급효과</td></tr>
<tr><td>지방재정 효과 등</td></tr>
</table>

출처: 도주은 외(2021), 「지방공기업 신규투자사업 타당성검토를 위한 일반지침 연구」, 지방공기업평가원, p.18

제2절 경제성 검토 실무

2.1 경제성 검토 단계

경제성 분석은 정책을 효과적으로 평가하고 결정하는 데 중요한 절차이다. 첫 번째 단계는 정책과정을 정의하는 단계로, 이 단계에서는 정책의 기본적인 개념과 목표를 명확히 하며, 분석에 필요한 전제와 조건을 설정한다. 두 번째 단계는 분석체계를 수립하는 단계로, 정책효과를 측정하기 위해 구체적인 분석체계를 마련하고, 분석 대상의 범위를 설정하여 필요한 데이터를 수집하기 위한 계획을 수립한다. 세 번째 단계는 자료수집 단계로, 앞서 설정한 분석체계에 따라 구체적인 자료를 수집하고 이를 체계적으로 정리하여 분석에 필요한 기초자료를 확보한다. 네 번째 단계는 본격적인 분석실시 단계로, 수집된 자료를 바탕으로 정책의 비용과 편익을 정량적으로 평가하는 단계이다. 다섯 번째 단계는 분석 결과를 바탕으로 정책대안을 최종적으로 평가하는 단계이다.

경제성 분석 기법으로는 편익/비용 비율(Benefit/Cost Ratio: B/C Ratio), 순현재가치(Net Present Value: NPV), 내부수익률(Internal Rate of Return: IRR) 등이 보편적으로 이용되고 있

그림 4-1 경제성 분석의 5단계 과정

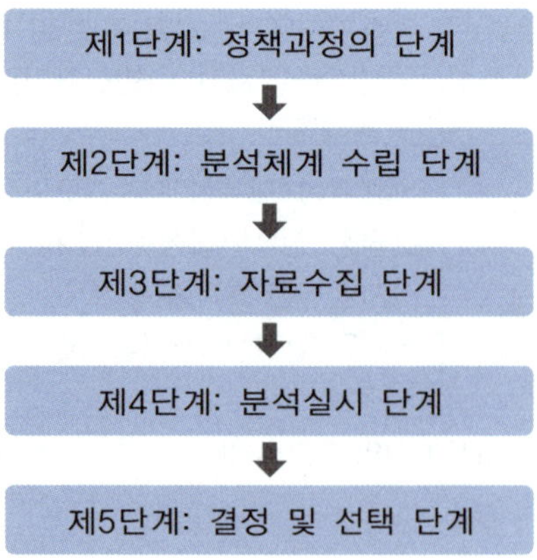

출처: 대한국토 · 도시계획학회(2008), 「도시개발론」, 보성각, p.184

다. 각 분석기법별로 장·단점이 있으므로 경제성 분석에서는 주로 세 가지 기법이 모두 활용된다.

2.2 순현재가치 산출방법

순현재가치(NPV: Net Present Value)는 사업의 최초 투자 시기부터 사업이 끝나는 시기까지 연도별 현재가치 순편익의 합계로 산정하며, 해당 값이 0보다 크면 당해 사업은 경제적 타당성이 있는 것으로 평가된다. 순현재가치는 가장 널리 사용되는 보편적인 기준이며, 대규모 사업이 소규모 사업에 비해 통상 유리하게 평가되는 경향이 있다. 순현재가치는 대안 선택 시에 명확한 기준을 제시하고 타 분석에 이용이 가능한 장점이 있으나, 사업 규모에 따른 표준화가 이루어지지 않으므로 규모가 커질 경우 순현재가치도 이와 비례하여 증가하게 되므로 대안의 우선순위 결정 시 오류가 발생할 가능성이 있다.

$$NPV = \frac{B_0 - C_0}{(1+d)^0} + \frac{B_1 - C_1}{(1+d)^1} + \frac{B_2 - C_2}{(1+d)^2} \cdots \frac{B_t - C_t}{(1+d)^t} = \sum_{t=0}^{T} \frac{B_t - C_t}{(1+d)^t}$$

B_t: t년도 편익
C_t: t년도 비용
d: 할인율

여기서, 1차 연도부터 7차 연도까지 'A' 사업의 투입과 회수가 예상되고, 할인율이 7%인 경우 순현재가치(NPV)를 구해보면 다음과 같다.

표 4-4 'A' 사업 연차별 투입과 회수 계획

(단위: 백만 원)

구분	1차	2차	3차	4차	5차	6차	7차
투입	75,279	125,861	53,857	42,872	36,902	58,893	-
회수	31,065	65,487	60,273	40,598	70,182	80,345	100,789

$$NPV = \frac{-44,214}{(1+0.07)^0} + \frac{-60,374}{(1+0.07)^1} + \frac{6,416}{(1+0.07)^2} + \frac{-2,274}{(1+0.07)^3} + \frac{33,280}{(1+0.07)^4} + \frac{21,452}{(1+0.07)^5} + \frac{100,789}{(1+0.07)^6} = 10,954\text{백만 원}$$

2.3 편익비용비 산출방법

편익/비용 비율(B/C Ratio)은 투자사업의 연도별 현재가치 편익의 합계를 연도별 현재가치 비용의 합계로 나누어 산정하며, 해당 값이 1보다 크면 당해 사업은 경제적 타당성이 있는 것으로 평가된다. 사업의 단위 비용당 편익이 얼마인지를 보여주므로 소규모 사업이 상대적으로 값이 큰 경우가 많다. 편익/비용 비율은 이해가 쉽고 사업 규모를 고려할 수 있는 장점이 있으나, 산출하는 데 있어서 일부 항목의 경우 비용의 추가와 편익의 손실 중 어떠한 방식으로 처리할지에 대한 선택이 필요하다.

$$B/C = \frac{\sum_{t=0}^{T} \frac{B_t}{(1+d)^t}}{\sum_{t=0}^{T} \frac{C_t}{(1+d)^t}} = \frac{\frac{B_0}{(1+d)^0} + \frac{B_1}{(1+d)^1} + \frac{B_2}{(1+d)^2} \cdots \frac{B_t}{(1+d)^t}}{\frac{C_0}{(1+d)^0} + \frac{C_1}{(1+d)^1} + \frac{C_2}{(1+d)^2} \cdots \frac{C_t}{(1+d)^t}}$$

B_t: 편익의 현재가치
C_t: 비용의 현재가치
d: 할인율

여기서, 1차 연도부터 7차 연도까지 'A' 사업의 투입과 회수가 예상되고, 할인율이 7%인 경우, 편익비용비(B/C)를 구해보면 다음과 같다.

표 4-5 'A' 사업 연차별 투입과 회수 계획

(단위: 백만 원)

구분	1차	2차	3차	4차	5차	6차	7차
투입	75,279	125,861	53,857	42,872	36,902	58,893	-
회수	31,065	65,487	60,273	40,598	70,182	80,345	100,789

$$B/C=\frac{\frac{31,065}{(1+0.07)^0}+\frac{142,904}{(1+0.07)^1}+\frac{94,385}{(1+0.07)^2}+\frac{38,379}{(1+0.07)^3}+\frac{65,278}{(1+0.07)^4}+\frac{37,486}{(1+0.07)^5}+\frac{47,389}{(1+0.07)^6}}{\frac{75,279}{(1+0.07)^0}+\frac{125,861}{(1+0.07)^1}+\frac{53,857}{(1+0.07)^2}+\frac{42,872}{(1+0.07)^3}+\frac{36,902}{(1+0.07)^4}+\frac{58,893}{(1+0.07)^5}+\frac{0}{(1+0.07)^6}}$$

$$\approx 1.03$$

2.4 내부수익률 산출방법

내부수익률(IRR: Internal Rate of Return)은 투자사업이 원만하게 진행된다는 가정하에서의 예상수익률이며, 전체 기간에 걸쳐 발생하는 편익의 현재가치와 비용의 현재가치의 합이 0이 되게 하는 할인율이 곧 내부수익률이다. 내부수익률은 타 대안과 비교가 쉽고, 사업규모에 의존하지 않으나 수익발생 구조에 따라 계산되지 않으며, 복수의 내부수익률이 동시에 존재할 가능성이 있다.

$$IRR=\sum_{t=0}^{T}\frac{B_t-C_t}{(1+d)^t}=0$$

B_t: 편익의 현재가치
C_t: 비용의 현재가치
d: 할인율

여기서, 1차 연도부터 7차 연도까지 'A' 사업의 투입과 회수가 예상될 때, 내부수익률(IRR)을 구해보면 다음과 같다.

표 4-6 'A' 사업 연차별 투입과 회수 계획

(단위: 백만 원)

구분	1차	2차	3차	4차	5차	6차	7차
투입	75,279	125,861	53,857	42,872	36,902	58,893	–
회수	31,065	65,487	60,273	40,598	70,182	80,345	100,789

$$\frac{-44,214}{(1+IRR)^0}+\frac{-60,374}{(1+IRR)^1}+\frac{6,416}{(1+IRR)^2}+\frac{-2,274}{(1+IRR)^3}$$

$$+\frac{33,280}{(1+IRR)^4}+\frac{21,452}{(1+IRR)^5}+\frac{100,789}{(1+IRR)^6}=0$$

여기서, IRR은 약 9.5%로 산정된다. IRR값은 엑셀이나 금융 계산기를 통하면 간략히 산정할 수 있다. IRR값이 통상의 시중은행 금리보다 높게 나와 사업 진행에는 무리는 없으나, 일부 공공임대주택사업이나 공공사업의 경우 IRR값이 시중은행 금리 수준에 일부 미치지 못하는 경우도 발생된다. 이 경우에는 사회적 편익 등을 감안한 검토를 통해 사업을 추진하게 된다.

제5장

도시설계

제1절 도시설계의 개념[1]

1.1 도시설계의 정의

도시설계를 뜻하는 'Urban design'은 '도시의(urban)'라는 형용사와 '설계(design)'라는 명사의 합성어로, urban의 사전적 의미는 '도시의, 도시적인, 도시스러운'이라는 의미를 담고 있고, design은 디자인, 설계, 계획 등의 의미로 사용된다. 도시설계의 직접적 의미는 형용사 urban과 명사 design 사이에 들어갈 수 있는 수많은 대상들, 즉 건축물, 공간, 오픈스페이스, 경관, 조경, 공공시설, 교통시설, 기반시설 등 도시의 건조환경을 구성하는 다양한 요소들을 대상으로 바람직한 도시공간을 조성하는 전문분야의 하나로 이해할 수 있을 것이다.

도시설계는 두 가지 방향으로 접근할 수 있는데 그중 하나는 도시계획으로, 도시 전체가 효율적으로 작동할 수 있도록 기능 공간을 조직하고 배분하는 일이고, 다른 하나는 도시의 특정공간을 대상으로 하여 그곳을 '의미 있는 장소(place)'로 만드는 일, 즉 도시설계다. 이러한 관점에서 도시설계를 도시계획의 범위 안에서 보다 실행적이며 효과적으로 도시계획의 이념을 실천에 옮길 수 있는 방편으로 정의하기도 하였다.

현대 도시설계에서는 도시공간의 다양성과 인간 활동에 주목하여 '장소'라는 공공

1 한국도시설계학회(2014), 「도시설계의 이해」, 보성각

영역을 설계·관리하는 일이 도시설계라는 관점이 생겨난다. 영국의 계획정책지침(PPG, Planning Policy Guidance)에서는 도시설계를 '한 건물과 다른 건물 간의 관계, 건물과 길·광장·공원 등 공공영역을 구성하는 다른 공간과의 관계, 마을·소도시·대도시의 한 부분과 다른 부분과의 관계, 이들 공간에 나타나는 교통과 활동 패턴, 다시 말해 건조환경을 이루는 모든 요소와 자연공간 사이의 복합적인 관계'라고 정의하고 있으며, 환경교통지역부(DETR)와 건축·건조환경위원회(CABE)는 '도시설계란 사람들을 위해 장소를 만드는 일'이라고 규정하고 있다.

1.2 도시설계의 관련 분야

도시설계의 인접 분야로는 도시계획, 건축, 조경 등의 세 분야가 대표적으로 꼽힌다. 특히, 도시설계를 정의함에 있어서 도시설계와 도시계획, 건축과의 구분이 중요한데, 이는 도시설계가 도시계획과 건축의 관계를 정립하는 과정에서 정의될 수도 있기 때문이다. 실제로 이 3자의 관계에 대해서는, 별개의 새로운 영역이라는 점에서 단절성을 주장하는 것과, 그렇지 않고 그것들 간에는 차이가 없이 연속적인 관계라는 주장이 존재해 왔다.

이에 대한 절충안으로 1960년에 레이너 밴험(Reyner Banham)은 건축과 도시계획을 잇는 가교로서 가로×세로가 각각 반(半) 마일(mile), 즉 800m×800m에 해당하는 영역을 다루는 것이 도시설계라는 중도적 입장을 표명했고, 이후 이 개념 정의가 보편화되어 지금까지 이르고 있다.[2]

건축과의 관계에서 보면 대부분의 도시설계 전문가들은 도시의 대표적 물리적 구성요소로서 개별 건축물 또는 건축물 군(building cluster)을 꼽는 데 이견이 없다. 건축물은 도시의 물리적 형태를 구성하는 기본적인 요소로서, 양자 간의 관계는 부분(part)과 전체(whole)의 관계이며, 건축물 군 역시 도시설계의 중요한 대상 중의 하나라는 것이다. 한편 조경과의 관계에서 보면 도시설계가 다루는 대상에 있어서 모호함이 발생한다. 실제로 조경(造景, landscape architecture)을 공원이나 정원 등을 조성하는 조원(造園, landscape gardening)과는 다른 것으로 정의할 때, 도시설계의 주요대상 중의 하나인 가로경관, 도시

2 대한국토·도시계획학회(2009), 「도시설계: 이론편」, 보성각, p.41

경관 등은 조경과 영역이 중복된다. 이렇듯 도시설계가 다루는 대상으로서 관련 분야와의 관계설정 문제를 극복하기 위해서는 무엇보다 장소에 대한 이해가 중요하며, "도시설계는 곧 장소 만들기"라고 정의할 때, 도시공간의 다양한 구성요소들이 도시설계의 대상으로 정리할 수 있기 때문이다. 결국 도시설계란 다양한 공간적 범위를 고려하면서, 건축과 조경, 도시계획을 포함한 다양한 관련 요소들을 대상으로 도시설계 참여자들과의 긴밀한 협력 속에서 장소 만들기 작업을 하는 실천적인 계획행위라고 정의할 수 있을 것이다.

1.3 도시설계의 영역

도시설계가 다루는 대상은 크게 물리적 영역, 사회적 영역, 정책적 영역 이렇게 세 가지로 구분이 가능하다. 첫 번째로, 물리적 영역은 전술한 바와 같이 도시설계의 탄생부터 주로 관심 있게 다루어져 온 분야라고 할 수 있다. 특히, 가로 경관의 풍성함을 통한 근대적 지루함의 탈피, 자동차에 초점을 맞춘 거대한 스케일에 반대한 휴먼스케일의 강조, 역사적 건조물이 가지고 있는 형태와 물리적 특징의 보존 등 전적으로 물리적인 측면에 초점이 맞춰졌다.

두 번째로, 도시설계가 다루는 영역으로 사회적 영역을 꼽을 수 있는데, 이것은 대체로 타 학제와 결합된 산물로 생각된다. 주로 첫 번째 영역인 물리적 영역을 중심으로 발전해 왔던 도시설계의 이론이 20세기 중반에 들어서면서 근대건축운동에 의한 도시 공간 환경에 대한 반성에서, 그동안 독자적이고 전문화된 분야만을 대상으로 연구하였던 사회과학의 관련 분야들이 도시를 단순한 문제가 아닌 심각한 복합체로 간주하고 이를 해결하기 위해 학제 간 연구의 차원에서 다시 결합하는 양상이 전개되었다. 이러한 관점의 시작은 제인 제이콥스(Jane Jacobs)로부터 시작되어 허버트 갠즈(Herbert Gans)를 거쳐 오스카 뉴만(Oscar Newman) 등으로 이어졌다. 여기에서는 주로 용도혼합, 적정한 정도의 저층고밀 개발, 보차혼용의 필요성에서부터 근대 도시건축이론에 의한 사회적 고립 초래와 이에 따른 공동체 해체 및 계층분리 문제를 극복하기 위한 매개공간이나 '제3의 공간'[3]의 가치를

3 미국의 사회학자 레이 올든버그(Ray Oldenburg)가 그의 저서 『The Great Good Place(1989)』에서 처음 주창한 개념이다. 단 몇 시간이라도 부담 없이 시간을 보낼 수 있는 장소로 동네 이발소, 동네 서점, 카페 등의 공간을 지칭한다.

주장하였으며, 쾌적성(amenity)을 매력도(attractiveness), 정주성(livability) 등으로 확장하여 해석함과 함께, 사회적 관점에서 사회적·경제적 다양성과 치안(안전) 문제 등을 주요한 과제로 다루었다.

마지막으로 도시설계가 다루는 영역으로 정책을 들 수 있다. 이 마지막 영역은 전술한 두 영역과 달리 도시설계가 갖는 실천적인 성격을 잘 보여주는 것으로서, '정책으로서의 도시설계'와 관련이 있다. 고슬링(David Gosling)은 그의 저서에서 건축가 포소킨(Mikhail Vasilyevich Posokhin)의 말을 인용하여 "도시란 그 속에서 살아가는 사람들의 정치적 신념과 사회적 양상을 가장 명백하고 철저하게 표출하는 것이기 때문에 도시 속의 것들을 설계한다는 것은 곧 정치적인 행위이다."[4]라고 밝혀 도시설계의 정치적 성격을 강조하고 있다.

이렇듯 도시설계는 도시계획이 갖는 속성과 마찬가지로 민간부문과 공공부문의 조절자(coordinator) 역할을 수행한다. 특히, 공공부문의 관점에서 다루어지는 영역이 정책이며, 이를 통해서 수많은 민간의 행위들을 규제하기도 하고 유도하기도 한다. 이러한 정책이나 규칙은 처방이 아니라 유도 장치로 고안된 것으로 각 설계가의 해석이 필요하지만, 보다 폭넓은 설계의 질 향상을 도모할 수 있기 때문에 도시설계의 실행력을 제고할 수 있는 영역이라는 점에서 역시 중요하게 인식되고 다루어질 필요가 있다.

1.4 도시설계의 대상

도시형태학을 연구하는 학자들은 도시공간이 몇 개의 핵심적 구성요소로 기술될 수 있음을 보여주었다. 한 예로 콘젠(M.R.G. Conzen)은 도시공간의 네 가지 구성요소로 토지이용(land use), 건축물(building structures), 필지패턴, 가구패턴을 제시했다.[5] 이러한 구성요소는 도시공간을 다양한 형태로 규정하고 있으며, 오늘날까지도 가장 일반적인 도시형태의 분석요소로 활용되고 있다. 토지이용과 관련하여 우리나라에서는 용도지역, 용도지구제를 사용하고 있다. 용도지역제는 토지의 이용뿐만 아니라 건축물의 용도, 건폐율, 높

4 David Gosling & Barry Maitland(1984), Concepts of Urban Design, 박철수 역, 「도시설계론」, 태림문화사, p.195

5 Matthew Carmona & Tim Heath et al.(2003), 「도시설계: 장소 만들기의 여섯 차원」, 강홍빈 외 역, 대가, p.119

이 등을 제한함으로써 토지를 효율적으로 이용하기 위해 사용되고 있다. 마찬가지로 용도지구제는 미관, 경관, 안전 등을 위하여 용도지역제를 보완하는 제도로서 용도지역의 제한을 강화 또는 완화하는 역할을 하고 있다.

제 2 절 도시설계의 분야별 프로세스

도시설계의 분야는 도시계획, 토목, 건축, 조경, 기계, 전기, 통신, 소방, 디자인, 경관 등 각 학문의 융복합 분야이다. 도시계획 분야에 대한 이론 등을 다른 장에서 다루고 있어 본 장에서는 토목 분야, 건축 분야, 조경 분야, 기계·전기·통신·소방 분야를 살펴보기로 한다.

2.1 토목설계 프로세스

도시계획에 따른 도시개발 진행 시 토목 분야는 도시의 토대를 형성하고 그 토대 위에 각 분야가 착수할 수 있는 근간을 만드는 중요한 역할을 한다. 토목(단지설계) 등은 단순히 단지를 조성하기 위해 산이나 하천 등의 레벨을 조성하는 수준이 아닌 도시계획에 따른 도로망 건설, 공원 구역 조성, 저영향개발 기법이 적용된 각종 시설물 조성뿐만 아니라 사람이 살아가는 데 꼭 필요한 상·하수도, 전력, 가스, 우·오수관 등 기본 인프라를 형성하는 역할을 한다.

그림 5-1 단지설계 일반적인 설계절차

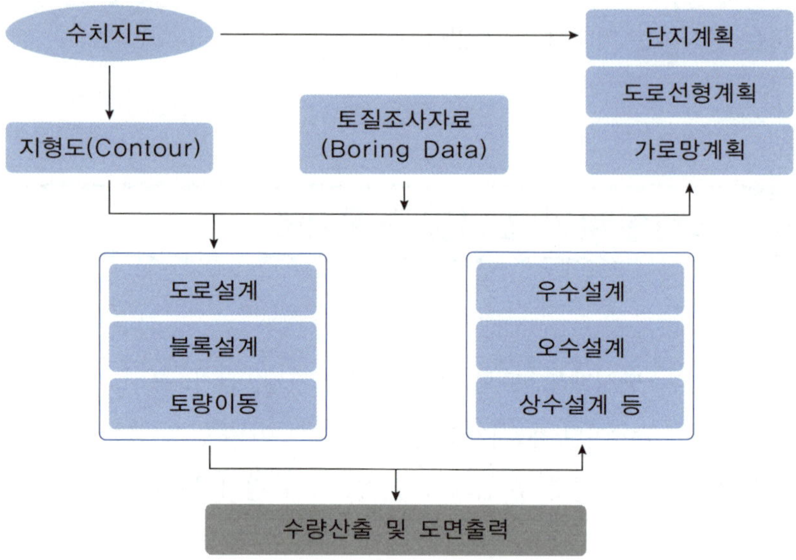

출처: 김석명(2020), 「도시개발 이론과 실무」, KSCE, p.169

도시에서 산다는 것은 어디에서나 안전하게 걸어다니고, 자전거를 탈 수도 있고, 자동차나 대중교통을 편리하게 이용하고, 집에서는 상하수도, 전력, 통신, 가스 등 각종 인프라가 연결된 편안한 집에 있다는 의미이다. 우리가 보는 건물이나, 조경 이외에도 도시를 구성하는 많은 요소들이 도로 아래의 각종 관로(상·하수도관, 우·오수관, 가스관, 전기·통신관 등)로 구성되어 도시기능을 지탱하고 있다. 도시개발 시 저영향개발기법(LID: Low Impact Development) 적용 예시를 보여주는 아래 모델은 도시개발에 있어 토목 분야의 역할이 부지 조성 등에 국한되지 않고, 도시공간의 투수성 포장, 식생수로를 비롯해서 조경이나 건축 분야와 연계하여 빗물정원, 옥상녹화 등에도 영향을 미친다.

그림 5-2 저영향개발기법(LID) 적용 도시 모델

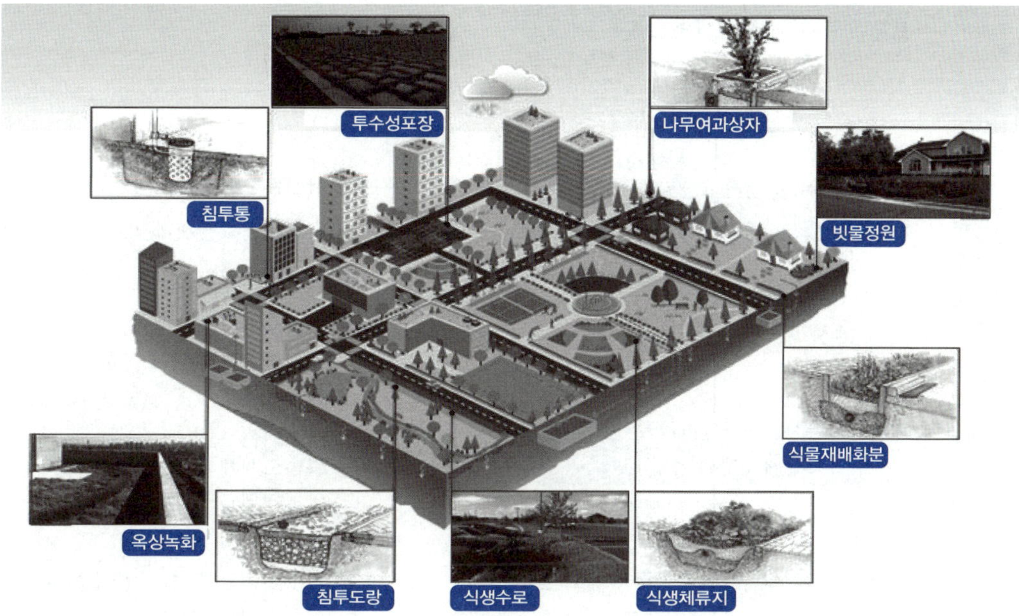

출처: 국토교통부(2019.6.16), 보도자료

도시개발 사업 중 택지개발사업의 추진절차는 지구지정 및 계획단계에서는 택지수급계획수립, 택지개발 지구조사, 택지개발 지구제안, 주민공람·공고, 택지개발계획 관련서류 제출, 지구지정, 실시계획 수립 단계가 있고, 시행단계에서는 실시계획승인, 공사시행, 공사준공 및 보고, 준공지구관리 단계가 있다.

주민공람·공고 시에는 사전환경성검토협의회 협의 및 심의회를 거쳐야 하고, 택지개발계획 관련서류 제출 시에는 집단에너지 공급협의, 환경영향평가서 초안 협의, 광역교통개선대책을 수립하여야 하며, 지구지정 시에는 관련기관 협의, 중앙도시계획위원회 심의, 주택정책심의위원회 심의를 받아야 한다.

실시계획 수립 및 승인 단계에서도 관련 협의를 거쳐야 하며, 택지개발사업의 추진절차는 <그림 5-3>과 같이 이루어지며, 개별 법령에 따라 추진되는 경우는 관련 법령에 따른 절차를 따르게 된다.

그림 5-3 택지개발사업 추진절차

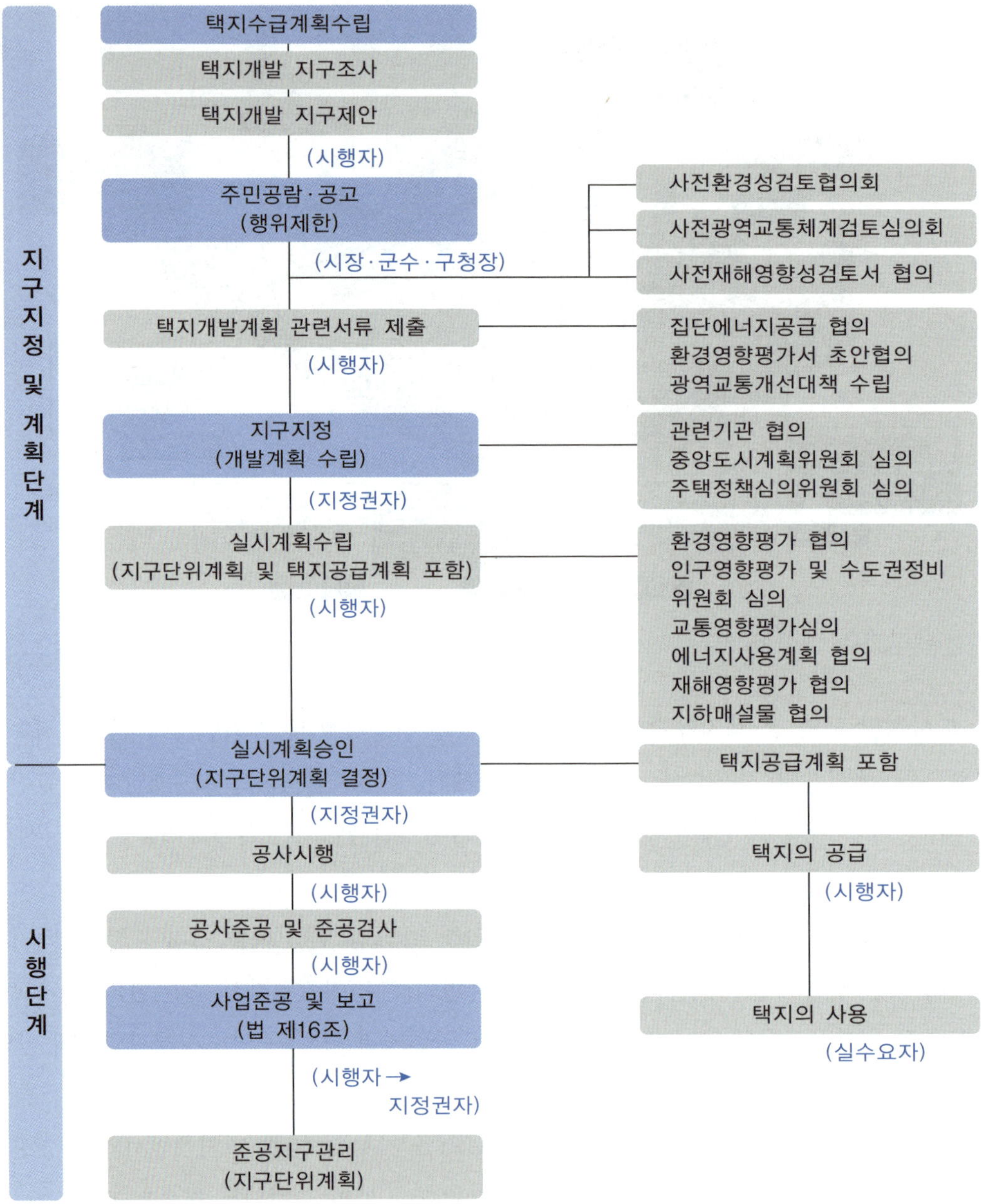

출처: 국토교통부(2020), 토지업무편람

2.2 건축설계 프로세스

도시설계 분야에서 도시계획, 토목, 건축, 조경 등의 분야가 협업하여 평면적인 도시계획 위에 입체적인 단위 건물, 건물 군(cluster) 또는 도시계획시설을 조성하게 되며, 이 경우에 건축분야의 역할이 크게 증대된다.

우선 단위프로젝트의 건축설계 프로세스를 살펴보면 기획업무, 계획설계, 중간설계, 실시설계 단계를 거치게 된다.

그림 5-4 건축설계 프로세스

기획업무	계획설계	중간설계	실시설계
• 규모검토 • 법규검토 • 현장조사 • 설계지침서 • 공정표 • 사례조사	• 법규검토 • 대지분석 • 계획방향 • MASS 계획 • 평면계획 • 입면계획 • 단면계획 • 구조계획 • 동선 및 주차계획 • 조경계획	• 배치계획 • 평면계획 • 입면계획 • 단면계획 • 구조계획 • 토목계획 • 기계설비계획 • 소방설비계획 • 전기설비계획 • 조경계획	• 공사용 도서 작성 • 상세도면 작성 • 각 분야도면 작성 • 시방서 작성

출처: http://www.kira.or.kr

1) 기획업무

기획업무 단계에서는 사이트 위치, 형상, 고저차, 기반시설 현황 등과 이용자의 요구, 이용자 규모, 이용자 이용패턴, 주된 요구사항, 사업규모 등에 대한 전반적인 내용을 파악하게 되며, 건축물의 기능, 효율적인 시스템의 활용, 유지관리 단계 고려, 외부·내부의 디자인 요소 고려 및 최종적인 사업일정과 총사업비 관리사항 등을 고려하게 된다. 기획업무 세부 단계에서는 규모검토, 법규검토, 현장조사, 설계지침서, 공정표, 사례조사 등을 면밀히 수행하게 된다.

2) 계획설계

계획설계 단계에서는 법규검토, 대지분석, 계획방향, MASS 계획, 평면계획, 입면계획, 단면계획, 구조계획, 동선 및 주차계획, 조경계획을 하게 된다. 건축 사업지의 위치, 크기, 지형, 구역 지정, 교통, 기후, 풍향 및 태양 경로 등을 평가하는 것도 고려되어야 하며, 도로 지정, 문화적 패턴, 주변 건물 개발과 같이 부지 접근성, 현지 규범, 향후 개발, 부지 주변 환경의 변화도 고려된다. 대지분석 단계에는 프로젝트 시작단계에서 프로젝트의 맥락을 파악하여야 한다.

오늘날 초기 연구 및 현장 분석 단계는 사진 측량법 및 레이저 스캐닝과 같은 리얼리티 캡처 기술(Reality Capture Technology), 특히 레이저 스캐너를 활용하여 최적화할 수 있게 되었다. 현장에서 위험한 사면 등에 작업 전 매핑(Mapping) 기법을 동원하여 사전에 위험 지역 및 위험요소를 인지하고 처리할 수 있게 되었다.

3) 중간설계

건축물의 구체적인 기능 수행과 사업비 및 사업일정 확인을 위해 배치계획, 평면계획, 입면계획, 단면계획, 구조계획, 토목계획, 기계설비계획, 소방설비계획, 전기설비계획, 조경계획을 실시하게 된다.

4) 실시설계

실시설계 단계에서는 현장 상황과 인양 장비, 시공 조건 등을 감안하여 실제 시공에 사용되는 설계도서를 작성하게 되며, 본 도면에 각종 전문기술자가 확인 및 날인하여 도면의 효력이 발생하게 된다. 이 시공도면에 따라 각종 인허가 검사 및 준공 시 준공검사의 기준이 되며, 실시설계 이후 시공도면에서는 시공단계 변경사항이 발생한 경우에는 시공도면을 수정하여 현재 시공된 상태(As-built)의 도면으로 유지하여야 한다.

실시설계 단계에서 공사용 도서 작성, 상세도면 작성, 각 분야도면 작성, 시방서 작성을 하게 된다. 설계와 시공이 분리되어 발주되는 경우에는 시공자는 단순 도급자의 지위로 참여하는 경우가 있고, 공공발주의 경우 내역입찰로 진행되는 사업의 경우에는 발주청이 제공하는 도면(시공도면)에 따라 진행되며, 재개발이나 재건축의 경우 조합에서 시공사를 선정할 때 각 시공사가 제안하는 사업구상(조감도, 각층별 평면 등)을 보고 시공사를 선정하면 각 시공사는 자체적으로 실시설계(시공도면)를 작성하여 사업에 참여하게 된다.

최근에는 공동주택의 바닥충격음, 단열성능 등에 대해 '입주후 평가(POE)'를 진행하기도 한다.

그림 5-5 건축물 설계의 입체적 이해 이미지

출처: http://www.tejjy.com

5) 건축 프로젝트 사례

건축은 단순히 물리적 구조를 넘어 인간의 삶을 담아내는 역할을 한다는 점에서 '건축은 사람의 삶을 담는 그릇이다'라고 말할 수 있다. 도시에서의 사는 삶이란 것이 집, 학교, 직장, 카페, 헬스장 등 건물에서 건물로 이동하는 것으로도 볼 수 있다. 그만큼 도시개발에서 건축이 차지하는 비중이 크다 하겠다. 다음 <그림 5-6>는 인천 송도의 '트라이보울'이다. 중력을 거슬러 내부 공간을 담아내기 위한 기술적 방안(양방향 입체 트러스, 스파이럴 접합부 등)이 우수한 건축물이며, 독특한 형태가 빚어내는 내외부 공간은 그 자체로 시민들에게 휴식을 제공하는 역할도 겸한다.

그림 5-6 송도 트라이 보울 외부모습(좌) 및 단면도(우)

출처: iarc.net

<그림 5-7>의 국립중앙박물관은 수변공간과 주위 자연과 조화롭게 배치되어 있으면서도 기능적으로 박물관의 기능을 충실히 하고 있다. 이처럼 건축물 설계 시 주변 환경에 대한 고려, 기능성과 사용성, 미적 디자인 등을 고려하여 설계하게 된다. 특히 박물관과 같은 건축물에서는 방문객의 시각에서 전시시설 내 작품의 높이, 조명, 온·습도 환경, 동선 등을 주의 깊게 배려하여야 한다.

그림 5-7 국립중앙박물관 전경(좌) 및 모형사진(우)

출처: www.aurum.re.kr

공동주택의 설계 및 시공의 경우에는 사람들의 정주여건 및 선호도 등에 따른 형태의 설계가 이루어지기도 하고, 상업시설의 경우 최근의 온라인 쇼핑 추세에 맞추어 단순 쇼핑 공간이 아니라 체류형 공간으로 쇼핑, 즐기는 공간, 식음 공간 등 복합적으로 구성하여 공간의 변모를 꾀하고 있다.

건축의 공간들은 교통수단의 발전에 따라 끊임없이 변모하고 있으며, 대심도 GTX, 무인항공기인 UAM 등과도 연계하여 미래의 도시 공간 수요에 대응하고 있다.

2.3 조경설계 프로세스

조경설계의 프로세스는 다음과 같이 구성해볼 수 있다. 조경계획에 따른 조경설계, 조경시공 및 관리 단계로 구분할 수 있다.

그림 5-8 조경계획 및 조경설계 프로세스

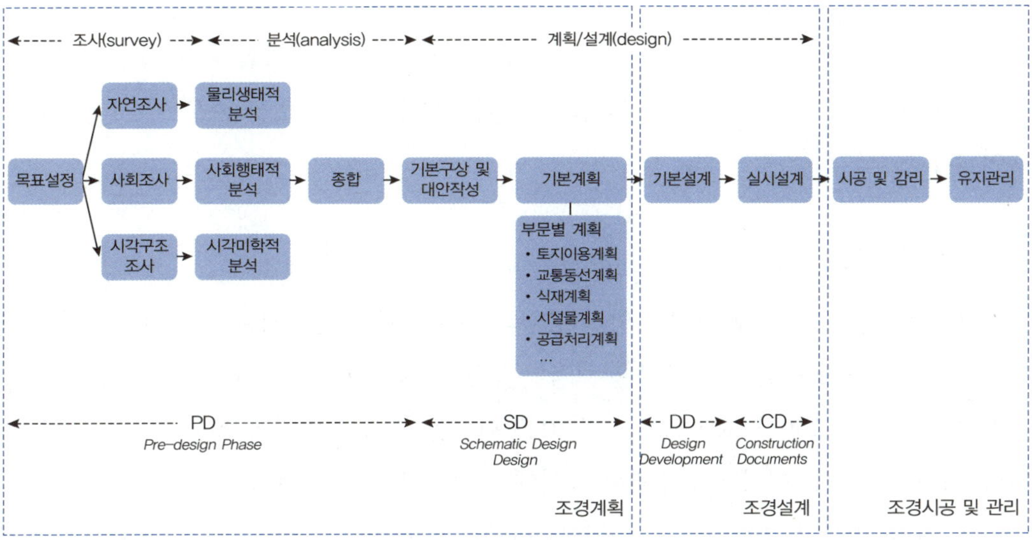

출처: http://www.hosanen.com

1) 목표설정

조경계획 및 설계 과정은 공원을 조성하는 과정으로 설명하면 이해하기가 쉽다. 하나의 공원이 만들어지는 과정을 상상해 보자. 첫 단계인 목표설정 단계는 어떤 성격의 공원을 만들 것인가를 결정하는 단계이다. 가깝게 사는 주변 주민을 위한 것인지, 멀리서도 공원을 찾게 하는 대표적인 공원을 만들 것인지, 또는 운동시설이 많은 공원인지, 문화예술을 주제로 하는 공원인지 등 공원의 성격과 조성방향, 보다 자세하게는 공원에 설치할 시설 등에 대한 목표를 설정하는 것이라고 할 수 있다.

2) 조사 및 분석

다음의 단계는 공원이 만들어지게 될 대상지에 대한 조사를 진행하게 된다. 우리가 만드는 공원은 매우 공적이고 대규모의 대상물이기 때문에 대상지 특성에 부합되지 못한 공원을 만들 경우에 이용자들은 많은 불편을 느끼게 되고 더 심각하게는 불필요한 예산을 낭비하는 결과를 초래할 수도 있다. 따라서 대상지에 대한 면밀한 조사와 분석은 필수적인 단계이다. 조사와 분석은 크게 자연환경, 사회환경, 시각미학환경 등으로 구분하여 진행한다. 공원을 만들 때에는 수목과 초화(草花)와 같은 자연적인 요소가 주요 소재가 되고, 이용자들에 대한 사회적인 요구를 반영하여야 하며, 미적으로도 아름다운 공원을 만들어야 하므로 자연, 사회, 시각미학적인 고려가 따라야 한다. 이 단계에서는 자연과학적인 지식뿐만 아니라 사회과학적인 지식, 그리고 미적인 감각과 경험 등이 모두 동원되어 대상지에 대한 장단점을 파악하게 된다. 각 분야의 전문가와 협업도 주로 이 과정에서 이루어진다.

3) 종합분석

조사 및 분석이 끝나게 되면 다양한 종류의 데이터가 만들어지는데, 조경가에게는 개별적인 데이터보다 이를 종합하여 전체적인 특징을 파악하는 것이 더 의미가 있다. 마치 환자의 각종 검사결과를 토대로 의사가 최종 진단을 내리는 과정과 유사하다고 할 수 있겠다. 과거에는 개별 데이터를 투명한 종이에 표현하고 이를 겹쳐서 종합하는 도면중첩법(overlay method)을 사용하였으나, 최근에는 GIS(Geographic Information System)를 이용하여 종합적인 판단을 내리고 있다.

4) 기본구상 및 대안작성

대상지에 대한 종합적인 판단을 마친 후에는 본격적으로 대상지를 어떻게 조성할 것인지에 대한 구상단계를 진행한다. 구상단계에서는 처음부터 개별적인 수목이나 시설물과 같이 구체적인 계획안을 작성하기 보다는 휴게공간을 어떻게 배치할 것인가, 주차장과 도로는 어디에 설치할 것인가 등과 같이 개략적인 구상부터 시작한다. 이때 대상지의 다양한 가능성을 충분히 고려하기 위해서 다수의 대안을 작성하는데, 토지이용과 동선 등을 중심으로 대안을 서로 비교하여 최종적인 구상안을 결정한다.

5) 기본계획

기본계획(master plan)은 조경계획단계의 최종적인 결과물로 향후 대상지가 어떤 모습을 가지게 될 것인지 대한 중요한 사항을 모두 담은 계획이다. 평면도, 조감도, 스케치 등으로 계획내용을 표현하여 발주자 또는 주민들에게 대상지의 미래상을 보여주게 된다. 우리가 언론을 통해 흔히 접하는 'ㅇㅇ공원 계획안'은 이러한 기본계획의 결과물에 해당한다. 보다 자세한 계획내용은 보고서나 도면 형태로 작성되며, 토지이용 계획, 동선 계획, 식재계획, 시설물 계획, 공급처리 계획 등 다양한 부문별 계획으로 세분되어 진행되기도 한다.

6) 기본설계

기본계획 단계에서 중요한 사항을 제시하고 있지만, 이를 실현하기 위해서는 더욱더 구체적으로 발전시켜야 한다. 기본설계는 실시설계로 발전되기 전단계라고 할 수 있는데 주요 공간별로 확대하여 더욱 구체적으로 발전시킨다. 규모가 작은 프로젝트인 경우에는 기본계획과 동시에 진행되거나 생략되기도 한다.

7) 실시설계

실시설계는 계획 및 설계의 최종결과물을 작성하는 단계로 정확하고 자세한 축척을 사용하여 시공을 전제로 하는 도면과 도서를 작성하는 단계이다. 평면도, 입면도, 단면도, 상세도 등 다양한 형태의 도면으로 작성되고, 도면으로 표현하기 어려운 사항은 시방서로 정리한다. 식재 관련 사항을 예를 들면 얼마나 큰 수목을 어디에 몇 주(株) 심을 것인지, 그리고 식재하기 위해 파는 구덩이의 크기, 식재 후에 넘어지지 않도록 하는 지지대의 종류나 크기 등 매우 자세한 사항에 대한 표현을 포함한다.

8) 조경 프로젝트 사례

도시설계 프로세스는 다학제적 접근으로 특정 학문 분야에 국한하여 설명하기 힘들다. 조경이라는 분야는 특히 작게는 뒤뜰 마당에 나무 한그루 가꾸는 것부터 도시 단위,

즉 헥타르(ha) 단위의 식재계획까지를 포함한다. 다음 <그림 5-9>의 선유도 공원 모습은 사용 종료된 정수장을 어떻게 계획가가 장소의 맥락과 세월의 흔적을 켜켜이 찾아내서 동시대를 살아가는 우리에게 돌려주는지 볼 수 있다.

그림 5-9 선유도 공원, 생태복원 후 지상모습(좌), 선유정수장 생태복원 후 모습(우)

출처: 정영선, 조경설계 서안(주)

또한 조경은 도시의 성격을 규정하기도 한다. 예를 들어, 울산이라는 도시의 첫 인상은 자동차, 조선, 석유화학으로 대표되는 우리나라의 주요 산업도시이다. 한때 공장의 폐수로 오염되었던 태화강은 이제 시민들의 자부심으로 자리잡았으며, 울산이 산업도시를 넘어 친환경도시의 이미지를 가지게 되었다. 울산이 어떻게 가고 싶은 도시가 되었는지에 대한 답은 태화강 국가정원에 있다.

그림 5-10 태화강 국가정원 전체모습(좌), 저녁 풍경(우)

출처: 울산시 홈페이지

2.4 기계·전기·통신·소방 분야

본 절에서 기계·전기·통신·소방 분야를 함께 기술하는 것은 각 분야가 타 분야에 비해 연계성이 강하고, 앞으로의 도시의 지속가능성을 높이고, 스마트한 도시로 나아가고, 도시공간을 다층·다기능 입체복합도시로 구현하는 데 핵심적인 역할을 하는 분야이기에 한 자리에서 설명하게 되었다.

기계 분야는 도시의 지속가능한 인프라를 구축하는 데 중요한 역할을 하는데, 기계 엔지니어들은 에너지 효율적인 건물 설계와 공조시스템(HVAC: Heating, Ventilation and Air Conditioning) 개발, 그리고 도시 내 재생가능한 에너지원 도입을 통해 에너지 소비를 줄이는 데 기여하게 된다. 또한, 기계 설비는 스마트 그리드와 연계되어 건물 내 에너지 소비를 최적화하고, 탄소 배출을 줄일 수 있는 혁신적인 솔루션을 제공하는 데 기여하게 되며, 작게는 가정 내에서 크게는 도시 단위의 인프라 구성에 관여하게 된다.

전기 및 통신 분야는 스마트 시티 구현의 핵심 인프라를 제공하며, 전기 엔지니어들은 신재생 에너지 시스템의 통합과 같은 영역을 담당하게 된다. 인류가 직면한 화석연료의 고갈과 탄소배출 증가에 따른 이상기후 변화 등에 대한 혁신적인 솔루션을 제공하는 분야이기도 하고, 전기차 충전 인프라와 같은 에너지 절감형 교통 솔루션을 개발하기도 한다. 통신 기술은 IoT(사물인터넷) 기반 시스템을 통해 도시의 효율적인 운영을 가능하게 한다. 예를 들어, 스마트 가로등, 교통 신호 시스템, 환경 감지 시스템 등은 도시 내 자원을 효율적으로 관리하고, 에너지를 절약하는 데 기여한다.

소방 및 안전 분야는 도시의 안전성을 높이는 데 필수적인 역할을 한다. 소방 설비 엔지니어들은 스마트 화재 경보 시스템, 자동 소화 시스템 및 방재 시스템을 개발하여 도시 내 비상 상황에 대비한다. 또한, 이 분야의 기술은 도시 내 거주자 및 건물의 안전을 보장하며, 스마트 시티의 안전성을 높이는 데 기여하게 된다. 이 모든 시스템은 기계·전기·통신·소방 각 분야가 통합되어 도시의 효율적이고, 안정적인 운영을 지원하게 된다.

<그림 5-11>의 부산 에코델타 스마트시티 국가시범도시의 스마트빌리지는 도시개발의 기계·전기·통신·소방 각 분야의 핵심사항들이 잘 반영되어 입주된 성공적인 사례이다. 국내 최초로 제로에너지 1등급 주택단지로 조성하여 일반 단독주택 대비 에너지 비용이 약 70% 절감된 것으로 나타났다. 제로에너지 1등급은 스스로 에너지를 생성하는

Active형[태양광, 수열·지열, ESS(에너지 저장장치) 등]과 에너지 사용량을 줄이는 Passive형(고기밀 시공, 외단열 공법 등)을 모두 적용한 방식이다. 통신 분야의 홈IoT(사물인터넷), 소방(방범) 분야의 지능형 CCTV 등이 있다.

그림 5-11 부산 에코델타 스마트시티 국가시범도시

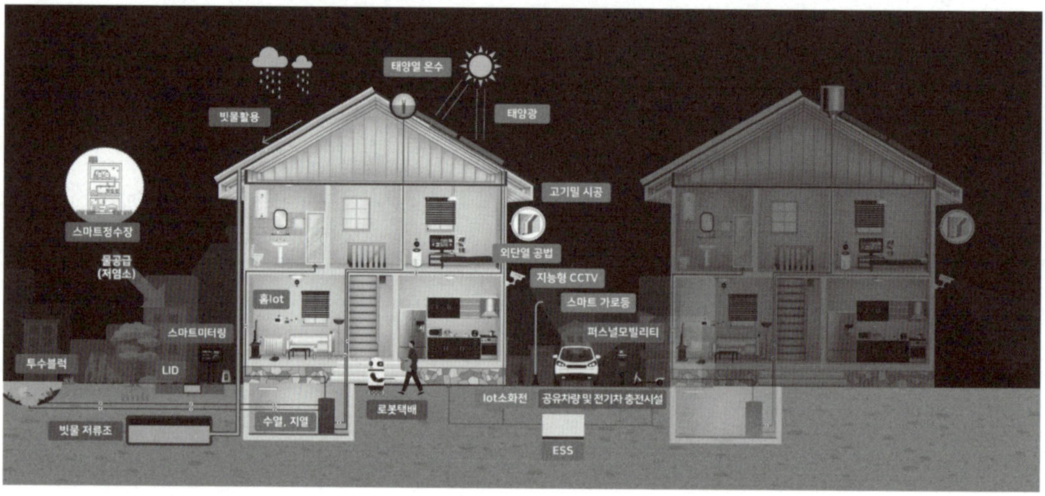

출처: 한국수자원공사(2020.11), 보도자료

스마트시티의 핵심은 IT 기술을 활용해서 빅데이터 자료를 수집하고 이를 기반으로 도시운용을 효율적이고 안전하게 하는 것이다. 교통분야, 에너지 관리 분야, 생활·복지 분야 및 물관리 분야에도 적용된다.

축적된 데이터를 통해 시민들과 교통상황을 실시간으로 교류하고, 시민의 시간과 안전을 지키고, 도시 유지관리에 들어가는 에너지도 줄이는 효과가 있다.

제3절 공공공간(Public Space)

3.1 공공공간의 이해

도시계획이라는 토대에서 도시설계와 공공공간의 관계를 살펴보면 도시계획은 거시적인 이해를 바탕으로 큰 방향과 틀을 잡고 이를 실현하기 위해 물적·비물적 기반을 조성하기 때문에 거시도시계획과 미시도시계획은 모두 '도시계획'이라는 근간에 기초해야 한다는 점에서 밀접하다. 미시도시계획 중에서 '공공공간'의 물리적 측면을 전문으로 다루는 영역을 우리는 통상적으로 도시설계라고 부른다. 우리가 직접 경험하는 공간 단위를 다룬다는 점에서 도시설계는 기본적으로 인간적 척도에 관한 이야기라고 할 수 있다. 인간적 척도는 공간의 물리적 크기뿐 아니라, 사람이 볼 수 있는 거리와 각도, 시각적인 쾌적함, 아름다움 등의 시각적 요소와 딱딱함과 부드러움, 무거움과 가벼움, 따뜻함과 차가움 등의 촉각적 요소도 포함한다. 즉 인간적 척도는 사람이 체감하는 경험에 관한 모든 것이다. 공공공간은 공공이 소유한 토지와 건물뿐만 아니라, 시민들이 일상에서 체감하는 공간적 차원을 의미한다. 따라서 개별 건축물의 외관, 형태, 크기 때로는 지붕까지도 공공공간 측면에서 하나의 요소로서 다루어질 필요가 있다.[6]

이처럼 공공공간을 도시설계의 어느 한 영역으로 한정하기 어려우며, 어쩌면 공공공간을 규정하고, 실현하기 위한 과정이 도시설계라 할 수 있다. 도시를 설계할 때 도시계획 전문가, 교통전문가 등은 City Master Plan 등을 평면적이고 조감도 형태로 위에서 아래로 내려다보며 설계를 하는 경우가 대부분이다. 전문가적인 시각으로만 도시의 효율성 측면에서 도시를 설계할 때는 그 안의 사람들의 삶에 대한 이해가 떨어질 수 있는 우려가 있다.

이에 반해 얀 겔(Jan Gehl)은 그의 저서 『사람을 위한 도시(Cities for People)』에서 "만약 도시와 건물에 사람들이 와서 머물게 하려 한다면 새롭고 지속적으로 인간적 규모(Human Dimension)가 다루어져야 한다. 이 규모로 작업하는 것은 가장 어렵고 가장 민감한 도시

6 프라하도시계획개발연구원(2023), 「프라하 도시설계 매뉴얼: 공공공간」, 강명구 역, 서울연구원, p.281

계획 원칙이다. 만약 이 일이 무시되거나 실패한다면 도시생활은 결코 변화될 가능성이 없다. 널리 확산된 위로부터 및 외부로부터의 계획은 생활, 공간, 건물의 순서(Life, Space, Building - in That Order)라는 원칙에 따라 아래로부터, 또한 내부로부터라는 계획절차로 새롭게 대체되어야 한다."라고 주장하였다.

공공공간을 계획할 때 교통흐름, 이동의 효율성, 부동산개발의 효능을 고려하기 이전에 사람들의 생활(Life)을 우선적으로 고려해야 한다. 개인의 안전과 행복은 이웃과 주변 환경과의 교류를 통해 확인될 수 있기 때문이다.

「건축기본법」 제3조(정의) 제3호에 '공공공간(公共空間)이란 가로·공원·광장 등의 공간과 그 안에 부속되어 공중(公衆)이 이용하는 시설물'로 규정하고 있으나 이는 건축물(해당 부지)과 연관된 협의의 의미로 해석된다. 공공공간이 건축물을 조성하고 나서 잉여공간에 적절한 공지를 제공하는 제한된 의미로 보여질 수 있으나, 공공공간은 시민들의 삶과 생활을 담고 시민의 삶의 질을 결정하는 중요 요인이다.

'서울공공디자인 가이드라인 2020'의 분야별 디자인 가이드라인 중 '공공공간 가이드라인'에서는 공공공간의 범위를 공공공간, 공공시설물, 공공시각매체를 구분하고 있으나, 이 세 가지 범주 모두를 공공공간(Public Space)의 범위로 포함할 수 있다.

공공공간이란 특정한 배제 없이 일반 시민들이 접근할 수 있는 물리적 공간을 의미하고, 도시의 바탕이며, 모든 어메니티의 총합이다. 예컨대, 유럽의 노르웨이 '오슬로'처럼 도시의 공공공간이 사람을 모이게 하고, 도시의 어메니티를 상승시켜 글로벌기업까지 유치하는 결과를 보이기도 한다. 이처럼 공공공간은 도시를 구성하는 작은 단위에 그치는 것이 아니라 도시의 성격과 시민의 삶의 질을 규정하는 기준이 되고 있다.

3.2 전통적 공공공간[7]

1) 가로(街路)

가로는 도시 공공공간의 기초 요소로서 도시의 전반적인 이미지에 큰 영향을 미친다.

---

7 프라하도시계획개발연구원(2023), 「프라하 도시설계 매뉴얼: 공공공간」, 강명구 역, 서울연구원, pp.33-41을 참조해서 작성되었다.

가로는 도시의 일부로서 걷기에도, 잠시 머무르기에도 즐거워야 한다. 촘촘하게 연결된 가로망(街路網)은 도시를 살만하게 만들고, 도시공간에 대해 쉽게 이해할 수 있게 도와준다. 또한 가로는 차도(車道)에 국한되지 않는다. 오히려 가로가 차도(車道) 위주로 계획될 경우 운전하기에만 좋을 뿐 생활하는 시민들의 보행환경, 교류의 장소 만들기 등에 제한이 될 뿐이다.

가로의 어메니티는 공간 구성에 크게 좌우되며, 가로의 폭과 도시 구조의 조화로움에 크게 영향을 받는다. 공간의 크기가 크다고 해서 반드시 좋은 공간이 되는 것은 아니다. 중요한 것은 인간적 척도(Human scale)를 충족하느냐의 여부이다. 도시개발에서는 맥락에 따라 작은 공간이 오히려 더 적합하고 효과적일 수 있음을 고려해야 한다.

가로의 우수성은 공간이 사람들의 일상생활 속에서 얼마나 적극적으로 활용되고 있는지, 그리고 보행이나 비엔진 교통수단(non−motor vehicle)에 얼마나 적합한지에 달려 있다. 물론, 필요한 이동 수요를 충족하는 기능 또한 중요하며, 가로는 교통량에 따라 그 형태와 특성이 달라질 수 있다.

가로에 인접한 건물의 건축적 디테일과 건물 1층 전면부의 활용 방식은 가로 공간의 품질에 중요한 영향을 미친다. 가로가 머물기 좋고 안전한 공간이 되기 위해서는 건물 1층과 가로 공간이 유기적으로 연결되어야 한다. 특히, 가로에 면하고 가로에서 바로 접근 가능한 상점이 있는 건물 유형이 이러한 특성을 강화한다. 또한, 보행자의 눈높이에서 느낄 수 있는 시각적 자극의 빈도, 출입구 배치, 상점 유리창의 활용 등도 가로 공간의 질을 높이는 데 중요한 요소이다. 반면, 쇼핑센터처럼 단조로운 건축물은 종종 활력을 잃은 긴 전면부를 형성하기 쉽다. 따라서 사람들에게 적절한 수준의 시각적 흥미와 다양성을 제공하는 설계가 바람직하다.

도로의 폭과 교통체계만을 기준으로 가로를 분류하는 방식은 수준 높은 공공공간을 조성하는 데 적절하지 않다. 이는 장소의 성격을 형성하는 중요한 요소들을 충분히 반영하지 못하기 때문이다. 가로 공간의 기술적 구조, 가로 가구(street furniture), 교통 배치, 가로 형태 등 다양한 요소를 종합적으로 고려해야 한다. 도시 구조에서 가로는 핵심적인 역할을 담당하므로, 가로 공간 계획은 도시개발에서 중요한 과제로 다루어져야 한다. 가로는 그 용도와 성격에 따라 다양한 형태를 가질 수 있으며, 한적한 쇼핑 거리부터 도시를 대표하는 넓은 대로에 이르기까지 그 모습이 다양하게 나타날 수 있다.

가로의 폭과 광장의 크기만으로 그 공간의 가치를 판단하는 데는 한계가 있다. 가로와 광장이 위치한 맥락이 뒷받침되지 않는다면, 가로의 폭과 광장의 크기는 단순히 숫자에 불과하다. 넓은 가로나 중심 가로라는 표현만으로 그 공간이 다양한 활동으로 활기를 띠고 풍성해지는 것은 아니다. 가로는 적절한 구성과 설계를 갖추었을 때 비로소 이러한 역할을 제대로 수행할 수 있다.

가로의 공간적 구성과 편의시설을 조성할 때는 보행자의 눈높이와 느린 보행 속도를 충분히 고려해야 한다. 자동차 운행 시처럼 빠르게 이동하는 관점에서 공간의 리듬, 척도, 배치를 설계하면 인간적 척도는 사라지고, 그 공간은 왜곡되어 사람들의 삶을 담아내지 못하는 비인간적인 환경이 될 수 있다.

그림 5-12 Street Moves, Stockholm, Sweden

출처: https://innovationinpolitics.eu/showroom/project/street-moves/

Street Moves는 ArkDes Think Tank가 스톡홀름 시, 스웨덴 교통 기관, 카셰어링 회사 M, Volvo Car Mobility, 전기 스쿠터 서비스 Voi 등 평소에는 협력하지 않는 여러 참여자와 함께 만들었고, 조사에 따르면 이 지역에 살거나 정기적으로 거리를 지나는 응답자의 70% 이상이 변화가 긍정적이라고 답했고, 부정적인 응답은 10%에 불과할 정도로 시민들의 호응을 얻고 있다.[8]

8 The Innovation in Politics Institute, 공식 홈페이지

2) 너른 공간

영어에서 '스퀘어(square)'는 일반적으로 광장(廣場)으로 번역되지만, 그 의미는 한국에서의 '광장'과는 다소 차이가 있다. 우리나라에서 '광장'은 대개 매우 넓은 공간을 지칭한다. 예를 들어, 광화문 광장, 시청 앞 광장, 서울역 광장과 같이 대규모의 공공공간을 떠올리게 한다. 서구에서 '스퀘어(square)'는 매우 넓은 공공공간뿐만 아니라, 작은 규모의 공공공간도 포함한다. 예를 들어, 유럽의 오래된 도시에서는 좁은 골목길을 걷다가 만나는 조금 너른 공간도 '스퀘어'라고 부른다. 이러한 스퀘어는 이동과 흐름이 중심인 공간 속에서 멈춤과 쉼의 기능을 제공하는 공간으로, 사람들에게는 모여 대화를 나누고 교류하는 장이 되며, 아이들에게는 놀이 공간이 된다. 이는 우리나라 옛날 골목길이 단순한 통로가 아니라 '너른 공간'으로서 다양한 기능을 수행했던 것과 유사한 맥락으로 이해할 수 있다.

너른 공간의 특성과 질은 주변 환경에 의해 크게 좌우된다. 특히, 주변 건물의 형태와 배치, 그리고 공간의 개방성 정도가 중요한 영향을 미친다. 만약 너른 공간이 혼잡한 도로로 인해 주변 건물들과 단절된다면, 그 공간은 공공공간으로 인식되기 어려워지고 질적 수준 또한 저하될 수 있다. 따라서 공공공간이 건물들과 직접적으로 연결되는 것이 중요하다. 또한, 너른 공간의 수준에 그 공간의 바닥과 주변 건물의 높이 간 비율도 영향을 미치며, 이는 공간의 균형과 조화에 중요한 요소로 작용한다. 너른 공간의 모양과 크기는 주변 주요 건물들과 명확한 연관성을 가지게 된다.

너른 공간은 구성적 요소를 우선적으로 고려하여 계획되어야 하며, 이를 바탕으로 교통시설, 공간의 짜임새, 조경, 편의시설, 가로시설물 등의 위치, 구조, 형태가 종합적으로 설계되어야 한다. 너른 공간은 기본적으로 평탄해야 하며, 높낮이 차이는 보행자의 이동을 방해하지 않는 범위에서 계획적으로 활용될 수 있다. 이 공간에는 보행자의 자연스러운 이동을 저해하는 장애물이 없어야 하며, 작은 구조물이나 성목(成木)은 공간의 바닥에서 주변 건물의 꼭대기까지 시각적 스케일의 전환을 부드럽게 만들어주는 역할을 한다.

또한, 너른 공간은 다목적 활용이 가능해야 한다. 다양한 활동이 이루어질 수 있도록 설계되어야 하며, 사람들의 자유로운 이동을 보장해야 한다. 대규모 모임이 가능할 뿐만 아니라 충분한 앉을 자리와 그늘을 제공해야 하며, 물을 활용한 요소나 예술품 등 공간을 풍요롭게 하는 요소를 포함함으로써 공공공간으로서의 가치를 높여야 한다.

유럽의 대표적인 광장인 브뤼셀의 대광장은 적정한 규모와 광장 바닥 패턴까지 적절히 계획되어 다양한 활동을 가능하게 한다. 삼삼오오 둘러앉은 사람들, 예술활동을 하는 사람들, 풍광을 바라보는 사람들, 걸으면서 풍경을 감상하는 사람들 등 다양한 삶의 모습을 담고 있다.

그림 5-13 벨기에 브뤼셀의 대광장(De Grote Markt)

출처: http://www.google.com

3) 친수공간

친수공간은 하천, 호수 등의 수변(水邊)공간 자체를 의미하기도 하고, 수변공간을 가지는 육지에 인공적으로 개발된 공간을 지칭하기도 한다. 과거 서울의 수변공간은 물류처리 능력 증대를 중심으로 개발되어 왔으나, 현재는 수변공간의 특성을 살려 전통적인 기능과 레저·문화·사업 등의 규모와 성격, 관리주체 등이 모두 다르므로 통합적인 계획을 마련하여 조성 및 관리가 이루어져야 한다.[9]

서울의 경우 한강을 기준으로 강남, 강북 많은 구간의 한강변이 아파트 위주로 건설되어 한강 뷰를 사유화하고, 시민의 공공공간은 부족한 면이 있기도 하지만, 도심의 청계천 복원사업과 주요 건물의 친수공간은 부족하나마 도심의 공공공간을 제공하고 있다.

프라하의 수변공간은 시민들이 쉽게 자주 찾을 수 있는 공공공간의 역할을 톡톡히 하

9 서울특별시(2020), 「서울 공공디자인 매뉴얼」, p.64

고 있다. 도시 중심부의 수변공간 상층부는 공공공간으로 산책길처럼 조성된 상징적인 공간이다. 이 공간의 주요 특징으로는 프라하의 파노라마 같은 광경, 중요한 건물들이 줄지어 서 있는 모습, 선형적 연속성을 꼽을 수 있다. 또 연접한 건물들, 특히 1층(전면부)은 공간의 수준에 크게 영향을 끼친다.

아시아의 대표적인 수변도시로는 오사카와 싱가포르를 빼놓을 수 없다. 두 도시 모두 수변공간을 중심으로 여가, 상업, 문화 공간 역할을 잘 제공하고 있다.

그림 5-14 수변도시 사례[오사카(좌), 싱가포르(우)]

출처: http://www.google.com

4) 공원

공원은 도시 내 다양한 장소에서 주민들에게 휴식의 공간을 제공하고, 커뮤니티 형성에 기여하는 중요한 공공공간이다. 또한, 녹지 조성을 통해 심리적 안정감을 줄 뿐만 아니라 주변 환경을 미적으로 향상시키는 역할을 한다.

공원은 자연생태계의 주요 요소 중 하나로 보아야 하며, 여가의 역할에 더해 자연환경적 역할을 수행하고 있다. 공원이 부족한 지역에 주로 방치된 땅(예: 시가지 중 공터, 과거 산업지역 등)을 활용해서 공원을 새롭게 만들어야 한다. 도시의 공원은 포켓 공원이거나 도시 구조의 요소(예: 마당, 나 홀로 건물 주변의 공간, 공원 같은 너른 공간)인 경우도 있다. 여기서 도시 요소란 자연요소와 구별되는 거대하거나 눈에 띄는 건물이 될 수 있다.

서울의 경우에도 최근에 도시 내 미이용 용지나 자투리 공간을 활용한 포켓공원 등으로 접근성이 높은 소공원이 만들어지는 추세이다. 소공원이 주변 시설과 연계하여 조성되고, 절개지나 옹벽 등을 녹화하고, 식재를 통한 그늘을 조성하여 도심 속 작은 오아시스를 만들어가는 것이다.

그림 5-15 뉴욕 하이라인 파크

출처: http://www.expedia.co.kr

3.3 특수 공공공간

1) 개인소유 공공공간(Privately Owned Public Space)

일반적으로 개인소유 공공공간은 개인 소유이기는 하지만 나라별 제도적 규정에 따라 일반 시민에게 공개되어야 하는 유형의 공공공간을 설명하는 데 사용되는 용어이다. 이는 시민들의 자유롭고 안전한 보행환경과 적절한 공간 내에서 휴식을 보장하기 위해 마련된 공간이다. 체코 프라하의 민간 소유 단지 내 공공 보행자 구역인 The Park와 미국 샌프란시스코의 인터콘티넨탈 호텔의 개방된 테라스가 대표적인 사례이다. 도심 내에서 대규모 사유지의 개발은 필수적으로 시민의 사적 접근은 제한되고, 걸어 다니는 길도 그 사유지를 둘러서 빙 돌아서 가게 된다. 이러한 불편을 감소시키고 걷기 편하고 생활하기 쾌적한 도심을 만들기 위해 지역별로 공공보행통로 등을 만들게 된다. 우리나라도 대형 프로젝트를 진행할 경우 심의 단계에서 공공보행통로를 계획할 때 시각적으로 잘 인지되고 단차가 적고, 적정한 폭과 바닥마감을 통해 걷기 편한 환경을 구축하게 된다. 단순 보행을 넘어 샌프란시스코의 개방된 테라스는 적극적으로 공간을 개방한 것으로 건물 소유주가 그 공간을 유지 관리하는 것까지 포함하게 된다.

그림 5-16 프라하의 공공보행자구역(좌), 샌프란시스코의 개방된 테라스(우)

출처: http://en.wikipedia.org

위와 같이 의무적으로 개방되어야 하는 개인소유 공공공간이 있는 반면, 자발적으로 사유지를 개방해서 장소의 가치와 지역의 시너지를 상승시킨 사례를 살펴보면, 스위스 취리히의 'Puls 5'가 있다. 100여 년 전 취리히-웨스트 지역에 새로운 공장들이 들어섰고, 현재 Puls 5가 들어선 부지는 당시 공작기계 제작을 전문으로 하는 Escher Wyss & Cie 회사가 1898년에 주조 공장을 세웠다. 산업시대가 끝날 때까지 이곳에서 철을 가공했고, 최근 부동산 전문회사인 Intershop Holding AG에서 해당 부지를 개발하면서 자발적으로 산업유산을 존치하면서 그 주변 사방에 건물을 짓고, 산업유산은 1년 중 10개월 이상을 일반 시민들에게 무료로 개방하고 있다. 'Puls 5'의 시민들에게 개방된 공간은 단순히 여가 활동, 문화 활동, 스포츠 활동에 그치지 않고, 지역의 어메니티를 높이고, 인근 취리히 공대 등과 연계하여 다양한 투자미팅 등 비즈니스 공간도 제공하고 있다. 어쩌면 공공에서 해야 할 역할을 민간영역에서 훌륭하게 수행하고 있는 것이다.

그림 5-17 개방된 공간(좌), 무료 이용모습(우)

출처: http://www.puls5.ch

2) 고층부의 공공공간

접근 가능한 고층부 공간도 도시의 중요한 공공공간으로 활용될 수 있다. 예를 들어, 테라스나 옥상과 같은 공간은 비록 사유 건물의 일부일지라도, 도시와 건물주 간의 협의를 통해 공공공간으로 제공될 수 있다. 특히 신규로 조성되는 고층 건물의 경우 계획 단계

그림 5-18 스톡홀름 전망 명소, Katarina Elevator 전경

출처: http://www.atlasobscura.com

에서 옥상 테라스의 공공 접근성을 보장하기 위한 사전 합의가 이루어져야 하며 이를 통해 도시민들이 이용할 수 있는 새로운 공공공간으로 조성될 수 있다.

고층부의 공공공간은 주로 상업시설, 업무시설 등에 주로 계획되기도 하나, 공동주택 옥상에도 설치된 사례는 싱가포르의 공동주택 전망대인 The Pinnacle도 있으며 스톡홀름의 전망 명소인 Katarina Elevator는 스톡홀름의 멋진 야경과 수변공간을 조망하기에 더없이 좋은 곳이다.

3) 공공건물의 공공공간

공공공간과 공공건물은 함께 공적 영역을 구성하며, 도시 내 사회적 구조 속에서 중요한 역할을 수행한다. 공공건물은 그 이념적·역사적 중요성을 반영하며, 이러한 특성은 주변 공공공간의 외관과 용도를 통해 더욱 강화될 수 있다. 동시에 공공건물은 공적 영역의 내용과 형태를 통해 공공공간의 질에 영향을 미칠 수 있다.

공적 영역의 핵심은 개방성과 상호작용이다. 여기에서 개방성은 창문, 문, 전면, 입구 등을 통한 물리적 개방일 수도 있고, 내부적으로 인지되는 은유적 개방일 수도 있다. 도시

그림 5-19 국립아시아문화전당 야외광장(건물 외벽에 미디어 월 설치)

출처: http://www.acc.go.kr

내 문화 및 사회단체 간 협력을 구축하여 공공공간의 질과 건물 공적 영역의 질을 높이는 활동을 상호 연결할 필요가 있다.

이를 위해 시스템적 접근이 중요하다. 도시 공적 영역의 상호 연결성을 강화하기 위한 정보 시스템을 구축하거나, 건물 외부에서 이루어지는 홍보 및 광고를 통한 소통을 강조할 수 있다. 특히, 투명성과 개방성을 바탕으로 한 직접적인 소통이 부족한 경우 이러한 접근은 대안이 될 수 있다. 이는 특히 역사적 건물에서 발생하는 소통 부족 문제를 해결하는 데 효과적일 것이다.

이러한 의미에서 국립아시아문화전당 공공건물은 건축물의 기능적 구성을 넘어 너른 마당을 내어주고 미디어 월을 통해 과거와 현재, 미래와 소통하는 장소를 제공하고 있다.

3.4 유럽의 대표적 공공공간

유럽의 공공공간은 선정기준, 선호도 등에 따라 다양하다. 여기서는 대표적으로 런던의 舊 시청사 주변 공공공간, 오슬로 항구 산책로와 파리 샹젤리제 공간변화에 대해 살펴보고자 한다.

1) 런던의 舊 시청사 주변 공공공간

런던은 최근 도시재생의 일환으로 일명 '시청주도형 도시재생'을 실시하고 있다. 舊 시청사는 타워 브리지 근처 템스강 남쪽의 서더크지구(London Borough of Southwark)에 위치하였고, 2002년 7월부터 2021년 12월에 건물 임대기간이 종료되어 2023년까지 단계별로 부처별 이전을 완료했고, 새로운 런던시청은 동쪽 뉴함지구(London Borough of Newham)로 이전 완료되었다.

여기서 살펴보고자 하는 舊 시청사 주변 공공공간은 전통적 공공공간인 가로, 너른 공간, 친수공간, 공원을 모두 갖춘 곳으로 런던이라는 도시의 어메니티를 상승시키고 런던 시민의 삶의 질을 한층 향상시킨 장소라 할 수 있다.

그림 5-20 舊 런던 시청사 인근 공공공간(가로, 너른 광장, 친수공간, 공원)

출처: Wikipedia

2) 오슬로 항구의 산책로

대도시에서는 상상하기 힘든 일이 오슬로 항구에서 일어났다. 항구를 따라 거의 10km의 산책로는 시민의 삶이 공공공간으로 어떻게 바뀔 수 있는지 극명하게 보여주고 있다. 주변 사람들과 산책하는 그 길을 걷다 보면 주황색 탑이 길을 보여주고, 카약타기 좋은 장소를 지나 본격적인 여행 전에 커피와 도넛을 준비하고, 세계적 수준의 랜드마크인 오슬로 오페라 건물의 지붕을 산책[10]하고, 비밀 캠프와 같은 유목민 예술캠프인 SALT도 살펴볼 수 있고, 더 걸어가는 길 가운데 14세기부터 오슬로를 지켜온 요새와 성을 지나, 활동적인 휴식공간을 만나게 된다. 이러한 어메니티는 기존 도시에서 찾을 수 없는 부러움의 대상이다.

오슬로에는 140만m^2 규모의 탄소중립과학도시를 건설하여 신재생에너지와 온실가스 배출량 제로(Net Zero)를 목표로 하고 있다. 이처럼 첨단 분야의 연구인력들이 도시로 모이는 배경에는 오슬로의 탁월한 공공공간이 기여한다는 점은 자명하다.

10 오슬로 오페라는 보행공간의 연속성 등을 고려하여 지붕까지 걸어서 산책할 수 있게 조성되어 있다.

그림 5-21 오슬로 항구 산책로(Oslo's harbour promenade) 지도

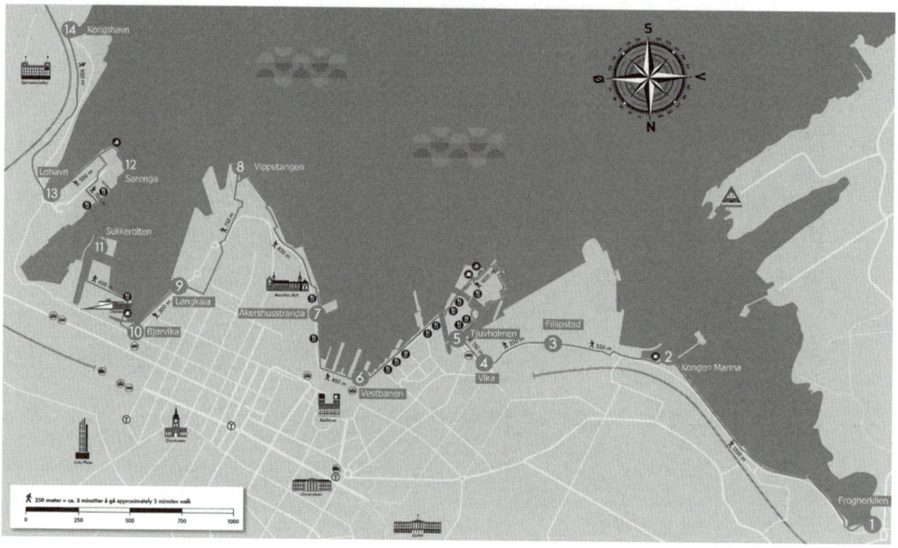

출처: http://www.visitoslo.com

그림 5-22 오슬로 오페라 건물(좌), 오슬로 수변 산책로(우)

출처: http://www.visitoslo.com

3) 파리 샹젤리제 거리(Avenue des Champs-Élysées)

샹젤리제 거리는 그동안 세계에서 아름다운 거리의 대명사로 불려왔지만 파리 도심으로 유입되는 차량들의 매연과 늘어나는 교통으로 인한 보행의 쾌적성 저하 등이 주요 문제로 대두되었고, 이에 샹젤리제 위원회는 샹젤리제 거리를 거대한 공원으로 탈바꿈시켜

보행과 자전거 등 이동의 안전성과 쾌적성을 높이고, 차량은 최소화하여 운행될 수 있도록 하여, 샹젤리제 거리를 시민과 명소를 찾는 이들에게 되돌려주는 작업을 진행 중이다. 파리시는 2030년을 목표로 이 계획을 완성할 예정이다.

샹젤리제 거리 변화 계획의 이면에는 샹젤리제 거리가 현재 파리 사람들에게 사랑받지 못하고 있는 현대 도시공간의 양면성이 있다. 오늘날 파리지앵과 거리 사이의 불화는 대체로 논쟁의 여지가 없다. 보행자 교통량에 대한 수치 분석은 이 불행한 관계의 정도를 측정할 수 있다. 샹젤리제를 따라 걷는 모든 보행자의 3분의 2는 관광객(68%)이며, 압도적 다수가 해외에서 왔다(85% 이상). 현재 파리지앵은 전체 보행자의 5%에 불과하다. 파리지앵이 대로를 거부하는 이유(과잉 관광, 교통, 오염, 과소비, 불투과성 포장)는 지구 상태에 대한 그들의 우려가 커지면서 놀라울 정도로 잘 공감되고 있다. 샹젤리제 거리의 변화는 이러한 파리지앵의 변화 요구에 대응한 계획이라고 할 수 있다.[11]

그림 5-23 샹젤리제 변경 예정 모습의 조감도(광장)

출처: http://pca-stream.com

11 http://pca-stream.com 사업소개 자료 발췌

그림 5-24 샹젤리제 변경 예정 모습의 조감도(가로환경)

출처: http://pca-stream.com

3.5 Project for Public Spaces

PPS(Project for Public Spaces)는 1975년에 설립된 비영리 단체로, 공공공간의 가치를 극대화하기 위해 공공공간의 계획설계 및 활용에 관한 지원활동을 하고 있다. PPS에서 2022년에 주장한 'Power of 10+'는 도시가 새로운 주민, 기업 및 인재 그리고 투자를 끌어들이기 위해서는 도시 내에 10개 이상의 가고 싶은 목적지가 있어야 하고, 각 목적지에는 10개 이상의 다양한 활동이 가능한 장소가 필요하다. 각각의 목적지가 카페, 어린이 놀이 공간, 좌석 공간, 야외 시장, 사회적 상호작용을 위한 모임 장소 등을 포함할 수 있어야 하며, 이러한 장소들이 다기능적이고 활기찬 공간이 되도록 함으로써 더 깊은 커뮤니티 참여와 상호작용을 촉진할 것이다.

플레이스 메이킹의 본질은 공공공간을 재구상하여 사람들과 장소 간의 연결을 강화하는 협력적인 노력에 있으며, 이는 단순히 더 나은 디자인을 넘어서 문화·사회·물리적 경험을 발전시키고 지속적으로 진화하도록 하는 것이다. 일상의 상호작용이 이루어지는 공공공간은 이러한 원칙에 따라 형성될 때 지역의 회복력과 창의성의 촉매제가 된다.

그림 5-25 PPS(Project for Public Spaces)의 Power of 10+ 개념

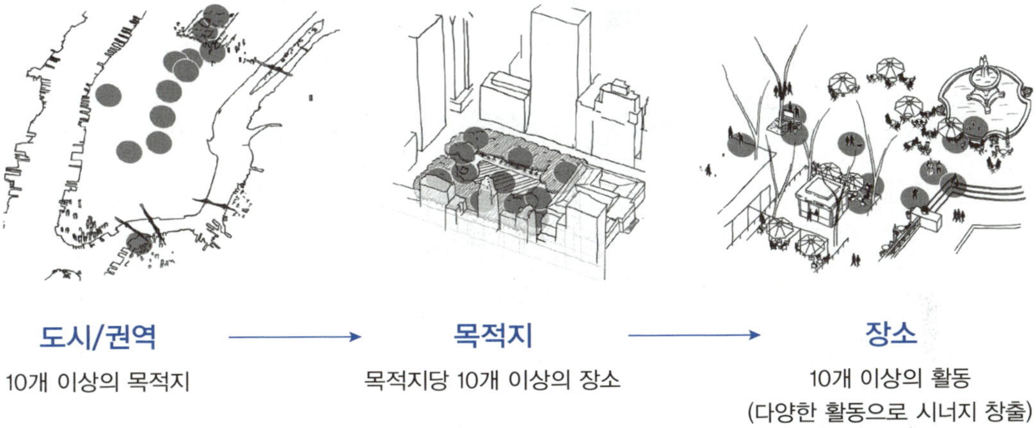

출처: PPS(2022), 「Placemaking: What If We Built Our Cities Around Places?」

질 높은 공공공간의 조성이 도시 또는 지역에 제공하는 혜택은 다음과 같다. 이러한 공공공간은 포용적 지역경제를 창출하고 지원(builds & supports an equitable local economy), 건강 증진(promotes health), 안락함 제공(promotes sense of comfort), 사회적 교류 촉진(fosters social interaction), 공동체 의식 함양(nurtures & defines sense of community), 접근성 향상(creates improved accessibility) 등 다양한 긍정적인 영향을 미친다.

그림 5-26 질 높은 공공공간의 혜택

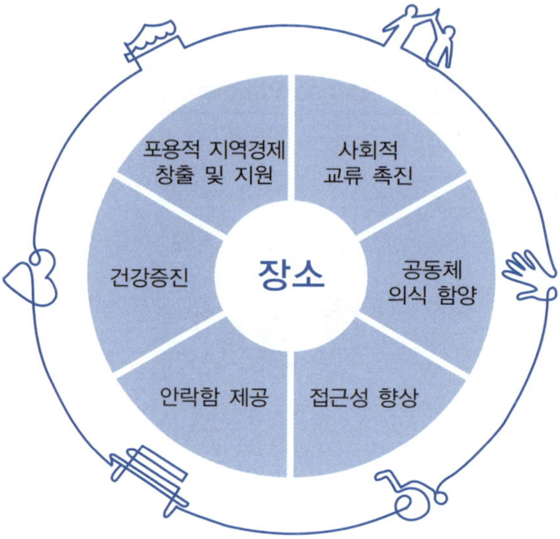

출처: PPS(2022), 「Placemaking: What If We Built Our Cities Around Places?」

이와 같은 질 높은 공공공간은 단순히 물리적 환경의 개선에 그치지 않고, 지역 경제 활성화와 주민의 삶의 질 향상을 넘어 사회적 연결성을 강화하고 공동체 의식을 형성하는 데 중요한 역할을 한다. 특히 이러한 공간들은 포용성과 접근성을 기반으로 모든 연령과 계층의 사람들이 함께 어우러질 수 있는 환경을 제공하며, 결과적으로 지속가능한 도시 개발과 균형 발전에 기여하게 된다.

제 3 편

도시개발 사업 유형별 사례

제6장

1·2기 신도시 개발

제1절 제1기 수도권 신도시

1.1 1기 신도시 개요

우리나라 신도시 개발은 국토정책적 차원에서 대규모 산업단지의 배후지원 기능을 통한 경제 성장 견인, 지역 거점 개발을 통한 국토 균형 발전, 위성도시의 대량 주택공급, 혁신적인 환경개선을 통한 대도시권 문제 해결을 목적으로 하는 등 다양한 양상으로 전개되었다. 무엇보다 우리나라 신도시 개발은 모도시의 도시 문제 해결을 위한 국지적 접근이 아닌 보다 거시적인 관점의 국토 개발을 추진하기 위한 수단의 하나로 간주되었으며, 현재 통용되는 1기 신도시 이전인 1960년대, 1970년대에도 산업도시, 산업기지 배후도시, 대도시 문제해결, 낙후지역 거점개발, 연구학원도시를 위해 신도시 개발이 진행되었다.

1960년대부터 시작된 신도시 개발은 산업 도시의 주거 문제 해결을 목적으로 이루어졌으며, 대표적으로 울산(1962년)과 포항(1968년) 같은 산업도시가 조성되었고, 서울시가 불법건축물 정리 방안의 일환으로 건설한 광주주택단지(현재 성남시, 1968년)를 조성하였다. 1972년에서 1981년의 제1차 국토종합개발계획에 따라 대규모 신공업도시(구미, 창원, 여천)가 건설되었다.

표 6-1 신도시(신시가지) 건설현황(시기별·목적별)

<table>
<tr><th colspan="2">구분</th><th>1960년대</th><th>1970년대</th><th>1980년대</th><th>1990년대</th></tr>
<tr><td colspan="2">산업도시
산업기지 배후도시</td><td>울산(1962)
포항(1968)</td><td>구미(1973)
창원/여천(1977)</td><td>광양(1982)</td><td></td></tr>
<tr><td rowspan="5">대도시 문제해결</td><td>서울의 불법주택 철거이전</td><td>성남(1968)</td><td></td><td></td><td></td></tr>
<tr><td>서울의 공해공장 이전</td><td></td><td>반월(1977)</td><td></td><td></td></tr>
<tr><td>서울의 행정기능 분산</td><td></td><td>과천(1979)</td><td>대전둔산(1988)
계룡(1989)</td><td></td></tr>
<tr><td>수도권 주택공급
서울의 인구분산</td><td></td><td></td><td>분당(1989)
평촌/산본(1989)</td><td>일산/중동(1990)</td></tr>
<tr><td>서울도심기능분산
주택공급</td><td>영동/여의도
(1967)</td><td>잠실(1971)</td><td>목동(1983)
상계(1986)</td><td></td></tr>
<tr><td colspan="2">낙후지역 거점개발</td><td></td><td>동해(1978)</td><td></td><td></td></tr>
<tr><td colspan="2">연구학원도시</td><td></td><td>대덕(1974)</td><td></td><td></td></tr>
</table>

출처: 대한국토 · 도시계획학회(1997), 「도시의 계획과 관리 3권」, 수정 후 재정리

1991년 분당 시범단지를 시작으로 입주를 시작했던 1기 신도시는 2021년에 재건축사업 가능 연한인 준공 후 30년을 맞이했다. 조성할 당시는 '신'도시였으나, 30년이 지난 현재는 '노후' 도시가 되어 주거환경과 기반시설의 노후화가 진행된 상태이다. 2021년 이전에는 대부분 단지가 재건축 연한이 도래하지 않았을 뿐 아니라, 각 지자체의 주거환경정비기본계획이나 지구단위계획에 재정비 관련 내용이 전혀 반영되지 않았기에 대개 단지별 리모델링사업 중심으로만 논의되고 있었다. 하지만 리모델링사업은 규제로 인한 요인(재건축사업 부담금 등)을 제외한다면 자산가치 증대나 주거환경 개선에 있어 재건축사업 대비 열위에 있을 수밖에 없을 뿐 아니라 '재건축 수준'의 리모델링을 할 때 일반적으로 유사한 수준의 재건축사업 대비 사업비가 더 드는 경우가 일반적이다. 따라서 소유자들에게 있어 리모델링은 대개 재건축이 힘든 경우 선택하는 차선책인 경우가 대부분이다.[1]

1 이태희(2023), 「대한민국 도시재생의 중요한 분기점이 될 1기 신도시 재정비사업: 주요 쟁점 고찰」

2024.4.27일자로 「노후계획도시정비법」이 시행되었다. 이에 따라 여러 개의 단지를 묶어서 특별정비구역을 지정하고, 각종 특례를 부여해 구역 내 통합 재건축 등 통합정비를 유도하고, 특별정비구역 내 주거단지들을 통합정비하면 안전진단을 면제받고, 법적 상한 용적률의 150% 상향과 용도지역 변경도 가능하게 되었다. 현재 진행 중인 노후계획도시정비법에 따른 사항은 노후계획도시정비 파트에서 자세히 살펴보기로 하자.

그림 6-1 노후화 문제를 겪고 있는 1기 신도시

출처 : 연합뉴스(좌), 이데일리(우)

1기 신도시는 1980년대 말 서울의 주택가격 급등에 따른 제6공화국 대선 공약이었던 주택 200만 호 건설계획의 일환으로 1988년 9월부터 추진되었으며, 1기 신도시는 서울에서 1시간 이내에 위치하여 서울의 중산층 이상을 신도시로 유입시키는 것을 목표로 분당, 일산, 평촌, 산본, 중동 등 5개 신도시로 계획하였고, 2기 신도시는 2000년대 이후 수도권 집값이 다시 상승하고, 1기 신도시 주변의 난개발이 발생함에 따라 주택공급과 함께 난개발 방지를 위해 추진되었다.[2]

수도권 1기 신도시는 각기 다른 지리적 특성과 도시계획적 특징을 가지고 있다. 분당은 서울 강남권과 가까워 주거 중심의 계획을 갖췄으며, 다양한 상업 및 업무 기능도 발달하였다.

2 윤정중 외(2021), 「1·2기 신도시 종합평가 연구(Ⅰ): 신도시 건설의 영향」, 토지주택연구원

표 6-2 제1기 신도시 개요

구분	전체	분당	일산	평촌	산본	중동
위치		성남시	고양시	안양시	군포시	부천시
면적(km^2)	50.1	19.6	15.7	5.1	4.2	5.5
수용인구(천 명)	1,168	390	276	168	168	166
주택건설(천 호)	292	97.6	69	42	42	41.4
인구밀도(인/ha)	–	199	175	329	399	304
용적률(%)	–	184	169	204	205	226
도로건설(km)	232.2	82.8	51.4	69.6	0	28.4
전철(km)	62	25.1	21.1	15.7	–	–
최초입주		1991.9	1992.8	1992.3	1992.4	1993.2
사업기간		'89.8~'96.12	'90.3~'95.12	'89.8~'95.12	'89.8~'95.1	'90.2~'96.1
총사업비(천억 원)	104.7	41.6	26.6	11.8	6.3	18.4

출처: 국토교통부(2015), 「제1기 신도시 건설안내」, 정책자료

일산은 주거와 상업이 조화를 이루며 공원과 호수를 중심으로 한 자연 친화적인 도시계획이 특징이다. 평촌은 중소형 주택과 대단지 아파트가 조화를 이루며 인근 지역과의 교통 연결이 용이한 것이 장점이다. 산본은 비교적 작은 규모로 주거 기능에 집중되어 있고, 중동은 상업 중심지로서의 성격이 강하며 다양한 업무 및 상업시설이 계획되었다.

1기 신도시의 공간적 특징은 각 신도시가 자족기능을 갖추도록 설계되었다는 점이다. 각 신도시는 상업, 주거, 업무 등의 기능이 조화를 이루도록 도시계획이 이루어졌으며 교통 접근성도 고려되어 도로와 철도망이 잘 구축되었다. 분당과 일산은 규모가 크고, 평촌·산본·중동은 상대적으로 규모가 작으며 각 신도시 간 연계성도 강조되었다.

각 신도시별로 주거, 상업, 업무 기능의 배치가 다르며, 교통 인프라의 연결성이 중시되었다. 특히 분당과 일산은 교통의 중심 축을 형성하며, 서울과의 접근성이 뛰어나 인구 유입과 경제적 발전에 기여하였다. 평촌, 산본, 중동은 비교적 작은 규모로 계획되었지만, 각기 지역 중심으로서의 역할을 수행하며 자족도시로서의 면모를 갖추고 있다.

그림 6-2 수도권 1기 신도시 위치도

출처: 저자 작성

「노후계획도시 정비 및 지원에 관한 특별법」('23.12.26 제정)이 2024년 4월 27일부터 시행되었다. 베드타운으로 조성된 1기 신도시의 도시기능을 강화하기 위해서는 도시 차원의 공간 재구조화가 필요하다. 하지만 1개 아파트 단지를 기본단위로 하는 기존 재건축 사업방식으로는 한계가 있어서, 여러 개의 단지를 묶어서 특별정비구역으로 지정하고, 각종 특례를 부여하여 구역 내 통합 재건축 등 통합정비를 유도하는 방식이다. 특별정비구역 내 주거단지들을 통합정비하면 안전진단을 면제받고, 법적 상한 용적률의 150% 상향(제3종일반주거 기준 300% → 450%) 및 용도지역 변경(법 제25, 29조)도 가능하다. 다만, 이주계획 등 현실적으로 준비해야 할 사항들은 면밀히 준비해야 할 것이다.

1.2 분당신도시

분당신도시는 서울 도심에서 동남쪽으로 약 25km 떨어진 경기도 성남시에 위치한 신도시로, 수도권의 과밀화를 해소하고 주택 부족 문제를 해결하기 위해 개발되었으며, 1기 신도시 중 면적과 수용인구가 가장 큰 규모이다. 서울과 연결된 경부고속도로, 수인분당선 및 신분당선을 통해 높은 접근성을 갖추고 있다. 이 신도시는 수도권의 중심 업무지구(CBD) 기능을 분산하고, 주거와 업무 기능이 균형을 이루는 자족형 도시로 설계되어, 입지의 상대적 우월성과 공원·상권·학원 등이 생활권 내에 잘 배치되어 있고, 강남과의 접근성, 주변 테크노밸리 등 뛰어난 자족기능도 갖추고 있다.

1) 토지이용계획

1991년 9월 처음 입주를 시작한 분당신도시는 당시 지형을 고려하여 평지에 공동주택을 짓고, 산지 주변에는 연립주택단지를 조성하고, 경부고속도로변 소음이 주거지역에 미치는 소음을 차단하기 위해 업무용지를 고속도로변에 배치하고, 공원 및 녹지공간 비율도 약 20%에 육박한다.

표 6-3 분당신도시 토지이용계획

토지이용	면적(천m^2)	구성비(%)
주거지역	6,350	32.3
상업·업무지역	1,640	8.4
공공청사	166	0.8
학교	732	3.7
도로	3,860	19.7
공원 및 녹지공간	3,810	19.4
기타	3,081	15.7
총계	19,639	100.0

출처: 국토교통부(2015), 「제1기 신도시 건설안내」, 정책자료

토지이용계획상 여러 장점이 있음에도 입주시기를 기준으로 30여 년이 경과한 분당신도시는 변화가 필요한 시점이 왔으며, 노후계획도시정비사업에 따라 오래된 공동주택은 주택단지 정비형으로, 오리역세권 인근은 중심지구 정비형으로 재도약 예정이다.

그림 6-3 분당신도시 토지이용계획 및 조감도

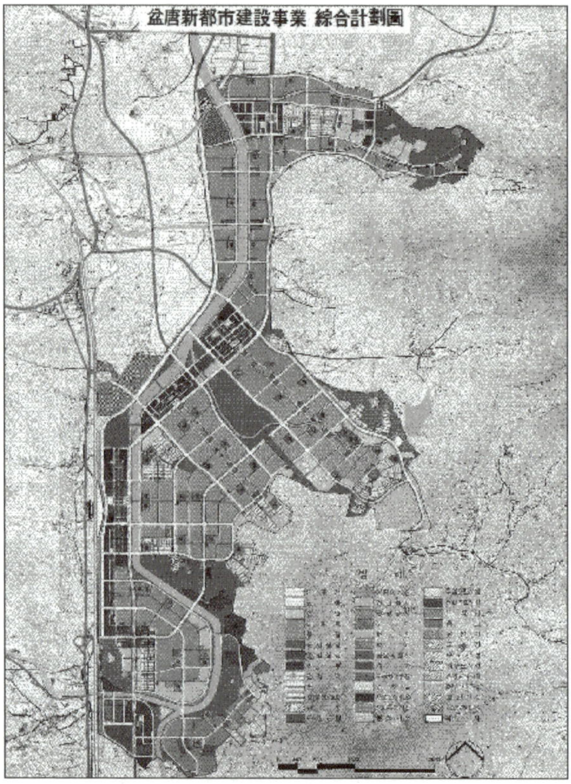

출처: 국토교통부(2015), 「제1기 신도시 건설안내」, 정책자료

2) 교통계획

분당신도시의 교통계획을 신도시 내부계획과 서울 및 인근 지역으로 이동하는 외부계획으로 구분하여 살펴보면, 내부계획은 도시 내 격자형 간선도로망을 구축하고 주요 지점에 전철역을 조성하여 현재 이용에는 큰 불편이 없으나, 지역 단위에서 조정 가능한 내부계획과 달리 외부계획은 분당구 또는 성남시 차원에서 해소하기 어려운 점이 있다. 이는 분당에서 서울로 가는 광역 도로망이 남동권 신도시(분당, 판교, 동탄, 위례)뿐만 아니라 경기도

남부 및 중부 지역(용인, 화성 등)의 통과 차량도 동일한 도로망을 이용하고 있기 때문이다. 장기적으로 GTX－A노선 활성화 등 교통 대체 수단으로 이용확대가 필요한 시점이다.

3) 공원 및 녹지계획

분당신도시 한가운데로 탄천이 관통하고, 구릉 위에 자연 상태의 수림이 잘 보존되어 있어 주변의 수려한 수림과 자연능선을 활용하여 자연과 인공이 어울리는 양호한 도시환경을 조성하였으며, 노거수목 보존 또는 이식하고 하천변, 도로변, 공원 등의 조경 식재가 이러한 자연식생과 조화롭게 하여 전체적으로 안정된 경관을 유지하고 있다. 공원녹지축의 형태는 구릉지의 자연지형에 맞춰 탄천과 연결하고 도시 중심부에 공공건축물, 중심상업 활동축, 가로공원 등을 배치하고, 남북방향으로 관통하는 탄천의 고수부지를 공원화하고 이를 수경축으로 하여 도시 녹지 체계의 근간이 되도록 하였다.[3]

그림 6-4 분당중앙공원 모습(상), 탄천 모습(하)

출처: 성남시 문화관광 홈페이지

3 국토교통부(2015),「제1기 신도시 건설안내」, 정책자료

1.3 일산신도시

일산신도시는 서울 도심에서 서북쪽으로 약 20km 거리에 위치하며, 북쪽으로는 임진강과 연결되고 남쪽과 서쪽으로는 일정 공간을 지나 한강이 위치해 있고, 김포공항과도 비교적 가까운 거리에 있어 킨텍스를 거점으로 문화, 관광산업에 특화되어 있으며, GTX－A 전체 노선이 완성되면 킨텍스, 코엑스, 강남의 첨단산업과 연계하여 발전을 도모하고 있다.

1기 신도시 중 개발밀도가 가장 낮아 호수공원과 녹지공간이 풍부하여 전원적 환경과 쾌적한 도시환경을 갖추고 있다. 이러한 특징을 바탕으로 수도권 서부의 문화·예술 거점도시이자 남북통일 거점도시로 계획되었다. 현재는 임진각역에서 멈춰선 경의선(現 경의중앙선)이 남북으로 다시 연결되는 날이 오면, 통일한국의 경제·사회·문화·행정적 허브 기능을 할 것으로 예상된다.

그림 6–5 일산호수공원

출처: 고양특례시 홈페이지

1) 토지이용계획

일산신도시 계획대상지의 형상이 남북으로 길게 형성되어 있다. 도심으로의 균등한 접근을 확보하기 위해 도심축을 남북으로 배치하고, 중심축상의 지하철역사를 중심으로 상업지역을 배치하였다. 정발산역을 중심으로 신도시의 도심을 설정하고 주변에 구청, 문화광장, 백화점, 방송국 및 일산호수공원과 연결되어 있다. 지형에 순응하는 방향으로 배치하여 도시의 중앙에 있는 중앙공원(정발산) 주변 구릉지대는 저층 단독주택, 평지지역은 공동주택과 상업시설을 배치하여 자연지형을 최대한 보전하고 절개지를 최소화하도록 하였다.[4]

표 6-4 일산신도시 토지이용계획

토지이용	면적(천m^2)	구성비(%)
주거지역	5,261	33.4
상업·업무지역	1,233	7.8
공공청사	92	0.6
학교	584	3.7
도로	3,290	20.9
공원 및 녹지공간	3,705	23.5
기타	1,571	10.0
총계	15,736	100.0

출처: 국토교통부(2015), 「제1기 신도시 건설안내」, 정책자료

4 한국토지개발공사(1990), 「일산신도시 개발사업 기본계획」, pp.52－53

그림 6-6 일산신도시 토지이용계획도

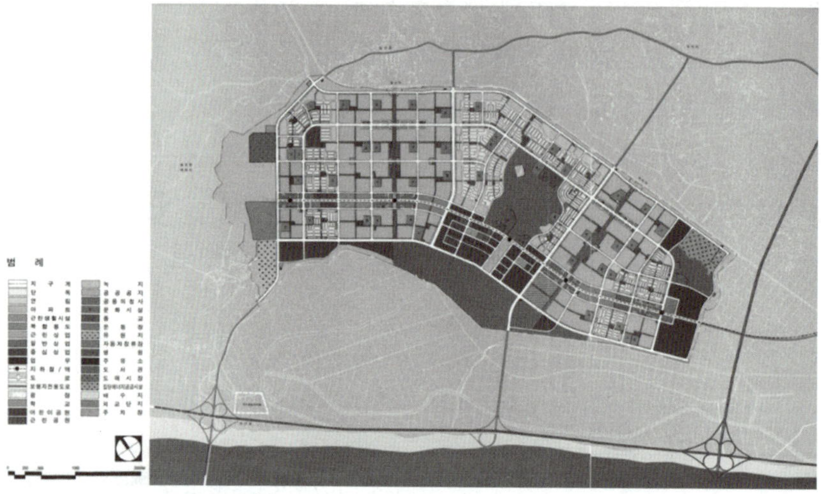

출처: 김준우(2019), 「고양 아파트도시 연구(1)」, 고양시정연구원

2) 교통계획

일산 신도시는 일산선(수도권 전철 3호선), 경의중앙선을 중심으로 한 철도교통망과 자유로, 제2자유로, 고양대로, 중앙로 등의 도로교통망도 비교적 잘 구축된 편에 속해서 강변북로와 올림픽대로를 통해 서울 접근이 용이한 편이다. 그럼에도 상당한 버스 의존도와 대부분 서울 도심 방향으로 출퇴근하는 인구로 인하여 출퇴근 시간대의 교통체증이 심한 편이지만 2024년 12월 GTX-A 북부구간이 개통됨에 따라 교통 혼잡이 일정 부분 해소되었다.

3) 공원 및 녹지계획

신도시 중심부에 위치한 정발산과 주변 자연환경을 보존함으로써 생활권 중앙에 도시의 입체성과 정적인 전원 분위기를 조화시킨 쾌적한 도시환경을 조성하였다. 또한 신도시 내 녹지공간에 향토수종의 수목을 식재하고, 사업지구 내에 있던 문화유적을 존치하여 첨단 도시문화와 일산 고유의 전통문화가 자연스럽게 조화될 수 있도록 시도하였으며, 이와 함께 신도시 내에 도시민들이 쉽게 접할 수 없었던 수경관을 가까이에서 제공하며 호수

및 주변을 이용한 다양한 레크리에이션 기회를 가질 수 있도록 계획되었다.[5]

아울러, 1997년부터 일산호수공원 일원에서 개최되고 있는 고양국제꽃박람회는 개최 시기마다 전국에 꽃향기를 퍼뜨리며, 고양시의 화훼융복합산업 증진에 이바지하고 있다.

그림 6-7 일산호수공원 내 고양국제꽃박람회 모습

출처: 국민일보(2016.5.1), 언론보도자료

1.4 산본신도시

산본신도시는 국도 1호선을 중심으로 서측에 위치하고 동측은 주거 및 공업지역(군포제일공단)으로, 서측 및 남측은 개발제한구역으로 둘러싸여 있다. 또한 안양과 연결되는 신도시로 건설됨으로써 군포시의 도시기능이 대폭 강화되었으며 도시기반시설, 생활편익시설의 확충으로 서울 및 인근 지역(과천, 시흥, 광명시 등)의 인구를 유입하는 효과를 가져와서 대도시권의 주거기능을 분담하는 역할을 한 신도시이다.

산본(山本)이란 본래 이곳이 수리산 밑에 있는 마을이라는 뜻으로 산저리(山底里)라고 하였으나 조선말기 수리산을 바탕으로 이루어진 마을이라 하여 산본리(山本里)라고 하였다.[6] 이 수리산의 초막골생태공원과 수리산 능선을 따라 조성된 산책길은 자연 그대로의 생태환경을 고스란히 품고 있다. 특히 능선 정상부인 초막생태공원 입구까지 버스 노선이

5 국토교통부 정책자료(2015), 「제1기 신도시 건설안내」

6 대한주택공사(1997), 「산본신도시 개발사」

운영되고 있어 시민들이 편리하게 이용할 수 있다.

그림 6-8 산본신도시 모습

출처: 경기도 멀티미디어자료실

1) 토지이용계획

주거지역 위주로 조성된 산본신도시의 상업·업무지역의 비율이 다른 신도시에 비해 적어서 백화점 등의 상업시설이나, 자족기능을 담당할 업무시설이 부족한 실정이다. 그럼에도 타 신도시에 비해 거주하는 시민들의 삶의 만족도는 높은 편이다. 이는 원형 그대로 잘 보존된 공원 및 녹지공간과 수리산 능선을 따라 조성된 산책길과 초막골 생태공원 등 풍부한 자연환경이 있기 때문이다.

표 6-5 산본신도시 토지이용계획

토지이용	면적(천m²)	구성비(%)
주거지역	1,811	43.1
상업·업무지역	178	4.2
공공청사	100	2.4

학교	327	7.8
도로	639	15.2
공원 및 녹지공간	649	15.4
기타	499	11.9
총계	4,203	100.0

출처: 국토교통부 정책자료(2015), 「제1기 신도시 건설안내」

그림 6-9 산본신도시 용도지역 등에 관한 결정도

출처: 군포시(2009.3), 「군포시고시 제2009-5호」

1.5 평촌신도시

안양 평촌지구에 대한 신시가지 건설은 1980년대 초부터 검토되었으나, 광역적인 교통시설에 대한 투자가 병행되어야 하는 입지여건으로 인하여 개발이 보류되고 있다가, 200만 호 건설 관련 주택의 대량공급을 위한 대규모 택지개발사업 추진이 불가피하게 되자 평촌지역을 같은 도시생활권 내에 있는 군포산본지구와 함께 신도시로 개발하고자 하였다. 동 지구는 서울도심에서 남측으로 20km 반경 내인 안양시 지역에 위치하며 과천시 남측과 접하고 있다. 지구 개발 전에는 대부분 평탄한 농경지로 주변 개발지보다 1~2m 저지대였으며, 이로 인해 하천이 범람하기도 하였다.

주거 중심의 시가지로 개발하여 다양한 소득계층을 수용하되, 생활편익 시설과 녹지공간이 충분히 확보된 쾌적한 도시환경을 조성하여 신도시 조성 당시 목표였던 100만 명 규모의 안양대도시권(안양, 과천, 군포, 의왕)의 신중심업무지역으로 기능을 하게 되었다.

평촌신도시 북동쪽에 위치한 과천시의 과천지식정보타운 공공주택지구 개발로 두 도시는 거의 연담화되었고, 신도시 내 안양시청, 범계역과 평촌역 사이의 상업·업무지역과 신도시 남쪽 주거지역의 학원가는 수도권의 대표적인 학원 밀집 지역 중의 한 곳이다.

그림 6-10 평촌신도시 전경

출처: 안양시

1) 토지이용계획

평촌신도시는 수도권 주택공급을 목적으로 설계되었고 다양한 녹지와 근린공원이 배치되어 주민들에게 쾌적한 환경을 조성하였다. 주거지역은 고밀도와 저밀도 주거지역이 적절히 배치되었으며, 중심상업지 및 교육, 사회복지 시설 등 다양한 도시기능이 조화롭게 계획되었다. 또한, 대중교통 중심의 도시로 서울 도심 및 수도권과의 연결성을 강화하였으며, 고속도로 및 광역 도로망과 인접해 수도권 내 핵심적인 주거지로 자리 잡았다.

표 6-6 평촌신도시 토지이용계획

토지이용	면적(천m^2)	구성비(%)
주거지역	1,931	37.8
상업·업무지역	247	4.8
공공청사	150	2.9
학교	343	6.7
도로	1,187	23.2
공원 및 녹지공간	801	15.7
기타	447	8.8
총계	5,106	100.0

출처: 국토교통부 정책자료(2015), 「제1기 신도시 건설안내」

그림 6-11 평촌신도시 토지이용계획도

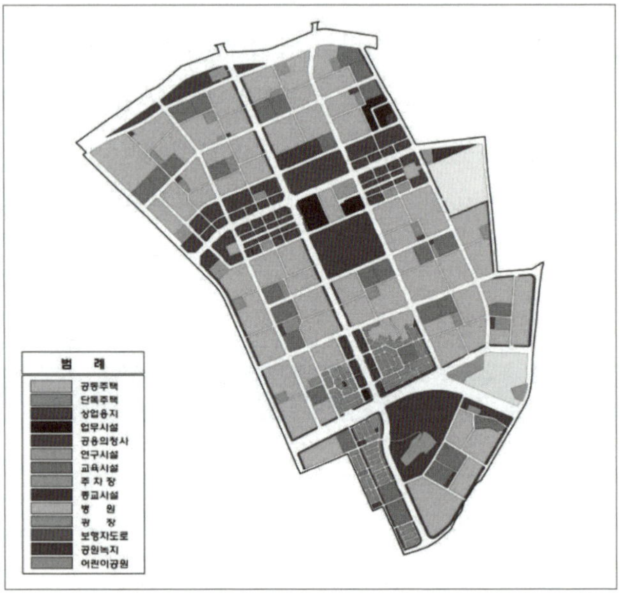

출처: 한국토지개발공사(1997), 「평촌신도시개발사」

1.6 중동신도시

부천중동지구를 한국토지공사, 부천시, 한국주택공사가 공동으로 사업에 참여하였다. 본 지구는 서울 중심부로부터 남서쪽 20km 정도에 위치하며, 북측으로는 경인고속도로가 지나가고, 남측으로는 경인전철과 접하는 등 서울 및 인천 방향으로의 교통이 편리한 곳으로서 개발압력이 높았던 곳이었다.

지구 대부분은 도시계획상 생산녹지였고 실제 이용상황도 전형적인 근교농업지역이었다. 중동지구의 개발은 주택보급 확대 측면 외에도 기존 부천시의 도시구조에 미치는 파급효과가 컸으며, 부천시 도시 및 주거환경의 양적, 질적 수준의 향상과 함께 기존 부천시의 도시패턴을 수용, 재편성하면서 새로운 부천시의 중심으로 활성화되도록 계획·개발되었다.

그림 6-12 중동신도시 전경

출처: 부천시

1) 토지이용계획

기존 주거지와 연계 및 개발유형을 고려한 주택형태와 개발밀도를 계획하며, 주거지는 밀도의 수준에 따라 단독주택 위주의 저밀도, 공동주택 위주의 중·고밀도로 구분하여 배분하며, 중심상업지 및 간선도로변 주거지는 지가, 개발잠재력, 토지이용 제고 측면에서 고밀도로 유도하였다.

중동신도시는 신도시 내부뿐만 아니라 부천시 전체의 산업, 문화영역을 재편하는 역할을 하였고, 부천 전역의 '부천 8경'과 연계하여 상업·문화의 거점이자 교육수요를 뒷받침하는 학원 등이 잘 배치되어 있는 지역이다.

표 6-7 중동 신도시 토지이용계획

토지이용	면적(천m^2)	구성비(%)
주거지역	1,877	34.4
상업지역	568	10.4
공공청사	168	3.1
학교	416	7.6
도로	1,412	25.9
공원 및 녹지공간	583	10.7
기타	432	7.9
총계	5,456	100.0

출처: 국토교통부 정책자료(2015), 「제1기 신도시 건설안내」

그림 6-13 중동신도시 용도지역·지구 결정도

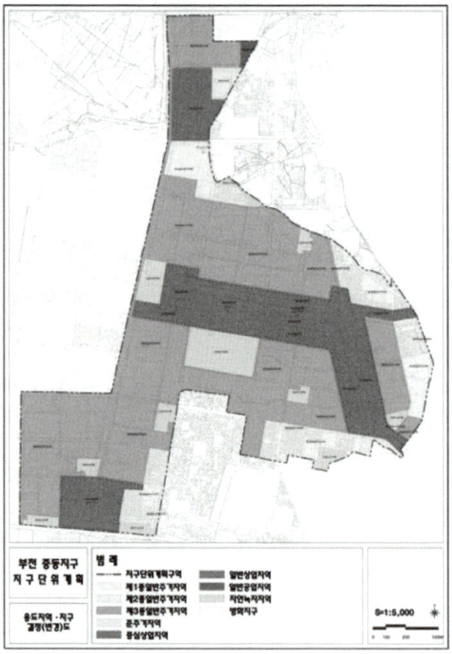

출처: 부천시(2021.11), 「부천 중동지구 지구단위계획 시행지침」

제2절 제2기 수도권 신도시

2.1 2기 신도시 개요

2기 신도시 건설 배경은 1기 신도시 개발 이후 기반시설 부족, 난개발, 주택가격 급등 등의 문제가 야기되자 추가로 대규모 계획도시의 필요성이 대두되어 제2기 신도시 개발을 추진하게 되었다. 베드타운으로 전락한 일부 1기 신도시에 대한 비판 및 주거의 질을 중시하는 새로운 수요를 반영하여 대규모로 택지를 공급하되, 자족기능 확보 및 친환경 개발 등을 통한 지속가능한 신도시 건설을 추진하게 되었다.[7] 제2기 신도시는 판교, 동탄, 위례, 검단 등 10개 수도권 신도시와 대전 도안, 아산(배방·탕정) 2개의 지방신도시로 총 12개 신도시를 조성하였다.

표 6-8 제2기 수도권 신도시 개요

구분	성남판교	화성동탄1	화성동탄2	김포한강	파주운정
면적(km^2)	8.9	9.0	24.0	11.7	16.6
수용인구(천 인)	88	126	286	167	217
주택건설(천 호)	29.3	41.5	116.5	61.3	88.2
인구밀도(인/ha)	98	139	119	146	130
최초분양	2006.03.	2004.06.	2012.08.	2008.08.	2006.09.
최초입주	2008.12.	2007.01.	2015.01.	2011.06.	2009.06.
개발기간	2003~2017	2001~2018	2008~2021	2002~2017	2003~2023
총사업비(천억 원)	87.0	42.4	161.1	87.9	129.8

7 국토교통부 정책자료(2018),「신도시 개발 배경 및 개발 방향」

구분	수원광교	양주 (옥정·회천)	위례	고덕국제화	인천검단
면적(km²)	11.3	11.2	6.8	13.4	11.2
수용인구(천 인)	78	163	110	140	184
주택건설(천 호)	31.3	63.4	44.8	57.2	74.7
인구밀도(인/ha)	69	146	163	104	164
최초분양	2008.09.	2012.10.	2011.11.	2017.상	2018.상
최초입주	2011.07.	2014.11.	2013.12.	2019.하	2020.상
개발기간	2005~2019	2007~2018	2008~2020	2008~2020	2009~2023
총사업비(천억 원)	94.0	71.5	111.0	81.6	83.9

출처: 국토교통부(2017), 「제2기 신도시 건설안내」

그림 6-14 수도권 2기 신도시 위치도

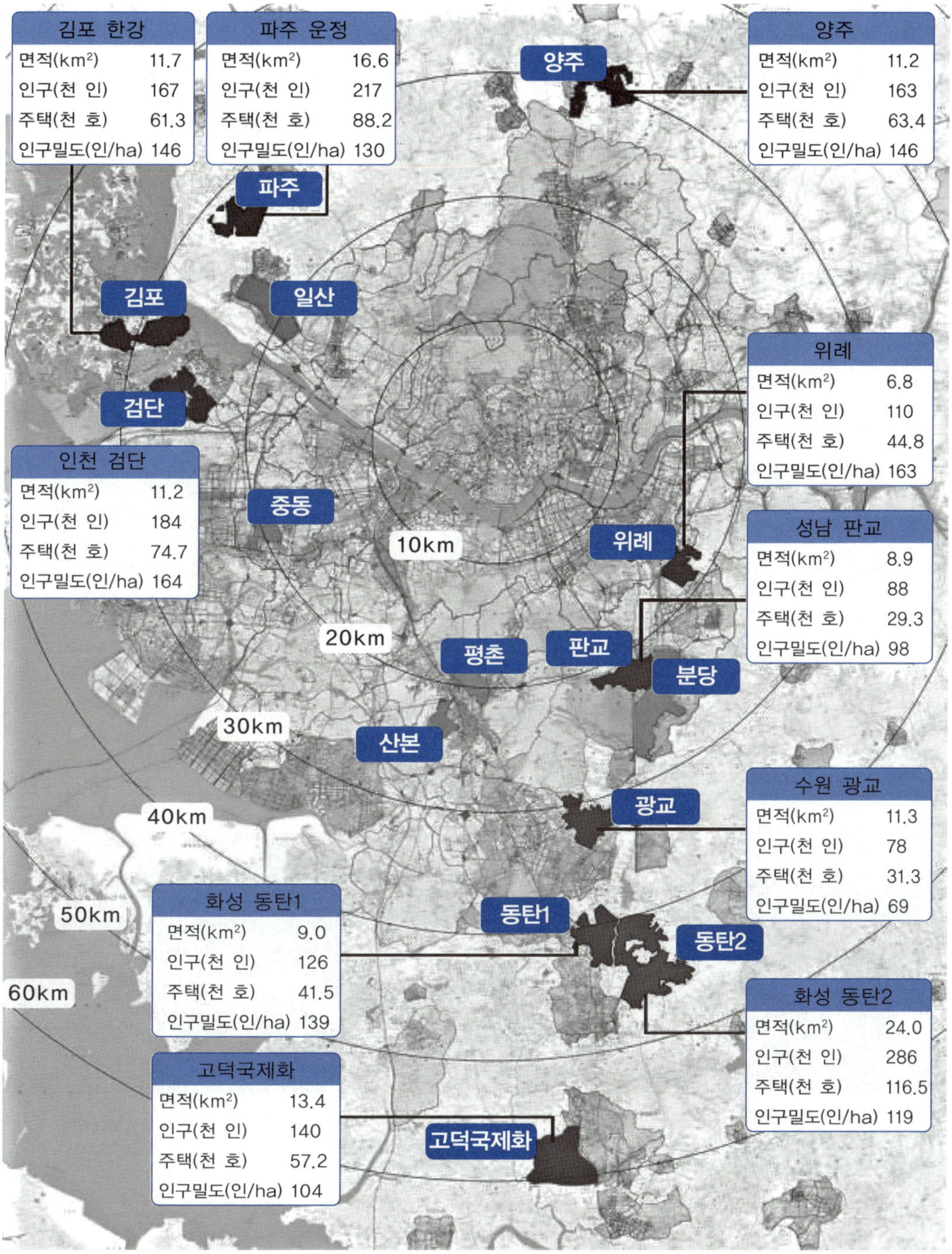

2.2 판교신도시

판교신도시는 서울 도심에서 20km, 강남에서 10km 떨어진 거리에 위치하며 성남의 신시가지인 분당과 인접하여, 수도권 동남부권역의 중심지역으로서 자리 잡았으며, 개발대상지의 70% 이상이 임야와 농지로 구성되어 있었다. 도시 내 운중천과 금토천이 흐르고 청계산자락의 임상양호지가 동서로 입지하고 있어 환경친화적이고 쾌적한 주거단지 조성에 최적의 조건을 갖추고 있었다. 성남판교지구는 1976년 개발제한구역에 준하는 남단녹지로 지정되어 주민재산권이 제한되어 왔으며, 2001년 건축제한이 만료됨에 따라 예상되는 무분별한 난개발을 사전에 방지하고, 성남시의 합리적인 도시발전과 수도권의 안정적 택지공급에 기여하고자 개발에 착수하게 되었다.[8]

이러한 판교도 개발 초기 1995년 지방자치시대 출발 이후 경기도와 서울시 간의 이견이 있었는데 서울시 입장에서는 갓 창업하기 시작한 테헤란로와 포이동, 양재동 지역의 벤처산업들이 판교지역으로 대거 빠져나갈 것을 우려하였던 것이다.[9] 판교신도시는 이러한 우여곡절을 지난 지금 세계적인 IT 회사들이 모이는 거점이 되었고, 2040 서울도시기본계획 상 '판교·양재·삼성·수서'가 미래융합혁신축으로 연결되어 있어 판교신도시는 세계와 경쟁하는 권역으로 성장하였다.

그림 6-15 판교테크노밸리 전경

출처: 성남시청 포토갤러리

8 국토교통부(2017), 「제2기 신도시 건설안내」, 정책자료

9 최상철(2001), 「수도권 신도시 개발전략과 판교신도시 개발방향」, 경기논단

1) 토지이용계획

판교신도시는 서울공항 활주로 선형에 위치해 있으나, 도심에서 공항 중심부까지 약 6km 이상 이격되어 있어 항공기 소음피해는 거의 없으며, 이는 군용기지 또는 국빈 의전

표 6-9 판교신도시 토지이용계획

토지이용	면적(천m^2)	구성비(%)
주거지역	2,370	26.6
상업·업무지역	277	3.1
도로	1,570	17.6
공원 및 녹지공간	3,351	37.5
기타	1,350	15.2
총계	8,922	100.0

출처: 국토교통부 정책자료(2017), 「제2기 신도시 건설안내」

그림 6-16 판교신도시 개발계획평면도

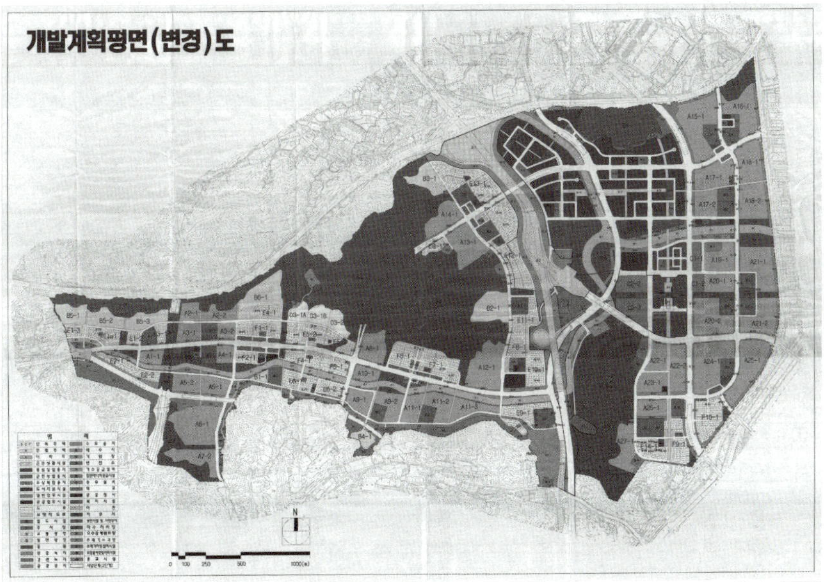

출처: 토지이음, 국토해양부 고시 제2009-485호

용 공항 특성상 이용횟수가 적은 것도 그 영향일 것이다. 판교신도시는 공항 운영기준에 따른 권역별 고도제한 등을 고려하여 중층의 정온한 거주환경을 구현하였고, 공원 및 녹지공간 비중이 높아 쾌적한 환경을 갖추고 있다.

2.3 광교신도시

광교신도시는 경부축선상의 수도권 남부중심지로서 서울~판교/분당~광교~동탄~평택 고덕국제화 신도시로 이어지는 핵심지이다. 또한 수원시 북동측에 위치하고 있어 30km 이내에 주요 도시들과 연결되어 있다. 광역녹지축을 통과하며 원천유원지에 입지해 있고, 인근에 아주대, 경기대 등 주요 대학이 위치해 있다. 광교신도시는 교통체계상 영동고속도로와 국도 43호선 등이 사업지를 통과하고 있으며, 경부고속도로 등이 사업지구와 접하고 있다. 원천·신대저수지 및 11개의 하천 등 친수 경관을 보유하고 있고, 아주

그림 6-17 광교호수공원 일대 전경

출처: 수원시청, 수원시 포토뱅크

대학교·경기대학교를 각각 대상지의 서측·남측 경계부에 접해 있으며, 월드컵경기장이 대상지 남서측 경계부에 위치하여 시민들에게 다양한 체육활동 기회도 열려있다. 광교신도시의 개발주체는 경기도, 수원시, 용인시, 경기도시공사(現 경기주택도시공사)로 1·2·3기 신도시 중 유일하게 지자체와 지방공기업 주도로 조성된 신도시이다.[10]

1960~1970년대 수원의 3대 놀이 중 하나가 원천저수지 뱃놀이였으며, 기존의 수려한 경관을 활용했다는 측면에서 광교호수공원은 타 신도시의 평면적이고 인공적인 호수공원과는 차별화된다. 규모 면에서도 일산호수공원보다 규모가 더 크며, 광교산 자락에 입지하여 환경 친화적인 도시를 구현하였다.

1) 토지이용계획

광교신도시는 전체 1·2기 신도시 중에서 공원 및 녹지공간 비율이 가장 높으며, 신도시 중심부의 임상양호 지역은 수도권 광역도시계획상 광역녹지축을 최대한 보존하고, 일부 훼손된 녹지는 생태통로로 복원하는 등 녹지축 연결을 도모하였다.

표 6-10 광교신도시 토지이용계획

토지이용	면적(천m^2)	구성비(%)
주거지역	2,085	18.4
상업·업무지역	558	4.9
도로	1,648	14.6
공원 및 녹지공간	4,950	43.8
기타	2,063	18.3
총계	11,304	100.0

출처: 국토교통부 정책자료(2017), 「제2기 신도시 건설안내」

10 경기도시공사(2016), 「광교신도시 개발백서」

그림 6-18 광교신도시 개발계획평면도

출처: 수원스마트시티 통합 홈페이지

2.4 동탄1 신도시

서울로부터 약 40km에 위치한 화성동탄1 신도시는 북쪽으로 수원과 접하며, 동쪽으로는 용인시, 서쪽으로는 화성시, 남쪽으로는 오산시와 접하고 있어 수도권 서남부권의 거점도시로서 성장해왔다. 개발지구로 지정된 9.0km^{2}의 87%가 임야와 전, 답으로 구성되어 있으며, 오산천이 지구 동측을 따라 남북으로 흐르고 있는 비교적 평탄한 지형에 농경지와 개별공장이 산발적으로 분포되어 있고, 500여 개 중소규모 업체가 개별입지에 의해 도로변에 난립하여 임야와 농지의 훼손이 심각하고 경작환경이 악화되어 있으며 준농림지역의 무분별한 소규모 개발이 만연되어 있었다. 동탄1 지구 동측으로 경부고속도로, 서측으로 경부선철도와 연결되고, 국도 3개 노선, 국지도 3개 노선, 지방도 2개 노선이 통과하고 있으며, 동탄2 신도시의 동탄역에서 GTX－A 노선을 이용할 경우 서울 접근성이 획기적으로 개선될 것이다.

동탄1신도시의 전입 유형은 인근 삼성전자 근로자의 신규 유입과 인근 도시인 수원시, 용인시, 오산시 등에서 유입되었다. 신도시 주변에 삼성전자 계열사, 동탄도시첨단산업단지, 동탄IT단지, 동탄일반산업단지가 위치하고 있어 30~40대 인구가 많은 편이며, 특히 많은 30대 인구의 10대 이하 자녀가 많은 것이 특징이다.

그림 6-19 동탄호수공원 모습

출처: 화성시청, 화성시 포토갤러리

1) 토지이용계획

동탄1 신도시는 주 경관인 반석산을 중심으로 기존 구릉지형을 살린 십자형 공원녹지축을 형성하고 각 공원의 기능과 상징성을 부각하여 역사, 문화, 지역성을 공원에 적용하였으며, 중앙공원을 중심으로 각 공원마다 다양한 주제를 도입하여 공간의 명칭을 부여하고 주제에 맞는 시설을 배치하여 전통과 미래가 공존하는 공간을 구현하였다. 신도시 내 대부분의 지역을 보행자도로와 자전거도로로 연결하여 보행 친화형 도시를 구축하였다.

표 6-11 동탄1 신도시 토지이용계획

토지이용	면적(천m^2)	구성비(%)
주거지역	2,825	32.3
상업·업무지역	485	5.4
도로	1,517	16.8
공원 및 녹지공간	2,526	28.0
기타	1,682	18.5
총계	9,035	100.0

출처: 국토교통부(2017), 「제2기 신도시 건설안내」, 정책자료

그림 6-20 동탄1 개발계획평면도

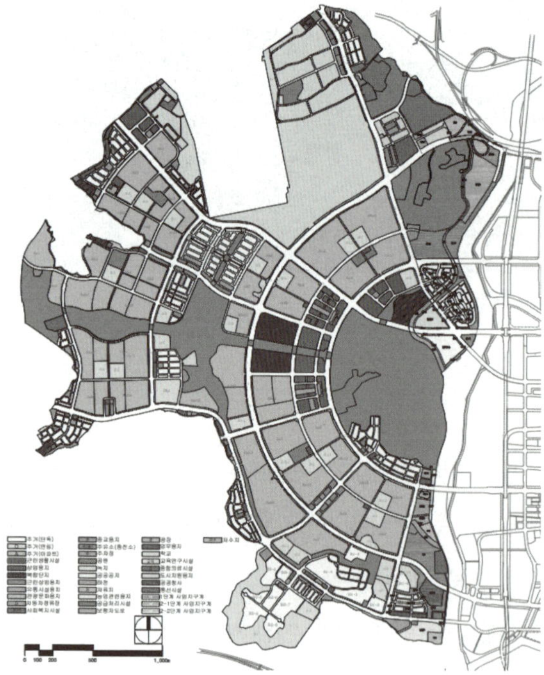

출처: 토지이음, 국토해양부 고시 제2016-384호

2.5 동탄2 신도시

수도권 남부 주택수요를 흡수하여 주택시장 안정화에 기여하고 첨단산업과 주거·교육·문화·비즈니스 기능이 조화된 자족적 중핵 거점도시를 조성하고자 광역교통망 등 인프라 확충이 용이하고 인근의 첨단 IT 산업 기반과 연계하여 고부가가치의 비즈니스 기능과 도시지원기능을 집적한 화성 동탄면 일원에 화성동탄2 신도시 개발을 추진하게 되었다. 서울로부터 약 40km에 위치한 화성동탄2 지구는 북쪽으로 수원·용인과 접하며, 동쪽으로는 용인시, 서쪽으로는 화성시, 남쪽으로는 오산시·평택시와 접하고 있어 수도권 서남권의 광역거점도시로서의 도시기능을 상호 분담할 수 있는 자족복합도시의 입지적 잠재력이 컸던 만큼 성공적으로 조성 완료되었다.[11]

단지 인근 SRT 동탄역을 통해 서울 수서까지 약 17분이면 도달할 수 있고, 부산·목포 등 전국 각지로도 쉽게 오갈 수 있으며, 수도권 남부 최대 규모의 산업클러스터인 동탄테크노밸리가 인근에 위치해 있다. 판교테크노밸리의 약 2.3배에 해당하는 동탄테크노밸리는 첨단산업·연구 벤처시설 등이 복합된 산업클러스터 구축을 목적으로 조성되는 특별계획구역이다.

그림 6-21 동탄호수공원 모습

출처: 화성시청, 화성시 포토갤러리

11 국토교통부(2017), 「제2기 신도시 건설안내」, 정책자료

1) 토지이용계획

동탄2 신도시는 광역녹지축을 보전하면서 풍부한 수자원을 활용한 '친환경도시'로 조성되었으며, 지구 내 발달된 구릉과 6개의 하천·저수지 등 자연환경을 적극 활용하여 대규모 녹지 및 수변 네트워크를 구축하였고, 태양열 등 신재생에너지 도입을 통한 자원절약형 단지설계 등을 적용하여 조성되었다.

그림 6-22 동탄2 신도시 개발계획평면도

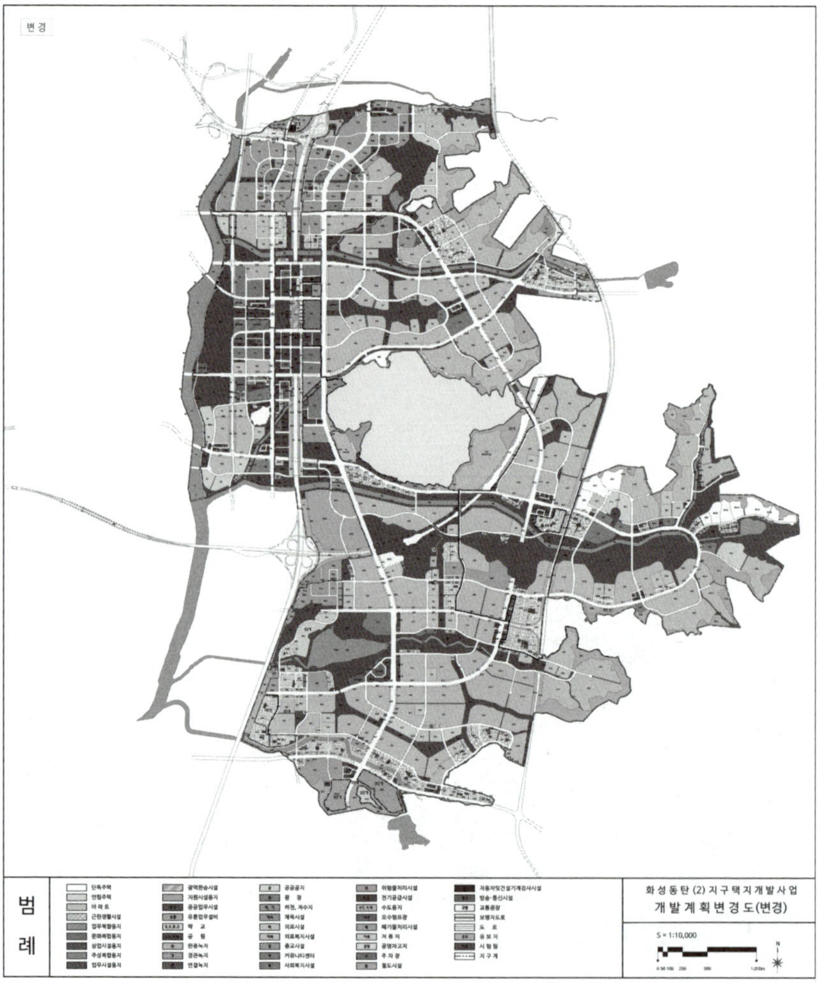

출처: 토지이음, 국토해양부 고시 제2023-679호

표 6-12 동탄2 신도시 토지이용계획

토지이용	면적(천m^2)	구성비(%)
주거지역	7,650	31.8
상업·업무지역	1,094	4.6
도로	4,214	17.5
공원 및 녹지공간	7,537	31.4
기타	3,544	14.7
총계	24,039	100.0

출처: 국토교통부 정책자료, 제2기 신도시 건설안내, 2017

2.6 고덕국제화 신도시

고덕국제화 신도시는 행정중심복합도시 추진에 따른 수도권 남부 공간구조의 발전적 개편과 평택항을 중심으로 한 서해안시대 대중국 전진기지의 교두보 확보를 위해 수도권 남부지역의 거점으로서 개발이 추진되게 되었다. 미군기지 재배치 및 이전계획에 따라 평택지역의 발전을 촉진하고 외국인과 공존·발전할 수 있는 새로운 도시모델로서 신도시 개발이 검토되었다. 수도권 남부지역의 안정적인 택지공급에 기여하고, 아산만권 대규모 산업단지 조성과 장래 평택항 활성화에 따른 개발압력의 효율적 수용으로 양호한 생활기반을 조성하기 위해 추진되었다.[12]

고덕국제화 신도시는 경기도 최남단 지역으로 서울에서 55km, 대전에서 94km 떨어져 있으며, 용산구에 있었던 주한미군기지가 평택시로 이전함에 따라 주한미군기지 주변과 함께 개발이 결정된 도시로 고덕국제화 신도시로 명명되었다. 신도시 내에 삼성전자 평택캠퍼스가 있으며, 수도권 전철 1호선 서정리역과 SRT가 정차하는 평택지제역 인근에 위치하고 있다.

고덕국제화 신도시의 삼성캠퍼스를 필두로 평택시는 평택지제역 서측에 평택제2첨단복합산단, 서정리역 우측에 평택브레인시티 일반산단을 개발 중이며, 이러한 성장잠재력

12 국토교통부(2017), 「제2기 신도시 건설안내」, 정책자료

을 바탕으로 한국공공자치연구원(KPA)의 2023년 한국지방자치경쟁력 분석 결과 평택시는 화성시에 이어 전국에서 경쟁력 분야 2위를 차지하였다.

그림 6-23 고덕국제화 신도시 수변공간(좌), 삼성 캠퍼스 증설 모습(우)

출처: 평택시청

2022년에 조 바이든 미국 대통령이 첫 아시아 순방지로 한국을 방문했을 때 삼성전자 평택 캠퍼스를 가장 먼저 찾았다. 한미동맹에서 반도체동맹이 차지하는 비중을 실감케 하는 단면이다. 2015년 조성된 삼성전자 평택 캠퍼스는 289만m^2(약 87만 평) 규모로 현재 3개의 공장이 가동 중이고, 2030년경까지 추가로 3개 공장을 준공할 예정이다. 삼성 반도체 공장 1기당 약 30조 원이 투입되는 점을 고려하면, 추가로 100조 원 투자예정인 것이다. 이는 제2기 수도권 신도시 10곳에서 사업시행자가 초기 투자하여 기반시설, 용지조성 등에 투입한 비용이 약 95조 원임을 감안하면 삼성전자 캠퍼스 3곳을 증설하는 투자비의 규모를 가늠해볼 수 있다.

1) 토지이용계획

중심상업축에 주상복합용지를 배치하고, 간선가로변에는 고밀의 공동주택단지, 외부에는 저밀의 단독주택 및 연립주택을 배치하여 도심에서 외곽으로 고층·중층·저층의 스카이라인이 형성되도록 계획하였다.

표 6-13 고덕국제화 신도시 토지이용계획

토지이용	면적(천m^2)	구성비(%)
주거지역	3,906	29.1
상업·업무지역	566	4.2
도로	2,417	18.0
공원 및 녹지공간	3,431	25.6
기타	3,099	23.1
총계	13,419	100.0

출처: 국토교통부(2017), 「제2기 신도시 건설안내」, 정책자료

그림 6-24 고덕국제화 신도시 토지이용계획도(좌) 및 조감도(우)

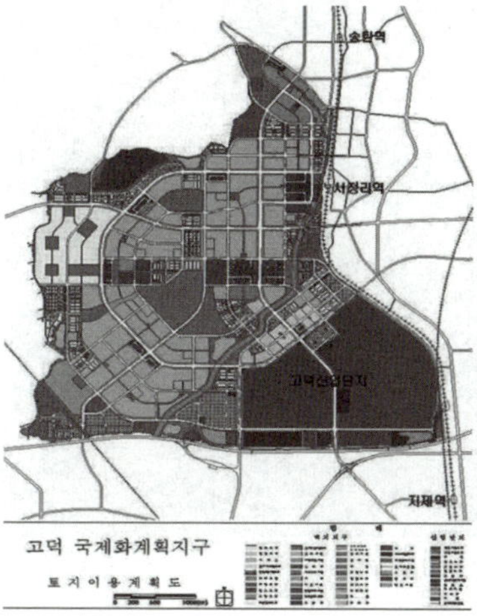

출처: 평택시사(史) (좌), 경기도청(우)

2.7 위례신도시

서울시 동남권의 중심지역으로 성장한 위례신도시는 개발 당시 대부분이 평지 및 완만한 구릉지로, 부지 내 군 골프장과 군 시설은 타 지역으로 이전하는 군부대시설 이전사업도 완료되었으며, 지구 내 동서방향으로 장지천과 창곡천이 흐르고 남한산성도립공원

(청량산)이 지구 동측에 입지하는 등 양호한 자연환경을 지니고 있다. 서울외곽순환도로, 분당-수서 간 고속화도로, 송파대로(국도 3호선), 지하철 8호선, 분당선, 지하철 5호선 등이 인접하고 있어 서울 강남과 주요 도시 간의 접근성이 매우 뛰어난 교통의 요충지로서 강남 대체 주거수요를 위한 주거단지 조성에 최적의 조건을 갖추고 있다. 또한 5호선과 8호선에 연결된 Y자 형태의 위례선이 개통되면 위례신도시의 활성화에 큰 역할을 할 것으로 기대된다.

그림 6-25 위례신도시 전경

출처: 성남시청, 성남시 포토갤러리

1) 토지이용계획

위례신도시는 서울 송파구, 성남시, 하남시 3개의 지자체로 구성되어 각 지역별 지자체 조례에 따라 용적률 등이 적용되며, 서울지역이 포함된 특성상 주거지 위주로 개발되어 자족기능은 현재까지 부족한 상태이지만 성남시에 속한 자족용지 등에 대기업 연구원 유치 등을 통해 자족기능을 키워나갈 예정이다.

표 6-14 위례신도시 토지이용계획

토지이용	면적(천m^2)	구성비(%)
주거지역	2,482	36.7
상업·업무지역	551	8.1
도로	1,120	16.5
공원 및 녹지공간	1,779	26.3
기타	841	12.4
총계	6,773	100.0

출처: 국토교통부(2017), 「제2기 신도시 건설안내」, 정책자료

그림 6-26 위례신도시 토지이용계획도

출처: 한국토지주택공사

2.8 검단신도시

인천 검단신도시는 수도권의 균형개발을 도모하고 인천·김포·고양·서울을 연결하는 서북부 지역의 거점도시로서 지속적인 도시공간 조성이 필요한 지역이다. 또한, 청라지구, 김포신도시 등 주변 개발압력에 따른 난개발 방지를 위해 계획적 개발이 요구되었던 지역으로 수도의 주택난 해소 및 환경친화적 주택수급을 위해 신도시 개발을 추진하게 되었다.[13]

최근 검단신도시의 위상이 몰라보게 달라졌는데 인천시 안에서 송도, 청라 등과의 비교가 아니라 서울 5호선 연장 확정, 인천 1호선 2025년 개통 예정 및 인천 2호선 지선 연장에 관한 용역을 수행 중에 있다. 검단신도시가 완만한 구릉지에 가현산, 할매산 등 우수한 녹지축을 가진 생태 친화적 도시이며, 예전에는 대중교통이 다소 불편하게 생각되었지만 최근에는 New Urbanism에 입각한 친환경 대중교통 중심도시로서의 면모를 갖추어 가고 있다. 특히 5호선으로 연결되는 서울과의 접근성 개선에 우수한 공원 인프라는 삶의 질을 향상시키고 있다.

아직 조성 중인 검단신도시는 3기 신도시의 자족기능에 준하는 자족기능과 미래도시의 모습들을 계획 중인 젊은 도시이다. 계양천을 중심으로 상업 및 주거기능의 남부생활권 중심지로 개발되는 넥스트콤플렉스, 수공간을 활용한 상업·문화복합단지인 커낼콤플렉스, 일과 삶의 균형을 위한 워라밸빌리지, 저탄소 녹색도시 구현을 위한 지속가능한 미

그림 6-27 검단신도시 조성현장(좌), 특화구역 넥스트 콤플렉스 공모안 조감도(우)

출처: 인천도시공사(좌), 해안건축(우)

13 국토교통부(2017), 「제2기 신도시 건설안내」, 정책자료

래형 정주모델을 창출하는 휴먼에너지타운, 4차 산업 관련 첨단산업 성장지원 클러스터 구축을 위한 스마트 위드업 단지 조성까지 진행 중에 있다.

1) 토지이용계획

인천 검단신도시는 서울도심에서 20km, 일산신도시에서 10km, 인천국제공항에서 20km 지점에 위치하고 국도 48호선, 인천공항고속도로, 수도권외곽순환도로와 인접하여 서울, 인천, 김포를 잇는 삼각축상의 중심에 위치한 광역교통의 요충지로서 주거지역 비율은 37.1%이고, 공원 및 녹지공간은 29.3%인데 대부분의 공원 및 녹지가 기존 산지의 원형을 살리면서 공원화되어 지형을 고려한 조정설계가 이루어져 경관이 우수하다.

그림 6-28 검단신도시 토지이용계획도

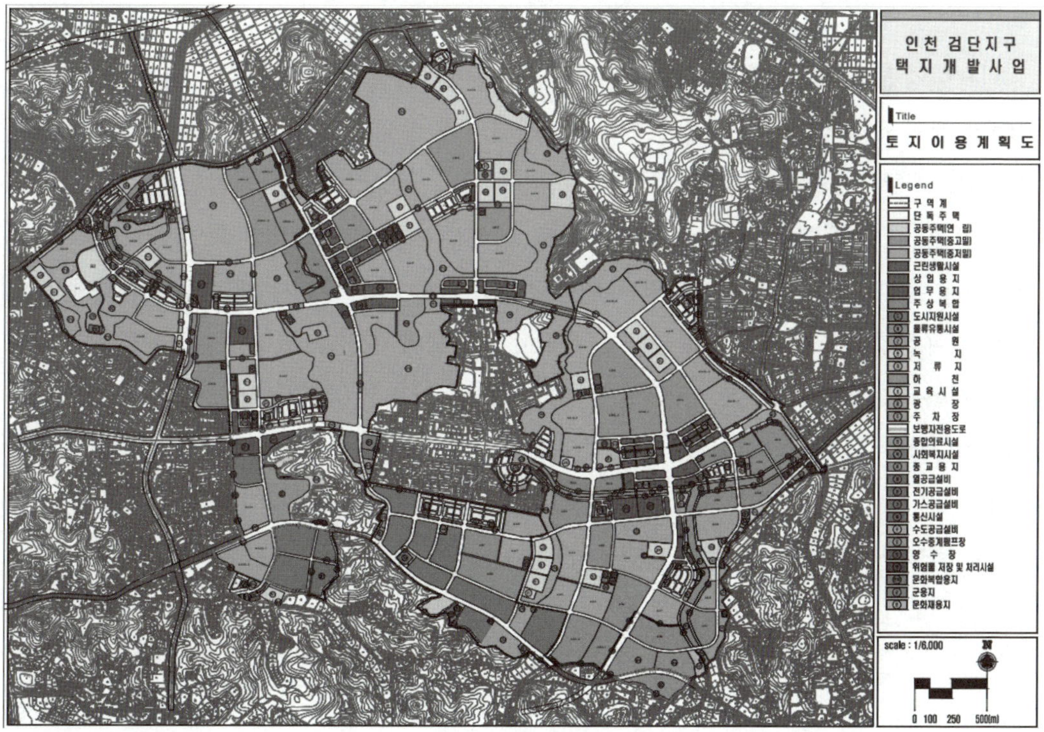

출처: 인천도시공사

표 6-15 검단신도시 토지이용계획

토지이용	면적(천m^2)	구성비(%)
주거지역	4,153	37.1
상업·업무지역	609	5.5
도로	1,651	14.8
공원 및 녹지공간	3,281	29.3
기타	1,487	13.3
총계	11,181	100.0

출처: 국토교통부 정책자료, 제2기 신도시 건설안내, 2017

2.9 김포한강신도시

김포한강신도시가 위치한 김포시는 「수도권정비계획법 시행령」 별표 1에 따라 인구 및 산업의 계획적 유치, 관리가 필요한 성장관리권역에 속해 있다. 서울, 인천, 일산 등과 인접한 김포시는 1998년 도·농통합시로 승격됨에 따라 균형적이고 체계적인 발전이 요구되고 있어, 대규모 계획적 개발을 통해 수도권 서북부 지역의 균형발전을 위한 개발거점을 확보하는 동시에 기반시설 확충 및 주택공급에 기여하고자 신도시 개발을 추진하게 되었으며, 김포한강신도시는 서울도심과 약 26km 거리에 위치하고 있고, 인천국제공항, 김포공항, 서울외곽순환고속도로 등이 인접하여 수도권 서북부 지역의 교통 요충지로 성장하였다. 인근에 운유산, 가현산 등이 소재하고 있으나 전반적으로는 농경지와 구릉지로 형성되어 있다.[14] 현재 김포골드라인의 출퇴근 시간 이용은 혼잡하지만, 5호선 연장선이 완공되면 출퇴근 교통체증이 많이 완화될 것이다.

14 국토교통부(2017), 「제2기 신도시 건설안내」, 정책자료

그림 6-29 김포한강신도시 금빛수로 전경

출처: 김포시

1) 토지이용계획

김포한강신도시의 사업구역 중간의 석모리 구간이 연결되지 않아 다소 분절된 구역계를 보이고 있으나, 김포한강로와 주변 도로망이 비교적 잘 갖추어져 있다. 향후 김포한강신도시와 붙어있는 김포한강2 공공주택지구가 들어서면 환형의 도심구조로 탈바꿈하게 된다.

표 6-16 김포한강신도시 토지이용계획

토지이용	면적(천m^2)	구성비(%)
주거지역	4,043	34.4
상업·업무지역	425	3.6
도로	2,258	19.2
공원 및 녹지공간	3,634	30.9
기타	1,384	11.8
총계	11,744	100.0

출처: 국토교통부(2017), 「제2기 신도시 건설안내」, 정책자료

그림 6-30 김포한강신도시 금빛수로 전경

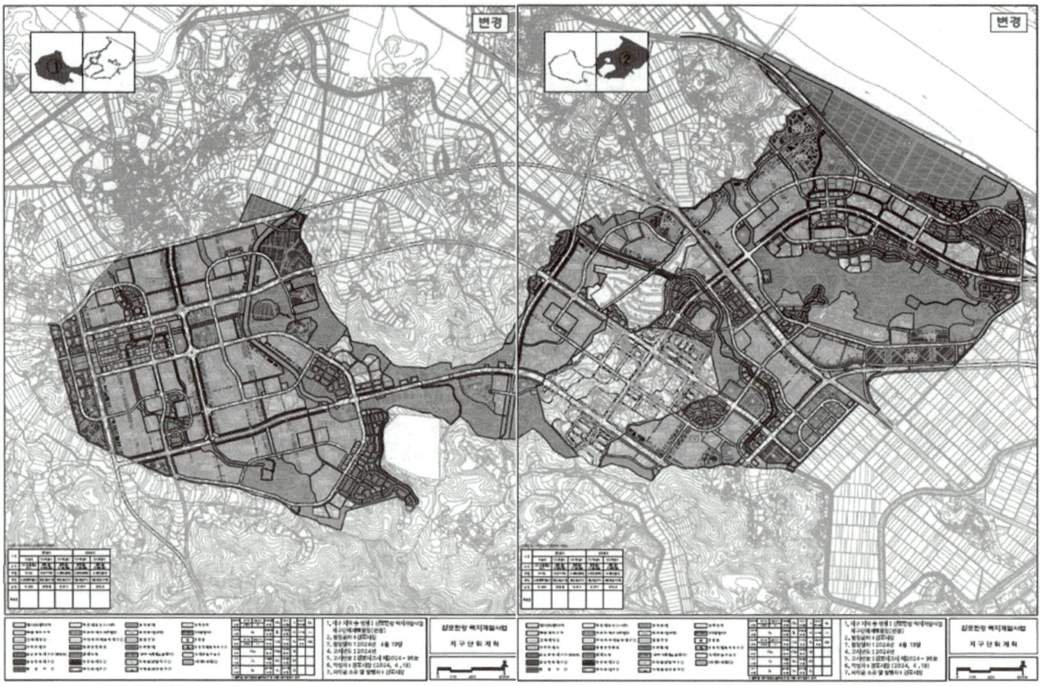

출처: 김포시 분야별정보

2.10 파주운정신도시

파주운정도시는 일산·교하·금촌 택지개발지구와 인접하여 개발압력이 높았던 지역으로서 개별적으로 진행되던 각종 개발행위를 보다 체계적으로 정비·관리하고자 신도시계획을 통하여 기반시설을 광역적으로 정비하고 자족기능을 확보하여 낙후된 수도권 서북부 지역의 생활거점을 형성하고, 대북교류의 교두보로서 역할을 담당하기 위해 신도시개발을 추진하게 되었다. 파주운정신도시는 기존 도로인 자유로, 국지도 56호선 및 수도권을 연결하는 서울외곽순환도로가 근접하여 있어 인근 도시로의 접근성이 양호하며, 제2자유로 및 김포 관산 간 도로건설, 경의선 복선 전철화 완료, 서울－문산 간 민자고속도로 등을 통하여 서울로의 접근이 용이한 지역으로, 경기 서북부 지역 활성화 및 통일 시대를

대비한 남북 교류의 거점 육성을 위한 최적의 조건을 갖추고 있다.[15]

또한 GTX－A노선(운정중앙역~서울역) 운행이 2024년 12월에 개통되어 파주에서 서울 도심까지 약 20분 만에 도착하게 되어 대중교통의 흐름을 완전히 바꾸어 놓았다.

그림 6-31 GTX-A 운정중앙역 조감도

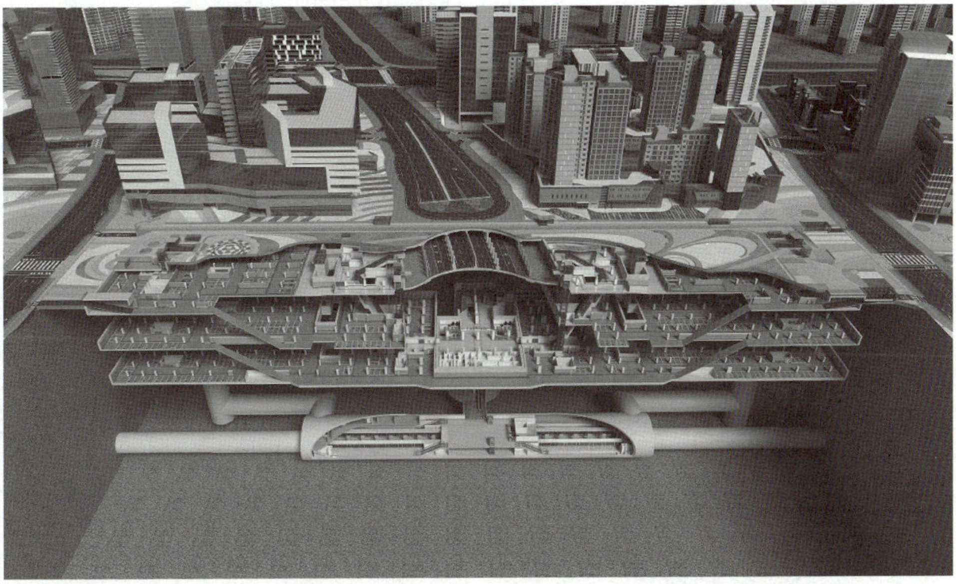

출처: 파주시청

1) 토지이용계획

도로계획은 지역 간 광역교통을 지구 남, 서단으로 통과 처리하고 동서 간과 남북 간을 연결하는 상징가로로 계획하였으며, 내부는 통과 교통을 배제할 수 있는 루프형 생활문화가로를 계획하였고 녹지축과 연계된 보행자 네트워크를 구축하여 소생활권 간에 유기적으로 연결되도록 계획하였다. 생활편익을 도모할 중심상업 및 업무기능은 대중교통의 중심으로 이용될 운정중앙역 역세권을 배치하고, 녹지축과 간선도로를 이용한 중생활권으로 구분하여 근린공공시설을 단위로 개성 있고 다양한 주거공간이 마련되었다.

15 국토교통부(2017), 「제2기 신도시 건설안내」, 정책자료

표 6-17 파주운정신도시 토지이용계획

토지이용	면적(천m^2)	구성비(%)
주거지역	6,054	36.4
상업·업무지역	573	3.5
도로	3,259	19.6
공원 및 녹지공간	4,538	27.3
기타	2,186	13.2
총계	16,610	100.0

출처: 국토교통부 정책자료, 제2기 신도시 건설안내, 2017

그림 6-32 파주운정신도시 토지이용계획도(1·2·3지구)[16]

출처: 한국토지주택공사

16 파주운정신도시 1·2지구는 '파주운정지구'로 표시된 구역이다.

2.11 양주신도시

양주신도시(옥정·회천) 북측에는 덕정 1, 2지구, 남측에는 고읍지구가 연접하여 있고 옥정지구 내 공장 등 취락지역과 회천지구 내 역세권, 회정 및 덕계 취락지역, 민간아파트들이 활발하게 증가하고 있는 추세로서 양주신도시의 개발을 통해 주변의 개발압력을 수용하고자 추진하게 되었으며, 수도권 북부지역의 주거수요에 효율적으로 대처해 주택가격의 안정을 도모하고, 양주신도시의 계획적 개발을 통해 난개발 방지에 기여했다. 경원선 복선 전철과 국도 3호선 우회도로 등 광역교통망이 확충되고 있으며 서울－의정부－동두천을 포함하는 경원선 생활권의 중심에 입지하여 향후 경제, 사회, 문화, 행정, 교육활동 및 각종 서비스의 거점기능을 담당할 지역이다.[17]

또한 양주신도시는 GTX－C 노선 덕정역을 통해 서울 도심과 빠르게 연결될 예정이다.

그림 6-33 양주신도시 전경

출처: 양주시청

17 국토교통부(2017), 「제2기 신도시 건설안내」, 정책자료

1) 토지이용계획

동 지구는 서울 중심부로부터 30km, 서울시 경계로부터 10km, 의정부와 동두천의 중간지점, 동측으로 천보산에 둘러싸인 지역으로서 토지이용현황은 대지 1.0km^2(0.9%), 농지 3.8km^2(33.6%), 임야 2.6km^2(22.4%), 기타 4.0km^2(35.0%)로 구성되어 있다.

그림 6-34 양주신도시

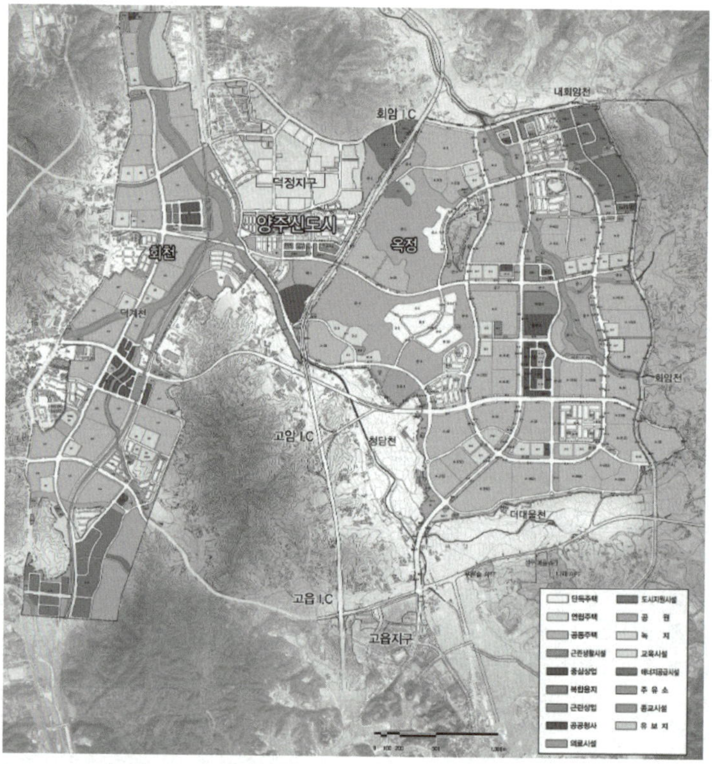

출처: www.pikecg.com

표 6-18 양주신도시 토지이용계획

토지이용	면적(천㎡)	구성비(%)
주거지역	4,192	37.4
상업·업무지역	321	2.9
도로	1,929	17.4

공원 및 녹지공간	3,217	28.8
기타	1,512	13.5
총계	11,171	100.0

출처: 국토교통부 정책자료, 제2기 신도시 건설안내, 2017

제3절 신도시 가이드라인

3.1 사업 절차

수도권 1·2기 신도시 개발의 사업방식은 택지개발사업으로 지구지정 및 개발계획 단계, 시행 단계, 공급 단계로 구분할 수 있다.

표 6-19 신도시 개발사업 단계별 주요 내용

단계	세부 단계	주요 내용
지구 지정 및 개발계획 단계 (1단계)	지구 지정	대상지 결정
		지정 제안 및 의견청취
		지구 지정
	개발계획 수립	개발계획안 작성
		개발계획안 협의 및 승인
시행 단계 (2단계)	실시계획 수립	실시계획 수립
		환경 교통, 재해 등 영향평가
	토지 취득 및 보상	취득 및 보상
		이주 및 생활대책

공급 단계 (3단계)	택지공급	공급방법
		가격체계
	주택공급	주택사업계획 승인
		주택공급

출처: 한국형 신도시 가이드라인 연구(LH, 2017), p.17

사업의 신속한 추진을 위해 지구 지정과 개발계획 수립은 통상 동시에 추진되며, 지구 지정 관련 대상지 검토는 신도시 관련 주택정책과 국토종합계획, 수도권정비계획, 하천정비계획, 주택종합계획, 광역교통계획, 도시·군기본계획 등을 검토하여 대상지의 위치와 면적, 사업 규모 등을 정하게 되며, 지정 제안 및 의견청취 과정은 구역경계, 도시현황, 광역교통체계 및 환경성검토 등을 포함하여 관계 중앙행정기관 장과 협의하고, 주민 및 관계전문가 등 의견 수렴하고 관련 심의를 완료한 후 관보에 고시하여 지구지정을 완료하게 된다.

개발계획은 총괄계획가 등을 통해 사업의 구체적인 개발방향, 수용인구 및 주택, 토지이용계획, 기반시설 설치계획 등을 포함하며, 개발계획은 지구지정 시 개발계획을 포함하여 고시하되 대규모의 변경 사항 발생 시에는 최초 승인과 동일한 절차로 관련 부서와 재협의를 거쳐야 한다. 실시계획은 개발계획을 구체화하는 단계로 실시계획 승인은 공사착수를 인정하는 것으로 이때부터 타인 토지의 출입권 부여 등 인허가상의 처분 효과가 발생되는 시점이다.

개발계획의 주요 내용은 도시 및 지역 개발을 체계적으로 수행하기 위해 수립하는 계획으로, 주요 항목에는 개발계획의 명칭, 시행자의 명칭과 주소, 대표자의 성명, 그리고 개발계획의 개요 등이 포함된다. 또한, 개발기간과 토지 이용에 관한 계획, 주요 기반시설의 설치 계획 그리고 개발하고자 하는 토지의 위치와 면적 등이 기술된다. 이외에도 축척 5,000분의 1 이상의 지형도 또는 지적도에 개발계획을 명시하여 작성한 도면과 수용할 토지의 소재지, 지번 및 지목, 소유권과 소유권 이외의 권리의 명세와 그 소유자 및 권리자의 성명주소를 기재한 서류 등이 있다.

실시계획은 개발계획의 구체적인 실행을 위해 세부적인 내용을 포함하며, 사업 시행지와 사업의 종류 및 명칭 그리고 시행자의 명칭과 대표자의 성명이 기술된다. 이어서 시행기간, 자금계획서, 사업 시행지의 위치도 그리고 개발계획에 기반한 계획평면도와 개략 설계도서가 포함된다. 특히, 공공시설 등의 명세서 및 처분계획서, 토지 등의 매수 및 보상계획서, 토지 등을 수용하고자 할 때에는 수용할 토지 등의 소재지, 지번 및 지목, 면적, 소유권과 소유권 이외의 권리의 명세와 그 소유자 및 권리자의 성명주소를 기재한 서류 등이 있다. 택지공급에 관한 계획서 및 택지의 용도 및 공급대상별 분할 도면도 포함하게 된다. 마지막으로 실시계획은 개발계획에서 제시한 개발목표를 최대한 반영한 실시계획으로 개발 목표와 실제 실행 간의 차이를 최소화하는 데 의미가 있다. 실시계획을 통해 도시 개발이 계획적이고 효율적으로 이루어질 수 있도록 지원하며, 관련 이해 관계자들이 계획의 목적과 실행 가능성을 명확히 이해할 수 있게 한다.

아울러, 실시계획을 수립한 경우에는 사업 시행에 따른 환경, 교통, 재해 등의 영향을 사전에 평가하고, 이에 대한 대응방안을 수립하여야 한다.

표 6-20 각종 평가의 주요 평가기준과 내용

구분	내용
환경영향평가	사업계획을 수립하려고 할 때에 그 사업의 시행이 환경에 미치는 영향을 미리 조사·예측·평가하여 해로운 환경영향을 피하거나 줄일 수 있는 방안을 강구
교통영향분석 개선대책	일정규모 이상의 사업이나 시설의 설치로 인해 예상되는 유발교통량을 검토·분석하여 미리 교통개선대책을 강구
사전재해영향성검토	자연재해에 영향을 미치는 각종 행정계획 및 개발사업으로 인한 재해유발요인을 예측·분석하고 이에 대한 대책을 강구
에너지사용계획	공공기관 등이 일정규모 이상의 에너지를 사용하는 사업을 실시하거나 시설을 설치하고자 하는 경우, 사업의 실시 및 시설의 설치로 에너지의 수급에 미치게 될 영향과 에너지의 소비로 인한 이산화탄소의 배출에 미치게 될 영향을 분석
광역교통개선대책	대도시권의 교통문제를 광역적인 차원에서 효율적으로 해결하기 위해 수립하는 것으로 수립대상 사업은 면적 100만m² 이상, 수용인구 2만 명 이상인 사업

출처: 성장환 외(2017), 「한국형 신도시 가이드라인 연구」, 토지주택연구원, p.22

그림 6-35 각종 평가의 수행

출처: 성장환 외(2017), 「한국형 신도시 가이드라인 연구」, 토지주택연구원, p.22

토지 취득과 보상 과정은 협의를 통한 취득과 수용을 통한 취득이 있다. 협의취득 시에는 사업시행자가 보상계획을 토지소유자 및 관계인에게 통지하여야 하며, 감정평가(감정평가업자 3인의 평가액 산술평균)를 통해 보상액을 산정한다. 협의가 성립되지 않거나 협의를 할 수 없는 경우(행방불명 등의 사유)에는 보상을 전제로 강제취득하는 방식으로, 보상금 지급 또는 공탁을 조건으로 수용의 효과를 완성시키는 행정처분이며, 이주대책 및 생활대책은 사업으로 인해 생활 근거지가 상실된 이주자를 위한 대책으로 사업시행자와 지자체 간 협의하여 대상선정, 대책내용 등을 수립하게 되고, 택지공급은 주택건설용지, 공공시설용지 및 판매시설용지 등으로 구분하여 공급할 수 있다.

표 6-21 택지공급방법

구분	내용
추첨분양	경쟁입찰 및 수의계약 대상이 아닌 택지(공동주택 건설용지 등 일반 택지에 해당)
경쟁입찰	판매시설용지 등 영리를 목적으로 사용될 택지, 주택법에 의한 사업계획의 승인을 얻어 건설하는 공동주택의 건설용지 외의 택지
수의계약	• 주택법에 의한 사업주체 중 국가, 지자체 또는 공공기관에 공급할 경우 • 도로·공원·공용의 청사 등 공공시설용지를 국가, 지자체 기타법령에 의하여 당해 공공시설을 설치할 수 있는 자에게 공급할 경우 • 택지개발지구의 건축물 등의 시설물로서 실시계획에 따라 존치되는 시설물의 유지관리에 소요되는 최소 범위 안의 택지를 공급하는 경우 등

출처: 성장환 외(2017), 「한국형 신도시 가이드라인 연구」, 토지주택연구원, p.25

주택공급은 「주택법」에 따라 주택 및 복리시설의 공급조건 등에 관한 사항을 제시하고, 단독주택 20호 이상과 공동주택 20호 이상의 주택건설사업은 주택사업계획 승인을 받아야 한다.

이러한 규제에서 벗어나 20호 미만의 하이엔드(high-end) 주거시설물이 건축되는 경우도 있는데 이는 고급 주거시설에 대한 수요가 증가하면서 주택법의 일반적인 공급 조건에 구속되지 않는 사례로 나타난다. 특히, 소규모 고급 주거단지나 고유의 특화된 디자인과 서비스를 제공하는 주거시설은 규제 완화 및 특례 조항을 활용하여 개발이 이루어지며, 이는 도시 내 차별화된 주거 공간을 공급하기도 한다.

3.2 입지선정 및 개발규모

수도권 신도시의 입지선정 과정은 통상 신도시 조성의 결정, 개발규모 설정, 개발가능지 분석, 후보지 대안 도출, 대안 비교 평가, 최종 입지 선정 및 지구계 확정 순으로 진행되며, 입지선정에 주요 선정 요인은 신도시 조성 목적(시급한 주택문제 해결, 자족기능 확보, 교통시설 활용), 상위계획 내용을 반영한 체계적인 신도시 개발(국립공원, 자연생태보전지역 등 제외) 및 지속적인 삶의 질 향상을 도모하는 입지가 우선된다. 신도시 개발규모는 신도시 조성 목적과 지역 개발수요 및 지역, 교통 여건 등이 종합적으로 고려되어 산정된다.

신도시 중에서 주택공급을 주된 목적으로 하는 신도시 개발규모 설정 과정은 대상 지역의 목표 연도 인구와 가구수를 전망하여 주택 총수요를 추정하는 것에서 시작한다. 이를 바탕으로 멸실 및 타사업 공급량을 고려하여 신규 주택공급량을 결정하며, 이 과정에서 기존 도시기본계획의 활용과 함께 급격한 인구 증가 등의 여건 변화를 반영한 새로운 추정치를 적용하기도 한다. 특히, 최근 한국의 인구 성장이 둔화되는 경향을 반영하여 신도시 사업성을 검토하기 위해 별도의 주택수요 분석이 수행된다. 최종적으로는 주택재고와 기존의 주택공급 계획을 토대로 신규 주택건설 소요 호수를 도출하고, 이를 택지 원단위로 환산하여 필요한 신도시면적(신규 택지소요면적)을 산정하게 된다.

3.3 개발가능지 분석 및 평가

개발가능지 분석의 주요 사항은 대규모 개발이 가능하고, 기존 시가지 또는 주변 지역과의 접근성 양호하거나 이를 위한 간선시설 설치가 용이한 지역, 지가가 저렴하고, 민원 유발이 적고, 상위계획과 부합하고, 지구 내 농지 편입 비율을 최소화하는 원칙이 있었는데 이는 기본적으로 짧은 기간 안에 적은 사업비로 추진하고 농업생태계 보전을 동시에 고려한 개발계획이었다.

제4절 부문별 계획 가이드라인

4.1 토지이용계획

신도시 가이드라인 중에서 토지이용계획은 신도시 조성 목적 실현에 가장 중요한 계획일 것이다. 각 지역(주거, 상업, 공업, 녹지 등) 간의 용도, 입지, 면적 배분 사항을 종합적으로 설정하여 신도시 권역 내 위계를 설정하고, 복합개발 및 자족기능 등을 통해 경제적 지속가능성을 확보할 수 있는 토지이용계획을 수립하여야 한다.

그림 6-36 토지이용계획 절차

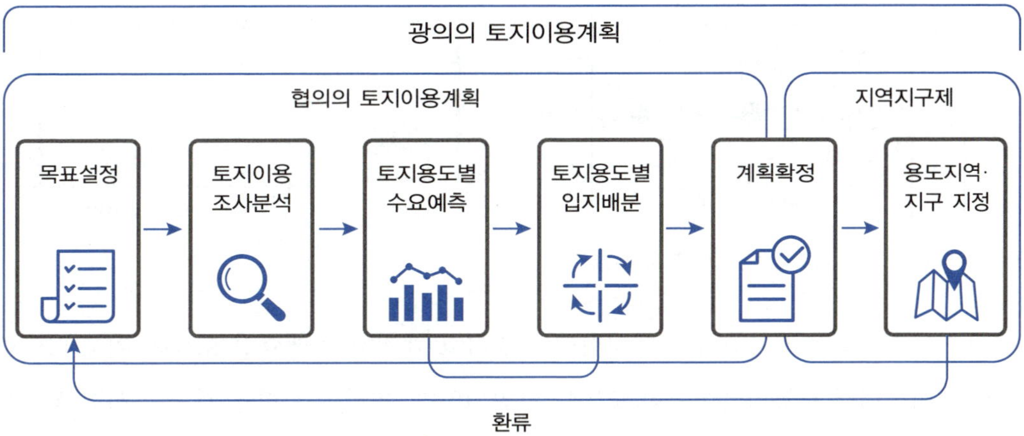

출처: 한국토지공사(2000), 「환경친화적 택지개발편람」

토지이용계획 중 자족시설용지는 양질의 일자리 제공과 지역 내 생활권 형성 및 신도시의 지속가능성 제고에도 상당한 기여를 한다. 자족시설용지의 비율은 주변 여건 및 기존 산업의 입지 여부에 따라 탄력적으로 적용 가능하다.

표 6-22 신도시 규모별 자족시설용지 비율

신도시 규모	자족시설용지 비율
면적 990만m^2 이상 또는 인구규모 20만 명 이상	15% 이상
면적 990만m^2 미만 또는 인구규모 20만 명 미만	10% 이상

출처: 국토해양부(2010), 「지속가능한 신도시 계획기준」

4.2 교통계획

신도시 교통계획 수립은 광역적 접근방법과 병행하여 보도, 자전거도로 등의 연계와 주거지 주변의 과속방지 등을 종합적으로 고려하여 계획을 수립하게 된다.

그림 6-37 광교신도시 보행자전용도로(아파트 연접)

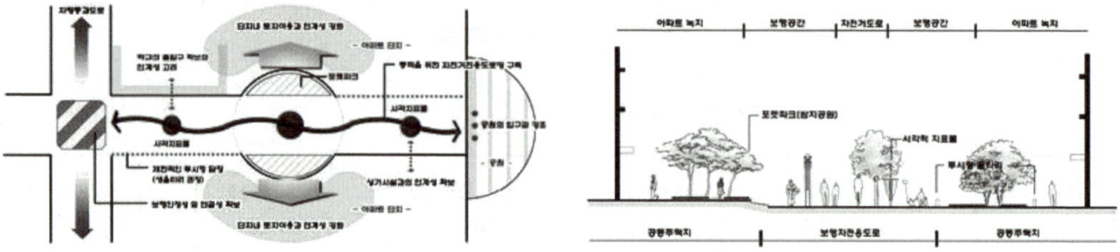

출처: 국토해양부(2010), 「보금자리주택 업무편람」

광교신도시의 주거지역과 상업지역의 안전하고 쾌적한 보행환경 조성을 위해 다양한 물리적, 비물리적 교통정온화기법 도입이 고려되었다. 이러한 사항은 각 신도시별 상황에 맞게 적용되었으며, 최근 3기 신도시에는 보다 적극적인 다양한 교통정온화기법이 적용되고 있다.

그림 6-38 교통정온화기법 예시도

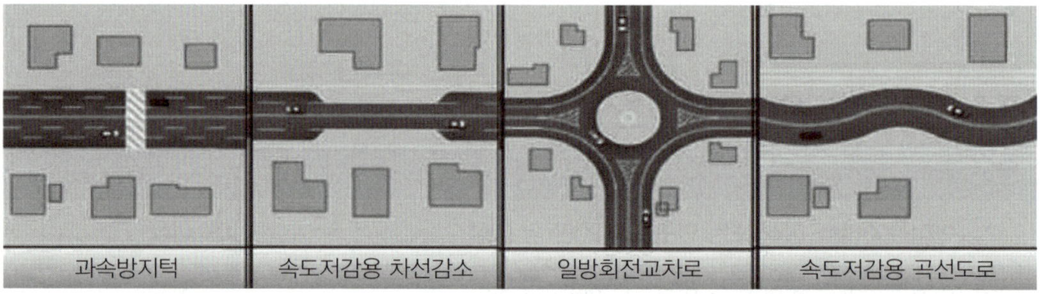

출처: 윤정중 외(2020), 「3기 신도시 개발전략 및 계획기준 수립 연구」, 토지주택연구원, p.345

4.3 조경계획

신도시의 조경계획은 신도시 전체의 각종 도시공원과 여러 녹지 공간 계획을 포함하는 계획으로 시민들에게 쾌적한 휴식공간을 제공하고, 도시의 경쟁력을 좌우하는 핵심 요소이다. 도시의 생활방식이 시대별로 변화됨에 따라 시민의 휴식을 위한 도시공원 면적은 지속적으로 증가되고 있는 추세이다.

그림 6-39 시대별 도시공원의 변화

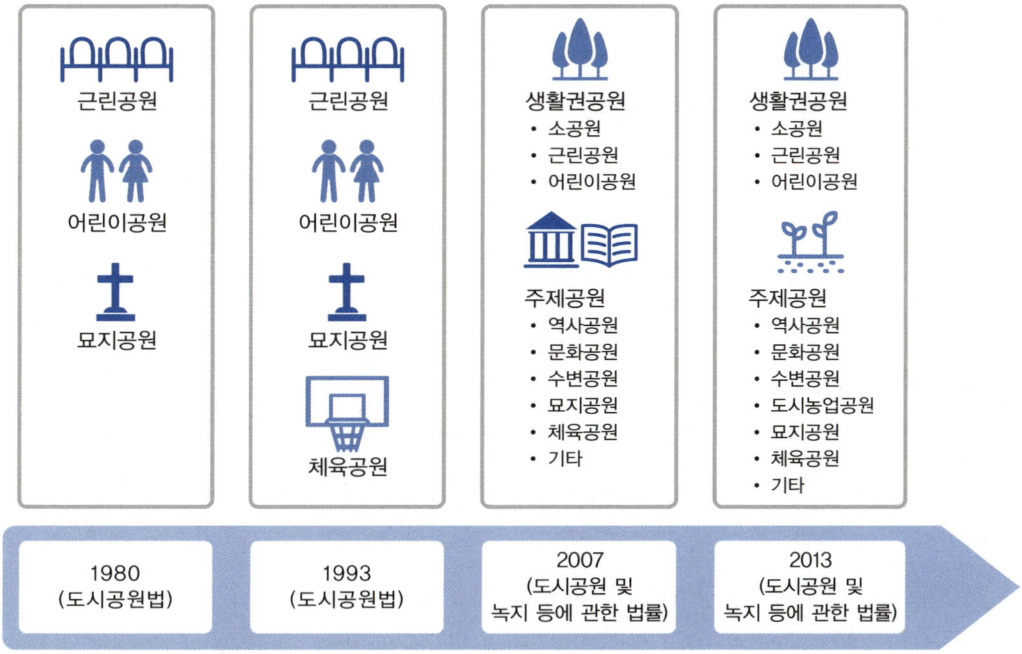

출처: 성장환 외(2017), 「한국형 신도시 가이드라인 연구」, 토지주택연구원, p.92

생활권공원은 소공원, 어린이공원, 근린공원으로 나뉜다. 소공원은 도시지역 안의 소규모 자투리 땅 등을 활용하여 접근이 용이하도록 배치된다. 어린이 공원은 어린아이들의 놀이공간뿐만 아니라 지역주민 교류의 장을 제공하게 되며, 근린공원은 하나의 근린주구(Neighborhood-Unit) 주민이 이용하기에 편리하도록 500m 정도 도보로 접근 가능하도록 배치하여 근린 거주자의 건강과 휴식에 기여하고 있다.

주제공원에는 역사공원, 문화공원, 수변공원, 체육공원 등이 있다. 역사공원은 역사적 테마를 가지고 시민들에게 휴식과 교육의 기회를 제공하는 공원으로 건폐율은 20% 이내로 하여, 공원 본연의 기능을 훼손하지 않게 하고 있다.

문화공원은 문화, 예술 공간을 통해 지역주민 간의 소통의 공간을 제공하고, 수변공원은 도시의 수변공간을 활용하여 시민에게 여가와 휴식을 제공하는 공원이다. 녹색교통을 통해 보행자전용도로, 자전거전용도로 도입과 주변의 녹색교통과의 연결성이 향상되었다.

시설녹지는 완충녹지, 경관녹지 및 연결녹지로 구분된다. 완충녹지는 공해, 재해, 사고 방지 차원에서 조성되고, 경관녹지는 자연환경보전과 쾌적한 환경 조성을 위해 설치된다.

4.4 상·하수도 및 위생계획

1) 상수도

상수도 계획은 도시 청정환경 조성을 위한 기본적인 사항으로 수도시설의 과대 또는 과소투자를 방지하고, 상수도 시설의 적정규모를 산정하는 것이며, 용수 수요량은 통상 생활용수와 공업용수로 나뉘며, 상수도의 정수처리과정은 취수, 도수, 정수과정, 송수, 배수, 급수, 옥내급수 과정을 거친다. 취수는 하천 댐 등에서 수돗물을 만들 물을 끌어오는 과정이며, 도수는 끌어온 물을 정수처리하기 위해 취수시설에서 정수장으로 보내는 과정을 의미하고, 송수관, 배수관, 급수관은 지방자치단체장이 관리한다. 정수는 물을 처리하는 것으로 표준정수처리공정, 고도정수처리공정, 막여과공정으로 나누어진다. 이 과정에서 오존처리, 활성탄 여과, 막여과 과정을 통해 맛, 냄새 제거 및 세균 제거 과정 이후 안정성 확보 후 정수를 공급하게 된다.

그림 6-40 정수 처리 과정

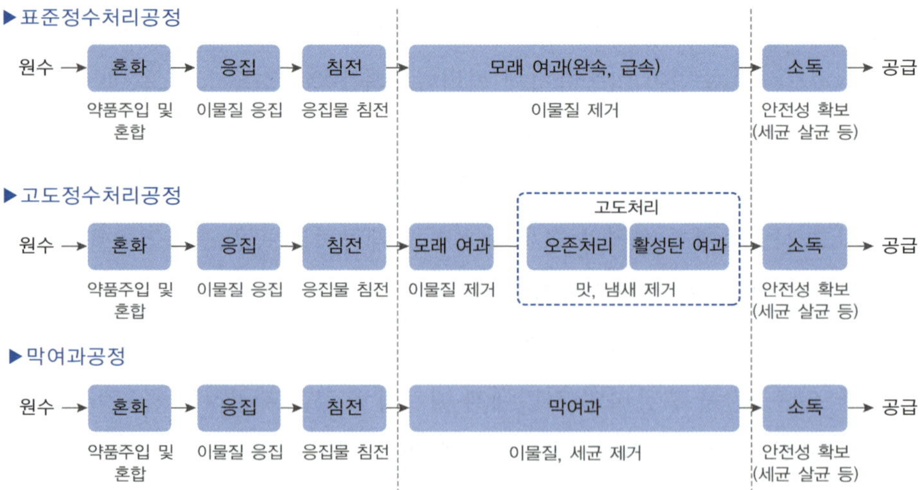

출처: 환경부(2016), 「닻올린 상수도 현대화사업」

2) 하수도

하수도 계획은 도시 청정환경 조성을 위한 기본적인 사항으로 합류식 하수도는 오수와 빗물을 동일한 관거로 수송하는 방식이고, 분류식 하수도는 오수와 빗물을 별도의 관거로 수송하는 방식이다.

그림 6-41 하수도의 개념도

출처: 서울하수도과학관, http://sssmuseum.org

하수처리장은 하수관로, 펌프장, 침사지, 1차 침전지, 폭기조, 2차 침전지, 고도처리시설로 구분된다. 하수관로는 가정과 공장에서 배출된 오폐수를 하수처리장으로 이송하고, 침사지는 비중이 큰 물질을 사전에 제거하고, 1차 침전지는 부유물질을 가라앉히는 공정이다. 폭기조는 하수를 미생물과 6~8시간 동안 접촉하는 공정이며, 2차 침전지는 물을 분리하는 공정이고, 고도처리시설은 마지막으로 미세입자를 제거하기 위한 공정으로 보다 나은 처리수질을 위한 시설이다.

3) 저류지와 방재

저류지는 하천유역에 대규모 개발 시 수해의 위험을 방지하고, 하천의 친수 안전도를 향상하는 것으로 사용용도에 따라 전용 저류시설, 겸용 저류시설로 구분되며, 설치위치에 따라 지역내 저류시설, 지역외 저류시설로 구분되고, 연결형태에 따라 하도내 저류시설, 하도외 저류시설로 구분된다.

도심지의 전용 저류시설은 대부분 지하저류조의 형태로 설치되어, 평시에는 빈 공간으로 유지되며, 여름철 집중호우 시 하류관거의 통수능력 초과유량을 저류 후 방류하여 하류의 홍수 부담을 경감시킬 수 있도록 계획되어야 한다.

그림 6-42 전용 저류시설 시공 및 단면(예)

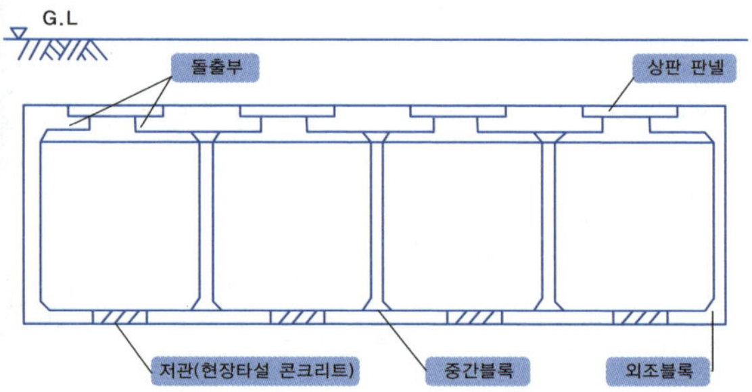

출처: 행정안전부(2018), 「우수유출저감시설의 종류 · 구조 · 설치 및 유지관리 기준」

4) 수자원 재활용

수자원을 재활용하는 방식은 빗물이용, 중수이용, 하수처리 재이용이 있다. 빗물이용시설은 건물 지붕면, 지표면 빗물 등을 모아서 이용할 수 있게 처리하는 시설로서 집수시설, 여과장치 등 처리시설, 저류시설, 송배수시설이 있다.

서울 광진구의 스타시티 아파트 단지에서 1년간 재활용한 빗물은 약 4만 톤으로 전체 1,310가구에서 1년간 쓴 수돗물(약 20만 톤)의 약 20%에 해당된다.

그림 6-43 스타시티 빗물 이용도

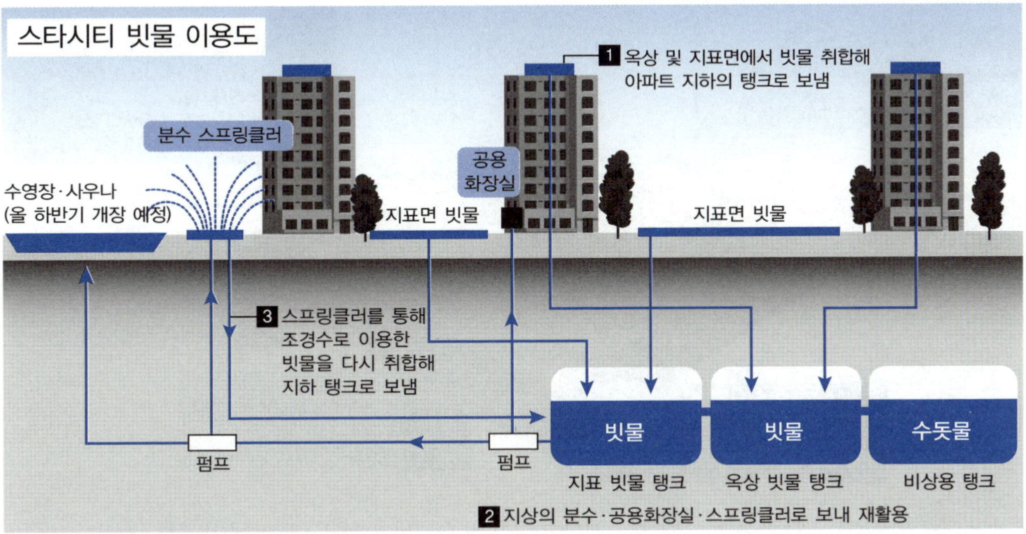

출처: 중앙일보(2008.4.15), 「'빗물'로 돈 버는 아파트」, 언론보도 기사

5) 저영향개발

저영향개발(LID: Low Impact Development)은 최근 기후변화에 따른 집중호우, 홍수 등의 피해를 최소화하기 위해 강우유출 발생지부터 침투, 저류를 통해 수생태계에 미치는 영향을 최소화하여 개발 이전의 상태에 가깝게 만들기 위한 도시개발 기법이다. 저영향개발의 종류로는 인공습지, 침투도랑, 침투트렌치 등이 있으며, 이를 적용한 사례는 아산탕정 신도시 사례를 살펴보면 시설별 저류시설과 침투시설의 규모를 제시하여 50년, 80년, 100년 빈도의 강우 조건에서 첨두유량 감소와 유출량 감소가 기대된다.

그림 6-44 아산탕정신도시 저영향개발 예시

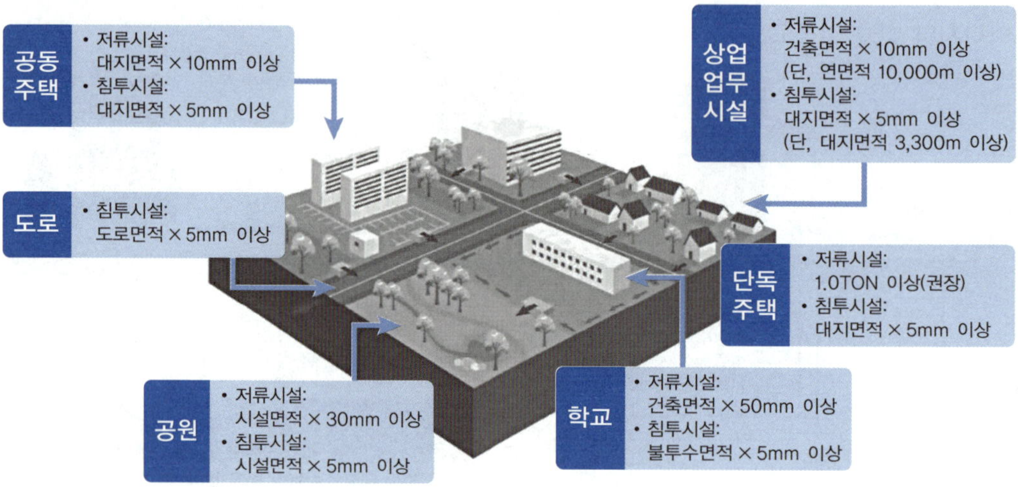

출처: 김정곤 외(2012), 「LID 빗물관리시설 설치해설집 작성 및 모니터링 연구」, 토지주택연구원

6) 비점오염원 관리

비점오염원은 오염물질 배출지점이 명확한 점오염원(공장, 건축물, 축사 등) 이외의 불특정하게 오염물질을 배출하는 도시, 도로, 농지, 산지 등의 장소를 말하고, 오염물질의 유출 및 배출 경로가 명확하게 구분되지 않아 처리시설의 설계 및 유지관리가 어려운 실정이다. 또한 개발사업 진행 시 불투수층을 줄이는 노력이 필요하며, 도심지 내의 불투수층을 줄이기 위해서 도심지 내 주차장의 관리사례를 살펴보면 주차장 내에 빗물을 일시

그림 6-45 주차장 내 비점오염원 관리 사례

출처: 환경부(2006), 「비점오염원 관리 업무편람」

저류할 수 있는 공간을 배치하거나 다공성 포장재를 사용하는 사례를 들 수 있다.

4.5 폐기물 관리

폐기물은 생활폐기물, 사업장폐기물로 나뉘어져 처리책무, 처리시설, 처리방법이 구분된다. 생활폐기물은 지자체에 처리 책무(비용은 원인자 부담)가 있고, 사업장폐기물의 처리 책무는 사업자가 자체처리하거나 전문처리업체에 위탁처리하고, 처리방식은 생활폐기물 및 사업장폐기물 모두 매립, 소각, 재활용 방법이 있다. 폐기물 자동집하시설은 "배출원에서 정해진 투입구 폐기물을 일시적으로 저류, 공기흡입 혹은 압송에 의하여 수평 혹은 수직관로로 수집운반하고, 집하된 폐기물을 분리압축 혹은 파쇄 선별 후 차량을 이용하여 중간처리시설 혹은 최종처리시설로 운송하는 시설"로 정의된다.

그림 6-46 자동집하시설 처리 계통도

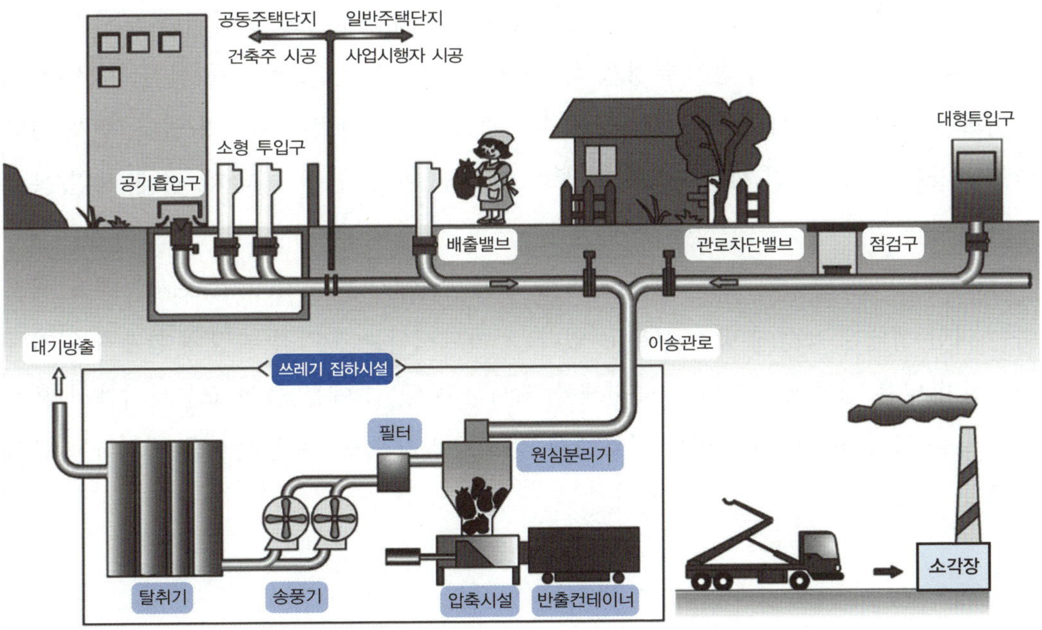

출처: 유기성자원학회(2006), 「생활폐기물 수집 · 운반체계 개선 및 선진화 방안 연구」

4.6 에너지사용계획

도시개발사업이나 산업단지개발사업 등과 같은 대규모 사업은 그 사업의 실시로 인한 에너지 수급에 미칠 영향과 에너지 소비로 인한 온실가스의 배출에 미칠 영향을 고려하여야 한다. 특히 우리나라와 같이 사계절이 뚜렷하고 냉난방 수요가 큰 지역에서는 시기별 에너지 부하 수급에 주의해야 하고, 신도시계획 및 입지 선정단계에서부터 에너지수요 및 공급계획을 철저히 반영하여야 한다. 에너지수요 예측방법은 토지이용계획상의 획지별 용적률을 고려한 건축연면적을 산정하고, 이에 따른 냉방면적률, 난방면적률을 적용한 냉방면적, 난방면적을 산출하고, 냉방열수요, 난방열수요, 급탕열수요를 합산한 총열수요량에 시스템효율을 고려하여 연료수요량을 최종 산정하게 된다. 이렇게 산정된 연료수요량을 전력, 가스, 중온수 등의 열원으로 산정해서 공급절차를 거치게 된다.

4.7 Smart City

한국에서의 스마트시티는 국가 경쟁력 강화를 위해 공공주도로 급격한 도시화 문제를 해결하고, 침체된 지역 경기 부양을 목적으로 실시되고 있다. 유럽 등 선진국에서는 민간 주도의 지역 내 도시재생 위주로 접근하는 것과는 접근방법에 차이가 있다. 현재 지역별로 다양한 스마트시티 사업들이 진행 중이고 교통, 환경, 안전, 에너지, 경제, 생활/복지 현안 해소를 위한 사업들이 진행 중에 있다.

스마트시티는 단순히 효율 좋은 서비스 제공차원에서 머물지 않고 도시문제를 해결하는 혁신 생태계 육성에 방점을 두고 있다. 스마트시티는 물리적 확장에 한계가 있거나 경제성이 낮은 경우에도 대안적 해결책을 제시하고 있다. 예를 들어 교통분야에서 혼잡한 도로를 확장하는 대신 스마트 신호체계 및 교통관리 등을 통해 문제를 해결하는 방식이다.

그림 6-47 스마트시티 부문별 도입요소

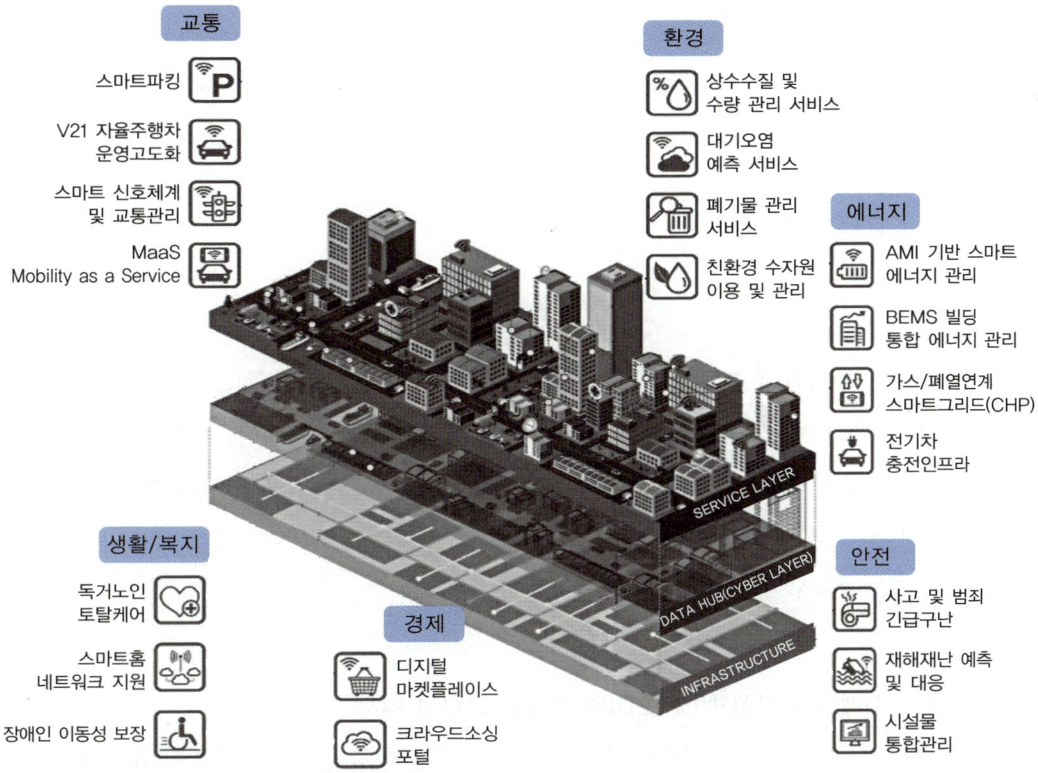

출처: 국토교통부(2019), 「제3차 스마트시티 종합계획 2023」

4.8 공공시설 계획

신도시에 공급되는 주요 공공시설은 행정복지센터, 경찰서, 소방서, 학교, 도서관, 병원, 사회복지시설, 시장·유통시설 등이다. 통상 「국토계획법」상의 공공시설은 도로, 공원, 철도 등이지만 본 장에서 언급된 공공시설은 공공·문화체육시설에 한정해서 살펴보겠다.

행정복지센터는 '동' 단위(근린단위)에 1개소씩 설치되며, 경찰서와 지구대, 파출소는 관할구역의 인구, 면적 등에 따라 배치 구역이 결정되며, 우체국은 시·자치구 단위로 총괄우체국을 두고, 동 단위로 일반우체국을 두는 사례가 많으며, 교통의 발달로 물류 기능은 총괄우체국에 집중되고, 일반우체국은 집배 및 지역금융 기능에 중점을 두고 운영되고 있는 실정이다. 학교시설은 미래의 주역을 양성하는 중요 공간으로 교사(Building) 면적기준과 운동장 면적기준은 관련 규정에 따라 최소 기준 이상으로 확보되어야 하며, 중학교 이상 진학 시 다양한 활동을 위해 필요한 부속실 등의 필요에 따라 적정하게 면적 배분된다.

4.9 CPTED 계획

CPTED(Crime Prevention Through Environmental Design, 범죄예방 환경설계)는 도시건축 환경의 적절한 설계와 효과적인 사용을 통해서 범죄 및 불안감을 감소시키고 삶의 질을 향상시키기 위한 다학제적(multi–disciplinary)이론이자 실천전략이다.[18] 범죄예방 환경설계의 개념을 정립한 주요 학자들은 제인 제이콥스(Jane Jacobs), 레이 제프리(Ray Jeffery), 오스카 뉴먼(O. Newman)이 있다. 실무적 차원에서 주로 사용되는 기법은 오스카 뉴먼(O. Newman)의 방어적 공간 개념이다.

표 6–23 범죄예방 환경설계(CPTED)의 개념을 정립한 학자

제인 제이콥스 (Jane Jacobs)	레이 제프리 (Ray Jeffery)	오스카 뉴먼 (O. Newman)
1961년 '미국 대도시의 죽음과 삶'을 통해 도시 환경설계와 범죄의 다양한 관계들에 대해 설명하였으며, CPTED 개념을 가장 먼저 체계화	1971년 CPTED라는 용어를 가장 처음 사용하였으며, CPTED를 통해 도시설계와 범죄와의 상관 관계 기술	도시 거주지역 방범 설계 프로젝트를 1972년 수행하며 방어적 공간으로 Defensible Space 개념을 제시하여 CPTED의 기본 골자 확립

출처: 세종특별자치시(2019), 「범죄예방환경설계 가이드라인」, p.11

경찰청에서 제시한 한국형 CPTED와 국토교통부 범죄예방 건축 기준 고시 등을 고려하여 5대 원리로 규정하고 설명한다. CPTED의 원리는 크게 자연적 감시, 접근통제, 영역성 확보라는 세 가지 기본원리와 활용성 증대, 유지관리라는 두 가지 부가원리로 구분할 수 있다.

18 (사)한국셉테드학회, http://cpted.or.kr/business/intro.php

표 6-24 CPTED의 5가지 원리별 예시

자연적 감시	접근통제	영역성 확보	활용성 증대	유지관리

출처: 세종특별자치시범죄예방환경설계 가이드라인, 부분 발췌

제7장

3기 신도시 개발

제1절 수도권 3기 신도시 현황

1.1 3기 신도시 현황

수도권 3기 신도시 추진배경은 1기 및 2기 신도시 조성 이후에도 서울 및 수도권 일부 지역의 신규주택 공급 부족 및 부동산 가격 불안에 따라 추진되었다. 3기 신도시는 '공간혁신과 공생발전의 미래도시'를 비전으로 설정하면서 주택시장 안정과 공공주거 확대, 수도권 광역기능 혁신 및 상생발전을 공생도시가 실현해야 할 궁극적 지향점으로 설정하였으며, 주요 목표는 사회·가치·환경·공간 변화에 대응하는 산업과 일자리, 편리한 교통, 교육과 환경, 협력과 거버넌스, 공간과 기능혁신, 포용과 공생 등 6개를 목표로 설정하였다.

표 7-1 3기 신도시 현황

신도시	사업면적	계획호수
남양주 왕숙1·2	1,268만m^2	66,000호
하남 교산	686만m^2	33,000호
인천 계양	333만m^2	17,000호
고양 창릉	812만m^2	35,000호
부천 대장	345만m^2	19,000호

출처: 국토교통부, http://3기신도시.kr

이를 위한 전략으로 상생과 공유의 가치를 담는 공생도시의 실현을 위한 공간계획과 수도권의 물리적 특성과 중심지 체계를 반영하고, 압축과 네트워크 도시 패러다임을 구현하고, 인구구조 변화와 신도시 인구특성에 부합하는 계획을 실시하고, 친환경적이고 지속가능한 도시환경계획을 통해 효율적 토지이용과 사회변화에 탄력적으로 대응하는 전략을 취하고 있다.[1]

그림 7-1 3기 신도시 및 기타 공공주택지구 위치도

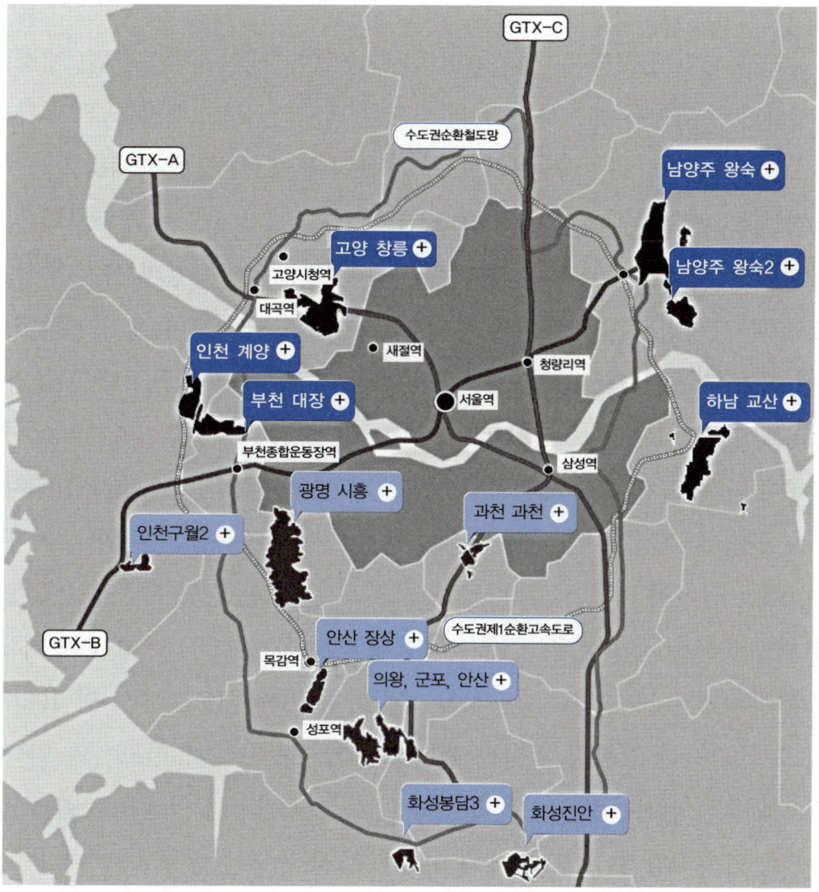

출처: 국토교통부, http://3기신도시.kr

1 윤정중 외(2020), 「3기 신도시 개발전략 및 계획기준 수립 연구」, 토지주택연구원, p.4

고양 창릉은 GTX-A(경기 파주 운정~화성 동탄역)가 지나가며 대곡역과 고양시청역, 새절역과 가깝고, 과천, 의왕, 군포, 안산 지역은 GTX-C(정부과천청사역~창동역) 노선이 통과하며, 과천은 삼성역과 가깝다.

3기 신도시와 같은 시기에 개발되고 있는 기타 공공주택지구는 과천, 안산 장상, 인천 구월2, 화성 봉담3, 광명 시흥, 의왕·군포·안산, 화성 진안 사업이 있다.

1.2 3기 신도시 특징

1·2기 신도시 사업 근거법은 「택지개발촉진법」이며, 「택지개발촉진법」 제정 목적이 도시지역의 시급한 주택난을 해소하기 위해 필요한 택지의 취득, 개발공급 및 관리 등에 관한 특례를 규정하기 위함이었다. 이러한 제정 목적은 제1·2기 신도시로 어느 정도 목적 달성을 이루었다. 「택지개발촉진법」에 따라 진행된 제1·2기 신도시 개발사업은 도시 지역의 시급한 주택난 해소를 목표로 추진되었으며, 국민의 주거 안정과 복지 향상을 주요 목적으로 도시기본계획상 개발가능지역을 기준으로 도시 외곽에 주로 입지하였다. 공공주택특별법에 따라 진행된 제3기 신도시 개발사업은 효율적인 공공주택 공급과 주거복지 향상을 목표로 추진되고 있다. 「택지개발촉진법」과 「공공주택특별법」에 따른 신도시 개발은 시대적 요구와 목표에 따라 차별화된 방식으로 진행되었다. 제1, 2기 신도시는 주택난 해소와 주거 안정에 초점을 맞춘 반면, 제3기 신도시는 공공성 강화와 주거복지 증진을 중점으로 한다는 점에서 차이가 있다. 특히, 제3기 신도시는 공공주택 비율을 높이고 대규모 계획적 개발을 통해 사회적 주거 문제 해결에 더 적극적으로 대응하고자 하는 것이다.

3기 신도시는 기존 도심과의 접근성을 강화하기 위해 대도시에서 약 10km 이내, 30분 이내에 도달 가능한 연접형 위치를 선택하였다. 이는 1·2기 신도시의 외곽형 입지와 달리 대중교통 중심의 접근성을 고려한 선택으로, 수도권과의 연계를 강화하고 시민들의 출퇴근 시간을 단축시킬 수 있도록 계획되었다. 도시 규모는 중규모로, 개발면적[2]이 평균 568ha로 설정되어 1·2기 신도시와 비교해 상대적으로 소규모로 이루어진다. 인구밀도[3]는

2 1기 신도시는 개발면적은 대규모 평균 3,033ha, 2기 신도시는 중대규모 1,263ha이다.

3 1기 신도시는 중고밀 233명/ha, 2기 신도시는 중저밀 110명/ha이다.

평균 136명/ha로서 보다 높은 밀도의 도시 구조로 계획해, 자족적 생활권을 조성하려는 목적이 있다. 이는 주거, 상업, 업무, 문화 등 다양한 기능이 통합된 복합형 도시를 지향하고 있다. 광역체계와 기반시설 측면에서 3기 신도시는 GTX, S-BRT 등의 광역교통망을 적극적으로 활용하여 대중교통 중심의 이동성을 극대화하였다. 또한 스마트시티 기술을 적용하여 지속가능한 도시로의 전환을 목표로 한다. 공원·녹지 등 녹지율을 30% 이상으로 설정하여 쾌적한 주거환경을 조성할 계획이다.[4]

제2절 3기 신도시 계획기준[5]

3기 신도시가 1·2기 신도시 계획과 특화되는 내용들을 중심으로 살펴보고자 한다.

2.1 세대당 인구수

1기 신도시는 세대당 인구수가 4.0으로 고밀도로 계획되었으며, 2기 신도시 평균은 2.56으로서, 1·2기 신도시의 평균은 2.61로 나타난다.[6] 3기 신도시는 1·2기 신도시에 비해 개발 규모가 비교적 적고, 1·2기 신도시의 사례를 살펴보면 개발규모가 적을수록 세대당 인구수가 증가하는 경향이 있다. 이는 고밀도 개발로 이어져 전반적인 거주 쾌적성을 저해할 우려가 있다. 따라서 3기 신도시의 세대당 인구수를 2.5 이하로 계획하는 것은 신도시의 전반적인 환경 측면에서 양호한 계획지표가 될 것이다.

4 3기 신도시 개발전략 및 계획기준 수립 연구, p.22 표를 참고하여 작성

5 '3기 신도시 개발전략과 계획기준 수립 연구, 제5장 3기 신도시 계획기준 수립' 요약

6 택지정보시스템(http://jigu.go.kr)

2.2 핵심가치

1) 포용

3기 신도시의 첫 번째 핵심가치가 '포용'인 것은 큰 의미가 있다. 지난 1·2기 신도시의 개발 과정에서 국가적 차원의 시급한 주택난을 해결하기 위해 「택지개발촉진법」과 「토지보상법」에 따라 신속한 보상 및 취득 과정에서 원주민에 대한 포용적 배려가 부족했고, 각 신도시들이 브랜드화되는 과정에서 인근 연접된 구도심의 시민들과 교류의 장이 없는 단절된 공간으로 남아 있었다. 3기 신도시는 사람과 공간을 포용적 관점에서 바라보고 실제 계획단계에 반영한다는 점에서 큰 의미가 있다.

2) 자족

베드타운 신도시의 장거리 출퇴근 문제로 인한 사회적 비용을 줄이고, 도시의 활력을 확보하기 위해 3기 신도시는 기존 신도시보다 높은 수준의 자족용지를 계획하였다.

표 7-2 신도시 규모 유형에 따른 자족시설용지 비율(안)

유형	대상	자족시설용지 비율(가용면적 대비)
대형	남양주 왕숙 1,134만m² 고양 창릉 813만m² 하남 교산 649만m²	10%(20%) 이상
중형	인천 계양 335만m² 부천 대장 343만m²	10%(15%) 이상

출처: 윤정중 외(2020), 「3기 신도시 개발전략과 계획기준 수립 연구」, 토지주택연구원, p.231

3) 환경

도시의 무분별한 확산을 방지하고 TOD 개념의 압축적 공간구조와 도시개발 시 공원, 녹지, 수공간, 바람길 등을 고려하여 친환경적인 개발을 도모한다는 것은 단순히 도시의 부가가치를 높여서 명품도시를 만들자는 슬로건이 아니라 도시 안에 살아가는 사람들을 위한 양질의 환경을 만들자는 것으로 시민의 정주여건과 공간의 쾌적성 확보가 중요한 핵심가치이다.

그림 7-2 친환경 도시계획 관련 계획기법 동향

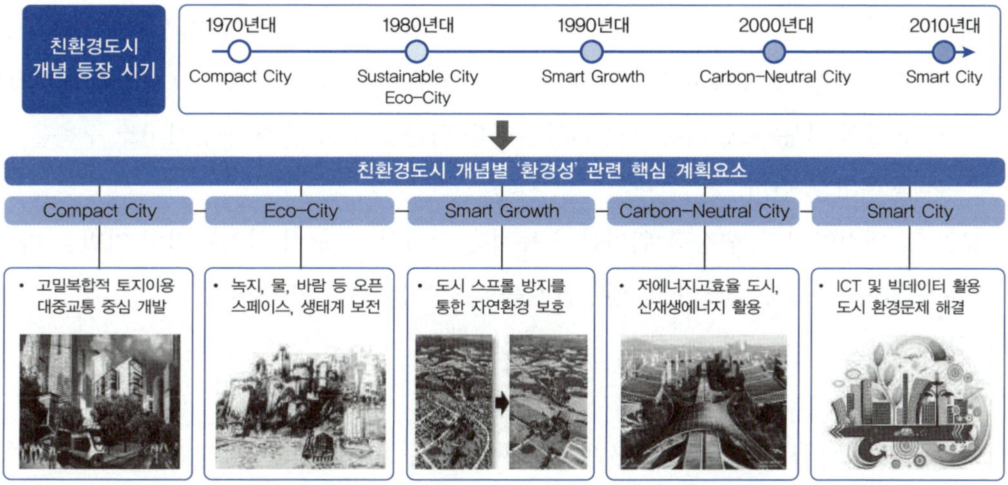

출처: 윤정중 외(2020), 「3기 신도시 개발전략과 계획기준 수립 연구」, 토지주택연구원, p.237

4) 안전

안전도시에 대한 국내외의 다양한 내용을 바탕으로 연구자료[7]에서 제시한 계획기준(안전: 누구나 안전하고 건강한 정주여건 조성)은 시설 안전, 재해 안전, 개인 안전, 보안 및 행정 안전으로 구분된다.

'시설 안전'은 도시의 토지이용계획 수립 시 지진, 산사태 등 대규모 자연재해에 대하여 도시계획 영역의 토지, 시설이 효과적으로 대응할 수 있도록 하는 것과 신도시 운영에 핵심적 기반시설은 재난 및 재해에 취약한 지역으로부터 이격하여 배치하는 것이 필요하며, 교통계획 수립 시 교통사고를 감소시킬 수 있는 방안을 도출하고, 대형 도시 재난 예방 및 사고 이후 대책마련을 위한 종합적 관리체계를 강화하는 것이다.

'재해 안전'은 폭우, 폭염, 지진, 황사, 기후변화 등 자연재해로부터 도시의 환경적 안

7 LHI, 제3기 신도시 추진현황 및 개발여건 분석, p.244

정성을 확보하는 것을 의미한다. 재해위험지역을 사전에 분류하고, 각각의 특성에 적합한 용도와 건축물을 배치하여 충분한 공원녹지와 저류시설 등을 확보하여 폭우, 폭염, 태풍 등 자연재해에 대한 대응능력을 강화하기 위해 인공적 시설보다는 저영향개발기법(LID) 등을 도입한다. 스마트도시와 연계한 종합적 도시방재시스템을 구축하여 다양한 계층의 시민들이 재해에 효율적으로 대응할 수 있도록 유도하고 있다.

'개인 안전'은 개인의 안전을 위한 범죄환경예방설계(CPTED) 및 보행자 전용도로, 교통정온화 기법 등을 통해 교육 및 거주환경을 개선하고, 노령자 및 교통약자의 응급 의료 서비스가 원활히 작동하고, 지속적인 건강관리를 위한 스마트 헬스케어 서비스 구축을 강화하는 것을 목표로 한다.

'보안 및 행정안전'은 행정적 위기관리 능력을 강화하고, 도시 안전관리의 기반을 마련하는 것을 말하며, 도시의 보안 및 행정안전을 확보하는 것을 의미한다.

5) 스마트

3기 신도시 스마트 도시계획은 3기 신도시를 보다 효율적이고, 경쟁력 있는 지속가능한 도시로 조성하여 주민의 삶의 질을 향상시키는 것을 목표로 한다. 대중교통의 스마트 통제 관리 수준을 넘어 행정, 교통, 보건·의료·복지, 환경·에너지·수자원복지, 방범·방재, 시설물관리, 교육, 문화·관광·스포츠, 산업·고용 전 분야에 걸친 효율적 관리와 접근성 강화를 목표로 하고 있다.

유비쿼터스 서비스는 도시의 다양한 분야에서 실시간 데이터와 첨단 기술을 활용하여 시민의 삶의 질을 향상시키고 효율적인 도시 관리를 가능하게 한다. 교통 분야에서는 실시간 교통량 분석과 차량 우회 경로 안내, 대중교통 정보 제공 등 스마트 교통 서비스가 제공되며, 시설 관리 측면에서는 시설물 감시 및 제어 시스템과 에너지 효율을 최적화하는 솔루션이 활용된다. 이러한 서비스는 도시 상황 통합센터에서 통합적으로 관리되어 실시간 모니터링과 신속한 대응을 지원할 수 있다.

방범 및 환경 관리 서비스는 도시의 안전과 환경을 개선하는 데 기여하며, CCTV와 AI 분석을 통해 범죄를 예방하고, 가로등과 폐쇄회로 관리 시스템은 에너지 절약과 효율적인 조명을 제공한다. 환경 측면에서는 기상 데이터를 기반으로 한 재난 경보 시스템과 공기질 분석 서비스가 운영되어 시민들에게 안전하고 쾌적한 환경을 제공한다. 이러한 유비쿼

터스 서비스는 도시의 지속가능한 발전과 스마트 도시 구현에 필수적인 요소로 자리 잡고 있다.

6) 협력

갈등을 효율적으로 관리하기 위해서는 거버넌스를 구축하는 방안이 필요하다. 면대면 대화를 통해 신뢰를 구축하고, 상호 이해를 도모하는 것이 갈등을 해소하고 협력을 증진하는 것이다.

2.3 토지이용의 복합화

1·2기 신도시는 복합용지 개발 시 주로 주거와 상업기능이 수직적으로 적층되는 형태로 개발되었으나, 3기 신도시는 복합용도 활성화를 위해 주거산업복합, 지원기능복합 등의 획지 단위로 융복합이 추진된다.

2.4 녹지구상 및 저영향개발 도입

3기 신도시는 저영향개발(LID)을 도입하고 공원녹지의 비중을 높일 것이다. 조성계획에 옥상녹화, 침투도랑, 나무여과상자, 식물재배화분, 빗물정원 및 식생수로 등을 계획하며, 신도시의 열섬 완화 및 신도시 내 통풍을 위한 설계방안으로 주방향을 고려하여 선형의 오픈스페이스 등이 계획된다.

그림 7-3 3기신도시 녹지구상 및 LID 도입

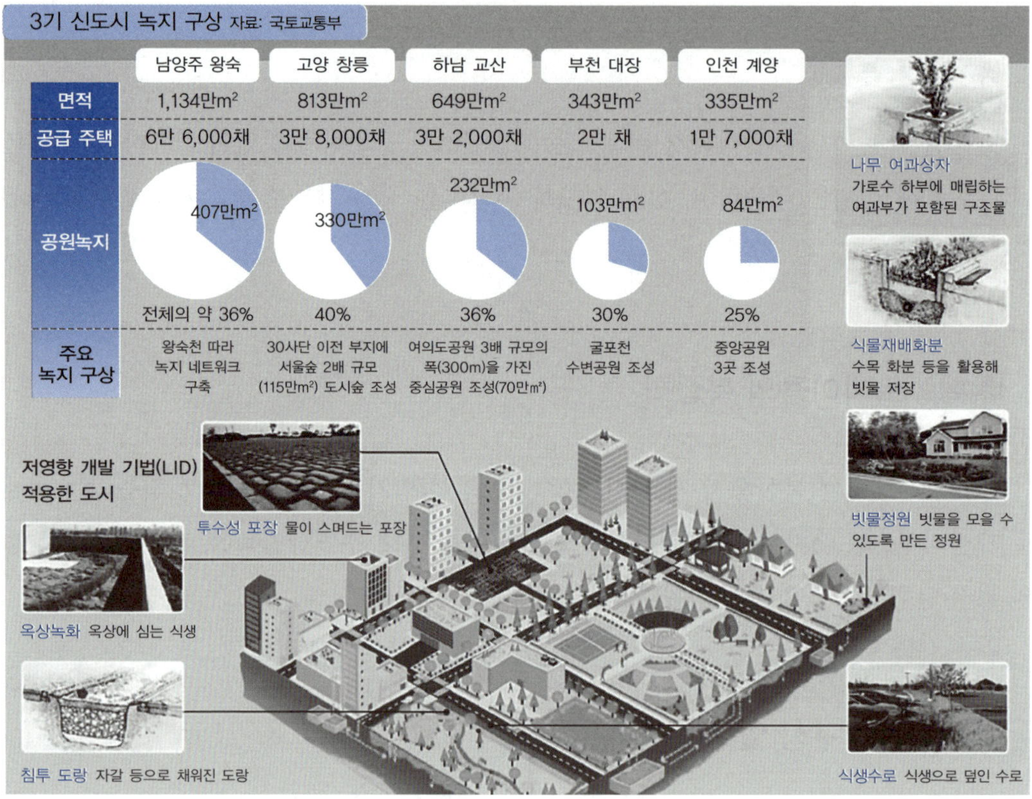

출처: 국토교통부 보도자료(2019.6.17), 동아비즈N

제 3 절 3기 신도시 특화계획

3.1 남양주 왕숙신도시

남양주 왕숙신도시는 경제, 생태, 초연결, 행복이라는 네 가지 개발 방향을 바탕으로 상호보완적이고 성장하는 공생도시(共生都市)를 목표로 계획되었다. 이 도시는 수도권 동북부 핵심 거점으로 자리 잡기 위해 경제도시로서의 역할을 강화하고, 친환경 에너지 자

립도시를 향한 제로에너지 특화 지구와 지역 유례를 테마로 한 8개의 특화공원을 계획하고 있다. 왕숙신도시는 생활권 기반의 도시 구조를 통해 도보로 500m 이내에 공원과 학교, 공공시설 등이 포함된 9개의 근린생활권으로 구분하고, 모든 생활권을 공원·녹지로 연결할 계획이다. 교통 측면에서는 GTX−B, S−BRT 등 대중교통 중심의 광역 교통망을 구축하여 서울 및 수도권 접근성을 극대화하고 도심 내에서는 퍼스널모빌리티와 연계하여 지구 내 첨단산업단지, 벤처타운 등 직장과의 출퇴근 시간을 최소화할 계획이다.[8]

왕숙신도시는 남북으로 길게 늘어선 형태이지만 아래쪽의 GTX−B 역사와 위쪽의 풍양역(8호선 연장구간) 사이에 S−BRT를 통해 긴밀히 연결되고 강남 접근성도 크게 향상될 것이다.

그림 7-4 왕숙지구 토지이용계획 및 조감도

출처: 남양주시청 홈페이지, LH웹진

3.2 남양주 왕숙2 신도시

남양주 왕숙2 신도시는 '시민중심 문화활력도시'를 개발목표로 설정하고, 참여형 문화도시, 디자인 특화도시, 스마트 교통도시, 친환경에너지 도시, 아이 키우기 좋은 도시, 함

8 국토교통부, 부동산대책 정보사이트 정보풀이집, 3기 신도시 개발방향

께하는 공감도시 등의 개발 콘셉트를 실현하기 위한 기본구상을 마련하였다.[9]

왕숙2 신도시는 수도권 동북부 문화예술을 선도하는 문화벨트를 구축하기 위해 대규모 공연장을 포함한 공공문화시설, 청년문화예술마을을 계획하고 있다. 광장 중심의 열린 도심, 역세권 특화구역은 신도시 내에서 공공공간(Public Space)의 역할을 톡톡히 할 것이다. 신설역 중심의 Green & Smart 교통을 계획하고, 역사 주변의 주요 거점을 연결하는 입체보행시스템을 구축할 예정이다. 다채로운 경관과 활력 있는 공공공간이 어우러진 경춘로변 복합시설은 주요 가로변의 건축물 입면을 특화하고, 스카이 커뮤니티와 다층적 오픈스페이스뿐만 아니라 비주거시설 상부에 어반 테라스를 조성하여 공공공간의 품격을 한층 끌어올릴 것이다. 또한, 전 세대 스마트 평생교육도시로의 발판 마련을 위한 스마트 에듀파크에는 평생학습센터인 지역 EDU 허브, 생태학습공간, 공유운동장 및 숲체험 스마트 놀이공간 등을 계획하고 있다.[10]

그림 7-5 왕숙2 토지이용계획 및 조감도

출처: 남양주시청 홈페이지

9 도시정보 2022년 5월호, 3기 신도시 특화계획, pp.17-18

10 LH웹진(http://webzine.lh.or.kr) 및 도시정보 2022년 5월호, 3기 신도시 특화계획

3.3 하남신도시

하남신도시는 '공존·상생의 CO−LIVING PLATFORM'을 비전으로 삼고, 친환경, 교통친화, 육아친화, 일자리·자족, 다양한 거주환경의 다섯 가지 개발 방향을 제시하였다. 하남신도시는 크게 자족 중심 생활권과 주거 중심 생활권으로 구분하고 보행 중심의 12개 소생활권으로 세분화하고, 자족 중심 생활권은 도로망을 따라 4곳으로 구분하고, 주거 중심 생활권은 학교 및 대중교통역 등 교통 결절점을 중심으로 8곳으로 세분화될 것이다. 지하철 신설역을 중심으로 3곳을 상업·문화·생활SOC가 집적된 역세권 복합용지로 계획하고, 덕풍천 수변공원 조성과 역사문화자원 보전계획 등을 통해 자연·역사와 공존하는 도시로 계획한다. 또한, 중부 고속도로로 단절된 자족 중심 생활권 북쪽과 남쪽을 연결하기 위해 해당 지역을 특화구역으로 설정하고 단절된 생활권을 연결하는 인공 도시고원(Urban Plateau)을 설치하여 상업·업무·주거·문화가 어우러지는 미래형 복합용지(Urban Hybrid)를 계획하였다.[11]

하남신도시는 서울−양평고속도로, 도시철도 신설, 동남로 BRT 신설 등 서울 강남으로의 접근성이 획기적으로 개선되어 강남, 판교 등의 IT 산업 기업 이전 및 확장 수요 흡수가 용이하고, 지역 내 역사문화자원을 활용하여 원도심과 상생발전하는 자족혁신 거점 도시로 조성될 예정이다.[12]

그림 7–6 하남신도시 조감도(좌), 인공 도시고원(우)

출처: 하남도시공사(좌), 국토교통부 보도자료(우)

11 국토교통부, 부동산대책 정보사이트 정보풀이집, 3기 신도시 개발방향

12 도시정보 2022년 5월호, 3기 신도시 특화계획, p.18

3.4 인천 계양신도시

계양신도시 마스터플랜 당선작은 '마음을 연결하는 초(超)시대의 신도시'라는 비전 아래 '포용', '연결', '융합·공유'를 통한 Hyper Terra City 구현을 도시개발 방향으로 제시하였다. 특화구역으로 남북의 교통축과 동서의 계양산과 굴포천을 잇는 녹지축의 교차점을 특화구역으로 설정하고 복합환승센터, 기업·상업용지, 스타트업 캠퍼스 등이 어우러지는 첨단산업 클러스터로 조성할 계획이다. 교통계획은 김포공항역(9·5호선), 부천종합운동장역(GTX－B, 7호선, 대곡소사선)으로 이어지게 계획되어 있다.[13] 아울러 대장·홍대선의 철도 노선을 계양신도시로 연장하는 방안이 논의 중에 있다.

계양신도시 주변에 서울 마곡지구와 부천대장지구가 위치해 있고, 주요 고속도로 등이 연결되어 서울에 집중된 주거와 일자리 기능을 분산 수용하는 데 최적의 지역이다. 지구 주변으로 아라천, 굴포천, 서부간선수로가 있고, 계양산과 동양근린공원이 연결되어 있는 등 기존 자연자원을 활용한 녹지네트워크를 통해 촘촘한 공간복지를 실현하고, 보행자가 중심이 되는 도시공간으로 전환되는 계기가 될 전망이다. 주변으로 수도권제1순환고속도로, 인천국제공항고속도로, 경인고속도로, 국도 39호선 등 서울방향 접근체계를 더욱 강화하기 위한 광역교통계획이 진행 중이다.[14]

그림 7-7 인천 계양신도시 조감도

출처: 국토교통부 보도자료, 2020.3.30.

13 국토교통부, 부동산대책 정보사이트 정보풀이집, 3기 신도시 개발방향

14 도시정보 2022년 5월호, 3기 신도시 특화계획, p.24

3.5 고양 창릉신도시

고양 창릉신도시는 '수도권 서북부 경제·문화수도'를 개발 목표로 설정하고, 청록도시, 경제도시, 포용도시의 세 가지 특화 전략을 바탕으로 추진되고 있다. 창릉천을 중심으로 조성되는 중앙공원은 자연과 조화를 이루는 청록도시의 대표적인 공간으로, 주민들에게 녹색 생활환경을 제공한다. GTX 창릉역 복합환승센터는 경제도시의 중심 허브로서 교통과 상업, 업무를 통합하는 복합공간으로 설계되었다.[15]

대중교통 확충의 핵심사업으로 GTX－A 창릉역 신설과 고양~서울 은평 간 도시철도(고양선) 건설을 추진 중이다. 주요 도로 개선 및 신도시 내에서도 대중교통체계(BRT), 녹색보행체계를 연계하여 새로운 도시 네트워크를 형성할 계획이다.[16] 광역교통 개선에 따른 효과는 고양창릉신도시에서 역사 간 이동시간을 기준으로 여의도 25분, 용산 25분, 강남 30분으로 단축된다.[17] 이러한 광역교통의 개선은 지리적 경계를 넘어 신도시와 서울

그림 7–8 고양 창릉신도시 토지이용계획도(좌), 광역교통계획도(우)

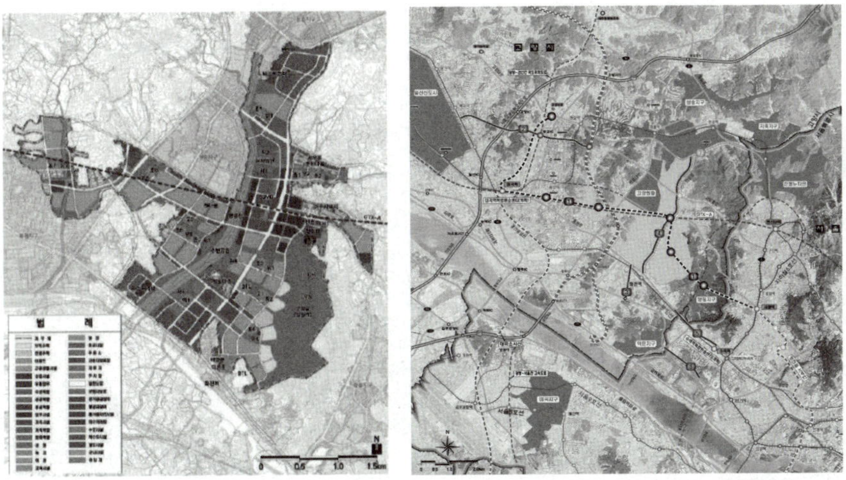

출처: 도시정보 2022년 5월호, 국토교통부

15 도시정보 2022년 5월호, 3기 신도시 특화계획

16 도시정보 2022년 5월호, 3기 신도시 특화계획, p.31

17 국토교통부, 부동산대책 정보사이트 정보풀이집, 3기 신도시 개발방향

도심 간 업무, 생활, 문화, 상업의 연계를 강화하는 계기가 된다. 다만, 지구 내 탄약고 등 군부대 시설 이전 일정에 따라 개발계획 일정이 다소 유동적이다.

3.6 부천 대장신도시

대장신도시는 '수도권 서남부의 산업교통허브도시'로 성장이 기대되는 지역으로 신산업 복합도시, 스마트교통도시, 수변테마도시, 입체디자인 도시의 4대 채움전략을 통해 도시경쟁력을 강화하고 있다. 3기 신도시의 특화요소인 아이키우기 좋은 도시, 제로에너지 시범도시, 생활 속 스마트시티를 통해 시민 중심 도시 기반을 구축할 예정이다. 이를 위해 대장신도시에 생활 중심의 복합환승센터를 구축하고, 5분 내 보행과 대중교통 접근이 가능한 교통 운영 시스템을 도입하여 이동성과 편리성을 극대화할 계획이다. 또한, 자연과 이야기가 어우러지는 수변테마도시 조성을 통해 주민들에게 쾌적한 녹지 공간을 제공할 계획이다.[18]

그림 7-9 부천 대장신도시 토지이용계획도

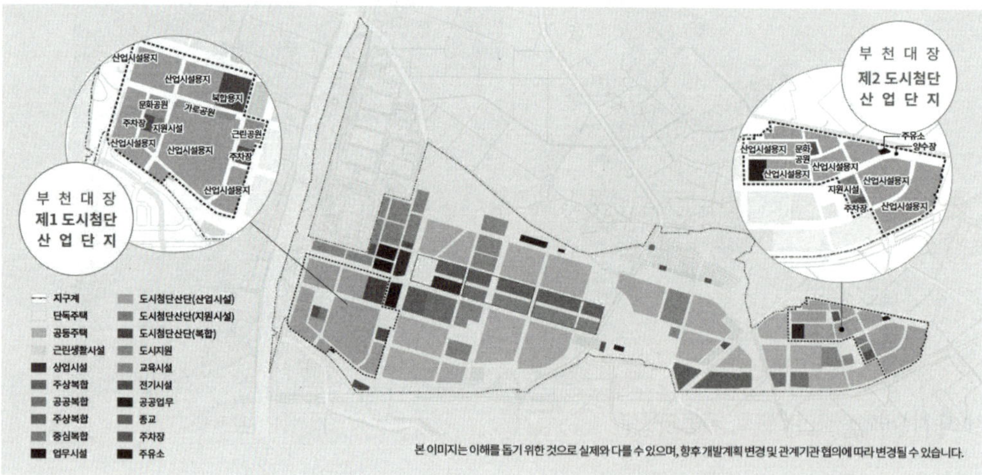

출처: 도시정보 2022년 5월호

18 도시정보 2022년 5월호, 3기 신도시 특화계획, p.35

대장신도시는 대기업 연구소를 유치하는 등 자족기능 강화에 노력하는 신도시이다. 대장-홍대선 지하철 구간은 5호선(화곡역), 9호선(가양역), 2호선(홍대입구역)에서 환승하여 서울 각 지역으로 연결되며, 무엇보다도 김포공항을 거점으로 하여 마곡지구, 상암지구와 산업적 연계가 강화될 예정이다.

제 8 장

국가균형개발

본 장에서는 공공기관 지방이전을 통한 국가균형발전 정책의 일환으로 추진되고 있는 행정중심복합도시와 혁신도시의 추진배경과 사업추진 과정에 대해 살펴보고자 한다. 또한, 행정구역 개편으로 인해 기존에 있던 광역시에서 새롭게 청사를 이전하는 도청이전 신도시 중 내포신도시의 사업추진 과정에 대해 고찰한다.[1]

표 8-1 국가균형개발사업 개요

구분		위치	면적(천m^2)	계획인구(천 명)
행정중심복합도시		연기군 3개면 28개리 공주시 2개면 5개리	73,000	500
혁신도시	부산	동삼, 문현, 센텀, 대연	935	7
	대구	동구 신서동 일원	4,216	22
	광주전남	나주 금천면·산포면 일원	7,361	49
	울산	중구 우정동 일원	2,991	20
	강원	원주 반곡동 일원	3,597	31
	충북	진천군·음성군 일원	6,899	39
	전북	전주 완주군 일원	9,852	29
	경북	김천 남면 · 농소면 일원	3,812	27

1 성장환 외(2017), 「한국 도시개발의 경험과 성과」, 토지주택연구원, p.137

	경남	진주 호탄동, 문산읍·금산면 일원	4,093	38
	제주	서귀포 서호동 일원	1,135	5
도청이전 신도시	충남도청 (내포신도시)	홍성군 홍북면, 예산군 삽교읍 일원	9,951	100
	전남도청 (남악신도시)	목포시 부주동, 무안군 삼향읍 일원	14,539	150
	경북도청	안동시 풍천면, 예천군 호명읍 일원	10,970	100

출처: 성장환 외(2017), 「한국 도시개발의 경험과 성과」, 토지주택연구원, p.137

제 1 절 행정중심복합도시

행정중심복합도시(세종시)의 개발은 국가 균형 발전과 행정 효율성을 목적으로 한 주요 정책으로 다양한 시대적·정치적·경제적 요인에 기반을 두고 있다. 수도권 집중 문제를 해결하고 분산을 통해 국가 발전의 균형을 맞추려는 큰 전략의 일부로 기획되었다.

1.1 행정중심복합도시 개발 방안

행정중심복합도시의 추진과정은 2002년부터 2017년까지 다양한 정치적, 사회적 전개과정을 거쳤다. 2002년 11월, 신행정수도건설추진위원회가 발족되어 세종시 건설 논의가 시작되었고, 2004년 1월에는 「신행정수도의 건설을 위한 특별조치법」이 공포되면서 도시 건설이 구체화되었다. 이 기간 동안 신행정수도 건설을 국가균형발전의 핵심 과제로 선정해, 수도권 집중을 완화하고자 했다.

2004년 10월에는 헌법재판소가 신행정수도 이전 계획에 대한 위헌 결정을 내리며 사업 추진에 위기를 맞았다. 그러나 행정중심복합도시로 전환하여 행정 기능을 분산하는 대안이 마련되었고, 2005년부터 본격적으로 행정중심복합도시의 법적 기반이 확립되기 시작했다. 이 시기에 국내 여론이 반대와 찬성 의견이 팽팽하게 맞서며, 도시에 대한 논의가 사회적으로 크게 부각되었다. 2007년부터는 행정중심복합도시 건설이 본격화되면서 세종시의 청사진이 더욱 구체화되었다. 정부는 세종시를 다기능 자족도시로 만들기 위해 교육, 연구, 행정 중심의 계획을 추진하였으며, 주요 국가기관 이전 및 인프라 구축에 박차를 가했다. 이 과정에서 도시는 중앙 행정 기능을 분산하는 핵심 거점으로서의 역할을 수행하도록 구상하였다.

2012년 12월, 세종시 1단계 이전완료 및 개청식을 가지면서 본격적인 세종시의 면모가 갖추기 시작했으며, 세종시로 각종 정부기관이 이전되어 행정중심복합도시로서의 기능을 수행하기 시작했다.

그림 8-1 2002년 추진위 현판식 모습(좌), 신행정수도건설사수 궐기대회(우)

출처: 세종특별자치시 홈페이지

행정중심복합도시는 단계별 개발을 통해 초기개발부터 주거지 확충 및 도시기반시설 완비를 목표로 하였다. 1단계에서는 공공청사 중심의 초기 집중개발을 유도하고, 2단계에서는 자족기능 형성을 위해 상업, 공업(첨단기반시설 등) 기능을 확대 개발하였다. 3단계에서는 주거지 확충으로 도시기반시설을 완비하는 계획이다. 생활권 계획은 국가기능(대통령 제2집무실, 국회세종의사당)을 염두에 두고 현재 비워져 있는 S-1생활권과 중앙행정, 문화국제교류, 도시행정, 대학·연구, 의료·복지, 첨단지식기반으로 6대 생활권으로 계획 중이다.

그림 8-2 행정중심복합도시 전체생활권

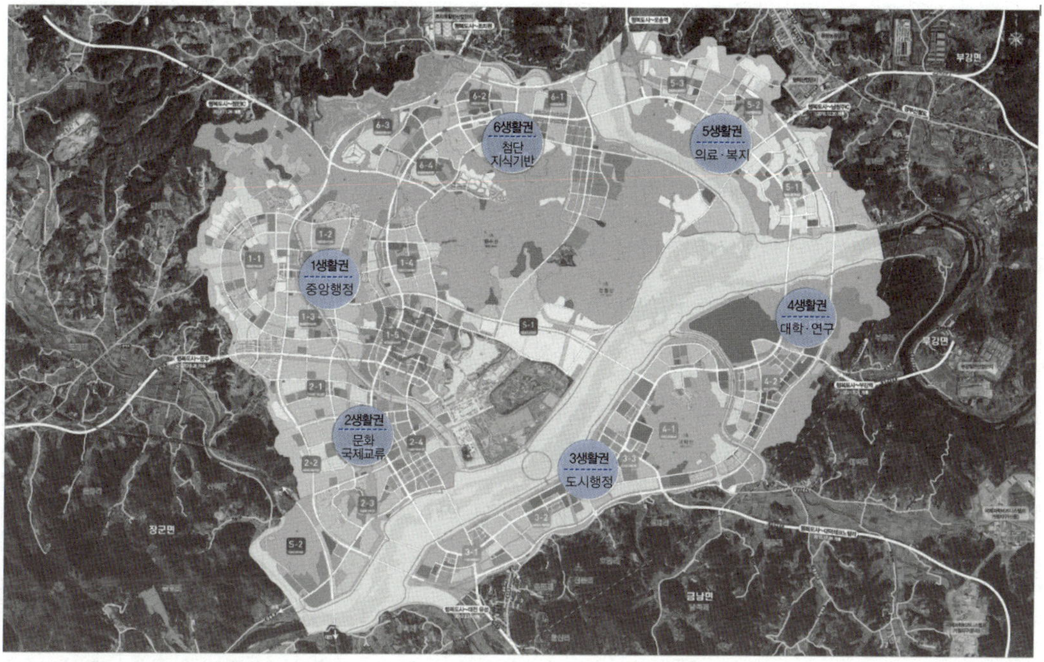

출처: 행정중심복합도시건설청 홈페이지

제2절 혁신도시

2.1 혁신도시의 시대적 배경

1) 도시와 혁신

도시는 인류문명의 응집체이며 발전의 용광로이자, 도시를 중심으로 이루어진 경제와 문화의 혁신은 현대사회 변화의 원동력이다. 기계화된 대량 생산체제를 일컫는 포디즘 후반기인 20세기 중후반까지는 산업활동과 입지가 전 세계 국가와 지역으로 확산되었고, 산업활동이 세계 주요 산업국으로 집중되는 현상을 보이며, 지식기반 제조업·서비스업을 중심으로 군집이 강화되고, 정부의 지원과 촉진정책이 함께하면서 산업클러스터가 형성되었다. 21세기로 들어서면서 산업클러스터는 산업정책이나 과학기술정책만이 아니라 지역발전정책으로 자리 잡으면서 전 세계적으로 확산하였다. 산업클러스터의 구축은 기존 산업집적지의 재생이나 구조고도화를 통해 진행되거나 새로운 지역에 사이언스 파크 형태로 구축되었다. 여기에 벤처지원센터, 창업지원센터, 비즈니스서비스 지원센터 등 다양한 공공의 지원시스템이 함께 입지하면서, 산업고도화뿐만 아니라 지역발전의 새로운 동력으로 작동하기를 원했지만, 파급효과는 제한적이었다. 점차 산업클러스터 정책의 실효성에 의문이 제기되었다. 유럽연합은 스마트전문화정책(smart specialization)으로 전환하였고, 영국의 경우 1998년 산업클러스터 정책의 핵심이 되는 기관인 지역개발청(RDA)을 설치했다가 2012년 폐지하고, 지역에 상당한 자율권을 부여하는 지역기업파트너십(Local Enterprise Partnerships) 정책으로 전환했다. 프랑스의 경쟁거점 정책도 최근에는 혁신의 효율성 감소와 대기업 참여의 부진, 혁신의 시장성 약화 등으로 인해 통폐합이 이루어지고 있으며, 효과에 대한 부정적 의견이 많아지고 있다. 일본도 경제산업성이 주관한 산업클러스터 정책은 2020년 산업클러스터의 자율적 발전기(2011~2020)를 끝으로 폐기되었다.[2]

이러한 시행착오를 거치면서 기존 도시 생태계와 동떨어진 산업클러스터는 도시 경제 혁신에 크게 도움이 되지 않음을 목도하게 되었다. 성공적인 산업생태계 조성을 위한 인재유치를 위해서는 우수한 입지와 다양한 주거 인프라가 조성되어야 하고, 다양한 외부활동이 가능하고, 우수한 도시디자인 등을 갖추고, 산업생태계가 지역사회와 빈번한 상호작용, 지역사회 활력을 제공하는 공공공간의 역할도 중요하다. 이렇듯 최근에는 한정된 산업클러스터가 아닌 도심 내에서 지역과 융화된 혁신 생태계를 통해 지역의 발전을 견인하고자 하고 있다.

혁신(革新)은 기술의 진보와 개혁이 경제에 도입되어 생기는 경제구조의 변화로 신상품의 생산, 신생산방법의 도입, 신시장의 개척, 신자원의 획득 및 이용, 그리고 신조직 달성 등에 의하여 생산요소를 결합하는 것이다. 혁신도시는 이전공공기관을 수용하여 기업·대학·연구소·공공기관 등의 기관이 서로 긴밀하게 협력할 수 있는 여건과 수준 높은 주거·교육·문화 등의 정주 환경을 갖추도록 하는 미래형 도시를 말한다. 참여정부는 국

2 남기범(2023), 「산업클러스터에서 혁신지구로: 도시의 산업혁명과 거버넌스」, 한국경제지리학회지 제26권 제3호, pp.169－189

가의 균형발전을 실현하기 위한 국토전략으로 '21세기 혁신주도형 균형발전전략'을 제시하고, 공공기관의 이전을 통해 '특성화된 지역발전'을 추구함과 동시에 '이전기관과 연계한 산·학·연 클러스터 형성'이라는 두 개의 전략을 추진하였으며 제도적 기반구축을 위해 2007년 1월에 특별법을 제정하였다.[3]

이처럼 혁신은 특정 지역의 클러스터를 통해 이루어지는 것이 아니라 지역사회에 깊숙이 자리 잡고 지역산업생태계의 구성원이자 혁신동력으로 자리잡아 지역의 전후방 연관산업과 연계하여 지역경제 전반, 산업인프라, 문화, 제도 등과 연계·확산하는 메카니즘을 통해 상호작용하는 동태적 발전 모형이다.[4]

그림 8-3 지역산업생태계의 기본구조

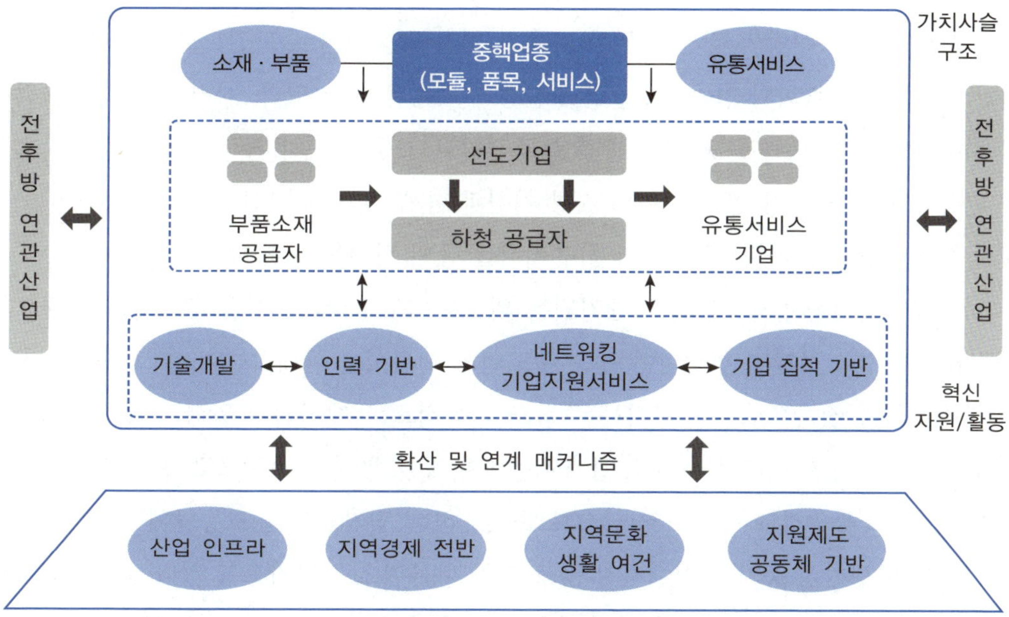

출처: 김영수 외(2012), 「산업융합시대의 지역산업생태계 육성방안」

3 최봉문(2018), 「'혁신도시 시즌 2' 어떻게 추진되어야 하나?」, 도시정보 2018년 4월호(No.433)

4 김영수 외(2012), 「산업융합시대의 지역산업생태계 육성방안」, 산업연구원

2) 시대적 배경

혁신도시 개발 계획은 한국에서 국가 균형발전을 추진하기 위한 중요한 정책의 하나로, 2000년대 초반에 도입되었다. 이 계획은 수도권의 과밀화 문제를 해결하고, 지방의 경제적 발전을 촉진하기 위해 고안되었다. 혁신도시는 지방에 공공기관과 연구소, 교육 시설 등을 이전하여 지역경제를 활성화하고, 고급 일자리를 창출하며, 인구 분산을 도모하는 것을 목표로 하였다.

1990년대 후반과 2000년대 초반, 한국은 눈에 띄는 경제 성장을 이루었지만, 이 과정에서 수도권, 특히 서울과 그 주변 지역에 인구와 산업이 집중되는 현상이 심화되었다. 이로 인해 교통혼잡, 환경오염, 주거문제 등 여러 도시 문제가 발생하고, 지방은 상대적으로 개발에서 소외되는 현상이 나타났다.

지방 도시들의 인구 감소와 경제 침체는 '지방 소멸'이라는 심각한 사회적 문제로 나타나기 시작했으며, 지방의 젊은 인구가 교육과 일자리를 찾아 수도권으로 이동함에 따라, 지방 도시들은 고령화와 인구 감소, 경제 활동의 위축을 겪고 있다. 이러한 문제를 해결하기 위해 정부는 국토의 균형 있는 발전을 촉진하고 지방 도시의 경쟁력을 강화할 필요성을 인식하고, 이를 위해 공공 기관의 지방 이전과 함께, 지방에 혁신도시를 조성하여 공공 및 민간 투자를 유도하고, 고급 인재를 유치하는 등의 정책을 수립하였다.

국가균형발전을 논할 때 자주 제기되는 의문은 "과연 국가균형발전이 반드시 필요한가?"라는 점이다. 국제적 경쟁력이 높은 수도권의 생산성을 극대화하여, 수도권에서 창출된 부가가치를 전국으로 확산하자는 주장도 지속적으로 제기되어 왔다. 서울, 수도권에 개발사업을 통해 3기신도시, GTX, 광역교통계획 등을 통해 지속적으로 수도권 인프라를 늘려왔음에도 불구하고 아직도 강남으로 출퇴근하는 직장인들은 교통난에 시달리고, 개발 고밀화가 생산성 증가로 이어지지 않고 생활의 불편으로 다가오고 있다. 눈을 돌려 보면 생산인구, 적정 기반인프라를 이미 갖춘 국내의 다양한 지역들이 다수 있다. 예전과 달리 교통 기술의 발전은 자율자동차(AV) 등의 등장으로 경제지리의 범위를 더욱 팽창시킬 것이고, 국토의 집약적 이용을 가능케 할 것이다. 이러한 지역들을 국가 혁신의 거점으로 육성하자는 방안이 국가균형발전의 기본인 것이다. 이러한 국가균형발전은 지역 간 평등, 계층 간 평등을 넘어 국가의 발전에 초석이 되기 때문이다.

다만, 국가균형발전을 위한 시대적 배경에 따라 혁신도시가 추진된 지 20여 년이 경과한 현 시점에서 혁신도시에 대한 다양한 평가가 공존하고 있다. 인구효과 측면에서 혁신도시가 지방의 인구 규모 증가에 기여했다는 평가가 있는 한편, 주변 지역의 인구만을 흡수하여 전국적 인구 분산에는 효과적이지 못했다는 부정적 평가도 있다.[5]

또한 2003년부터 2019년까지 지속적인 사업 추진을 통해 혁신도시로의 공공기관 이전 완료라는 목표를 달성했음에도 불구하고, 수도권의 인구증가율은 비수도권의 인구증가율을 지속적으로 상회하였으며, 혁신도시 건설사업 종료와 같은 시기(2019년 9월)에 수도권의 인구가 비수도권 인구를 초월하는 상황에 이르렀다.[6]

혁신도시의 인구효과, 지역경제 선순환 유도 등을 위한 방법으로 현재 각 혁신도시에 부지조성은 되어 있으나, 이전기업 유치 등이 미진한 산·학·연 클러스터를 활성화할 필요가 있으며, 이를 위해서는 종사자들의 정주여건 개선뿐만 아니라 자녀 교육을 위한 교육환경 조성 등을 갖출 필요가 있다.

3) 혁신도시 개발유형

혁신도시의 개발 유형은 기존도시 활용형(혁신지구)과 독립신도시형(혁신도시)으로 구분된다. 기존도시 활용형은 다시 재개발형과 신시가지형으로 나누어지며, 재개발형은 기성시가지 내에 혁신지구를 유치하여 구도심의 활성화를 유도하는 방안이고, 신시가지형은 기존 도시의 미개발지에 혁신지구를 유치하여 기존도시 내에 혁신지구와 기성시가지 간의 상호 이익 증진에 초점이 맞추어져 있다. 독립신도시형은 기존도시와 혁신도시 간의 연계를 통해 지역 전체가 활성화되고, 수도권의 인구 집중을 분산시키는 효과를 위해 계획되었다.

---

5 임소현·지수호(2024), 「혁신도시는 외부지역 인구 유입에 실패하였는가?: 혁신도시 정책의 도외 인구 순유입 효과에 대한 실증적 검증」, 지방정부연구 제27권 제4호

6 조규민·손동욱(2020), 「공공기관의 지방 혁신도시 이전 후 지역 활성화 효과에 관한 연구」, 국토연구 제107권, p.62

그림 8-4 혁신도시 개발유형

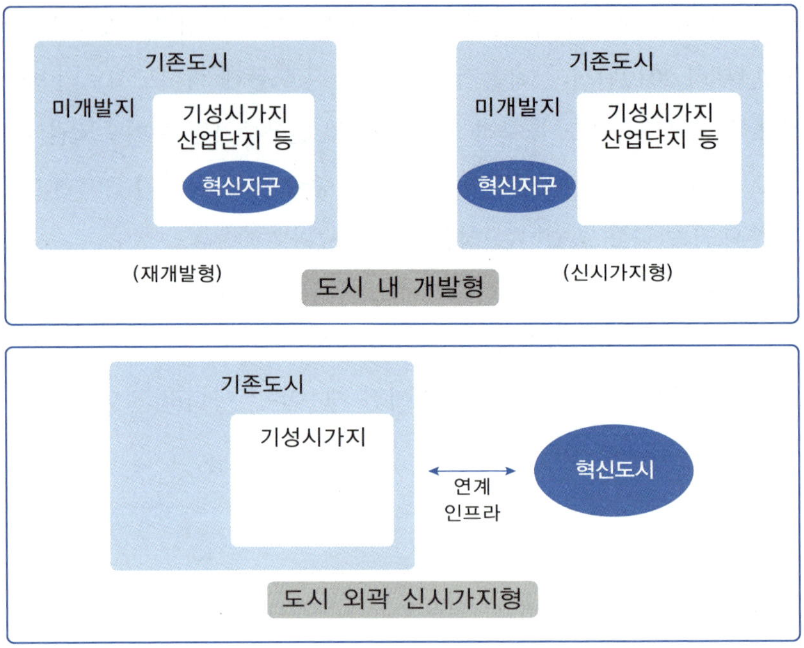

출처: 국토교통부(2019), 「혁신도시 종합발전계획 수립 연구」

2.2 혁신생태계 구축

혁신도시에 대한 선입견 중 하나는 일자리가 없고, 고령화된 지방 도시에 대해 수도권의 공공기관들을 호혜적으로 배분되는 것으로 오해하는 경우이다. 수도권에 산업과 공공기관이 밀집되었던 것은 사실이지만 국토의 공간을 효율적으로 사용하고, 세계 일류 산업 생태계를 선점하기 위해서는 국토 전반에 걸친 혁신 생태계 구축이 필수적이다. 다음 <그림 8-5>처럼 지역 간 연계를 통한 혁신생태계를 구축하는 것이 국가적 장기 발전의 기초가 될 것이다.

국토 면적(남한 기준)의 65.2%가 산지로 분류되는 우리 국토는 가용할 만한 공간 자체가 많지가 않다. 그럼에도 3면이 바다로 해외진출에는 강점이 있고, 전력 등 기반시설을 골고루 활용하여 혁신도시의 경쟁력을 키우고, 혁신도시 간의 혁신생태계를 갖추는 것이 국가 경쟁력 강화에 중요하다.

그림 8-5 혁신도시 간의 기능적 연계 예시도

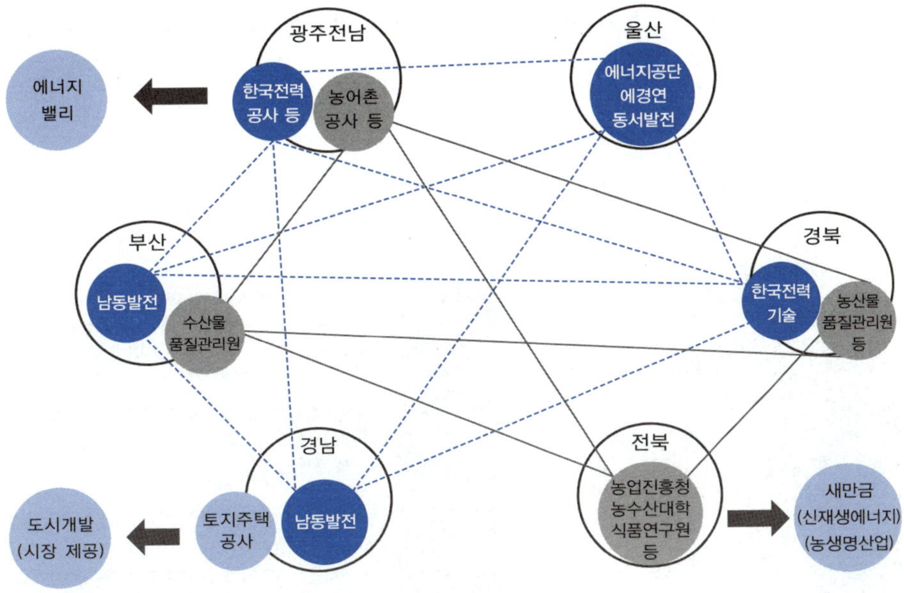

출처: 국토교통부(2019), 「혁신도시 종합발전계획 수립 연구」

혁신생태계 구축을 위해서는 물리적 자산, 경제적 자산, 네트워크 자산의 세 가지 요소가 필수적이다. 물리적 자산은 혁신주체 간의 연결성을 강화하고, 혁신 활동을 지원하는 공간과 인프라를 제공하는 것을 의미한다. 이를 통해 지식과 기술의 공유가 가능해지고, 미래지향적인 도시공간 조성에 중요한 역할을 한다. 또한, 공간적 기반이 튼튼해야 혁신 활동이 지속 가능하게 이루어질 수 있다.

경제적 자산은 혁신생태계에서 기업, 연구기관, 정부 등 주도적인 주체들이 경제적 지원과 자원을 제공하는 것을 의미한다. 이를 통해 스타트업 클러스터와 창업 생태계가 발전할 수 있으며, 다양한 경제 주체들이 협력하여 시너지를 낼 수 있다. 경제적 자산은 혁신의 속도와 질을 결정짓는 중요한 요소로 작용한다.

네트워크 자산은 개인, 기업, 조직 간의 정보와 자원 교류를 의미하며, 이는 혁신 생태계의 촉진제 역할을 한다. 이러한 네트워크는 공공기관, 민간 기업, 연구소 등의 협력을 통해 더욱 강화되며, 혁신의 동력을 지속적으로 공급하는 역할을 한다. 네트워크가 활성화될수록 혁신 주체들 간의 협업과 정보 교류가 원활해지며, 새로운 아이디어와 기술이 더욱 쉽게 발굴된다.

따라서 혁신생태계의 성공적인 구축을 위해서는 물리적, 경제적, 네트워크 자산이 유기적으로 결합되어야 한다. 각 자산이 서로 연계되고 지원할 때, 혁신 생태계는 지속 가능하며 생산적인 성과를 창출할 수 있다.

그림 8-6 혁신생태계 구축의 필요조건

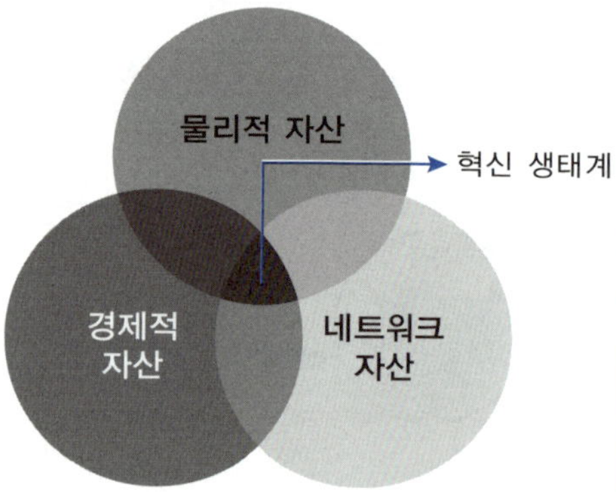

물리적 자산	혁신주체 간 연결성 제고, 협력, 혁신수준 제고가 가능한 공간(건물, 가로, 기타 인프라 등) → 미래형 도시공간 조성 및 입지여건 제고
경제적 자산	혁신환경을 주도하고 육성 · 지원하는 기업, 기관 등 → 산학연 클러스터 활성화를 위한 투자여건 개선 및 지원방안
네트워크 자산	개인, 기업, 조직 등 관련 주체 간 교류·협력을 촉진하는 네트워크 자산 → 산학연 네트워크 활성화 및 이전공공기관 역할 강화

출처: Martin N. Baily and Nicholas Montalbano(2018); 국토교통부(2019), 「혁신도시 종합 발전계획 수립 연구」에서 재인용

2.3 우리나라 혁신도시

1) 부산혁신도시

부산혁신도시는 기존 도시 내 4개의 혁신지구로 나누어져 있다. 이는 부산 도심 내 약 100만m^{2}에 가까운 면적을 확보할 위치가 마땅치 않은 점과 각 지구별 특성에 맞는 공공기관을 배치하기 위해서이다. 부산국제영화제가 열리는 센텀혁신도시에는 영화 관련 3개 위원회(영화진흥위원회, 영상물등급위원회, 게임물관리위원회)와 관련 산업기지(영화 후반 작업기지)와 영화의 전당 등이 있으며, 바다에 접한 동삼혁신도시에는 수산 관련 공공기관 4개가 위치하여 수산업 생태계 조성에 기여하고 있다. 금융산업 중심의 문현혁신도시에는 한국자산관리공사, 한국주택금융공사, 한국예탁결제원, 대한주택보증 등 국가 금융의

주요 공기업들이 위치해 있다. 아울러 공동주거지로 조성된 대연혁신도시는 나머지 3개의 혁신도시들이 연결되는 주요 교통망에 위치하여 직원들의 출퇴근에 애로사항이 없도록 배치되었다.

부산혁신도시처럼 분산배치된 형태는 자칫 혁신의 동력이 분산될 수 있지만 구도심의 인프라를 활용하여 인접 지역과 연계성을 강화할 수 있고, 인근 상권 활성화 등에 기여할 수 있다.

그림 8-7 부산혁신도시 지구별 위치

출처: http://www.gukjenews.com

2) 대구혁신도시

대구광역시 전체 행정구역 중 대구국제공항을 기준으로 북쪽의 북구, 동구, 군위군은 팔공산국립공원과 산지 등으로 구성되어 인구밀도가 현저히 낮은 편이다. 초기 대구혁신도시의 위치를 여러 곳을 검토하다가 현재의 경부고속도로 상부의 산자락에 자리잡은 형태는 초기에 여러 교통이 불편하다는 불만도 있었지만 대구광역시의 지리적 형태 즉, 북쪽은 산지, 남쪽 산단 지역쪽은 지역과의 연계성이 동떨어질 정도로 지역 간 이격이 큰 편이라서 현재의 위치가 그나마 좋은 선택이라는 의견이 많은 편이다. 최근에는 대구경북첨단의료복합단지와 대구연구개발특구(의료 R&D 지구)가 각광을 받고 있다. 대구국제공항이 아시아 단거리 지역(일본, 중국, 대만, 베트남, 태국, 필리핀, 몽골, 2024.12. 기준)의 취항을 통해 관련 산업 R&D 및 의료관광을 통해 지역의 관광산업 및 내수 진작에도 도움을 줄 수 있다.

다만, 대구혁신도시 내 우체국, 영화관 등 생활밀접시설이 아직 없는 점과 경부고속도로로 분절되어 고속도로 하부 터널로 연결되는 교통의 번잡함 등은 혁신도시 거주민의 생활 애로사항으로 남아 있다.

그림 8-8 대구혁신도시 조감도(첨단의료복합단지, 연구개발특구)

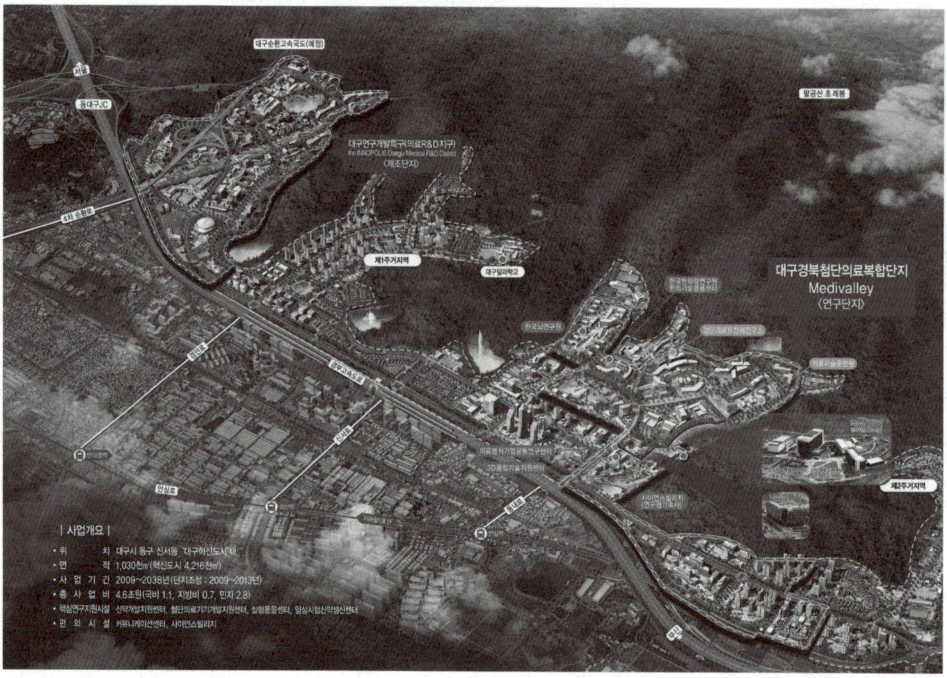

출처: 대구광역시 홈페이지

3) 광주전남혁신도시

광주전남혁신도시는 전라남도 나주시에 위치하고 있으나, 생활권이 광주광역시와 연결되어 있는 점을 고려하여 개발유형이 신도시형(도시외곽 신시가지형)에 해당된다고 볼 수 있다. 광주전남혁신도시는 빛가람호수공원이 위치하여 퇴근 후 산책하기 좋고, 2022년에 개교한 한국에너지공과대학교는 광주전남지역의 혁신을 이끌 곳이기도 하다. 실제로 한국에너지공과대학교(KENTECH)는 보령시와 함께 세계 최초 액화수소 연구소 및 인프라를 보령시 관창산업단지 내에 구축할 계획으로, 2025년부터 기본계획을 세우고 2027년까지 액화수소 인프라를 완공할 예정이다. 광주전남혁신도시에 이전한 대표적인 에너지 공기업인 한국전력공사와 농어촌산업을 담당하는 한국농어촌공사 등을 포함하여 2024년 12월 기준 16개 기관이 이전했고, 혁신도시 입주기업수가 986개로 전국 혁신도시 중에 가장 많은 기업들이 입주했다.

이러한 성과에도 불구하고, 가족동반 이주 후 일부는 자녀들 교육환경 등의 사유로 광주광역시로 재이주하는 경우도 많은 실정이다. 근린환경 중 마트, 백화점 등은 없어도 다소 불편함을 감수할 수 있지만, 부족한 교육 인프라 등은 정주환경에 큰 영향을 미친다.

그림 8–9 광주전남혁신도시 조망

출처: KBS시사(2023.9.5), 2차 공기업 이전 … 깊어지는 정부 고민

4) 울산혁신도시

도심지 내에 건설된 울산혁신도시는 대구혁신도시와 비슷하게 산자락 밑에 선형으로 조성되었다. 집적의 효과를 고려할 때 긴 선형의 배치가 불리할 수 있지만 도심과 가깝고 태화강 국가정원과도 비교적 가깝게 위치하여 정주여건 측면에서는 유리한 점이 있다. 한국석유공사, 한국에너지공단, 한국산업인력공단 등 9개 기관에 이전 인원은 5,860명에 이른다(2024년 12월 기준).

이러한 공공기관의 이전에도 불구하고 전국 혁신도시 성장의 큰 장애요인인 산·학·연 클러스터 부지의 분양률은 2023년 12월 말 기준 80%에 육박하나, 준공 및 입주한 업체는 50% 수준에 그치고 있다. 산·학·연 클러스터의 성공적인 안착이 혁신도시의 성패를 가르는 요인이 될 수 있지만 아직까지 입주율은 낮은 상황이다. 정부에서도 이를 타개하기 위한 정책적 지원으로 기업의 '용지 양도제한 부담'을 완화해주기 위해 2024년 2월 20일 「혁신도시 조성 및 발전에 관한 특별법」 제5조의4(부지의 양도제한 등) 제3항을 수정하여 사용승인 받은 날로부터 10년의 범위에서 시행령으로 정하는 기간이 지난 후에 양도하는 경우에는 양도금액 제한이 없게 하였으며, 시행령에서 양도제한 기간을 7년으로 확정하여 현재는 사용승인 후 7년이 경과되면 토지 및 건물 양도에 제한이 없게 되었다.

그림 8-10 울산혁신도시 조감도

출처: http://www.seoyoungeng.com

5) 강원혁신도시

강원원주혁신도시의 면적은 358만 5,000m^{2}로 100만 평이 넘는 면적이며, 주요 이전기관으로는 한국관광공사, 국민건강보험공단 등 12개의 공공기관이 이전하여 약 6,113명의 인원이 배치되었다. 이 중 한국광물자원공사와 한국광해관리공단은 2021년 9월에 한국광해광업공단으로 통합되었다. 강원혁신도시는 건강, 생명, 관광 분야를 중심으로 한 지식기반서비스의 혁신성장거점으로 발전하는 것을 목표로 하고 있다.

이전 직원들의 정주여건은 많이 개선되었지만 여전히 대중교통 여건(노선 및 배차간격) 및 학교 여건이 불편한 점 중에서 고등학교는 지역 내 여자고등학교 1개가 있고, 남자고등학교는 없어 지역 내 고등학생은 타 지역으로 등하교하고 있는 실정이다(2024년 기준). 이러한 대중교통 불편 원인은 원주시의 중심에 자리 잡은 시청을 중심으로 시 경계 좌측구간에 원주기업도시가 위치하고, 시 경계 우측에 원주혁신도시가 위치하여 원주시 전체 대중교통이용자 증가율은 미미한 데 반해 대중교통 요구 구역은 동서구간으로 대폭 확장된 것이 원인일 수 있다.

그림 8-11 강원혁신도시 전경

출처: 강원도민일보, http://www.kado.net

6) 충북혁신도시

충북혁신도시는 조성 초기에 배후도시 없이 주변 지역과 동떨어져 있다는 불만과 입주단계의 낮은 가족동반 이주율 등으로 많은 우려를 불러일으켰다. 현재까지도 가족동반 이주율은 2024년 기준 49.4%로 50% 이하이다. 사업초기에는 배후도시 없이 약 200만 평 이상의 부지(689만 9,000m²)에 11개 공공기관 이전은 세금낭비라는 비판도 있었다.

그러나 충북혁신도시는 인근 공항(청주공항)과 비교적 가깝게 지리적으로 연결되어 있고 해당 지자체에서도 철도망 추가 구축(중부내륙선 지선, 감곡장호원역~충북혁신도시)을 국토교통부에 요청하여 충북혁신도시의 발전동력으로 만들려고 하고 있다. 이러한 철도계획이 반영될 경우 청주공항을 기반으로 한 다양한 혁신활동과 철도망으로 동탄 등 서울 강남축과도 연결되어 첨단산업의 시너지를 확보할 수 있을 것으로 판단된다.

그림 8-12 토지이용계획도(좌), 비수도권 광역철도(제4차 국가철도망 구축계획)(우)

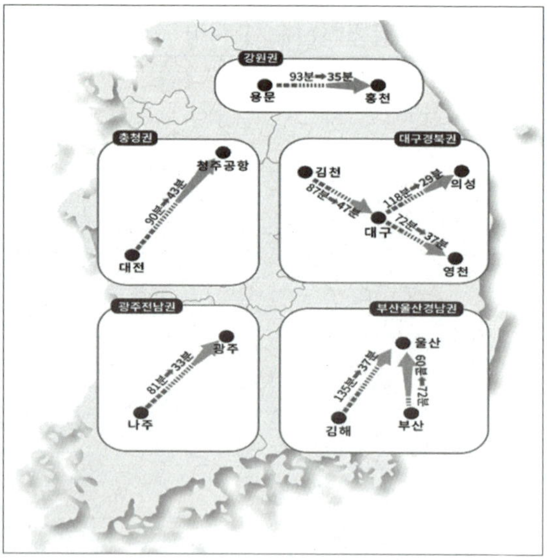

출처: 음성자치신문, 국토교통부

7) 전북혁신도시

전북혁신도시는 전주시 만성동, 상림동, 중동, 완주군 이서면 일원에 위치하며, 면적은 985만 2,000m^{2}로 대략 300만 평에 이른다. 계획 인구는 약 29,000명으로 주요 이전기관으로는 농촌진흥청, 국립농업과학원 등 12개의 공공기관이 이전하여 약 5,300명의 인원이 배치되었다. 혁신도시 중 가장 큰 면적이며, 개발유형은 신도시 유형에 가깝지만, 전주시 도심과 차량으로 약 15분 거리로 혁신도시 내의 근린환경과 광역적 교육, 문화 시설 접근이 편리한 상태이다.

전북혁신도시는 농생명과 금융을 중심으로 한 혁신성장 허브로서 지역 경제를 활성화하는 데 목표를 두고 있으며, 전북혁신도시의 발전 비전은 '대한민국 농생명·금융 혁신성장 허브'로 설정하고 농생명 산업과 금융업을 특화하여 전북의 강점인 농업 연구기관과 연계한 산업 발전을 추진하고 있다.

타 지역에 비해 비교적 만족도가 높은 전북혁신도시이지만 인근의 축산 농장에서 발생되는 환경적 요인으로 여러 민원이 제기되었고, 최근 국비를 통해 축사를 매입하기로 하여(2024년 11월), 정주환경이 많이 개선될 것이다. 사업 초기 우려되었던 혁신도시 북동쪽의 산업단지의 환경적 요인은 크게 부각되지 않았다.

그림 8-13 전북혁신도시 조감도

출처: 전북일보, http://www.jjan.kr

8) 경북혁신도시

경북혁신도시는 한국교통안전공단, 한국도로공사 등 11개 기관을 유치하였다. 한국교통안전공단의 '튜닝안전기술원'과 '김천드론자격센터'가 추가로 문을 열고 관련 전후방산업에 혁신을 가하고 있다. 김천시는 튜닝안전기술원을 중심으로 검사·평가·인증·생산·구매·장착·체험 등 튜닝 관련 모든 서비스를 제공하는 한편, 2027년까지 조성 예정인 자동차 서비스 복합단지에 관련 기업들을 유치함으로써 비수도권 튜닝 특화지역으로서의 입지를 다질 계획이다. 드론 부문에선 구축 예정인 K－드론지원센터는 비가시권 드론 등 다양한 기능의 드론을 개발하고 활용 기업들이 개발·연구에 필요한 고가의 장비들을 구축할 예정이다. 드론자격센터와 함께 김천의 드론산업을 이끌어갈 양대 축으로 활용될 예정이다. 한국도로공사·경북도 등이 함께한 '남부권 스마트물류 거점도시 육성사업(스마트 물류센터)'도 공공기관·기업체·지자체가 참여하는 상생 협력사업의 모범사례로 꼽힌다.

수도권에서는 자동차 튜닝 산업이나 드론 산업이 소음, 토양오염, 프라이버시 등의 요인으로 다소 부정적인 요소도 있으나, 공공기관 산하 기술원을 추가로 유치하여 환경에도 적합하고, 안전한 산업생태계를 조성하고, 이를 토대로 지역의 생산성을 높일 수 있게 되었다.

그림 8-14 경북혁신도시 조감도

출처: 영남일보, http://www.yeongnam.com

9) 경남혁신도시

경남혁신도시의 주요 이전기관은 한국토지주택공사, 국토안전관리원 등 11개의 공공기관이 배치되었고(2024년 12월 기준), 경남혁신도시의 정주여건 만족도는 비교적 높은 반면, 가족동반 이전 비율이 상대적으로 적은 상황을 극복하는 방안으로 진주시 전역의 여건을 증진해야 한다는 의견도 있다. 기초 생활편의시설은 소생활권 중심이지만 종합병원 등 의료시설은 중생활권, 문화여가시설은 대생활권으로 각각 필요한 인프라가 공급될 필요가 있다. 이러한 대·중·소 생활권이 잘 갖추어진 곳이 세종시이고, 각 지역의 혁신도시들이 추구하는 생활권 모델이다.

혁신도시 내의 생활권은 한국토지주택공사가 이전한 도시인 만큼 다양한 선도 적용사례가 있으며, 특히 냉·난방, 미세먼지 및 해충 유입 차단, 공기 순환 및 청정 기능을 제공하는 스마트클린버스승강장은 2019년에 진주혁신도시에서 최초로 적용되면서 전국으로 확산되었다. 이러한 성과에도 불구하고 혁신지구에는 모도시 또는 배후도시의 대생활권이 적정하게 구성되는 것이 중요하다.

그림 8-15 경남혁신도시 조감도

출처: 경남개발공사, http://www.gndc.co.kr

10) 제주혁신도시

제주혁신도시에는 국토교통인재개발원, 공무원연금공단 등 7개의 공공기관이 이전하였다. 이 중 국토교통인재개발원은 이전 공무원이 43명에 불과하지만 국토교통부 산하 공무원, 공공기관 종사자, 지자체 공무원 등이 교육을 받기 위해 전국에서 매주 수백 명이 합숙훈련을 받기 위해 비행기로 제주도를 방문하여 교육이 없는 주말에는 1~2일 더 머물면서 지역 관광산업에도 기여하고, 평일 저녁에는 주변 식당 상권에도 기여하는 바가 크고, 국세공무원교육원도 같은 역할을 하고 있다. 다만, 국립기상과학원과 공무원연금공단은 이전 인원이 많음에도 불구하고 지역산업생태계와의 연관성과 지역산업생태계를 혁신하는 동력이 다소 부족한 점은 아쉬운 점이다.

제주혁신도시의 발전 비전은 '지속가능한 국제교류·교육연수의 거점, 스마트 제주혁신도시'이다. 이를 위해 산·학·연 클러스터를 활성화시키고, 지역 인재를 적극 채용하여 일자리 창출을 도모하고 있으며, 스마트시티 환경을 구축하여 정보통신기술을 활용한 도시 환경을 형성하고, 정주 여건 개선을 통해 삶의 질을 높이는 것을 목표로 하고 있다. 가족 동반 이주율(미혼, 독신 포함)도 80%를 넘었다.

그림 8-16 제주혁신도시 전경

출처: 제주도민일보, http://www.jejudomin.co.kr

제3절 도청이전 신도시

3.1 충남도청 이전 신도시: 내포신도시

2000년대 초반, 한국 정부는 지방분권과 균형 발전을 위해 여러 지방 도시로 행정기관과 공공기관의 이전을 계획하였고, 이러한 정책의 일환으로, 충청남도는 기존 대전에 위치한 도청을 홍성군과 예산군으로 이전하기로 결정하면서 내포신도시 개발이 시작되었다. 이는 1989년 대전과 충청남도가 별개의 자치단체로 분리된 후, 지역사회에서 꾸준히 도청 이전을 요구해 왔고 2006년 2월에 홍성군·예산군 일원에 도청이전 예정지역을 지정 공고하였고, 2007년 7월, 신도시 도시개발구역을 지정·고시하였다.

그림 8-17 내포신도시 조감도

출처: 충청남도 홈페이지

수도권에 인구와 산업이 과도하게 집중되면서 발생하는 교통 혼잡, 주거 문제, 환경 오염 등 여러 도시 문제들을 해결하고자 하는 정부의 의지가 반영되었고, 내포신도시 프로젝트는 수도권과 근접하면서도 지방에 위치해 수도권 집중 완화에 기여할 수 있는 전략적 위치에 기반을 두고 있었다.

도청과 주요 행정 기관을 현대화된 신도시로 이전함으로써 충청남도는 보다 효율적인 행정 서비스를 제공할 수 있는 기반을 마련하고자 했고, 이 이전은 지역 내 다른 도시와의 균형 있는 발전을 촉진하는 계기가 되었다.

3.2 전남도청 이전 신도시: 남악신도시

남악신도시는 전남도청 이전 신도시로서, 목포시와 무안군에 걸쳐서 위치하고 있다. 남악신도시는 전남의 행정 중심지로 자리 잡기 위해 조성되었으며, 2005년 전남도청이 무안군으로 이전하면서 계획된 신도시로 본래 목포시 옥암도의 미개발지구인 옥암지구 개발계획이 있었는데 전남도청이 무안군으로 이전되어 옥암지구를 편입하고 확대된 계획도시이다.

남악신도시는 전남도청 이전뿐 아니라 전남 광주 지역균형발전과 인구분산 목적이 있었으나, 전남도청을 도내에서 가장 낙후된 목포 등 서남권에 이전한 행정 자립도시인 남악신도시가 어느 순간 광주권 인구 분산이 아닌 목포, 신안, 영암, 해남 등 주변 인구만 흡

그림 8-18 '안전한 학교 가는 길', 보행자 중심 도시 남악 오룡지구

출처: 무등일보, 2024.8.5.

수하는 실정이다. 이는 여러 혁신도시에서도 유사하게 나타나고 있다. 이로 인해 목포시의 인구는 줄어들어 지역 쇠퇴를 넘어 지역 소멸을 걱정하고 있는 실정이다.

개발목적과 실태는 변론으로 하고, 최근 국토교통부 주관 2024 대한민국 국토대전에 전남개발공사가 출품한 '보행자 중심 도시 오룡지구'가 국토교통부 장관상을 수상했다. 도시 내부적으로는 '보행자 중심 도시(The Walkable City)'를 콘셉트로 진행하여 학생들의 등굣길도 대로변을 건너지 않고 수변공간으로 걸어서 이동할 수 있는 도시로 조성되었다.

3.3 경북도청 이전 신도시

경북도청 이전 신도시의 역사는 대구시가 1981년에 달성군의 월배읍, 성서읍, 공산면, 칠곡군의 칠곡읍, 경산군의 안심읍, 고산면을 편입하여 대구직할시로 승격하고, 1995년에는 달성군을 편입하여 대구광역시가 되는 과정에서 시작되었다. 당초 도청 소재지였던 대구시가 대구직할시로 승격, 경상북도에서 분리되면서 도청이 경상북도 내 위치하지 않게 되었다. 경상북도는 1981년 7월에 도의회 도청 소재지 후보지선정 용역을 시작으로 경북도청 이전 신도시의 서막이 열리게 되었다. 이후 도청 이전을 위한 각종 절차를 진행하여 2008년 6월에 도청이전 예정지가 결정되었으며, 2010년 7월 보상물건조사를 시작하여 2012년 9월에 1단계구역 부지조성공사를 착공하여 행정타운 조성을 위한 1단계 사업은 2010년에서 2015년까지 경북도청과 안동시 지역의 문화자산을 고려한 한옥마을, 한옥형 호텔, 이주자택지와 제2형정타운, 친환경 클러스터가 조성되었다. 이후 도시활성화를 위한 2단계 사업은 2015년부터 2024년까지 진행하였고, 그 사이에 2016년 3월에 도청 및 도의회 신청사가 개청되었고, 다소 부족한 정주여건 개선을 위해 추가 사업을 진행중에 있다.

현재 진행 중인 경북도청 이전 신도시 2단계에서는 신도의 정주여건 개선 등을 위해 2024년 7월에 개장한 경북도청신도시 패밀리파크는 4만 평 규모의 물놀이장, 캠핑장, 파크골프장, 힐링산책로 등으로 구성되어 있다. 또한 경상북도와 KT그룹 및 관계기관이 2022년 1월에 협약을 통해 민관협력형 데이터센터 개관(2025년 5월)하고, 지역 내 공공기관의 데이터를 보다 효율적으로 관리하기로 하였으며, 이를 기반으로 지역 내 데이터센터 관련 산업과 AI 관련 산업 육성에도 큰 힘을 기울이기로 하였다. 데이터센터라는 산업 자체가 많은 전력과 넓은 부지를 필요로 해서 수도권과 같이 밀집되어 개발된 지역에서는 산업생태계가 활성화되기 어려운데, 지역 내에서 이러한 산업을 적극 유치하고 관련 전문성 있는 대기업이 적극 동참하여 시너지 효과를 보게 된 사례이다.

제4절 스마트시티 국가시범도시

4.1 세종 스마트시티

스마트시티 국가시범도시는 도시개발의 혁신적 접근 방식으로서, 첨단 기술과 지속가능한 요소를 통합하여 도시 생활의 질을 향상시키기 위해 설계되었다. 이 계획은 교통 혼잡, 오염, 자원 관리와 같은 다양한 도시 문제에 대응하기 위해 교통, 인프라, 서비스의 통합 기술 사용을 중심으로 추진되었다.

세종 스마트시티 국가시범도시는 4차 산업혁명 신기술의 테스트베드로서 시민이 주도적으로 도시문제를 해결하는 데 참여하여 삶의 질을 높이는 지속가능한 도시로 2018년 1월 스마트시티 국가시범도시에 선정된 이후 2018년 12월에는 세계 최초로 스마트시티 국제인증(ISO37106, 영국BSI)을 획득하였으며, 2020년 7월에 스마트시티 국가시범도시 조성

그림 8-19 세종 스마트시티 대상지

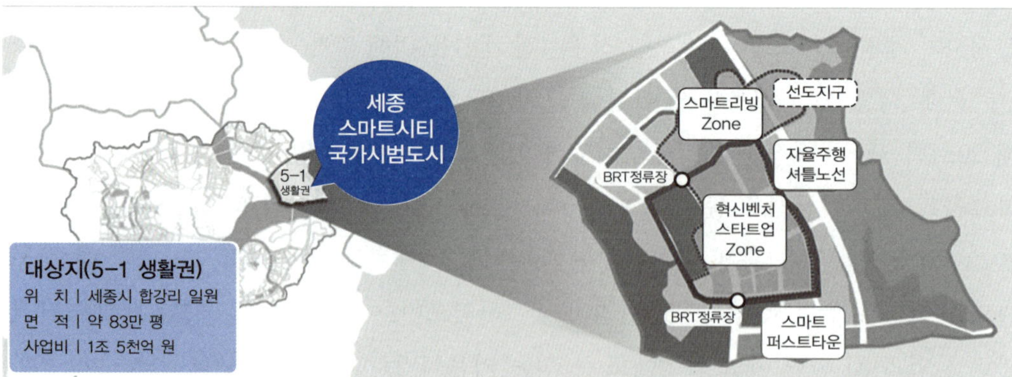

출처: 세종특별자치시 홈페이지

표 8-2 세종 스마트시티 도시통합정보센터 안내

112센터 긴급영상 지원 서비스	119 긴급출동 지원 서비스
	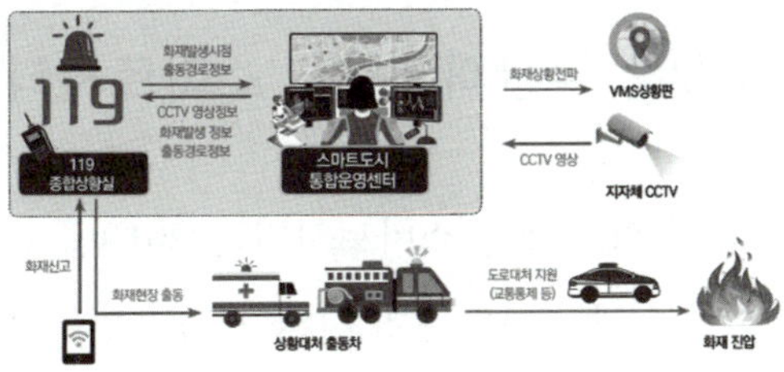

출처: 세종특별자치시 홈페이지

공사를 착수하였다.[7]

세종 스마트시티는 첨단 기술과 지속가능한 도시 운영 방식을 기반으로 한 혁신적인 도시 모델로 7대 핵심 혁신 요소를 중심으로 개발되고 있다. 먼저, 모빌리티 분야에서는 퍼스널모빌리티와 차량 공유 서비스, 자율주행, 통합 모빌리티, 스마트 주차 등 다양한 교통 시스템을 통합하여 효율적이고 미래지향적인 교통 인프라를 구축하고 있다. 교육 및 일자리 부문에서는 스마트 학습 공간(온·오프라인)을 활용한 에듀테크와 IB 학습 체제 도입, 생애 주기별 교육 서비스를 통해 교육 혁신과 더불어 일자리 창출을 도모하고 있다.

에너지와 환경 영역에서는 신재생에너지 공급과 에너지 자립 도시 구현, 융복합 충전 인프라 조성 등을 통해 친환경 에너지 시스템을 구축하고 있으며, 안전과 생활 측면에서는 도시 범죄 예방 서비스, 스마트 생활 편의 서비스, 미세먼지 저감 시스템 등을 통해 주민들에게 안전하고 쾌적한 생활 환경을 제공하고 있다.

한편, 문화와 쇼핑 분야에서는 공연자와 관객을 맞춤 연계하는 서비스, 가변형 공연 문화 공간 구축, 스마트 통합 배송 서비스를 통해 문화 생활의 질을 높이고 있다. 거버넌스 부문에서는 시민 참여형 의사결정 시스템을 제공함으로써 주민들이 도시 운영에 적극적으로 참여할 수 있는 기회를 제공한다. 마지막으로, 헬스케어 영역에서는 개인 맞춤형 건강 관리 서비스, AI 기반 응급 의료 시스템, 스마트홈 주치의 서비스를 통해 혁신적인 의료 및 건강 관리 시스템을 지원하고 있다.

7 세종특별자치시 홈페이지

이와 같은 세종 스마트시티의 7대 혁신 요소는 도시 문제를 해결하고 주민들의 삶의 질을 향상시키는 데 중점을 두고 있으며, 미래 도시의 새로운 표준을 제시하고 있다.

4.2 부산 에코델타 스마트시티

부산 에코델타 스마트시티는 2018년 1월에 스마트시티 국가 시범도시로 선정되었다. 부산 에코델타시티는 도시의 지속가능성과 혁신을 목표로 한 10대 혁신 서비스를 설정하였다. 이 서비스들은 도시 생활의 다양한 측면에서 첨단 기술과 친환경 요소를 통합하여 삶의 질을 높이는 데 초점을 맞추고 있다. 대표적인 혁신 서비스로는 로봇을 활용한 생활 혁신, 배움－일－놀이가 융합된 사회 구축, 도시행정과 도시관리의 지능화를 통한 효율적 운영 등이 포함된다.

이 중 로봇 활용 생활 혁신은 CITY－BOT 서비스를 통해 로봇이 도시 생활의 다양한 영역에서 역할을 수행하도록 하며, 스마트 안전(Smart－Safety) 서비스는 화재, 침입 등 위험 상황에 신속히 대응할 수 있는 시스템을 제공한다. 스마트 공원(Smart Park)은 친환경적이고 기술적으로 혁신적인 도시 공간으로, 시민들에게 쾌적한 환경과 여가 공간을 제공한다. 이러한 혁신 서비스들은 시민의 안전과 편의를 우선으로 하며 도시 환경 개선에도 기여하고, 스마트 교육 & 리빙은 새로운 학습 공간과 생활 패턴을 제시한다. 이러한 요소들은 부산 에코델타시티를 미래형 친환경 스마트 도시로 자리 잡게 하는 핵심 동력이 되고 있다.

그림 8－20 부산 에코델타시티 위치도(좌), 조감도(우)

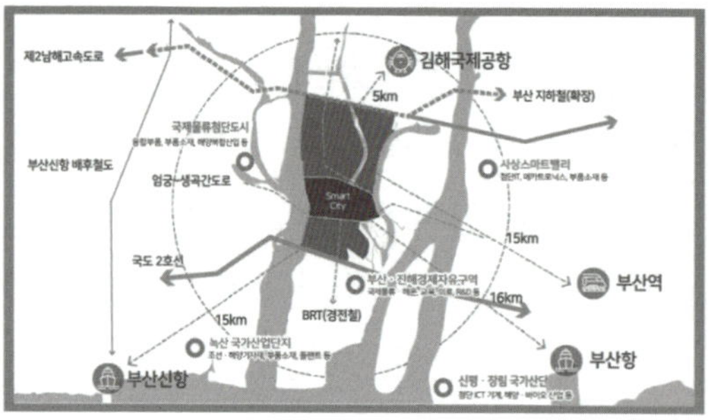

출처: 부산광역시 홈페이지

제9장

도시정비사업

제1절 정비사업의 개요

정비사업의 유형들은 변화해 왔지만 기성시가지를 정비할 수 있는 수단들은 해당 지역의 물리적 특성, 사업시행 규모와 방식 등에 따라 크게 세 부문으로 구분될 수 있다. 첫째, 기성시가지 내에서 일정 면적 이상의 구역 단위로 노후·열악한 건축물을 개량 또는 건설하는 「도시 및 주거환경정비법」에 의한 정비사업, 둘째, 기성시가지 내에서 광역적으로 계획하여 체계적·효율적으로 도시환경을 개선하기 위해 시행하는 「도시재정비촉진을 위한 특별법」에 의한 재정비촉진사업, 그리고 기존의 도로망과 필지 패턴 등 지역 특성과 기능은 유지·보존하면서 소단위 개발을 유도하는 「빈집 및 소규모주택 정비에 관한 특례법」에 의한 소규모주택정비사업이다.

「도시 및 주거환경정비법」의 주거환경개선사업은 도시저소득 주민이 집단거주하는 지역으로서 정비기반시설이 극히 열악하고 노후·불량건축물이 과도하게 밀집한 지역의 주거환경을 개선하거나 단독주택 및 다세대주택이 밀집한 지역에서 정비기반시설과 공동이용시설 확충을 통하여 주거환경을 보전·정비·개량하기 위한 사업이다. 재개발사업은 정비기반시설이 열악하고 노후·불량건축물이 밀집한 지역에서 주거환경을 개선하거나 상업지역·공업지역 등에서 도시기능의 회복 및 상권활성화 등을 위하여 도시환경을 개선하기 위한 사업이다. 법에서 정한 일정 요건을 모두 갖추어 시행하는 재개발사업은 "공공재개발사업"이다. 재건축사업은 정비기반시설은 양호하나 노후·불량건축물에 해당하는 공동주택이 밀집한 지역에서 주거환경을 개선하기 위한 사업이다. 법에서 정한 일정 요건을 모두 갖추어 시행하는 재건축사업을 "공공재건축사업"이다.

「도시재정비 촉진을 위한 특별법」의 재정비촉진사업은 기존의 뉴타운사업보다 더 광역적인 사업으로 그 규모는 미니신도시급이다. 주거지 유형은 노후·불량 주택과 건축물이 밀집한 지역으로서 주로 주거환경의 개선과 기반시설의 정비가 필요한 지구이며, 주요 지역은 상업지역, 공업지역 등으로서 토지의 효율적 이용과 도심 또는 부도심 등의 도시 기능의 회복이 필요한 지구, 고밀복합형은 주요 역세권, 간선도로의 교차지 등 양호한 기반시설을 갖추고 있어 대중교통 이용이 용이한 지역으로서 도심 내 소형주택 공급 확대, 토지의 고도이용과 건축물의 복합개발이 필요한 지구로 구분하고, 이를 광역적 정비를 위해 재정비촉진사업 안에 타 법령에서 정한 각종 사업유형이 포함되도록 법제화되었다.

「빈집 및 소규모주택 정비에 관한 특례법」의 소규모주택정비사업 중 자율주택정비사업은 단독주택, 다세대주택 및 연립주택을 스스로 개량 또는 건설하기 위한 사업이다. 가로주택정비사업은 가로구역에서 종전의 가로를 유지하면서 소규모로 주거환경을 개선하기 위한 사업이다. 소규모재건축사업은 정비기반시설이 양호한 지역에서 소규모로 공동주택을 재건축하기 위한 사업이다. 이 경우 도심 내 주택공급을 활성화하기 위하여 법에서 정한 일정 요건을 모두 갖추어 시행하는 소규모재건축사업을 "공공참여 소규모재건축 활성화사업"이라 한다. 마지막으로 소규모재개발사업은 역세권 또는 준공업지역에서 소규모로 주거환경 또는 도시환경을 개선하기 위한 사업이다.

그림 9-1 정비사업의 종류

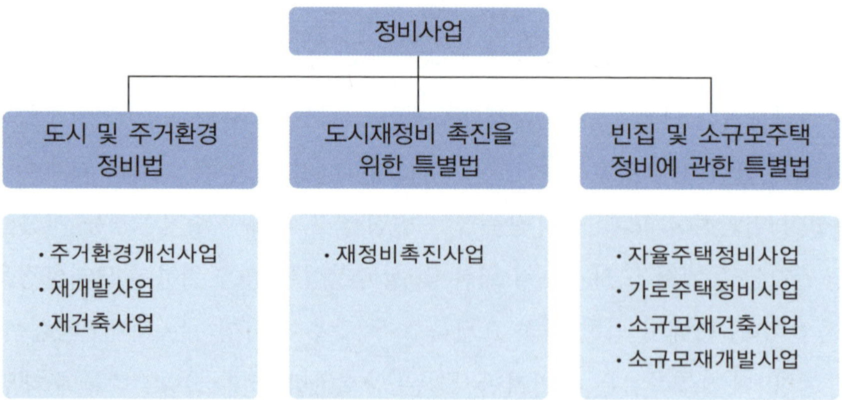

출처: 저자 작성

1.1 정비사업 변화과정[1]

서울에서 도시환경정비사업(도심재개발사업)의 필요성이 처음 제기된 시기는 1960년대 중반이다. 한국전쟁 이후 사회적 안정을 되찾아가면서 도시행정의 주요 과제 중 하나는 낙후된 도심부를 개발하는 것이었고, 도시기능을 적절히 수행하기 위해서는 도심부를 현대화할 필요가 있었다. 당시 서울의 도심부는 화재에 취약하고 위생조건을 제대로 갖추지 못한 목조건물이 주를 이루고 있었다. 도심부의 안전, 위생, 미관 향상을 위해 1971년 도시재개발사업에 관한 조항이 「도시계획법」에 최초로 신설되었다. 1960년대 초반 서울의 중심부는 영세한 필지, 협소한 도로 등 불규칙한 도시구조를 가지고 있었다. 시가지의 물리적 조건 또한 과밀하고 무질서한 상태였다. 한국전쟁 직후 국가는 빈곤 상태였고 정치·사회적으로 혼란기에 있었기 때문에 도심부의 물리적 환경은 점차 악화되었다. 빈곤을 피해 서울로 대량 이주한 빈민층이 조성한 불법건축물과 도심 주변의 무단거주로 인해 곳곳에 슬럼지역이 형성되었다. 1960년대에 이르기까지 도심부는 전통적인 도시구조 위에 빈곤한 시절에 형성된 과밀하고 낙후된 시가지 상태를 벗어나지 못하고 있었다.

1970년대 이후 경제개발이 가속화되면서 도심부에는 은행, 보험사와 같은 대기업 본사가 건설되었고, 오피스 수요가 급격하게 증가했다. 1980년대 초 경제 불황을 타개하기 위해 정부가 실시한 부양책은 서울의 오피스 수요와 맞물려 도시환경정비사업을 통한 오피스 건설붐으로 나타났다. 1981년부터 약 10년간 지속된 3저 호황(원유가격 하락, 국제금리 하락, 달러가치 하락)에 힘입은 한국경제는 현대화된 오피스 공간을 필요로 했고, 이는 도시환경정비사업을 촉진시키는 계기가 되었다.

시대별 정비사업 추이는 1960~1970년대에는 전면철거 재개발을 통한 낙후된 도심부를 현대화하는 시기였다. 1960년대부터 도시환경정비사업에 대한 필요성이 인식되었지만, 관련 법과 제도가 마련되어 사업이 진행된 것은 1970년대부터이다. 1971년 「도시계획법」에 집단적인 정비사업을 시행할 수 있는 도심재개발사업에 관한 조항이 신설되었고, 1973년 최초로 도심부 내 11개 지역이 도심재개발구역으로 지정되었다. 1976년 「도시재개발법」이 최초로 제정되어 도심재개발사업을 적극적으로 추진하기 시작했다. 1978년 서울시는 사대문 안 도심부를 대상으로 최초의 도심재개발 기본계획을 수립하였고, 1979년

1 SEOUL SOLUTION, 서울의 도시환경정비정책

마포로 일대를 추가하여 기본계획을 보완하였다. 이 시기의 정책방향은 전면적인 철거재개발을 통해 도로·주차장·공원 등 기반시설을 확보하면서 현대식 고층건물을 건설하는 등 낙후된 도심부를 현대화하는 것이었다.

1980년대에는 도심 집중억제와 재개발촉진을 병존하는 시기였다. 1979년 도심부의 과밀 개발을 억제하기 위해 층수 및 밀도제한을 강화했으나, 1983년 '88 서울올림픽을 계기로 건폐율·용적률·용도규제의 완화, 기존 시설의 신·증축 허용 등 도심재개발 촉진방안이 발표되었다. 또한 '88 서울올림픽을 준비하기 위해 주요 간선도로변의 약 60만m^2(약 18만 평)에 이르는 지역을 중점 정비대상지구로 선정하였다. 1990년대에는 도심 공동화 방지를 위한 다양한 수법을 모색하던 시기로 1994년에는 「서울시 도시기본계획(1990)」을 반영하여 영등포, 청량리 등 부도심을 도심재개발 지정대상범위에 포함하고, 도심 공동화 방지대책을 마련하는 등 도심재개발 기본계획을 보완하였다. 또한 1996년에는 도심부의 층수계획을 보완하고 주거복합건물을 유도하기 위해 기본계획을 부분적으로 수정하였다. 1990년 7월에 개정된 「도시재개발법」에서는 수복재개발수법이 명문화되어 1994년 도심재개발 기본계획에서는 북창구역을 수복형 재개발지역으로 제안하였다. 그러나 1996년 도시재개발법 개정 시 수복재개발 관련 조항(시행령 제3조 제2항)이 삭제되면서 수복형 정비수법에 대한 법적 근거를 상실하였다. 2000년대 들어서 서울시에서는 역사문화적 특성을 보존하는 방향으로 정책전환이 이루어졌다. 2000년 '도심부 관리 기본계획(2000)'이 수립되면서 사대문안 도심부는 역사문화적 특성을 보존하는 방향으로 관리방향이 전환되었다. 이를 반영하여 2001년 도심재개발 기본계획에서는 층수 제한을 강화하고, 도심부 내 일부 지역에 대해 정비구역을 해제하거나 수복재개발방식으로 전환할 수 있도록 하였다.

표 9-1 서울시 도시환경정비정책의 변화과정

연대	주요 사건	법 및 관련 계획	기본계획
1960년대	경인고속도로 개통(1969)	• 도시계획법에 불량지구 개량 사업 포함(1962) • 도시계획법개정(재개발지구지정 근거마련, 1965)	

1970년대	• 경부고속도로전구간 개통(1970) • 서울시 지하철 1호선 개통(1974)	• 도시계획법 개정(재개발사업이 도시계획사업 포함, 1971) • 도시재개발법이 최초로 제정(1976) • 도시재개발 기금 설치(1978) • 도심과밀개발억제를 위한 층수 및 밀도제한 강화(1979)	최초의 도심재개발 기본계획수립(1978)
1980년대	• 88서울올림픽 • 서울시 인구 1,000만 돌파(1988)	• 도시재개발법 개정(1982) • 재개발사업 5개년계획 수립(88 올림픽 대비, 1982) • 도심재개발 촉진방안(1983) • 재개발 구역 내 건축 행위 제한 완화(1989)	도심재개발기본계획 보완을 위한 기초조사 실시(1986)
1990년대	• 강남·북 균형발전 정책(1990) • IMF 외환위기(1997)	• 도시재개발법 전면 개정(1995) • 도심재개발 제도 정비 및 활성화 방안(1998)	재개발기본계획 수정/보완(1990)
2000년대 이후	• 북촌한옥마을(2001) • 한일 월드컵(2002) • 청계천 복원(2005) • 광화문광장(2009)	• 서울시 도시계획조례 제정(용적률 강화, 2000) • 도심부관리계획수립(2000) • 도시 및 주거환경정비법 제정(2002)	2020 목표 도시환경정비기본계획 재정비(2010)

출처: SEOUL SOLUTION 서울의 도시환경정비정책

1.2 도시계획 체계와 정비사업

「도시개발법」,「택지개발촉진법」,「도시재정비 촉진을 위한 특별법」 등 개별 법령에 따른 사업들은 도시·군기본계획, 도시·군관리계획의 위계 내에서 절차를 이행하게 되어 있고, 정비사업을 하다보면 '도시·주거환경정비 기본계획'과 '정비계획' 반영 여부에 대해 많은 이야기를 듣게 된다. 여기서 정비사업이 도시계획 틀 속에서 어떻게 관련되어 있는지 살펴보자.

1) 도시 · 군기본계획

도시·군기본계획(이하 도시기본계획)은 「국토의 계획 및 이용에 관한 법률」에 의한 법정 의무계획이자 20년 단위(5년마다 보완·수정)의 장기계획으로, 도시의 물리적·공간적 측면뿐 아니라 환경·사회·경제적인 측면을 모두 포괄하여 주민생활환경의 변화를 예측하고 대비하는 종합계획이다. 또한 하위계획인 도시관리계획과 타 법률에 의해 수립되는 부문별 계획이 기본계획과 일관성 있게 수립될 수 있도록 지침적 역할을 하는 법정 최상위계획의 위상을 가진다.

서울시는 도시기본계획 수립 시, 20년 후 서울의 미래상과 발전 방향을 설정하는 과정에서 인구구조, 사회·경제적 여건, 기후변화에 따른 토지이용 변화, 산업구조, 주택 및 시가지 변화 등 주요 부문에 대한 기초현황을 분석하고, 디지털 전환 및 팬데믹 등 대내외적 여건 변화를 반영하였다.

앞서 살펴본 도시기본계획이 도시 전체의 장기적 발전방향을 포괄적으로 제시하는 계획이고, 도시관리계획은 이를 도시공간에 구체화하고 실현시키는 중기계획에 해당한다. 아직까지 많은 지자체의 도시계획체계가 도시기본계획과 도시관리계획으로 이원화되어

그림 9-2 2040 서울도시기본계획의 위상

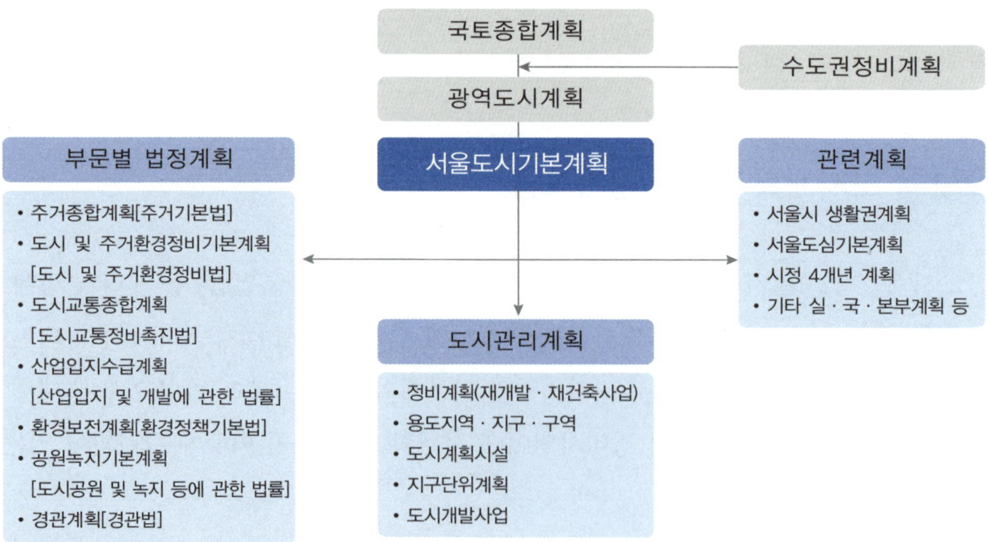

출처: 서울특별시(2023), 「2040 서울도시기본계획」, p.5 참조

있는 실정이다. 도시 전체를 대상으로 하는 도시기본계획과 개별 필지를 대상으로 하는 도시관리계획 사이에는 필연적으로 큰 차이가 발생할 수밖에 없다. 이러한 간극을 해소하고자 도입된 것이 생활권계획이다.

생활권계획은 지역별 이슈와 공간관리 지침을 제시해 도시기본계획을 구체화하면서, 동시에 도시·군관리계획을 안내하는 중간단계 계획이다. 중요한 점은 생활권계획이 도시기본계획의 일부로, 도시 공간을 다루는 최상위 법정계획이라는 것이다. 따라서, 서울시에서 수립되는 모든 법정기본계획, 행정계획, 도시관리계획 등은 생활권계획과 일관성을 유지해야 하며, 각종 위원회 심의에서도 이를 충분히 반영해야 한다.

최근에는 이러한 도시기본계획과 도시관리계획의 간극을 최소화하기 위한 생활권계획을 서울 이외의 일부 지자체에서도 수립을 검토하고 있다.

그림 9-3 서울시 생활권계획의 성격

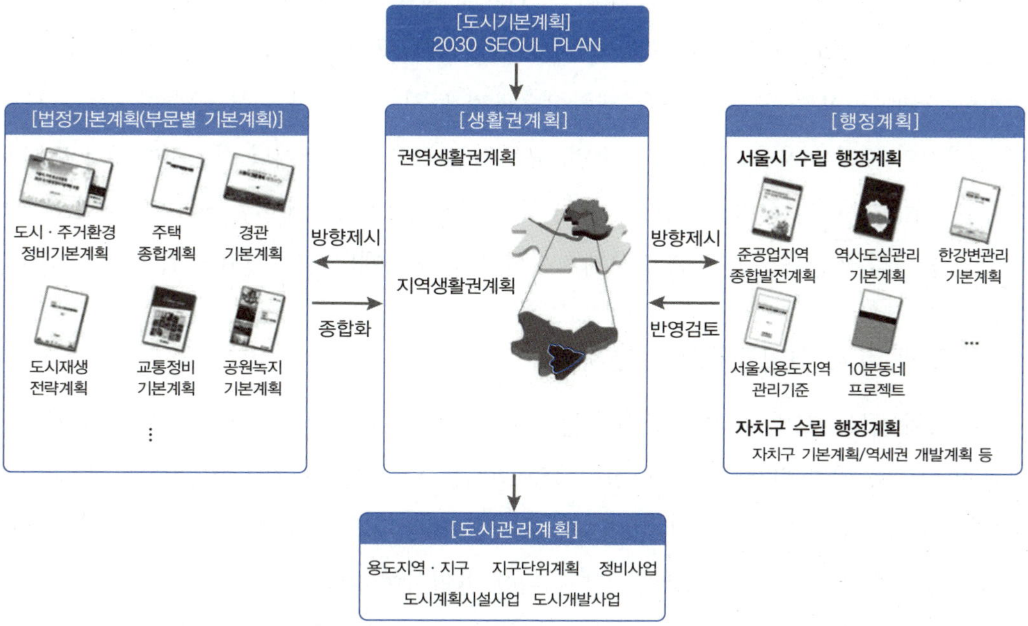

출처: 서울특별시(2023), 「2030 서울생활권계획: 지역생활권계획(광진구)」, p.2 참조

2) 도시 · 군관리계획

도시·군관리계획(이하 도시관리계획)은 매우 광범위하고 다양한 성격을 가진다. 「국토의 계획 및 이용에 관한 법률」에 따라 10년 단위로 수립하고 5년마다 재검토하는 법정계획으로, 시·군의 지속가능한 발전을 도모한다. 이 계획은 광역도시계획 및 도시기본계획에서 제시된 장기적 발전 방향을 구체화하여, 용도지역·지구·구역, 기반시설, 도시개발 및 정비, 지구단위계획 등 도시 관리의 다양한 수단을 일관성 있게 집행할 수 있도록 표현한 중기계획이다.

도시기본계획이 일반 시민에게 직접적인 구속력을 갖지 않는 상위계획이라면, 도시관리계획은 국민의 사적 토지이용을 직접적으로 규제하고 결정하는 구속적·처분적·집행적 계획이라는 점에서 차이가 있다. 예를 들어, 도시관리계획에 따라 용도지구나 용도지역으로 지정되면 건폐율과 용적률에 제한이 생기고, 정비구역으로 지정·고시되면 건축물의 건축, 토지 형질변경, 토석 채취, 토지분할, 토지에 물건을 쌓아 놓는 행위가 제한된다.

도시관리계획을 실현하기 위한 수단은 수동적 방식과 능동적 방식으로 나눌 수 있다. 수동적 방식은 용도 지역·지구·구역이나 지구단위계획구역을 통해 도시공간의 범위를 설정하고, 건폐율, 용적률, 높이 등을 제한함으로써 토지 소유자가 이를 준수하도록 유도하여 합리적인 토지 이용을 촉진한다. 반면, 능동적 방식은 행정청이나 사업시행자가 도시계획시설사업, 도시개발사업, 정비사업 등을 통해 도시 발전 방향에 맞는 물리적 공간구조와 건축물을 직접 생산하는 것으로 도시계획시설사업, 도시개발사업, 정비사업 등이 있다.

3) 도시 및 주거환경정비기본계획

본 계획은 「도시 및 주거환경정비법」 제4조에 의해 수립되는 법정계획으로 주거지의 종합적 관리를 위한 정책계획이자 정비사업 추진을 위한 실행지침의 역할을 수행한다. 특별시장·광역시장·특별자치시장·특별자치도지사 또는 시장은 10년 단위로 수립하고, 5년마다 타당성을 검토하여 그 결과를 기본계획에 반영하여야 한다.

「국토의 계획 및 이용에 관한 법률」에서 정하는 광역도시계획－도시기본계획－도시관리계획－지구단위계획의 체계 속에서 도시 및 주거환경정비기본계획은 도시기본계획과 도시관리계획의 중간적 지위에 있다. 따라서 도시 및 주거환경정비기본계획은 도시기본계획에서 제시하는 도시 전체의 토지의 이용·개발 및 보전에 관한 방향성에 부합하여야 하며, 동시에 도시기본계획의 일부인 생활권계획에서 제시하는 생활권별 주거지 관리계획, 주택수급계획, 기반시설 설치계획과도 정합성을 가져야 한다.

또한, 도시 및 주거환경정비기본계획은 도시관리계획 등 하위계획 및 토지이용계획에서 반영하여야 하는 실행지침의 역할을 한다. 정비계획과 정비사업에 대한 법적인 구속력을 지니며, 개별 법령 기반의 유사 정비사업(지구단위계획, 주택사업계획, 조합사업 등)에 대해서는 심의 시 권장기준으로 활용될 수 있다.

4) 정비계획

본 계획은 도시·군관리계획의 종류 중 하나로 일반 도시관리계획으로는 도시기능 또는 주거환경의 개선이 곤란한 지역을 보다 체계적·효율적으로 정비하기 위한 계획으로 정비계획의 밀도, 정비기반시설의 설치 등의 기준은 도시 및 주거환경정비기본계획에서 정해놓은 틀과 정합성을 유지하여야 하고, 생활권계획에서 제시한 생활권별 계획의 방향과 부합되어야 한다.

정비계획은 「국토의 계획 및 이용에 관한 법률」에 의한 지구단위계획과 대등한 지위를 가진다. 정비구역의 지정·고시가 있는 경우 해당 정비구역 및 정비계획 중 지구단위계획의 내용에 해당하는 사항은 지구단위계획구역 및 지구단위계획으로 결정·고시된 것으로 보도록 하고, 반대로 지구단위계획구역에 대하여 정비계획에 포함되어야 하는 사항을 모두 포함한 지구단위계획을 결정·고시하는 경우 해당 지구단위계획구역은 정비구역으로 지정·고시된 것으로 본다.

이러한 도시계획 관련 국토공간계획의 체계는 다음과 같이 공간위계, 해당 법, 계획의 종류 및 사업의 종류에 따라 구분할 수 있으며, 각각의 위계 속에서 연관된 사항은 지시선으로 연결되어 있는데 다음 <그림 9-4>에서 보듯이 공간의 위계는 국토·지역 단위, 도시 단위, 건축 단위로 구분하여 살펴볼 수 있으며, 해당 법에서 정하고 있는 계획의 절차에 따라 개별 사업의 종류가 제시되어 있다.

국토 공간계획은 국가, 지역, 도시 등 각기 다른 공간적 범위에서 국토와 도시의 발전을 체계적으로 관리하기 위한 법적 틀을 제공한다. 이러한 계획들이 국토계획, 도시계획, 건축법 등 다양한 법령에 따라 어떻게 체계적으로 조직되고 시행되는지를 보여준다. 「국토계획법」은 국토 전반에 걸친 계획을 다루며, 이를 바탕으로 수도권정비계획, 광역도시계획, 도시·군기본계획, 도시·군관리계획 등이 수립된다. 도시재생사업은 「도시재생특별법」에 근거하여 시행되며, 이를 통해 낙후된 도시 지역의 재생과 활성화를 도모한다.

그림 9-4 국토공간계획의 체계

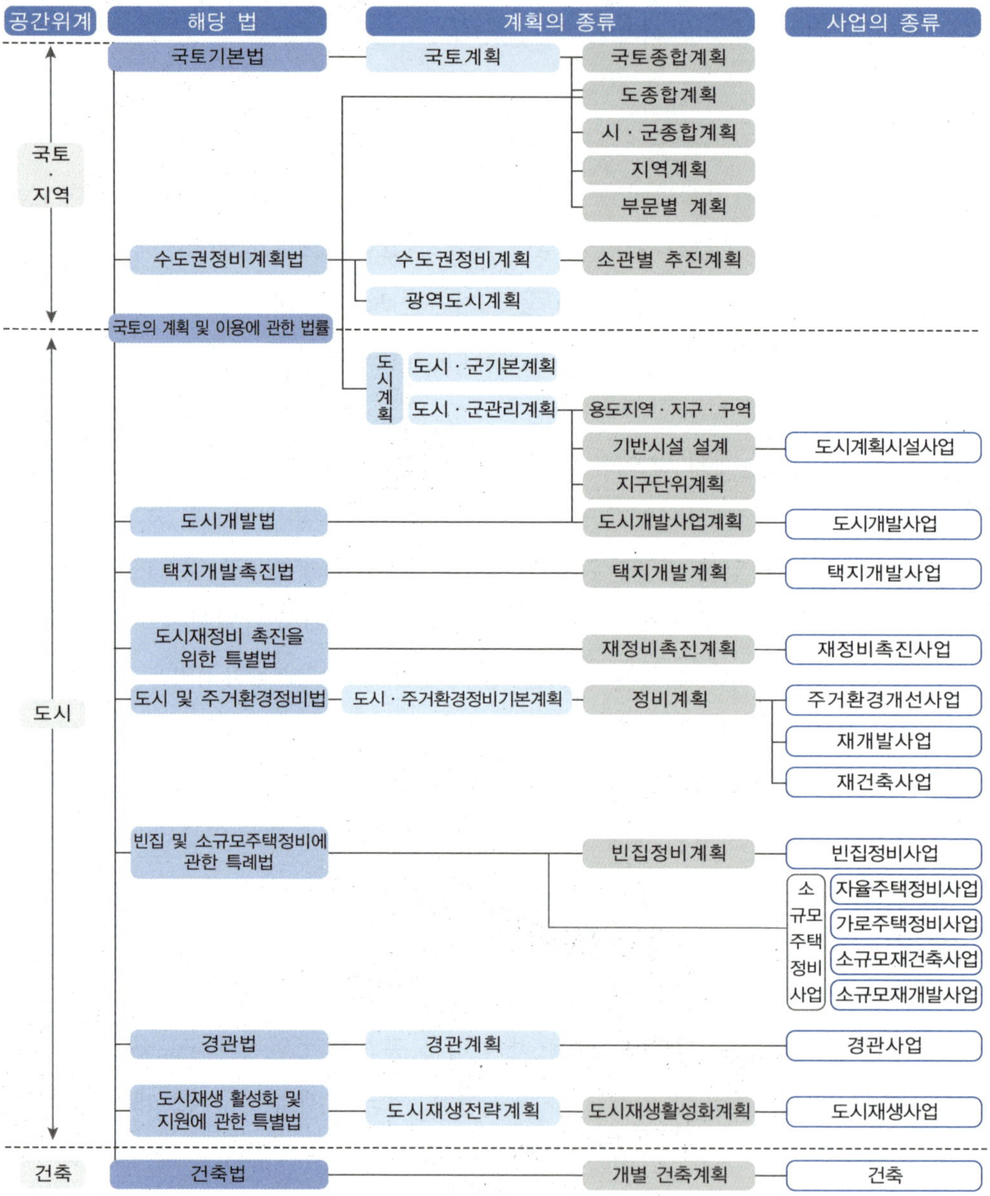

5) 도시정비사업 계획단계: 정비기본계획

정비기본계획을 수립하기 위해서는 단계별 검토 항목을 체계적으로 점검하여 계획의 적합성과 완성도를 높여야 한다. 먼저, 상위 계획 및 관련 계획을 검토하여 정비계획의 정합성을 점검한다. 이를 통해 계획 간의 일관성을 확보하고, 도시공간 관리의 기본 방향을 설정한다. 이어서, 용도지역 관리 및 조정 기준을 수립하여 용도지역별 관리방향과 조정 기준을 마련하고, 밀도계획을 통해 용적률, 건폐율, 높이 제한 등 밀도계획 요소를 조정함으로써 지역적 특성과 균형을 반영한 도시 공간 활용 방안을 마련한다. 생활기반시설 계획은 도로, 공원, 녹지 등 필수 기반시설을 확보하기 위한 중요한 과정을 포함하며, 이를 통해 정비구역 내 주민들의 삶의 질을 개선하고 도시의 기능성을 강화한다. 또한, 기부채납 기준을 설정하여 공공에 제공될 토지와 시설의 규모와 대상을 명확히 하여 공공성을 확보하게 한다. 또한 공공임대주택 확보 기준을 제시하여 적정 규모의 공공임대주택을 통해 주거 취약계층에게 안정적인 주거환경을 제공하게 된다. 건축 및 단지계획 관련 기준은 정비사업 구역 내 건축물의 배치, 단지 동선, 디자인, 경관 등을 체계적으로 계획하여 쾌적하고 살기 좋은 환경을 조성하는 데 기여하게 된다. 마지막으로, 관련 영향평가와 심의를 통해 계획이 지역 사회에 미치는 환경적, 경관적, 교통적 영향 등을 종합적으로 검토하고, 이해관계자의 의견을 반영하여 계획의 정합성과 완성도를 확보하게 된다. 이러한 과정을 통해 정비기본계획은 법적·정책적 요건을 충족하면서 도시의 지속가능한 발전을 유도하는 구체적이고 실현 가능한 계획으로 완성된다.[2]

정비계획 수립 시 상위 및 관련 계획에 부합되게 수립하여야 하며, 수립된 이후에도 관리처분계획 수립 시 정비계획과 상충되는 경우 발생 시 정비계획에 맞게 관리처분계획을 수립하여야 하며, 부득이 관리처분계획을 수정할 수 없을 경우 다시 정비계획 변경 가능 여부를 확인해야 한다. 이만큼 정비계획 또한 중요한 계획으로 사업 추진 시 잘 반영하여 추진해야 한다.

---

2 서울특별시(2021), 「공동주택 재건축사업 업무 매뉴얼」, p.38 참조하여 작성

1.3 도시정비사업 단계별 절차 및 주요 내용

1) 준비단계: 추진위원회 구성 및 조합 설립

추진위원회는 정비사업 초기 단계에서 구성되며, 운영규정을 작성하여 정비구역 내 토지등소유자 과반수의 동의를 받고, 시장·군수 등에 승인 신청을 하게 된다. 추진위원회는 정비사업 전문관리업자를 선정하여 동의서 징구와 같은 행정 업무를 지원받을 수 있으며, 위원장과 감사 포함 최소 5인 이상으로 구성된다. 이러한 추진위원회의 가장 핵심적인 업무는 운영규정에 따라 추진위원회를 운영하면서 토지등소유자로부터 조합 설립에 필요한 동의서를 징구하고, 조합정관의 초안을 작성한 뒤 조합의 설립을 위한 창립총회를 개최하는 것이다. 추진위원회의 구성에 동의한 토지등소유자는 조합설립인가 신청 전에 시장·군수등 및 추진위원회에 조합설립에 대한 반대 의사를 표시하지 않는 한 조합의 설립에 동의한 것으로 본다.

조합 설립이 승인되면 추진위원회의 업무는 공식적으로 조합에 이관된다. 이로써 추진위원회의 역할은 종료되며, 조합이 정비사업의 전반적인 관리와 집행을 담당하게 된다. 주의할 점은 정비사업 조합설립추진위원회 운영규정(국토교통부 고시)이 정하는 추진위원

그림 9-5 조합설립추진위원회의 구성

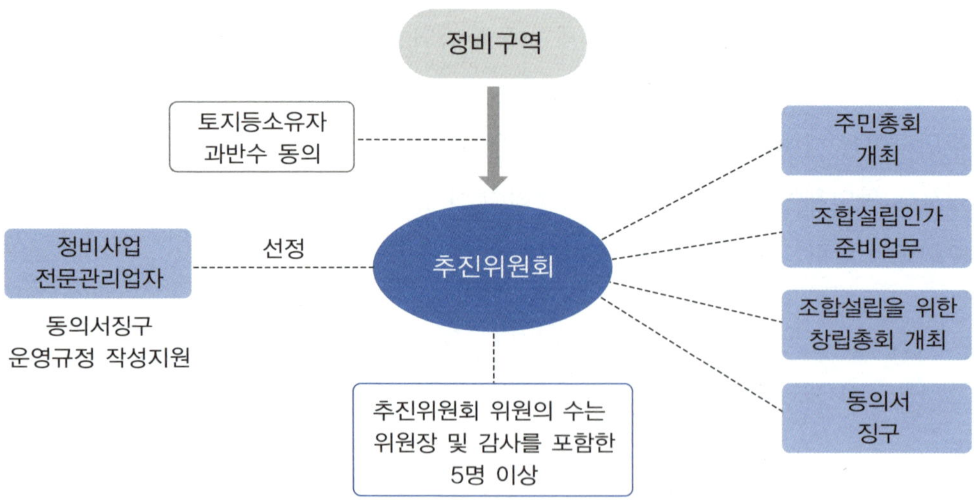

출처: 남진 · 이지현(2023), 「도시정비론」, 기문당, p.73 참고하여 재작성

회 업무범위를 초과하는 업무나 계약, 용역업체의 선정 등은 조합에 승계되지 않는다.

2) 시행단계: 사업시행계획 및 관리처분계획

재개발, 재건축의 주요 인허가 과정은 정비계획, 사업시행계획, 관리처분계획 및 이전고시가 있다. 사업의 주요계획은 정비기본계획에 부합하여야 하며, <그림 9-6>의 사업시행인가 단계에서는 밀도의 증가, 즉 용적률 상향에 대한 상세안(<그림 9-6>의 신축 200평)을 인가하는 것으로 이 단계는 개별 소유주에 대한 권리를 확정하는 단계는 아니다. 이후 관리처분 단계에서 조합원분(<그림 9-6>의 140평)과 일반분양분(<그림 9-6>의 60평)을 상세히 명기하여 관리처분할 내용을 고시로 확정하는 단계로서 소유자 '김00'의 동호수는 물론 종전권리가액, 종후자산가액, 분담금 등을 명확히 기입하게 되어 있다.

관리처분계획수립/인가, 이주 및 철거 후 착공, 분양, 공사준공 및 입주, 이전고시 및 청산 절차를 거친다. 이전고시는 소유자 '김○○'의 종전자산(연립주택 등)의 등기권리증상의 사권이 설정된 경우, 이를 종후자산 동호수에 동일하게 설정하여, 은행 채무 등의 권리관계가 소멸되지 않도록 이전하는 절차로서 토지등소유자가 많을 경우 이 절차 이행에 상당한 시간이 소요될 수도 있다. 사업시행에 따른 밀도의 증가로 인해 기반시설, 환경 등에 부담이 발생되고 이를 해결하기 위해 도시설계 차원의 계획이 요구되기 때문에 정비계획을 통한 재건축을 실시하게 되며 정비사업의 세부 단계별 절차는 다음 <그림 9-6>과 같다.

그림 9-6 정비사업의 기본 원리 예시도

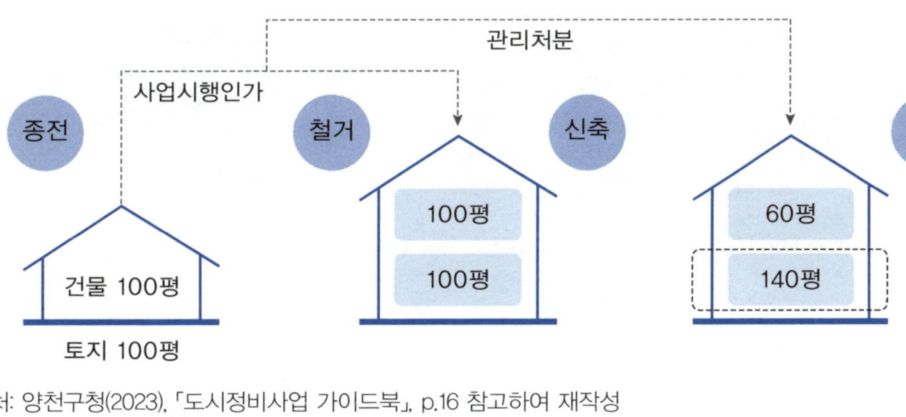

출처: 양천구청(2023). 「도시정비사업 가이드북」. p.16 참고하여 재작성

3) 정비사업의 사업성 검토

정비사업의 사업성 검토도 일반적인 부동산개발사업의 사업성 검토와 동일한 패턴으로 이루어지며, 이익배분 단계에서 토지등소유자 간 배분을 위해 비례율 개념을 도입하여 다양한 소유관계를 합리적으로 조정하는 단계를 거친다. 일반분양을 통해 증대된 이익은 차입금에 대해 이자를 포함하여 상환을 하고, 우선주 출자금은 당초 약정된 이자를 포함하여 지급하며, 나머지 이익은 토지등소유자가 비례율에 따라 배분받게 된다. 사업성 검토 중 유의할 사항은 통상 금융권을 통해 출자받은 출자(우선주)는 사업성과와 무관하게 일정 이자를 포함하여 상환해야 하며, 사업성과가 미진할 경우 출자(보통주)의 이익 등을 출자(우선주)에 지급하여야 하며, 이러한 경우에는 토지등소유자의 분담금이 늘어날 수도 있게 된다.

정비사업 수입 중 APT 임대(매각)는 지자체의 사업시행계획 인가 시 용적률 완화(상향)에 따른 임대주택의 경우 통상 감정평가금액이 아닌 표준건축비 기준으로 지자체 등에 매각하며, 매각금액은 관리처분에 명기하게 된다.

그림 9-7 정비사업 비례율 활용 비용배분 방법

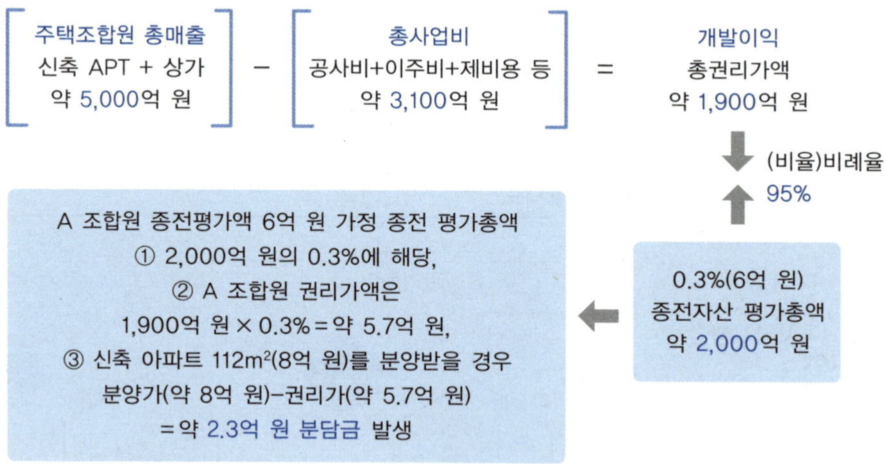

출처: 양천구청(2023), 「도시정비사업 가이드북」, p.49 참고하여 재작성

정비사업에서 비례율을 활용하여 비용 배분하는 방법을 예를 들어 살펴보면 상기 그림과 같이 총매출, 총사업비, 개발이익을 기준으로 이루어진다. 주택조합의 총매출은 신축 아파트와 상가 등의 매각을 통해 약 5,000억 원으로 산정하고, 여기서 공사비, 이주비, 제비용 등을 포함한 총사업비 약 3,100억 원을 차감하여 개발이익을 약 1,900억 원으로 산정된다. 종전자산 평가총액이 약 2,000억 원임을 감안하면 비례율은 95%로 산정되는데, 조합원 간 비용 배분은 권리가액과 비례율을 바탕으로 계산된다. 예를 들어, A 조합원의 종전평가액이 6억 원일 경우, 이는 전체 평가총액의 0.3%에 해당되며, 이를 기준으로 A 조합원의 권리가액은 개발이익 1,900억 원의 0.3%인 약 5.7억 원으로 계산된다. 또한, 조합원의 최종 분담금은 신축 아파트의 분양가와 권리가액 간의 차액으로 산출되며, A 조합원이 112m^{2}형 신축 아파트를 분양받을 경우 분양가는 약 8억 원일 경우 권리가액 약 5.7억 원을 차감한 결과 약 2.3억 원의 분담금이 발생한다. 이러한 방식은 종전 자산의 평가총액을 기준으로 조합원의 부담을 공정하게 분배하며, 비례율을 통한 합리적이고 투명한 비용 배분을 가능하게 한다.

4) 정비사업의 사업시행인가

정비사업의 사업시행인가란 정비사업을 수행하고자 하는 사업시행자가 관할구청으로부터 인가(허가, 신고, 승인 등)를 받는 법적 행위이며, 사업시행계획에는 토지이용계획, 건축계획, 정비기반시설 설치계획, 기타 사업시행계획 등 다양한 내용을 포함하며, 이를 통해 사업의 구체적인 실행 방안이 마련된다. 토지이용계획 수립에는 정비구역 내 토지의 효율적 활용을 위해 용도별 구분과 배치를 계획하는 작업이다. 이와 함께 건축물 설계 계획이 수립되며, 해당 구역에 들어설 건축물의 배치, 규모, 용도 등을 명확히 한다. 이러한 계획은 지역 주민의 생활환경 개선과 도시의 기능적 향상을 동시에 도모한다.

추가적으로 도로, 공원, 공공시설 등의 설계 및 내역 작성 등 설치계획과 도로망의 개선, 공원의 배치, 공공시설의 설계는 주민 편익 증진과 함께 증가한 밀도에 대응한 지역기반 인프라 추가 확보를 위해 중요한 단계이다. 또한, 세입자 이주대책과 정비사업비 추정 내역, 사업기간 계획 등이 포함되며, 이 모든 내용을 기반으로 사업시행자는 구체적인 실행 방안을 마련한다. 이를 통해 정비사업은 체계적이고 합리적인 방식으로 추진될 수 있다.

그림 9-8 사업시행계획 수립 내용

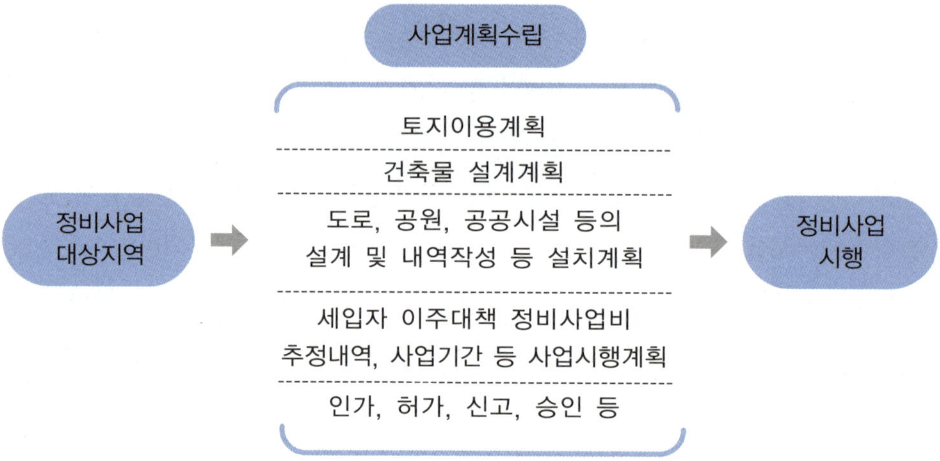

출처: 양천구청(2023), 「도시정비사업 가이드북」, p.58 참조

5) 정비사업의 감정평가

감정평가 3방식으로는 '감정평가에 관한 규칙'에 따라 원가방식(비용성), 비교방식(시장성), 수익방식(수익성)이 있으며, 원가방식은 원가법 및 적산법 등 비용성의 원리에 기초한 감정평가방식이며, 비교방식은 거래사례비교법, 임대사례비교법 등 시장성의 원리에 기초한 감정평가방식 및 공시지가기준법이며, 수익방식은 수익환원법 및 수익분석법 등 수익성의 원리에 기초한 감정평가방식이다. 종전자산 감정평가와 종후자산 감정평가를 통해 조합원 분담금을 산정하게 된다. 분담금 예시로 비례율이 110.45%인 사업에서 종전자산(10억 원) 대비 권리가액이 11억 450만 원이 된다. 이때 조합원 분양가가 9억 5,000만 원이면 1억 5,450만 원을 수익으로 조합원이 받게 되고, 조합원 분양가가 12억 원이면 9,550만 원을 분담하게 된다.

종전자산 감정평가 기준시점은 사업시행계획 인가 이후 조합원분양신청 전이며, 종후자산 감정평가 기준시점은 관리처분계획 수립 기준일(조합원 분양신청 마감일)이며, 이 때 관리처분계획수립을 위한 분담금 산정이 이루어진다. 감정평가 절차는 통상 입지(지역 및 단지) 특성의 분석, 아파트 시세 및 분양가 분석, 동·향·층 위치 등 개별 특성 분석, 조망·일조·소음·프라이버시 분석, 세대별 효용지수 분석 및 세대별 감정평가액 결정 절차로 구성된다. 최근 쾌적한 삶의 질 추구 경향에 따라 같은 아파트 단지 내에서도 일조권·숲·강 조망권·도로변 소음·동별 프라이버시 간섭 등을 시뮬레이션 자료로 분석해 세대별 분양가를 합리적으로 차등화하는 경향이 있다. 교통 접근성 및 편의시설 입지 분석 또한 평가 요소에 포함한다.

6) 정비사업의 관리처분

'관리처분계획'이란 정비사업 시행구역에 있는 종전 토지 또는 건축물의 소유권과 지상권·전세권·임차권·저당권 등 소유권 이외의 권리를 사업시행계획에 따른 정비사업으로 조성한 토지와 축조한 건축시설에 관한 권리로 변환하여 배분하는 일련의 계획을 말하며, 관리처분계획인가의 절차는 분양신청 종료, 배정계획 작성, 사전통지, 총회의결, 공람, 인가신청의 순으로 이루어진다. 관리처분계획 통지의 대상은 조합원이며, 통지 및 공고는 총회 개최 1개월 전 통지해야 하며, 관리처분계획의 수립 및 변경을 의결하는 총회의 의결 요건은 20% 이상 직접 참여 및 조합원의 과반수가 동의하여야 하며, 30일 이상 토지등 소유자에게 공람하여야 한다. 단, 정비사업비가 10% 이상 증가 시 타당성 검증을 해야 하며 조합원 2/3 이상 동의가 필요하다.

관리처분계획에 포함되는 사항[3]은 분양설계, 분양대상자의 주소 및 성명, 분양대상자별 분양예정인 대지 또는 건축물의 추산액, 일반 분양분·공공지원민간임대주택·임대주택, 그 밖에 부대시설·복리시설 등에 해당하는 보류지 등의 명세와 추산액 및 처분방법, 분양대상자별 종전의 토지 또는 건축물 명세 및 사업시행계획인가 고시가 있은 날을 기준으로 한 가격, 정비사업추산액 및 그에 따른 조합원 분담규모 및 분담시기, 분양대상자의 종전 토지 또는 건축물에 관한 소유권 외의 권리명세, 세입자별 손실보상을 위한 권리명세 및 그 평가액, 기존 건축물의 철거 예정시기, 그 밖에 정비사업과 관련한 권리 등에 관하여 「도시정비법 시행령」에서 정하는 사항이 있으며, 관리처분계획의 경미한 변경으로 비교적 용이하게 관리처분계획을 변경할 수 있는 사항은 「도시정비법 시행령」에 그 변경 사유를 한정하고 있다. 해당 사유는 계산착오·오기·누락 등에 따른 조서의 단순정정인 경우(불이익을 받는 자가 없는 경우에만 해당), 정관 및 사업시행계획인가의 변경에 따라 관리처분계획을 변경하는 경우, 매도청구에 대한 판결에 따라 관리처분계획을 변경하는 경우,

3 도시및주거환경정비법 제74조(관리처분계획의 인가 등) 제1항의 각호

권리·의무의 변동이 있는 경우로서 분양설계의 변경을 수반하지 않는 경우, 주택분양에 관한 권리를 포기하는 토지등소유자에 대한 임대주택의 공급에 따라 관리처분계획을 변경하는 경우, 임대사업자의 주소를 변경하는 경우에 한정된다.

다수의 토지등소유자가 참여하는 정비사업의 권리관계를 규정하는 관리처분 절차는 개인별 소유권 변동과 일반매각분 등의 총합 서류로서 사업종료 시점이 되면 특정인의 권리관계가 잘못 기입되어 있거나 사업시행단계에 절차적 하자가 있었지만 변경하지 못하고 준공 시점에 변경하는 사례가 다수 있으며, 이 경우 관리처분계획인가 절차가 지연되는 경우가 발생되는데 사업시행자는 경미한 변경 절차를 진행하고자 하여도 「도시정비법 시행령」에 열거된 사유에 해당되지 않으면 경미한 변경으로 처리할 수 없게 된다.

7) 완료단계: 준공 및 입주, 이전고시 및 청산

관리처분계획인가, 주민이주 후 철거신고 및 철거, 착공 및 착공신고를 통해 본격적인 사업에 착수하고, 일반분양을 통해 사업비 관리를 적정하게 진행하고, 준공검사를 통해 준공인가 및 공사완료 고시가 난다. 구도심에서 진행되는 재개발, 재건축의 특성상 주변 기반시설 및 기부채납하는 공원 등의 공사 완료하기까지 여러 어려움이 있고, 기반시설(상하수도, 전기, 통신, 우·오수관, 가스관 등)과 수목이설 등 여러 요인들을 준공기한 내에 도시의 재개발, 재건축 측면에서 이행하여야 한다.

이전고시는 준공 이후 업무이지만 그 준비는 사업초기 관리처분계획 수립시부터 준비하여야 한다. 특히 조합원 수가 수백 명 이상인 경우 그 권리관계를 명확히 파악해 놓지 못하면 이전고시 자료 작성 시에도 상당한 어려움이 있으므로 사전 파악 및 상속, 증여 등으로 소유권이 바뀐 경우 등도 면밀히 파악하여 자료 작성에 차질이 없어야 한다. 이전고시 이후 청산금의 징수 및 지급 완료 후 조합 해산하며, 조합 해산은 조합의 법인격의 소멸을 가져오는 법률사실을 말한다.

그림 9-9 이주·철거·착공 및 준공인가 흐름도

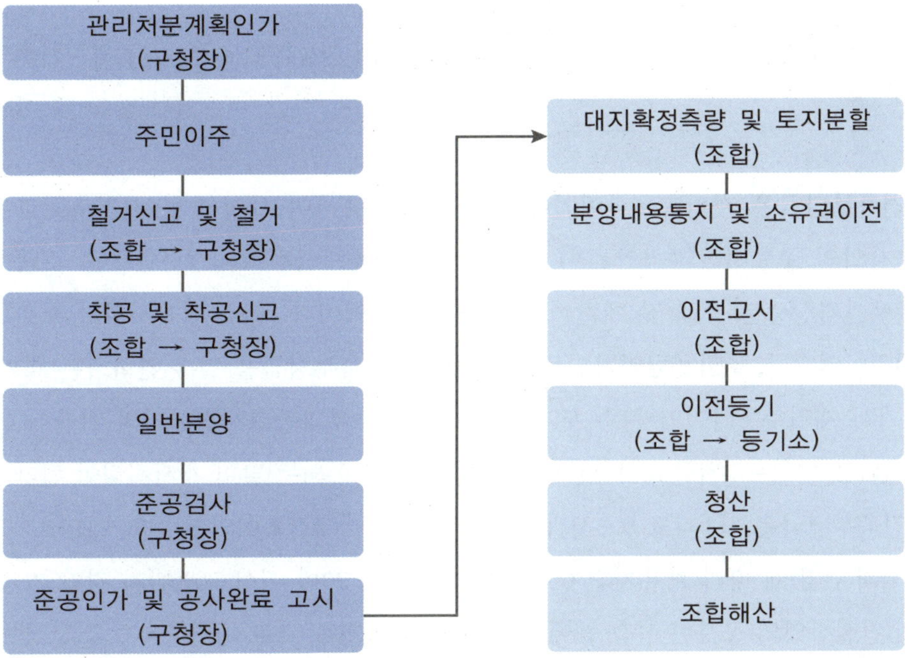

출처: 서울특별시(2021), 「공동주택 재건축사업 업무 매뉴얼」 참조

제 2 절 정비사업 핵심용어 10선

2.1 재건축초과이익 환수제도

재건축초과이익은 재건축사업으로 인하여 정상 주택가격상승분[4]을 초과하여 조합에 귀속되는 주택가액의 증가분으로서, 국토교통부장관은 재건축초과이익을 [표 9-2]에 따라 산정하여 재건축부담금으로 징수하여야 한다(재건축이익환수법 제2조와 제3조).

4 정상주택가격상승분은 개시시점 주택가액에 정기예금이자율과 종료시점까지의 해당 재건축사업장이 소재하는 특별자치시·특별자치도·시·군·구의 평균주택가격상승률 중 높은 비율을 곱하여 산정한다.

표 9-2 재건축부담금 부과기준

재건축부담금 = **재건축초과이익**{종료시점 주택가액 – (개시시점 주택가액 + 정상주택가격 상승분총액 + 개발비용)} × **부과율**

재건축부담금은 재건축초과이익에 부과율을 적용하여 산정하며, 재건축초과이익은 재건축사업의 종료시점(준공인가일) 주택가액에서 개시시점(조합설립인가일) 주택가액과 정상주택가격상승분 총액 및 개발비용을 공제한 금액이다. 당초 개시시점이 추진위원회 구성시점이었으나, 조합설립인가일로 변경하여 재건축부담금을 일부 완화하는 효과가 있다. 여기서 재건축초과이익 환수 부과기준 시점부터 부과종료시점까지의 기간이 10년을 초과하는 경우에는 부과종료시점부터 역산하여 10년이 되는 날이 개시시점이 된다.

재건축부담금은 다음 [표 9-3]과 같이 산정되며, 「재건축이익환수법」 제14조의2(재건축부담금의 감경)에 따라 보유기간 6년 이상 10%부터 20년 이상 70%까지 경감 가능하다. 최근의 건설산업의 공사비 상승 등에 따른 사업성 악화 등으로 재건축부담금 산정에 대한 우려를 감안하여 국회에서 2023년 12월 26일에 평균이익 설정 범위 및 재건축부담금 감

표 9-3 재건축부담금 산정체계 및 부과율

조합원 1인당 평균이익	부과율 및 부담금 산식
8,000만 원 이하	면제
8,000만 원 초과 1억 3,000만 원 이하	8,000만 원을 초과하는 금액의 10% × 조합원수
1억 3,000만 원 초과 1억 8,000만 원 이하	500만 원 × 조합원수+1억 3,000만 원을 초과하는 금액의 20% × 조합원수
1억 8,000만 원 초과 2억 3,000만 원 이하	1,500만 원 × 조합원수+1억 8,000만 원을 초과하는 금액의 30% × 조합원수
2억 3,000만 원 초과 2억 8,000만 원 이하	3,000만 원 × 조합원수+2억 3,000만 원을 초과하는 금액의 40% × 조합원수
2억 8,000만 원 초과	5,000만 원 × 조합원수+2억 8,000만 원을 초과하는 금액의 50% × 조합원수

출처: 저자 작성

경대상을 조정하여 법률 개정함에 따라 당초 평균이익 3,000만 원 이하 면제를 8,000만 원 이하 면제로 조정하고 관련 금액 범위도 조정하였다.

2.2 금융용어[5]

1) 담보인정비율(LTV)

자산의 담보가치에 대한 대출 비율을 의미하며, 우리나라에서는 주택가격에 대한 대출 비율로 많이 알려져 있다. 예를 들어 아파트 감정가격이 5억 원이고 담보인정비율이 70%이면 금융기관으로부터 3억 5,000만 원의 주택담보대출을 받을 수 있다. 「은행업 감독업무시행세칙」에서는 주택담보대출의 담보인정비율 산정방식을 다음과 같이 제시하고 있다.

> 담보인정비율=
> (주택담보대출+선순위채권+임차보증금 및 최우선변제 소액임차보증금)/담보가치×100

여기서 담보가치는 ① 국세청 기준시가, ② 한국감정원 등 전문감정기관의 감정평가액, ③ 한국감정원의 층별 호별 격차율 지수로 산정한 가격, ④ KB부동산시세의 일반거래가격 중 금융기관 자율로 선택하여 적용한다. 당초 LTV(Loan to Value ratio) 규제는 은행권을 중심으로 내규에 반영하여 자율적으로 시행해 오다가 금융기관의 경영 안정성 유지, 주택가격 안정화 등을 위한 주택담보대출 규모의 관리 필요성이 제기되면서 감독규제 수단으로 도입되었다. 최근에는 가계부채 증가 억제 및 부동산경기 조절 등 거시건전성정책 수단으로 활용되고 있으며, 금융기관별, 지역별로 세분화하여 차등 적용되고 있다. 한편, 금융기관은 담보인정비율(LTV)과 차주의 부채상환능력을 나타내는 총부채상환비율(DTI)을 함께 고려하여 대출규모를 결정한다.

5 한국은행(2023), 「경제금융용어 700선」

2) 총부채상환비율(DTI)

주택담보대출 차주의 원리금상환능력을 감안하여 주택담보대출 한도를 설정하기 위해 도입된 규제 비율이다. 은행업 감독규정에서는 동 비율을 다음과 같이 산정하도록 하고 있다.

DTI=(해당 주택담보대출의 연간 원리금 상환액+기타부채의 연간 이자상환액)/연소득×100

DTI(Debt to Income ratio) 규제는 LTV 규제 강화의 후속 조치로 2005년 8월 도입되었으며, 이는 차주의 소득수준과 관계 없이 주택가격에 비례하여 주택담보대출 한도가 결정되는 LTV 규제의 문제점을 보완하고자 도입한 것이다. 특히 과도한 가계부채의 증가 억제 및 주택자금 수요 축소 등을 위해 DTI 비율을 특정 수준 이내로 제한하기도 한다. 한편, DTI는 LTV와 함께 대표적인 거시건전성정책의 수단으로서 통화신용정책과 상호 보완적인 관계를 가지고 있다. 예를 들어, 저금리하에서 주택가격 상승세가 확대될 경우 DTI 및 LTV 규제를 강화하면 주택담보대출 한도가 축소되어 주택시장 과열을 억제하는 효과를 기대할 수 있다.

3) 총부채원리금상환비율(DSR)

차주의 상환능력 대비 원리금상환부담을 나타내는 지표로서, 차주가 보유한 모든 대출의 연간 원리금상환액을 연간소득으로 나누어 산출된다. 대출에는 마이너스통장, 신용대출, 전세자금대출, 자동차할부금융 등이 모두 포함된다. 한편, 유사한 개념인 총부채상환비율(DTI)과 비교할 때, DTI는 원금상환액 중 주택담보대출 원금상환액만 포함하는 반면, DSR(Debt Service Ratio)은 주택담보대출을 포함한 모든 대출의 원금상환액을 포함한다는 점에서 차이가 있다. 정부 및 감독당국은 주택시장 안정화 및 가계부채연착륙을 위해 2017년 중 LTV, DTI 규제를 강화한 데 이어, 2018년 하반기부터 차주의 부채 상환 능력을 더욱 포괄적으로 판단할 수 있는 DSR을 금융기관의 여신심사 과정에서 활용하도록 하는 방안을 발표한 이후 DSR 규제 적용범위를 지속적으로 확대하였다.

4) 스트레스 DSR

변동금리 대출 등을 이용하는 차주가 대출 이용기간 중 금리인상으로 인해 원리금 상환부담이 늘어날 것을 감안해 DSR(총부채 원리금 상환비율) 산정 시 일정수준의 가산금리(스트레스 금리)를 추가로 적용하는 제도이다. DSR 제도에 따라 대출 한도는 차주의 연간 원리금 상환액이 연 소득의 40%를 넘지 않는 선에서 결정된다. 스트레스 DSR 제도는 변동금리 대출을 이용하는 차주가 부채 상환 능력을 평가하고, 금리 상승에 따른 리스크를 관리할 수 있도록 돕기 위해 도입된 것이다.[6]

5) 집단대출

주택담보대출 중 신규분양, 재건축·재개발아파트 입주(예정)자 등 일정 자격요건을 갖춘 차주 집단을 대상으로 개별심사 없이 일괄승인 방식으로 실행되는 여신을 말한다. 이 대출은 은행 입장에서 아파트 분양업자와 협약을 체결할 경우 한꺼번에 입주자 전체를 고객으로 확보할 수 있다는 장점이 있다. 대출을 받는 사람들도 개별적으로 대출심사를 받는 번거로움을 피할 수 있을 뿐 아니라 저금리 혜택과 함께 중도상환수수료나 설정비용 부담이 작다는 장점이 있어 많이 활용된다. 집단대출은 이주비대출, 중도금대출 및 잔금대출 등으로 구분한다. 이주비대출은 재건축(재개발) 사업추진 기간 동안 조합원의 이주자금을 지원하기 위한 대출이며, 중도금대출은 분양 계약에 따른 중도금(계약금 및 잔금 제외)을 납입하기 위한 자금을 지원하는 대출로 일반적으로 건설사와 아파트 준공시 1순위 근저당 설정을 조건으로 취급된다. 한편 잔금대출은 주택이 완공된 후 등기 전까지 납입할 잔금을 지원하기 위한 대출을 말한다.

6) 프로젝트 파이낸싱

프로젝트 파이낸싱(PF: Project Financing)이란 석유개발, 탄광채굴, 조선소, 발전소, 고속도로 건설 등 대규모 사업을 추진하는 경우 그 프로젝트에 필요한 대규모의 소요자금과 각종 금융수요를 충족하기 위해서 동원되는 다수의 금융수단이나 투자금융기법을 통칭하는 말이다. 실제로 프로젝트 파이낸싱은 다양한 형태로 설계·운용될 수 있는데 주요한 특

6 한경 경제용어사전

징적 요소를 살펴보면 대체로 다음과 같다. 먼저 통상적인 금융기관의 신용공여가 차입자의 신용도나 보유자산을 담보로 하여 이루어지는데 비해 PF는 프로젝트 자체의 사업성 즉, 그 경제성이나 향후 가능성을 바탕으로 한다는 점에서 특징이 있다. 둘째로 프로젝트에 대규모의 장기자금이 소요되는 데다 사업의 수익성이 높지만 위험부담도 그만큼 크기 때문에 다수의 금융기관이 참여하는 협조융자 형태를 취하고 관련 금융기관이 출자를 통해 모기업과는 별도의 특수목적법인(SPC), 즉 프로젝트회사를 설립하여 동 회사에 자금을 지원하는 형태를 취하여 모기업과 프로젝트회사 간에 리스크를 분산시키는 것이 보통이다. 아울러 주도적인 금융기관은 단순한 자금 공급원의 기능을 넘어 개발계획의 입안 및 사업성 검토, 입찰준비, 신용보강 등에 광범위하게 참여하고 다양한 유형의 직·간접 금융기법을 결합시키는 투자금융서비스도 제공하게 된다. 유럽 미국 등지에서는 1960년대부터 많이 사용되어 왔고 우리나라에서는 지난 2000년대 이후 사회간접자본(SOC) 투자, 부동산 개발 등을 중심으로 많이 활용되는 모습을 보이고 있다.

7) PF-ABCP

유동화를 목적으로 설립된 특수목적회사(SPC: Special Purpose Company)가 부동산 PF(Project Financing) 대출을 기초자산으로 하여 발행한 기업어음(Asset-Backed Commercial Paper)을 말한다. 부동산개발사업 시행사가 PF-ABCP를 이용할 경우 금융기관이 아닌 투자자로부터 자금을 조달하는 효과가 있어 투자자 확보가 용이하고 조달비용을 절감할 수 있는 장점이 있다. 투자자 입장에서도 시공사의 연대보증과 증권사 등에 의한 신용보강(매입보장, 매입확약 등)이 있기 때문에 직접 대출에 비해 리스크가 줄어드는 이점을 누릴 수 있다. 한편 PF-ABCP는 「상법」에 근거한 회사 형태의 SPC를 통해 발행되므로 법인세 납부의무와 이자소득세 원천징수 의무가 있다.

8) 임대업 이자상환비율(RTI)

이자상환비율은 부동산 임대사업자의 상환능력을 심사하는 지표로서 연간임대소득을 연간이자비용으로 나눈 값이다. 대출 취급 시 주택은 RTI 1.25배 이상, 비주택은 RTI 1.5배 이상 활용하게 된다.[7]

7 금융위원회·금융감독원(2017), 「금융회사 여신심사 선진화 방안」

이자상환비율(Rent to Interest)
= 연간임대소득/(해당 임대업대출의 연간이자비용+해당 임대건물 기존 대출의 연간이자비용)

9) 소득대비대출비율(LTI)

연간 소득 대비 대출 총잔액의 비율을 의미하며, "1억 원 초과" 신규 대출 취급 시 여신심사의 참고지표로 활용된다.

소득대비대출비율(Loan to Income Ratio)
= {총부채(가계대출+사업자대출)}/{총소득(사업자소득+근로소득+기타소득)}

10) 레버리지 효과

안정성을 추구하는 저축과 달리 투자에서는 종종 레버리지 효과(Leverage Effect)가 발생한다. 금융에서는 실제 가격변동률보다 몇 배 많은 투자수익률이 발생하는 현상을 지렛대에 비유하여 레버리지로 표현한다. 투자에서 가격변동률보다 몇 배 많은 투자수익률이 발생하려면, 즉 레버리지 효과가 나타나려면, 투자액의 일부가 부채로 조달되어야 한다. 레버리지 효과는 총투자액 중에서 부채의 비중이 커지면(자기자본의 비중이 작아지면) 증가하게 된다. 원천적으로 레버리지가 내재한 투자의 예로, 전세를 끼고 주택을 매입한 경우를 상정하자. 10억 원인 아파트를 8억 원의 전세를 끼고 자기자본 2억 원으로 매입하였다면, 투자 레버리지(=총투자액/자기자본)는 5배(=10억 원/2억 원)가 된다. 이후 집값이 10% 상승하여 11억 원이 되면 자기자본 2억 원에 대한 투자수익률은 실제 가격변동률(10%)의 5배인 50%가 된다. 만일 집값이 30% 하락하여 7억 원이 되면 투자수익률은 실제 가격변동률(−30%)의 5배인 −150%가 되어 집값이 전셋값에도 못 미치는 소위 '깡통 전세'로 전락하게 된다. 이와 같이 레버리지에 의해 손익이 확대되는 효과가 발생하므로 레버리지는 '양날의 칼'에 비유되기도 한다. 1997년 말 한국에 외환위기가 닥쳤을 때 많은 사업자와 기업이 파산하게 된 원인 중 하나가 높은 부채비율로 인한 레버리지였다. 그러므로 투자를 할 때는 감내할 만한 수준 이내로 부채를 적절하게 사용하는 것이 바람직하다.

2.3 용도지역·지구·구역

용도지역은 토지의 이용이나 건축물의 용도·건폐율·용적률·높이 등을 제한함으로써 토지를 경제적·효율적으로 이용하고 공공복리의 증진을 도모하기 위해 서로 중복되지 않게 도시·군관리계획으로 결정하는 지역을 말한다.

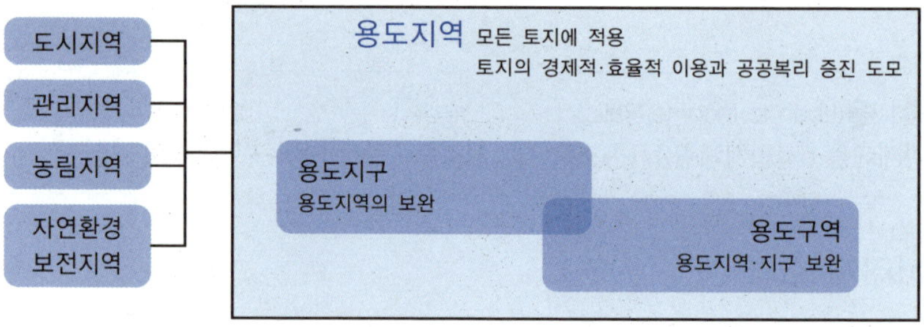

용도지구는 용도지구는 용도지역에 따른 토지의 이용 및 건축물의 용도·건폐율·용적률·높이 등에 대한 제한을 강화하거나 완화함으로써, 용도지역의 기능을 증진시키고 경관이나 안전 등을 도모하기 위해 도시관리계획으로 결정하는 지역을 말한다.

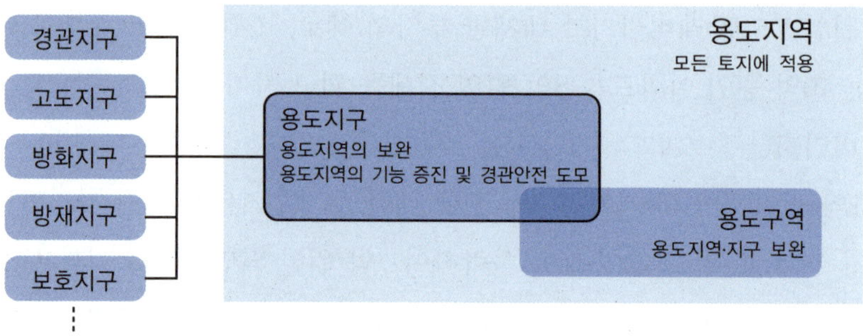

용도구역은 시가지의 무질서한 확산방지, 계획적·단계적 토지이용 도모, 토지이용의 종합적 조정·관리 등을 위해 토지의 이용 및 건축물의 용도·건폐율·용적률·높이 등에 대한 용도지역 및 용도지구의 제한을 강화 또는 완화하는 지역을 말한다.

용도구역

〈제한강화〉	〈제한완화〉
개발제한구역 도시자연공원구역 시가화조정구역 수자원보호구역	도시혁신구역 복합용도구역 입체복합구역

2.4 재건축과 재개발

재건축과 재개발은 도시의 공간 구조를 개선하고 생활환경을 향상시키기 위한 주요 도시개발 방식이지만, 두 방식은 다양한 측면에서 차이가 있다. 재건축은 주로 낡고 노후화된 건축물을 허물고 새로 짓는 것을 말하며, 재개발은 주거환경을 비롯한 도시 공간 전반을 개선하기 위해 토지 이용과 기반시설을 포함한 대규모의 변화를 수반하게 된다. 이 두 방식은 법적 기준과 적용 방식에서 차이를 보이며, 각각의 특성에 맞는 법률과 절차에 따라 진행된다.

재건축의 경우 사업지 주변의 정비기반시설이 양호한 경우가 많아서 해당 사업지 내부의 공사를 이행하고, 상·하수도, 전기, 통신, 가스 등 인프라는 기존 인접 관로에 연결하는 방식이다. 이에 반해 재개발사업은 정비기반시설이 열악한 곳에 추진하게 되므로 사업지 인근의 각종 인프라를 다시 설치해야 하는 경우가 많다. 실제로 30~40년 이상 된 관로의 경우 작업 중 약한 충격에도 파손되는 일은 흔하다.

표 9-4 재건축과 재개발 비교

구분	재건축	재개발
근거법령	도시 및 주거환경정비법	
정비기반시설	양호함	열악함
안전진단 실시여부	실시함	실시하지 않음

조합원 조건	구역 내 소재한 건축물 및 부속 토지를 동시에 소유해야 함	구역 내 소재한 토지 또는 건축물 소유자 및 지상권자
임대주택 건설의무	도시 및 주거환경정비법령, 정비사업의 임대주택 및 주택규모별 건설비율(국토교통부 고시) 및 시·도 조례에 따름	
개발부담금	재건축 초과이익 환수에 관한 법률에 따라 재건축부담금 부과	해당 없음
현금청산자 비율	비교적 적음	예측 어려움
주거이전비 및 영업보상비	(일반적으로) 해당 없음	지급해야 함
기반시설 기부채납	상대적으로 적음	상대적으로 많음

출처: 저자 작성

2.5 건폐율과 용적률[8]

건축물의 규모를 제한하는 것은 도시환경을 적정하게 유지하고 보호하기 위한 수단이고, 건축물의 규모를 제한하는 가장 기본 사항으로 건폐율과 용적률이 있다. 이는 건물의 규모를 대지의 면적을 기준으로 제한하는 것이다. 건폐율은 대지의 일정 규모 이상의 공지를 확보하도록 하기 위한 것으로 하늘에서 대지를 내려다보았을 때 건물이 대지에 차지하는 면적인 건축면적을 제한하는 것이다. 용적률은 지상에서 건물이 차지하는 부피를 제한하기 위한 것이다.

건물의 실내에 사용할 수 있는 면적을 바닥면적이라고 하며, 모든 층의 바닥면적을 합친 것을 연면적이라고 하고, 그중에 특별히 지상층의 연면적만을 대지면적의 비율로 계산한 것이 용적률이다.

예를 들어, 건폐율이 40%, 용적률이 80%인 대지의 면적이 100m^{2}라고 하면 건물은 최대 건축면적을 40m^{2}까지 할 수 있고, 최대 지상층 연면적은 80m^{2}까지 할 수 있다는 의미이다. 건폐율과 용적률의 기준은 지자체마다 조례로 달리 규정하고 있으므로 대지가 속한 지자체의 기준을 확인해야 한다.

8 양성필(2023), 「건축사 사용설명서」, '건폐율과 용적률' 내용을 정리

그림 9-10 건폐율 설명 그림(좌), 용적률 설명 그림(우)

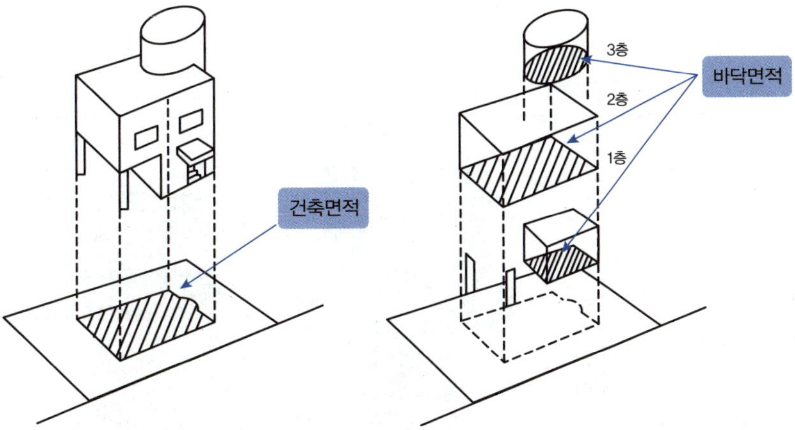

출처: 양성필(2023), 「건축사 사용설명서」, 밥북, p.36 참조

2.6 전용면적, 공급면적 및 계약면적

전용면적은 실내에서 실제로 사용 가능한 공간으로, 방, 거실, 화장실, 주방 등의 면적을 포함한다. 이는 거주자가 사용하는 공간으로서, 거주자 생활의 중심이 되는 곳이다. 주거공용면적은 거주자가 공동으로 사용하는 공간으로, 주로 계단실이나 복도 등이 포함된다. 이러한 공간은 공동으로 사용하는 시설로서, 거주자가 이동하거나 접근할 때 필요하다. 서비스면적은 발코니나 테라스 등과 같이 거주자가 추가적으로 사용하는 공간이다. 이 면적은 실내 생활 공간에 부가적인 기능을 제공하여, 실외와의 연계를 가능하게 하고 거주자의 생활 공간을 확장하는 역할을 한다. 기타공용면적은 관리사무실, 노인정, 놀이터 등과 같이 공동으로 이용 가능한 시설이다. 이는 건물의 사회적 가치를 높이며, 주민 간의 상호작용을 촉진하는 공간이다. 특히 대규모 단지에서 이러한 공용시설은 거주자의 생활 편의와 복지를 증진시키는 중요한 요소이다.

공급면적은 전용면적과 주거공용면적을 합한 면적으로, 계약 시 제공되는 면적의 기준이 된다. 이는 전용면적과 더불어 거주자에게 실질적으로 제공되는 면적을 나타내며, 건물 전체의 사용 가능한 면적을 포괄적으로 보여준다. 공급면적은 주거단지나 건물의 규모를 평가하는 중요한 지표로 작용한다. 계약면적은 전용면적과 주거공용면적, 기타공용면적을 합한 면적이다.

그림 9-11 계약면적 및 공급면적 범위

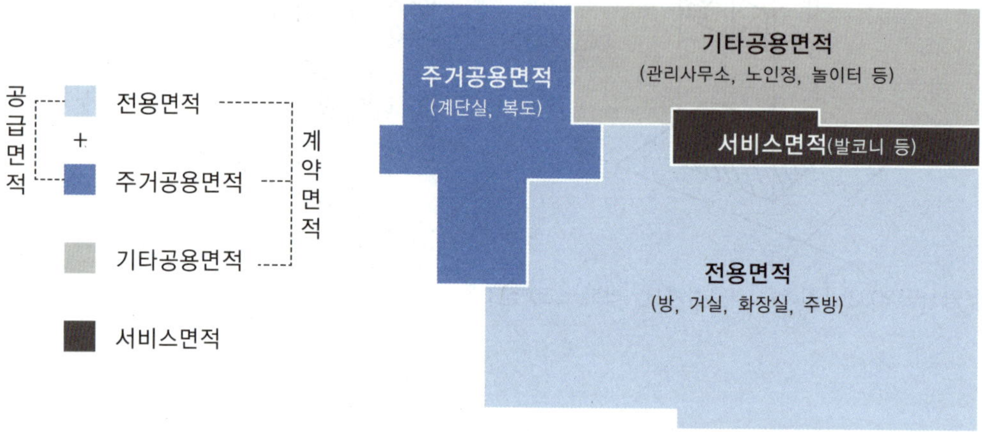

출처: 저자 작성

2.7 분양권과 입주권

입주권과 분양권은 재개발 및 재건축 과정에서 새로운 주거지를 얻을 수 있는 권리로서, 두 권리는 각기 다른 방식으로 거주자에게 혜택을 제공한다. 입주권은 재개발 및 재건축으로 철거된 주택에 대해 기존 거주자에게 새로운 주거지를 우선적으로 제공받을 수 있는 권리를 부여한다. 이러한 입주권은 일반적으로 초기 자금 부담이 크지만, 그만큼 비교적 낮은 가격에 새로운 주거지를 마련할 수 있는 기회를 제공한다.

반면, 분양권은 일반 수요자가 청약을 통해 새로 지어질 주택을 분양받을 수 있는 권리를 의미한다. 분양권은 입주권과 달리 초기 자금 부담이 낮은 편이며, 청약 자격을 갖춘 사람들이 일정한 조건을 통해 새로운 주택을 취득할 수 있는 기회를 갖는다. 분양권의 경우 잔금을 납부하고 소유권을 이전받아야 하는 절차가 있으며, 이는 채권적 성격을 지닌다.

또한, 입주권과 분양권은 세금 및 보유 자격 측면에서도 차이가 있다. 입주권은 매수

시점과 입주 시점에 각각 취득세를 부담해야 하고, 물권적 성격으로 과세대상이지만, 분양권은 입주 시에만 취득세를 납부하고 채권적 성격으로 비과세대상이다. 이러한 차이는 입주권과 분양권이 각각의 대상자들에게 주거 취득 방법과 경제적 부담 측면에서 서로 다른 영향을 미친다는 점을 보여준다.

표 9-5 입주권과 분양권 비교

구분	입주권	분양권
정의	재개발·재건축으로 철거된 주택에 대한 보상으로 새 집에 입주할 수 있는 권리	일반 수요자가 청약을 통해 새 집을 취득할 수 있는 권리
특징	분양권 대비 가격이 낮지만, 초기 자금이 높아 목돈이 필요하고, 사업 리스크가 부담됨	분양권은 전체 가격은 높지만 잔금을 분할 납부하기 때문에 초기자금이 적고 사업 리스크가 낮음
동·호수	입주권을 가진 조합원에게 우선배정	잔여물량으로 배정 (상대적 불리)
취득세	매수 시, 입주 시 총 2회 납부	입주 시 1회 납부
보유세	과세대상 (물권적 성격)	비과세대상 (채권적 성격)

출처: 저자 작성

2.8 비례율

비례율은 도시 및 「주거환경정비법 시행규칙」 별지 제6호 서식상 분양대상자별 분담금 추산방법(예시)에 명기되어 있다.

분양대상자별 분담금 추산액
=분양예정인 대지 및 건축물의 추산액−[분양대상자별 종전의 토지 및 건축물의 가격×비례율(*)]
* **비례율**=(사업완료 후의 대지 및 건축물의 총 수입−총사업비)/종전의 토지 및 건축물의 총 가액

즉, 비례율은 분양대상자별 분담금 추산액 산정을 위해 종전자산평가액을 보정하기 위한 계수이지만, 통상 사용할 경우에는 100을 곱한 퍼센트 개념으로 사용하여 100% 이상이면 사업성이 좋은 것, 100% 이하면 사업성이 좋지 않은 것으로 간주되고 있다.

가령, A사업장의 일반분양이 1,550억 원, 조합원분양이 1,050억 원, 보류시설이 41억 원으로 종후자산평가액이 2,641억 원이고, 공사비 및 기타비용을 합한 총사업비가 1,750억 원, 종전자산평가액이 890억 원이라고 할 경우 비례율은 다음과 같이 산정된다.

비례율=(1,550+1,050+41−1,750)/890x100=891/890x100=100.11%

종전자산평가액은 현금청산자 외에 조합원 분양을 신청한 조합원들의 자산 가치의 합을 의미하고, 집합건물의 종전자산평가는 주로 거래사례 비교법에 근거하여 주변 지역과 비슷한 연식과 사양의 주택 시세를 참고하여 평가하게 되고, 단독주택의 종전자산평가는 토지와 건물의 가치를 각각 평가하고 합산하는 방식을 주로 적용한다.

통상 비례율이 높으면 사업성이 높은 걸로 인식해서 비례율이 높으면 높을수록 좋다고 생각할 수 있으나, 세금 관계를 잘 살펴 보아야 한다. 재개발사업은 '조합' 사업이기 때문에 영리법인으로서 이익이 발생되면 조합은 소득세 등 세금이 발생되기 때문이다.

2.9 체비지와 보류지[9]

체비지는 환지방식으로 시행하는 개발사업에서 사업시행자가 사업에 필요한 경비를 충당하기 위하여 토지소유자로부터 취득하여 처분할 수 있는 토지를 말한다. 환지방식으로 시행하는 개발사업에서 시행자는 새로 조성된 토지 가운데 일부를 환지로 정하지 않을 수 있는데, 이러한 토지를 보류지라고 한다. 이러한 보류지 중에서 공동시설 설치 등을 위한 용지를 제외한 부분, 즉 사업시행자가 사업에 필요한 경비를 충당하기 위하여 매각처분할 수 있는 토지를 체비지라고 한다.

환지방식이란 사업시행 이전의 토지 소유권을 변화시키지 않고 종전 토지의 위치·지

9 서울도시계획포털, http://urban.seoul.go.kr 인용

적·이용상황·환경 등을 고려하여, 사업시행 이후 새로이 조성된 대지에 기존의 권리를 그대로 이전시키는 방식을 말한다. 체비지 운영의 투명성을 위해 「도시개발법」에서는 사업시행자가 간선도로변 등 지가가 높은 지역에 체비지를 집중적으로 지정할 수 없도록 하고 있으며, 체비지 매각대금을 해당 도시개발사업 외의 목적으로 사용할 수 없도록 명시하고 있다.

한편, 사업시행자가 행정청인 경우에는 「공유재산 및 물품 관리법」 등 국가나 지방자치단체의 재산처분에 관한 법률을 적용하지 않는다. 이때 체비지의 매각대금은 도시개발 특별회계에 귀속되어 도시개발사업 및 도시계획시설사업의 목적으로 사용된다.

그림 9-12 체비지 설명자료

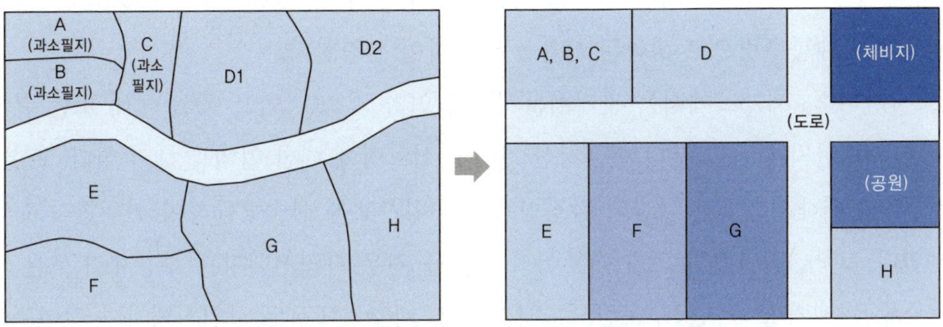

출처: 저자 작성

보류지는 환지방식으로 시행하는 개발사업에서, 사업에 필요한 경비를 충당하거나 규약·정관·시행규정·실시계획으로 정하는 목적으로 사용하기 위해 새로 조성된 토지 가운데 환지로 정하지 않고 토지소유자에게 돌려주지 않는 일부 토지를 말한다.

2.10 현금청산

현금청산 대상자는 다음의 「도시정비법」 제73조(분양신청을 하지 아니한 자 등에 대한 조치) 제1항에 따라 정해진다.

제73조(분양신청을 하지 아니한 자 등에 대한 조치) ① 사업시행자는 관리처분계획이 인가·고시된 다음 날부터 90일 이내에 다음 각 호에서 정하는 자와 토지, 건축물 또는 그 밖의 권리의 손실보상에 관한 협의를 하여야 한다. 다만, 사업시행자는 분양신청기간 종료일의 다음 날부터 협의를 시작할 수 있다.

1. 분양신청을 하지 아니한 자
2. 분양신청기간 종료 이전에 분양신청을 철회한 자
3. 제72조 제6항 본문에 따라 분양신청을 할 수 없는 자
4. 제74조에 따라 인가된 관리처분계획에 따라 분양대상에서 제외된 자

사업시행자는 「도시정비법」 제73조 제1항에 따른 협의가 성립되지 아니하면 그 기간의 만료일 다음 날부터 60일 이내에 수용재결을 신청하거나 매도청구소송을 제기하여야 하고, 기간을 넘겨서 수용재결을 신청하거나 매도청구소송을 제기한 경우에는 해당 토지등소유자에게 지연일수에 따른 이자를 지급하여야 한다. 이 경우 이자는 100분의 15 이하의 범위에서 대통령령으로 정하는 이율을 적용하여 산정한다.

「도시정비법」 제73조에서는 관리처분계획이 인가 및 고시되고 90일 이내 또는 분양신청 기간 종료일의 다음 날부터 현금청산 자와 손실보상에 대한 협의를 해야 한다. 또한, 손실보상액에 대해서는 2인 이상의 감정평가사의 평가액을 산술평균하여 산정한다고 명시되어 있다. 만약, 원만한 협의가 이루어지지 않을 경우 사업시행자는 수용재결 또는 매도청구 소송을 제기할 수 있다. 또한, 「도시정비법」 제63조에서는 사업시행자가 정비구역에서 정비 사업을 시행하기 위해 「공익사업을 위한 토지 등의 취득 및 보상에 관한 법률」에 따른 토지·물건 또는 그 밖의 권리를 취득하거나 사용할 수 있는 것으로 규정하고 있다.

제3절 노후계획도시정비

3.1 노후계획도시 정비 및 지원에 관한 특별법

1) 노후계획도시정비법 과제와 방향성

노태우 정부 시절, 주택 부족 문제를 해결하기 위한 주택 200만 호 건설계획에 따라 서울에서 20~25km 이내에 대규모 1기 신도시가 건설되었으며, 부산 해운대, 인천 연수, 대전 둔산, 광주 상무, 대구 성서 등 지방 거점 지역에서도 대규모 택지개발사업이 추진되었다. 정부 계획에 따라 단기간에 조성된 1기 신도시들은 준공된 지 30년이 지나면서 정비 시기가 일시에 도래하였고, 건축물의 노후화와 더불어 취약한 생활기반시설로 인해 주민들은 큰 생활 불편을 겪고 있었다. 단지별로 이러한 문제를 해결하고자 재건축이나 리모델링 사업이 추진되었으나, 높은 용적률 등의 한계로 사업 추진에 어려움을 겪는 경우가 많았다. 또한 도시의 전체적인 공간 구조를 고려하지 못한 산발적인 단지별 정비는 도시 기반시설 부족 등 새로운 도시 문제를 유발할 수 있다는 우려가 제기되었지만, 기존 법제도하에서는 개별 단지를 넘어 도시 전체를 종합적으로 정비하는 광역적이고 체계적인 정비는 어려운 실정이었다.

이에 2023년 12월 26일 「노후계획도시 정비 및 지원에 관한 특별법」(이하 「노후계획도시 정비법」)이 제정되어 2024년 4월 27일부터 본격 시행되었다. 「노후계획도시정비법」은 노후계획도시의 범위를 법률로 규정하고, 노후계획도시 정비 추진 절차, 규제 완화 등의 특례, 이주대책 수립, 공공기여 등의 내용을 담고 있다. 제21대 국회에서만 총 13건의 노후계획도시 정비 지원 관련 제정 법률안이 발의되었으며, 법 제정 과정에서 특별법의 역할과 제정 필요성, 적용 대상, 특례의 형평성, 공공기여의 적정성 등 여러 쟁점에 대해 수차례 논의가 이루어졌음에도 불구하고, 여전히 법에서 다루지 못한 제도적 한계는 있지만 국가 차원의 정비제도를 기반으로 협력체계를 구축하여 사업 추진과정에서 나타나는 문제점에 즉각 대응하고 제도를 보완해 나가기를 기대해 본다.[10]

10 김예성(2024.10), 「KRIHS 보고서 서평」

이렇게 1기 신도시를 중심으로 한 노후화된 지역의 정비 시기가 일시에 도래되어 광역적이고, 신속하게, 순차적인 정비를 위해 「노후계획도시정비법」이 제정되었다. 현행 재정비촉진사업, 재건축사업, 리모델링 사업 등은 각각의 장점은 있으나, 앞서 언급한 세 가지 특성(광역적, 신속한, 순차적)을 가진 정비모델이 부재하여 현행 제도로는 도시정비의 한계가 있었던 것이다.

노후계획도시의 정비는 20세기의 기준에 규격화된 우리나라의 도시가 시대 변화에 맞추어 '21세기의 도시로 전환되어 가는 과정'이며, 특별법을 통한 노후계획도시정비는 새로운 형태의 도시정비 모델로서, 정주기능·산업기능·기반시설의 균형적인 정비를 위한 체계적인 정책과 계획 마련이 필요한 실정이다.[11]

2) 노후계획도시정비법 관련 주요 이슈

'노후계획도시의 범위'는 법적 기준을 통해 명확히 정의된다. 대규모 주택공급을 목적으로 「택지개발촉진법」에 따른 택지개발사업 등 대통령령으로 정하는 사업에 따라 조성 후 20년 이상 경과하고, 면적이 대통령령으로 정하는 바에 따라 100만m^2 이상인 지역이 이에 해당된다. 대상 개발사업의 종류는 택지개발사업, 공공주택사업, 행정중심복합도시건설사업, 혁신도시개발사업, 국민주택건설사업/대지조성사업(공공시행 한정), 도시개발사업(공공시행 한정), 산업단지개발사업(공공시행+주거시설용지 50만m^2 이상 한정)이다.

'밀도 상향으로 인한 도시기반시설 부족 문제' 관련 밀도 상향은 주택공급 확대와 단위사업의 사업성을 높이는 긍정적인 효과를 기대할 수 있다. 하지만 이는 기존의 도시기반시설에 부담을 초래하며, 기반시설의 부족 문제를 야기하기도 한다. 용적률 증가와 함께 발생하는 인구 밀집은 도로, 상하수도, 전기 등 기본 인프라뿐 아니라 학교, 병원, 공원과 같은 생활SOC의 수요를 급격히 증가시킨다. 이에 따라 교통 혼잡, 환경 악화와 같은 도시문제도 동반될 가능성이 크다. 이러한 문제를 해결하기 위해 기반시설을 선제적으로 확충하고, 공공기여를 통해 시설 투자 재원을 확보하는 등의 선제적인 조치가 필요하다. 또한, 스마트 기술을 활용해 도시 관리 효율성을 높이고 기반시설 부족 문제를 완화하는 방안을 고려할 수 있다.

---

11 기효성(2023), 「산업구조 변화 관점에서의 1기 신도시 평가와 정비방향」, 노후계획도시정비 정책 세미나 발표자료, 국토연구원

'특례의 부여 기준' 관련 노후계획도시정비사업의 활성화를 위해 특례는 필수적인 도구로 활용된다. 특례에 해당하는 안전진단 면제 또는 완화, 용적률 및 건폐율 상향, 용도지역 변경, 통합심의, 보조 융자 및 부담금 감면 등은 공공기여와 유사한 가치로 환산하여 적용되어야 한다. '특례'가 '특혜'가 되어서는 안 되기 때문이다. 따라서 공공기여에 해당하는 생활SOC, 기여금, 공공임대, 공공분양, 기반시설에 대한 면밀한 검토 및 적용이 필요하다.

'선도지구의 지정 기준'은 노후계획도시정비사업에서 우선적으로 정비를 추진할 필요가 있는 지역으로 선정된다. 주민 동의율이 높고 사업성이 확보된 지역은 선도지구로 지정되기에 유리하며, 이는 사업 추진의 실현 가능성을 크게 높이는 요인으로 작용한다. 건축물의 노후화로 인한 안전 문제나 생활 기반시설 부족으로 인해 주민 생활에 심각한 불편을 초래하는 지역도 선도지구로 지정될 가능성이 높다. 이와 함께 정비사업 이후 도시재생의 성공 사례로 자리 잡아 주변 지역에 긍정적인 파급 효과를 미칠 수 있는 지역 또한 고려된다. 선도지구 지정은 도시계획의 장기적 비전과 정책적 목표에 부합하는 지역을 우선적으로 선정하여 균형 발전을 도모하는 중요한 수단이다.

노후계획도시 선도지구 지정은 상기 기준에 따라 해당 지역의 여건에 따라 변경하여 지자체에서 심사하게 되며 지자체별로 어떤 지자체는 주민동의율을 70점으로 하고, 다른 항목을 삭제 또는 조정하는 등 지자체의 여건에 맞추어 결정하게 되어 있다. 선도지구의 지정은 주민동의 여부, 정주환경개선의 시급성, 도시기능 활성화 필요성, 정비사업 추진의 파급효과, 사업의 실현 가능성을 지역 여건에 맞게 조정하여 종합적으로 판단하여 선정되어야 할 것이다. 다만, 선도지구 추진은 경제성에 따라 지역별 추진이 굉장히 제한적일 수 있음을 인지해야 한다. 강남과 인접한 분당은 진행 가능성이 크지만, 다른 지역은 분담금, 공공기여 등의 상황을 면밀히 파악해야 할 필요가 있다.

'형평성과 사업성을 고려한 적정 공공기여 수준'은 공공기여로 인한 용적률 상향 등 특례로 발생한 개발 이익의 일부를 공공의 이익으로 환원하는 중요한 수단이다. 공공기여 수준은 지역 간 형평성을 고려하면서도 사업의 경제성을 유지할 수 있는 적정 수준으로 설정되어야 한다. 과도한 공공기여는 사업 추진을 저해할 수 있으며, 낮은 공공기여는 공공이익을 충분히 확보하지 못하는 결과를 초래할 수 있다. 따라서 개발 이익의 감정평가를 바탕으로 공정한 비율을 설정하고, 사업 규모와 용적률 상향 정도에 따라 차등 적용하

표 9-6 노후계획도시 선도지구 지정에 관한 세부기준(고시문 별표자료 요약)

평가 항목	세부 평가기준	배점
① 주민 동의 여부	• 주민동의율	60점
	• 반대동의율 – 1개 단지에서 토지등소유자의 20% 이상: –10점 – 2개 단지 이상에서 토지등소유자의 20% 이상: –20점	
② 정주환경 개선의 시급성	• 통합구역 내 세대당 주차대수	10점
	• 소방활동 불편성	
	• 구역 내 주택단지 평균 건축물의 연령	
	• 구역 내 세대당 복리시설* 면적	
③ 도시기능 활성화 필요성	• 기반시설 및 자족기능 확보 여부	10점
	• 이주대책 지원 여부 – 이주자 전용주택 공급 시 추가 점수 부여	
④ 정비사업 추진의 파급효과	• 통합정비 참여 주택단지 수 – 1개 단지: 최저점 / 4개 단지 이상: 최고점	10점
	• 통합정비 참여 세대수 – 500세대 미만: 최저점 / 3,000세대 이상: 최고점	10점
⑤ 사업의 실현가능성 [가점]	• 공공시행방식 여부, 공동주택–상가 간 협약 체결 여부 등	+5점

출처: 국가법령정보센터, 노후계획도시 선도지구 지정에 관한 세부기준

는 방식을 도입해야 한다. 또한, 공공기여는 재정적 기여를 넘어 생활SOC 설치, 공공임대주택 공급, 기반시설 확충 등 지역 사회에 실질적으로 기여하는 방향으로 활용되어야 한다. 이를 통해 도시정비사업의 공공성과 사업성을 동시에 충족할 수 있을 것이다.

노후계획도시정비사업에서 가장 관건이 되는 것이 기준 용적률 산정일 것이다. 노후계획도시 용도지역별 기준용적률 산정에 관한 지침에 따르면 노후계획도시 용도지역별 기준용적률은 "노후계획도시 전체 기반시설 용량, 정비사업에서 발생하는 공공기여량 등을 종합적으로 고려하여 설정한다."라고 명기되어 있고, 본 지침의 재검토기한은 매 3년

기준으로 타당성을 검토하여 개선 등의 조치를 취하게 되어 있다. 따라서 선도지구 지정 및 차순위 지구 선정 등은 이주단지 여력, 기반시설 총량 등을 고려하여 설정하는 것이 타당할 것이다.

'이주대책'으로 이주단지 조성과 순환용 주택공급은 정비사업 추진 과정에서 주민의 주거 안정을 보장하기 위한 필수적 사항이다. 이주단지 조성은 기존 주민이 지역 내에서 안정적으로 거주할 수 있는 환경을 조성하는 핵심 방안이다. 공공택지나 미활용 국·공유지를 활용하여 이주단지를 마련하고, 자족적인 생활환경을 구축함으로써 주민들의 재정착률을 높일 수 있다. 또한, 순환용 주택은 정비사업 기간 동안 임시 거주지를 제공하는 역할을 한다. 기존 공공임대주택을 순환용 주택으로 활용하거나 전·월세 지원을 통해 주민의 경제적 부담을 완화하는 방안을 고려할 수 있다. 이주대책의 실현 가능성을 높이기 위해서는 충분한 재원 확보와 제도적 지원이 뒷받침되어야 하며, 주민과의 소통을 통해 신뢰를 구축하는 것이 중요하다. 아울러 무주택 세입자 지원방안은 민간영역에서 다루기 어려우므로 지자체가 정비기본계획 수립단계에서 이주대책 수립을 위한 기준을 제시할 필요가 있다.

3.2 노후계획도시정비기본방침[12]

1) 노후계획도시정비의 기본 틀

노후계획도시 정비는 국토교통부 장관이 수립하는 기본방침을 기반으로 시작되며, 이후 지방자치단체가 이를 바탕으로 기본계획을 수립하고, 이를 통해 특별정비계획을 마련하는 방식으로 진행된다. 특별정비계획은 지방자치단체 또는 주민제안으로 수립되며, 특정 지역을 특별정비구역으로 지정하여 정비 사업의 구체적인 추진을 가능하게 한다. 이러한 일련의 절차는 개별법에 따라 사업 시행과 입주까지 이루어진다.

특히 기본방침은 전국적인 노후계획도시 문제를 해결하기 위한 공통 기준을 제시하며, 지방자치단체가 기본계획을 수립할 때 '국토교통부지방자치단체협의체'를 통해 기본방침 정합성 컨설팅, 기본계획 수립 자문, 선도지구 선정 지원, 교통·이주대책 수립 지원,

12 국토교통부(2024.11), 「노후계획도시정비기본방침」 내용 발췌

제도 개선 발굴, 의견청취 등을 자문하게 되며, 지방자치단체는 기본계획을 통해 단위 노후계획도시의 정비목표계획을 제시하게 된다.

이후 특별정비계획 단계에서는 구체적인 실행 계획이 마련된다. 이는 해당 지역의 정비 필요성과 시급성을 고려한 구역 지정, 세부 사업계획, 그리고 추진 주체 선정 등을 포함한다. 또한, 개별법의 규정에 따라 구체적인 사업 시행 및 입주 절차가 체계적으로 진행되며, 정비 사업의 원활한 진행을 위해 재정적, 법적 지원이 뒷받침된다. 노후계획도시 정비는 이러한 단계별 체계를 통해 전국적으로 일관성을 유지하면서도 지역 특성을 반영한 맞춤형 정비가 가능하도록 설계된다. 이를 통해 도시의 기능과 환경을 개선하고, 주민들의 삶의 질을 향상시키는 것을 궁극적인 목표로 한다.

이러한 노후계획도시정비는 기존에 없던 광역적이고, 신속하고, 순차적인 정비방식으로 주민·지방자치단체·지원기구 등으로 구성된 '주민협력형 미래도시 거버넌스' 구축이 필요하고, 이를 지원하는 지자체의 전담팀 구성도 수반된다. 이러한 거버넌스를 통해 특별정비계획·사업시행계획 사전 협의, 도시정비 전후 시뮬레이션 지원, 관리처분계획 수립, 미래도시펀드 등 지원을 하게 된다.

그림 9-13 노후계획도시정비 추진 체계

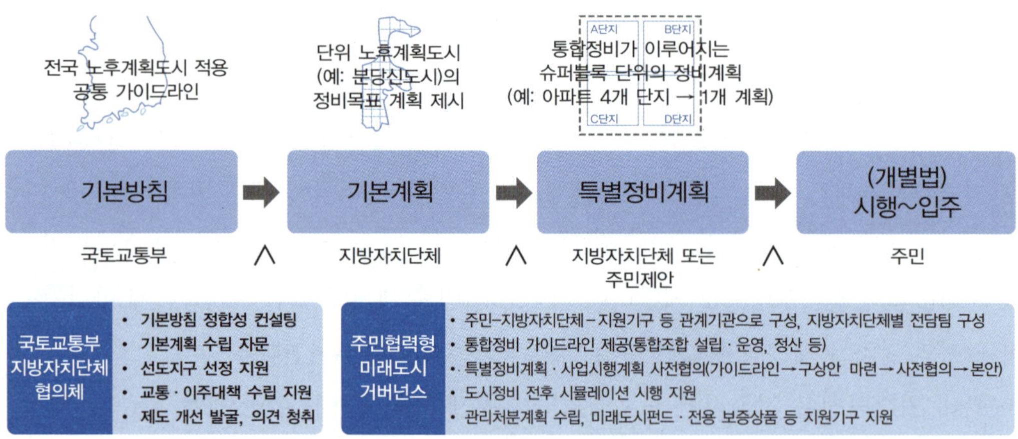

출처: 국토교통부(2014.11), 「노후계획도시정비기본방침」, p.18

2) 정비 단계별 계획 등 수립절차 및 체계

노후계획도시정비기본방침은 국토교통부장관이 노후계획도시의 도시기능 향상 및 정주여건 개선을 종합적·체계적·효율적으로 추진하기 위하여 10년 단위로 수립하는 국가의 정책 추진방향으로, 지방자치단체가 기본계획을 수립하는 데 세부적인 가이드라인을 제시한다. 기본방침은 수립 과정에서 관계 지방자치단체의 의견을 충분히 수렴하고, 노후계획도시정비특별위원회의 심의를 거쳐 국토교통부장관이 수립·변경하며, 수립·변경된 날로부터 7일 이내에 관보에 고시하고 30일 이상 일반인에게 공람한다. 또한, 수립·변경된 기본방침은 각 지방자치단체에 송부하여야 한다.

지자체에서 수립하는 기본계획은 노후계획도시가 속해 있는 지방자치단체장이 기본방침에 따라 관할 구역 내 노후계획도시의 기본적인 정비방향 등을 설정하기 위하여 10년마다 수립하는 계획이다. 지방자치단체장은 노후계획도시의 물리적 현황, 주민 의견, 주변 부동산시장 상황 등을 종합적으로 고려하여 기본계획 수립 필요 여부를 판단하여야 하며, 기본계획은 14일 이상의 주민공람 및 60일 이내의 지방의회 의견청취와 관계기관 협의 및 지방노후계획도시정비위원회의 심의를 거쳐 해당 승인권자의 승인을 받아 수립

그림 9-14 개별법령에 따른 노후계획도시정비사업 의제 처리 체계

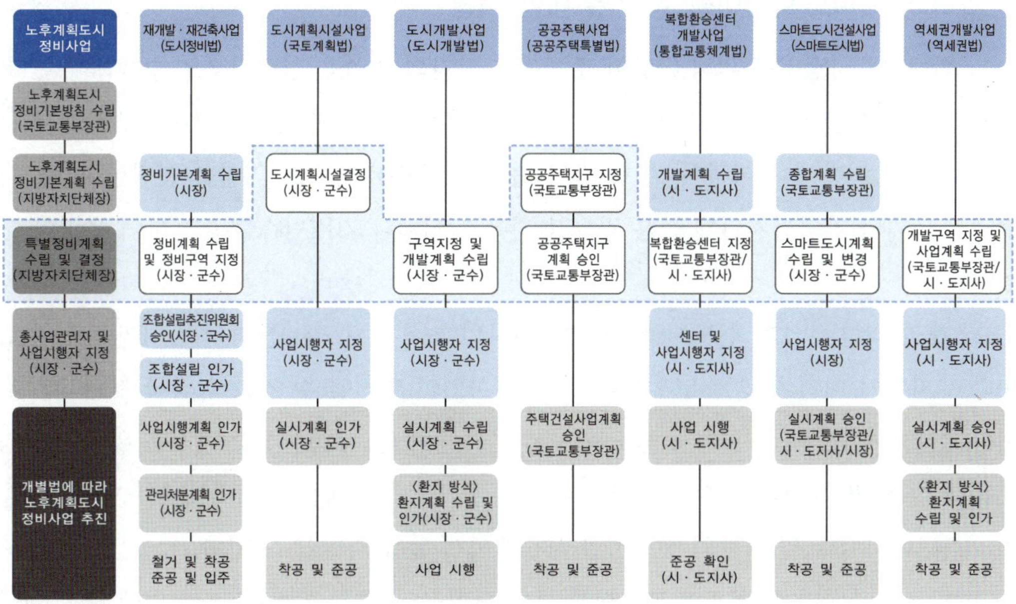

출처: 국토교통부(2024.11), 「노후계획도시정비기본방침」, p.22

된다.

「노후계획도시정비법」 제7조에 따른 노후계획도시정비기본계획의 내용을 포함하여 「도시 및 주거환경정비법」 제4조에 따른 도시·주거환경정비기본계획을 수립하는 경우 노후계획도시정비기본계획이 수립된 것으로 간주한다. 이 경우 「노후계획도시정비법」 제6조제3항에 따른 절차를 거쳐 도시·주거환경정비기본계획을 수립하여야 한다.

'특별정비계획 수립 및 특별정비구역 지정' 관련 지방자치단체장은 기본계획에서 정한 특별정비예정구역 중에서 해당 요건에 부합하는 지역을 지방노후계획도시정비위원회의 심의를 거쳐 특별정비계획을 수립하여 특별정비구역으로 지정할 수 있으며, 지방자치단체장은 기본계획에서 제시하는 노후계획도시특별정비예정구역(이하 "특별정비예정구역"이라 한다)의 지정 목적, 공간구조 개선계획, 기반시설 정비계획 등에 부합하도록 특별정비계획을 수립하여야 한다.

이후 '개별법에 따른 사업시행'을 하게 되며, 사업시행자는 특별정비구역 내에서 개별법에서 정하고 있는 기준·요건 및 절차를 준수하여 노후계획도시정비사업을 시행하게 되며, 특별정비계획이 결정되고 특별정비구역 지정·고시되면, 개별법에 따른 관련된 지정·결정·수립 및 변경 등을 받은 것으로 본다.

3) 노후계획도시정비를 위한 주체별 역할

노후계획도시정비를 위해 다양한 주체들이 각자의 역할을 협력적으로 수행해야 한다. 국가, 지방자치단체, 총괄사업관리자, 지원기관, 위원회 및 주민, 사업시행자, 시공사 등은 정비사업 전반에 참여하며, 상호 간의 협력 체계를 바탕으로 역할을 분담한다. 이 과정에서 국가와 지방자치단체 등은 필요할 경우 협의체나 거버넌스를 구성하여 운영할 수 있다.

'국가의 역할'은 1기 신도시를 비롯한 전국의 노후계획도시를 광역적·체계적으로 정비하고 지역의 여건에 맞는 노후계획도시정비사업이 추진될 수 있도록 적극 지원하는 것이다. 이를 위해 국가 차원에서 선도지구 선정 기준 마련, 부동산시장 안정을 위한 연간정비물량 설정 및 이주대책 수립, 광역교통시설 등의 설치, 대규모 정비에 필요한 펀드 설립·운영, 디지털 트윈 기반의 정비사업 시뮬레이션 등을 지원할 수 있다.

'지방자치단체의 역할'은 기본계획을 통해 관할구역 내 노후계획도시정비에 대한 청사진을 제시하는 것이다. 지방자치단체는 이를 통해 지역 특성에 맞는 정비사업을 효과적으로 추진하며, 관련 법규와 정책을 지역적 맥락에 맞게 해석하고 적용하는 역할을 한다. 도(道) 등 기본계획을 승인하는 지방자치단체는 기본계획이 상위계획 및 도(道)가 승인하는 다른 계획과의 정합성 여부를 검토하여 기본계획을 승인하며, 기본계획의 수립 및 승인, 특별정비계획의 수립 및 특별정비구역의 지정, 노후계획도시정비사업의 추진과 관련하여 해당 지방자치단체는 노후계획도시정비사업의 조정·관리·지원, 확충이 필요한 기반시설 종류 및 규모 산정과 확충을 위한 재원조달계획 수립, 노후계획도시정비특별회계의 운영·관리, 이주대책 마련 및 주요 공공사업 추진 등의 역할을 수행하게 된다.

'총괄사업관리자의 역할'은 지방자치단체가 노후계획도시정비사업을 체계적으로 추진하기 위하여 직접 지정하거나 토지등소유자 과반수의 동의를 받아 지정할 수 있다. 총괄사업관리자는 지방노후계획도시정비지원기구, 공공기관, 지방공사, 건설엔지니어링 사업자 등 정비사업과 관련한 전문성을 갖춘 자를 지정하여 사업 전반을 지원한다. 특별정비구역 내 공공기관 또는 지방공사가 단독으로 사업을 시행하는 경우 해당 공공사업시행자를 우선적으로 총괄사업관리자로 지정하는 것을 검토하여야 한다. 총괄사업관리자는 각 정비사업의 기획·설계·재원조달·시공 등 단계 전반을 총괄·관리하고, 각 관계 법령에 따른 사업절차 지원, 기반시설 설치를 위한 기여금·분담금 활용·관리 등 업무를 수행하게 된다.

'노후계획도시정비지원기구'의 역할은 노후계획도시정비 관련 시책의 발굴, 노후계획도시정비 제도발전을 위한 조사·연구, 기본방침, 기본계획, 특별정비계획의 수립 등 지원, 노후계획도시정비사업의 시행 및 운영·관리 지원, 노후계획도시정비 전문가의 육성 및 파견 등의 업무, 선도지구 지정 등에 관한 지원업무를 수행한다. 지방노후계획도시정비지원기구는 기본방침·기본계획·특별정비계획의 수립과 관련한 업무 지원, 노후계획도시정비사업 시행을 위한 현황조사 업무 지원, 노후계획도시정비사업의 시행 및 운영·관리를 위한 행정업무 지원, 선도지구의 지정을 위한 주민 참여도, 노후도 및 주민 불편 등 진단 업무 지원, 이주대책 수립 등 업무 지원, 노후계획도시정비사업을 통한 임대주택 공급 업무 지원, 선도지구 지정 등에 관한 업무를 수행한다.

'지방노후계획도시정비위원회'는 지방자치단체가 지역여건에 맞춘 노후계획도시정비의 효과적 추진을 위해 구성·운영한다. 지방노후계획도시정비위원회는 기본계획의 수립 및 변경, 특별정비계획의 지정 및 해제, 선도지구 지정 등의 사항을 심의하거나 자문하기 위해 설치하게 되며, 관련 법령에 따른 위원회 구성 요건을 충족하는 경우에는 지방도시계획위원회가 지방위원회의 기능을 대신하여 수행할 수 있다.

4) 노후계획도시정비에 관한 국가의 시책

노후계획도시정비를 위한 국가의 시책으로는 신속한 정비를 위한 제도적·금융적·행정적 지원, 질서 있는 정비를 위한 이주대책 수립 지원과 주택시장 관리, 원활한 정비를 위한 민·관 협력적 거버넌스 구축, 정비 전후의 광역교통 영향 분석 및 개선방안 검토, 디지털 트윈 기반의 노후계획도시정비플랫폼 구축·운영으로 5가지 시책을 제시하고 있다.

이 중 정비사업 자금조달을 위한 (가칭) '미래도시 펀드'에 대해 살펴보면 공공이 민간투자 마중물 역할을 위해 연기금, 금융기관 등이 참여한 모(母)펀드를 구성한 후, 모(母)펀드는 개별사업 단위의 자(子)펀드에 출자하고, 모(母)펀드와 금융기관, 개별사업의 시공자 및 신탁사 등이 참여하여 자(子)펀드를 구성하고, 자(子)펀드는 신탁·조합 등 사업시행자에게 사업비대출을 제공할 수 있으며, 자(子)펀드의 개별사업 대출에 대해 주택도시보증공사가 대출 보증을 제공하여 실질적으로 모자펀드 투자과정에서 발생할 수 있는 리스크를 관리할 수 있게 하여 기존 조합방식에서 사업리스크로 인해 추진하지 못하던 여러 사업들이 리스크를 줄인 상태에서 사업을 안정적으로 추진할 수 있는 방안을 도출하였다는 점

그림 9-15 미래펀드 개요

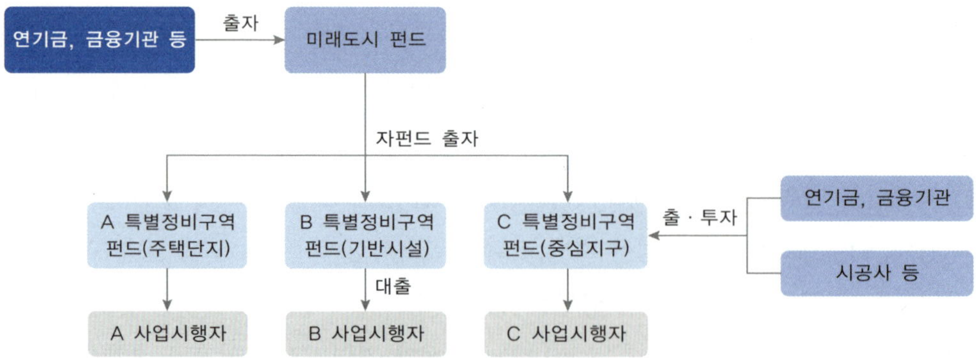

출처: 국토교통부(2024.11), 「노후계획도시정비기본방침」, p.28 참조

에서 의의가 있다.

또한 노후계획도시정비플랫폼의 노후계획도시정비 업무 지원 기능을 살펴보면 전국 노후계획도시 대상지역 목록화, 기본계획 수립을 위한 데이터 제공 및 계획의 적정성 검증을 위한 시뮬레이션 지원, 선도지구 공모·선정 관련 현황 데이터 제공과 통계 시각화 지원, 정주환경 사전 예측을 위한 디지털 트윈 시뮬레이션과 도시환경 분석, 기본계획 수립부터 준공까지 정비사업 전 과정을 신속하고 체계적으로 추진하기 위하여 필요하다고 인정되는 공간정보, 그 밖의 기능 및 서비스 등 구축·개발을 지원할 예정이다.

디지털 트윈 기반의 도시환경 분석 사례 중 가시권 분석, 음영 분석, 바람길 분석, 스카이라인 분석이 중요한 이유는 기존 단지의 용적률이 200% 선에서 최소 1.5배 이상 상승된 상태에서 해당 부지에서 밀집된 매스(Mass) 형태로 계획될 경우 가시권 분석을 통해 동배치 형태 등을 참고할 수 있고, 음영 분석을 통해 해당 동·호수에 적절한 일조권을 확보할 수 있도록 지원하며, 바람길이 막혀 쾌적성이 떨어지거나, 스카이라인이 고루지 못해 거주지 내에서 답답함을 느낄 수 있기 때문에 이러한 사항을 사전에 시뮬레이션해서 21세기에 맞는 미래도시로 변화될 수 있게 지원하는 것이다.

그림 9-16 가시권 분석(좌), 바람길 분석(우) 사례

출처: 국토교통부(2024.11), 「노후계획도시정비기본방침」, p.35

5) 특별정비구역의 유형

특별정비구역의 유형은 노후계획도시의 특성과 정비 목적에 따라 다양한 방식으로 나뉜다. 각 유형은 도시의 지속가능한 발전과 주민의 삶의 질 개선을 목표로 하며, 구체적인 필요에 따라 구역을 지정하고 정비를 추진한다.

주택단지 정비형은 노후화된 주거환경개선을 목적으로 하며, 주택 노후도, 기반시설, 생활권 분석 결과 재개발·재건축사업, 리모델링사업 등 주택단지에 대한 정비사업 추진이 필요한 노후화된 주거지를 대상으로 지정하고, 주택단지 정비를 통해 인구구조 변화와 기후문제 등의 사회변화를 반영한 주거유형이 도입되도록 하고, 생활SOC 확충과 스마트기술이 적용된 미래형 정주환경을 조성할 목적으로 지정하게 되고, 중심지구 정비형은 계획도시 내 역세권 및 상업·업무지구에 대한 도시 자족성 향상과 도심부 활성화를 목적으로 하며, 건축물 노후도, 기반시설, 자족성 분석 등을 통해 역세권개발사업, 복합환승센터 개발사업 및 지구단위계획 정비가 요구되는 지역을 대상으로 지정하며, 중심지구 정비를 통해 저밀의 노후화된 집합상가 밀집 등으로 인해 기능이 침체된 중심지를 자족기능 중심의 고밀 업무복합지구로 재편하고, 대중교통 환승체계를 강화할 목적으로 지정한다.

시설 정비형은 노후계획도시의 도시기능 향상을 목적으로 하며, 계획도시의 인구·산업구조 및 기반시설 분석과 대상지의 시설노후도, 토지 소유현황 분석 등을 통해 광역교통시설, 기반시설, 자족시설 등의 설치가 요구되는 지역을 대상으로 지정하며, 시설 정비를 통해 계획도시 내 단일 용도로 이용되는 저밀도의 도시·군계획시설 또는 유휴지를 시대 변화에 맞추어 노후계획도시에 요구되는 광역교통시설, 기반시설, 자족시설 등이 복합화된 지역으로 탈바꿈되는 것을 목표로 지정한다.

마지막으로, 이주대책 지원형은 계획도시의 주택단지 정비로 인해 발생하는 대규모 이주수요 대응을 목적으로 하며, 연차별 정비물량에 따른 이주수요 분석을 토대로 이주단지 조성이 가능한 유휴지 또는 기존 임대주택단지를 대상으로 지정하게 되며, 이주대책 지원을 통해 계획도시 내 재건축·재개발에 따른 이주자의 임시 거주를 위한 주택을 공급하고, 공동체 유지 및 활성화를 위한 생활SOC를 조성할 목적으로 지정된다.

3.3 노후계획도시정비 주요 고려사항

1) 허용물량 산정

지역별 순차적 허용물량 산정 및 관리는 노후계획도시정비사업이 지역 내에서 지속가능하게 진행될 수 있느냐에 대한 핵심적 사항일 것이다. 노후계획도시정비기본방침에는 허용정비물량 산정 및 관리에 있어 이주수요 및 공급물량 추정을 통해 관리처분계획 인가 전에 허용정비물량을 산정하게 되어 있다. 허용물량 산정 단계에서 주의 깊게 살펴볼 사항은 관리처분계획 인가 전 허용정비물량 산정 단계에서 필요시 기본계획 변경도 가능하다는 점이다. 이는 노후계획도시정비사업의 조기 안착을 위해 지자체가 보다 능동적으로 인허가 지원하는 양상을 띠고 있다.

그림 9-17 허용정비물량 산정 및 관리방안

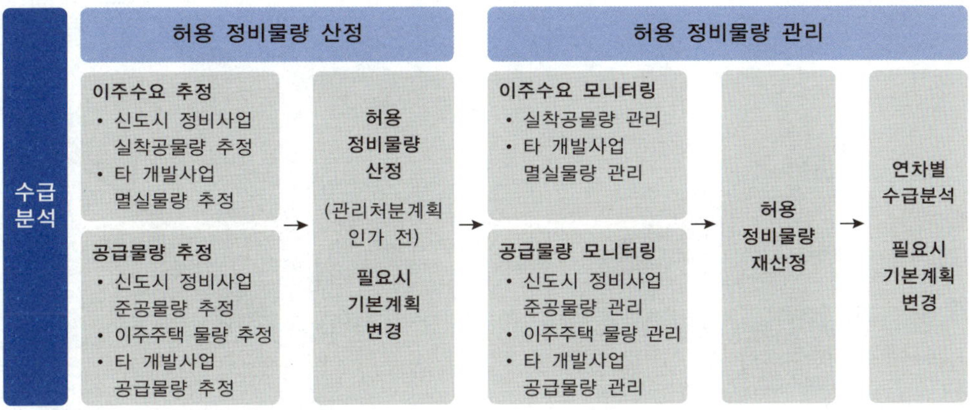

출처: 노후계획도시정비기본방침, p.49

2) 노후계획도시정비사업 기반시설

기반시설에는 전력, 상하수도, 통신, 가스, 중온수 등 사람의 혈관과도 같은 연결망을 가지고 있으며, 기반시설 공급처에서부터 대구경, 대로변에서 중구경, 말단부에서 소구경 등으로 접속되는 것이 일반적이다. 이때 광역적 계획에 따라 노후계획도시정비사업처럼 대규모사업이 진행될 경우 이에 접속되는 기반시설은 기존 시설보다 대용량이 되는 것이 일반적이고, 총사용량이 대폭 늘어나므로, 도시 전체의 도시기반시설 용량 증설을 검토하여야 한다.

3) 기본계획 수립 시 유의사항

1기 신도시 중 부천시 중동신도시와 군포시 산본신도시의 기본계획(안)이 국토교통부와 사전 협의 후 주민공람 절차를 거쳤다. 국토교통부에서 노후계획도시정비기본방침에서 제시한 목표 중 하나인 '통합정비기반의 도시·정주 환경개선' 차원에서 공원 및 생활 SOC 확충 등을 통해 높아진 도심 밀도에도 도시·정주 환경이 악화되지 않고 오히려 미래 도시로 전환되는 계기가 되는 밑바탕을 계획한 사례이며, 추진과정에서도 당초 목표가 훼손되지 않도록 유의하여야 한다.

그림 9-18 중동신도시(좌), 산본신도시(우) 정비기본계획(안)

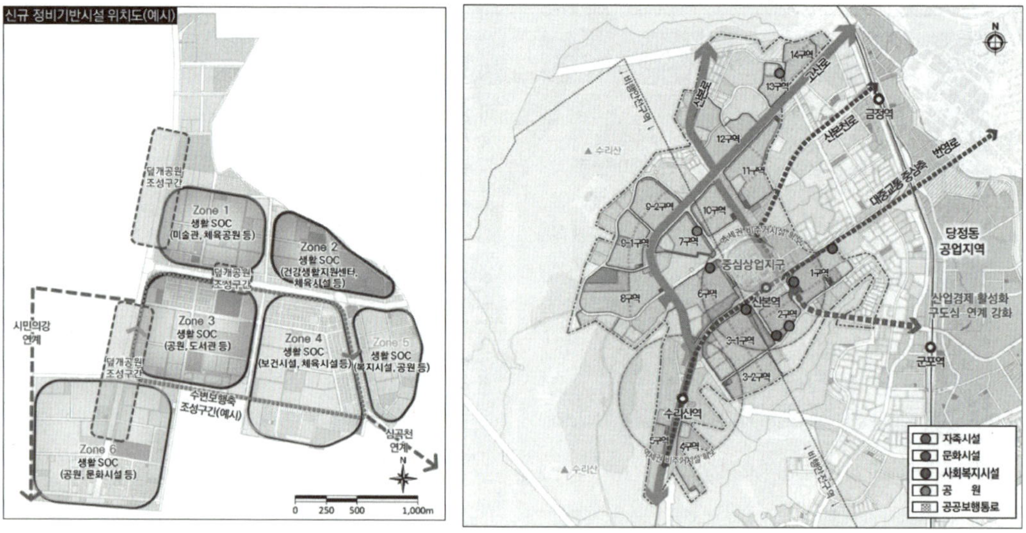

출처: 부천시청/군포시청

중동신도시와 산본신도시는 1기 신도시로 조성된 이후 시간이 지나면서 주거환경, 도시 기능, 기반시설 등의 노후화 문제가 점차 심화되었다. 이를 해결하기 위해 수립된 정비기본계획안은 각 신도시의 특성과 지역적 요구를 반영하여 종합적인 정비 전략을 제시하고 있다. 중동신도시는 주거 밀집지역과 주요 교통 축을 중심으로 생활SOC와 기반시설의 재배치를 계획하고 있다. 주민들이 쉽게 접근할 수 있는 위치에 공원, 체육시설 등의 생활SOC를 배치하여 도시 내 편의성을 높이고자 한다. 특히, 지역별로 생활SOC의 특화 기능을 부여하여 구역별 건강, 문화, 교육 등의 중심지로 기능할 수 있도록 계획하고 가로환경 개선을 통해 수변보행축을 신설하여 도시 구조를 개선하고 있다.

한편, 산본신도시는 역세권을 중심으로 상업 및 업무 기능을 강화하여 지역 경제를 활성화하고, 역세권 주변 주거환경을 개선하며 접근성과 편의성을 높이는 데 초점을 맞추고 있다. 자족시설을 확대하여 주민들이 지역 내에서 교육, 문화, 사회복지시설 등을 향유할 수 있도록 하였다. 이를 바탕으로 다른 신도시 정비 사업에도 중요한 참고자료가 될 것이다.

3.4 지역별 선도지구 선정 사례

1기 신도시 선도지구 13개 구역 3.6만 호 선정결과는 분당 3곳(1.1만 호), 일산 3곳(8.9천 호), 평촌 3곳(5.5천 호), 중동 2곳(6.0천 호), 산본 2곳(4.6천 호)으로 당초 국토교통부가 기준물량으로 제시한 2.6만 호보다 약 1.0만 호 늘어난 3.6만 호가 선정되었다. 각 지자체별 선도지구 선정 시 주민동의율은 대부분 정량적 만점 기준을 충족한 상태여서 기타 요인, 즉 공공기여 확약 정도가 큰 영향을 미친 것으로 파악되고 있다.

이러한 결과로 각 선도지구 위치들이 다소 역세권에서 떨어져 있거나 기존에는 지역 내에서 재건축 경쟁력이 다소 부족하다고 여겨지는 위치도 있으나, 국토교통부에서는 행정지원(학교문제 사전해소, 분담금 산출 지원 등), 금융지원(미래도시펀드, 특화보증 등), 협력형 정비(협력체 구성 등)를 지원할 예정이다.

제10장

소규모주택정비사업

제1절 소규모주택정비사업의 개요

2018년 2월 9일 시행(2017년 2월 8일 제정)된「빈집 및 소규모주택 정비에 관한 특례법(약칭: 소규모주택정비법)」의 제정 목적은 방치된 빈집을 효율적으로 정비하고, 소규모주택 정비를 활성화하기 위하여 필요한 사항 및 특례를 규정함으로써 주거생활의 질을 높이는 데 이바지함을 목적으로 하고 있다.

「소규모주택정비법」이 2017년 2월 8일 제정될 당시 사업유형이 '자율주택정비사업, 가로주택정비사업, 소규모재건축사업'이었다. 그 이후 역세권·준공업지역에서 소규모로 주거환경 또는 도시환경을 개선하기 위한 '소규모재개발사업'을 2021년 9월 21일 신설하였

그림 10-1 소규모주택정비사업의 유형

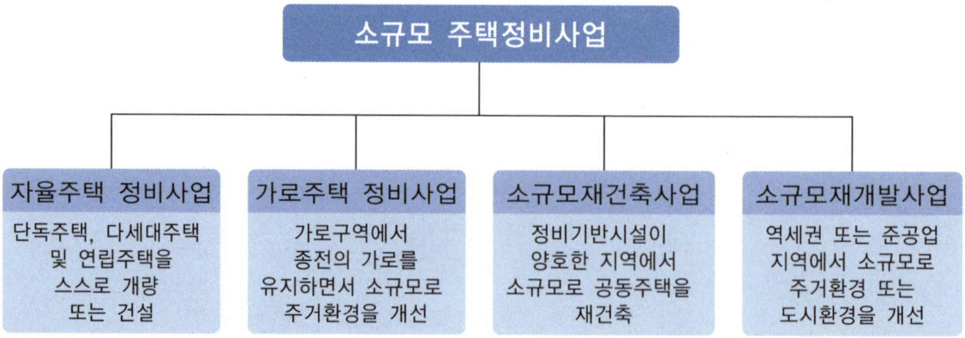

출처: 저자 작성

고, 기존에 민간 주도의 소규모재건축사업을 활성화하고, 도심 내 주택공급 활성화를 위해 일정 요건을 충족하면, 소규모재건축사업 중 공공참여 소규모재건축활성화사업(약칭: 공공소규모재건축사업)을 2022년 1월 20일에 법제화하였다.

소규모 주택정비사업의 사업별 대상 지역은 「소규모주택정비법 시행령」 제3조(소규모주택정비사업 대상 지역)에 따르며, 각 사업별 요건은 다음과 같다.

1) 자율주택정비사업

자율주택정비사업의 사업지는 빈집밀집구역, 소규모주택정비 관리지역, 도시활력증진지역 개발사업의 시행구역, 지구단위계획구역, 정비예정구역·정비구역이 해제된 지역 주거환경개선사업의 정비구역, 도시재생활성화지역 또는 시·도 조례로 정하는 지역으로서 다음의 요건을 모두 갖춘 지역

1. 노후·불량건축물의 수가 해당 사업시행구역의 전체 건축물 수의 100분의 60(소규모주택정비 관리지역의 경우에는 100분의 50) 이상일 것
2. 해당 사업시행구역 내 기존 주택 호수 또는 세대수가 다음의 구분에 따른 기준 미만일 것. 다만, 지역 여건 등을 고려하여 해당 기준의 1.8배 이하의 범위에서 시·도 조례로 그 기준을 달리 정할 수 있다.
   1) 기존주택이 모두 단독주택인 경우: 10호 미만
   2) 연립 또는 다세대로 구성된 경우: 20세대 미만(단독 포함 시 합한 수)

2) 가로주택정비사업

가로주택정비사업의 사업지역은 가로구역의 기준 면적이 1만m^2 미만, 2만m^2 미만, 4만m^2 미만 등으로 구분되는데 이는 지방도시계획 심의 대상 여부, 소규모주택정비 관리지역 해당 여부 등에 따라 기준 면적이 상이하게 된다. 노후·불량건축물의 수 기준은 자율주택정비사업과 동일하며, 세대수 산정은 다음과 같다.

1. 기존주택이 모두 단독주택인 경우: 10호 이상
2. 기존주택이 모두 공동주택인 경우: 20세대 이상
3. 기존주택이 단독주택과 공동주택으로 구성된 경우: 20채 이상

   다만, 기존주택 중 단독주택이 10호 이상인 경우에는 기존주택의 총합이 20채 미만

인 경우에도 20채로 본다.

3) 소규모재건축사업

소규모재건축사업의 사업지역은 주택단지로서 하나의 주택단지 또는 둘 이상이 연접(주택단지 사이에 도로가 있는 경우에는 시·도조례로 정하는 바에 따라 해당 도로가 폐지되거나 노선이 변경되는 경우만 해당한다)한 주택단지 중 다음 각 목의 요건을 모두 충족한 지역

1. 해당 사업시행구역의 면적이 1만m^2 미만일 것
2. 노후·불량건축물의 수가 해당 사업시행구역 전체 건축물 수의 100분의 60(재정비촉진지구의 경우에는 100분의 50) 이상일 것
3. 기존주택의 세대수가 200세대 미만일 것

4) 소규모재개발사업

소규모재개발사업의 사업지역은 다음 각 항목과 같다.

1. 소규모재개발사업을 시행하려는 지역의 면적 과반이 철도역(개통 예정인 역을 포함한다)의 승강장 경계로부터 반경 350m 이내인 지역으로서 다음의 기준을 모두 충족하는 지역. 다만, 승강장 경계로부터의 반경은 지역 여건을 고려해 100분의 30 범위에서 시·도조례로 정하는 비율로 증감할 수 있다.
   1) 해당 사업시행구역의 면적이 5,000m^2 미만일 것
   2) 노후·불량건축물의 수가 해당 사업시행구역의 전체 건축물 수의 100분의 60(소규모주택정비 관리지역 또는 재정비촉진지구의 경우에는 100분의 50) 이상일 것
   3) 해당 사업시행구역이 국토교통부령으로 정하는 도로에 접할 것
2. 준공업지역으로서 위의 1.항의 1) 내지 3)의 규정한 기준을 모두 충족하는 지역

5) 유형별 기준 변화 및 사업방식 선택방법

2024년 3월 19일에 시행된 「소규모주택정비법 시행령」에는 네 가지 유형의 각 사업(자율주택정비사업, 가로주택정비사업, 소규모재건축사업, 소규모재개발사업)의 사업시행구역 내 전체 건축물 중 노후·불량건축물의 비율을 '3분의 2' 이상으로 하던 것을 소규모주택정비 관리지역 또는 재정비촉진지구에 대해서는 '100분의 50', 그 밖의 지역에 대해서는 '100분

의 60' 이상으로 낮추어 노후·불량건축물의 신속한 정비를 활성화하는 조치를 취했는데 기타 지역에서 노후·불량 건축물의 비율이 기존 2/3(약 66.67%)에서 60%로 6.67%가량 낮아져서, 기존 기준에 미달해 사업 추진이 어려웠던 지역에는 큰 도움이 될 것이다.

알맞는 소규모 정비사업 선택 방식은 소규모 정비사업을 추진할 때는 지역의 특성과 여건에 맞는 사업 방식을 선택하는 것이 중요하다. <그림 10-2>의 단독·다가구주택, 다세대주택, 연립주택, 아파트 등 다양한 유형의 주거지에 따라 적합한 사업 방식이 제시되어 있다. 예를 들어, 단독·다가구주택이 밀집된 지역에서는 자율주택정비사업이 적합

그림 10-2 알맞은 사업방식 선택방법

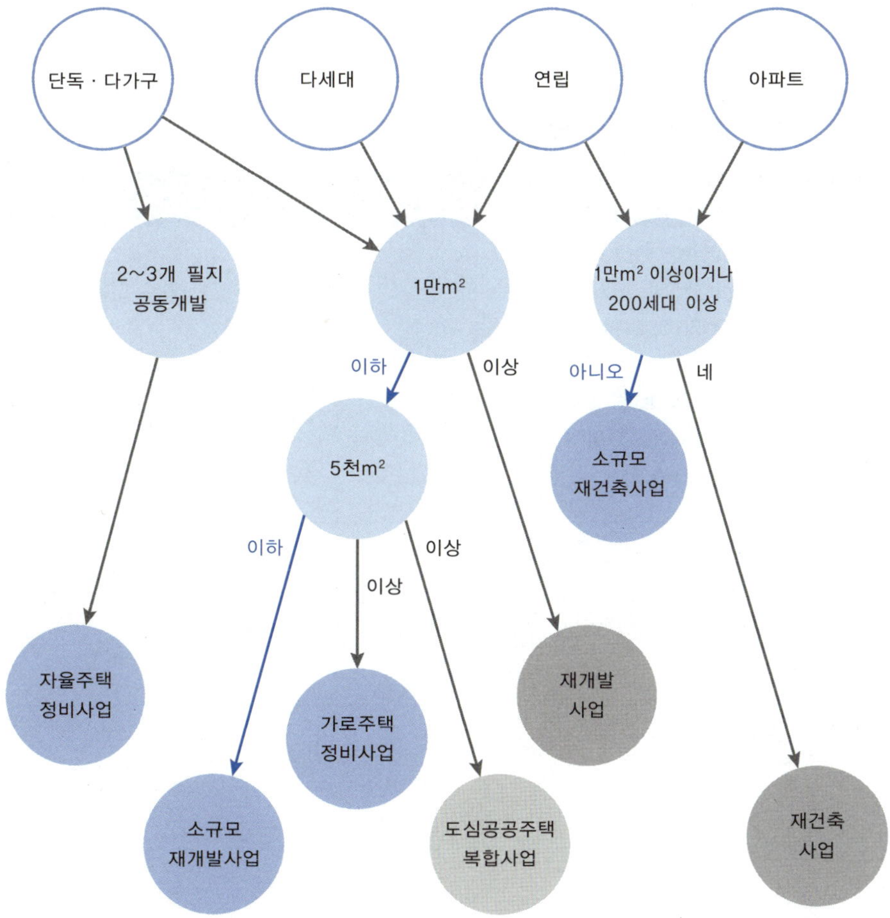

출처: 서울특별시(2021), 우리집 우리동네 정비사업가이드

하며, 주민들이 자발적으로 합의체를 구성하여 소규모로 주거환경을 개선할 수 있다. 반면, 다세대주택이나 연립주택이 밀집한 지역에서는 가로주택정비사업이나 소규모재개발사업을 통해 기존의 노후 주거지를 현대적인 공동주택으로 재개발하는 것이 바람직하다.

소규모 정비사업의 선택 시 고려할 사항은 소규모 정비사업 방식을 선택할 때는 단순히 주택 유형과 면적뿐만 아니라, 주민들의 참여 의지와 지역의 발전 가능성도 중요한 요소로 고려해야 한다. 사업이 성공적으로 추진되기 위해서는 주민들의 적극적인 참여와 협력이 필수적이며, 이를 위해서는 주민 간의 충분한 논의와 합의가 필요하다.

자율주택 정비사업 대상호수 및 세대수는 서울특별시, 경기도, 인천광역시 모두 법령에 따라 「소규모주택정비법」에서 조례에 위임된 허용 최대치(1.8배) 반영하여, 단독은 10호에서 18호 미만, 연립·다세대 및 혼합 유형은 20세대에서 36세대로 완화된 것을 볼 수 있다.

표 10-1 서울시 소규모주택정비사업 규모에 따른 구분

구분	동네여건	사업시행면적
자율주택 정비사업	• 단독주택: 18호 미만 • 연립다세대: 36세대 미만 • 혼합: 36채 미만	기준 없음
가로주택 정비사업	• 단독주택: 10호 이상 • 연립다세대: 20세대 이상 • 혼합: 20채 이상	• 1만m^2 미만 • 공공시행 시: 2만m^2 미만 – 공공임대주택 10% 이상 – 지구단위계획 수립 필요
소규모 재개발사업	기준 없음	5천m^2 미만
소규모 재건축사업	기존주택 세대수 200세대 미만	1만m^2 미만

출처: 서울시(2021), 우리집 우리동네 정비사업가이드

제2절 자율주택정비사업

자율주택정비사업은 주민합의체 구성 시 토지등소유자 2명 이상인 경우 전원의 합의로 구성되며, 주민합의체 신고는 토지등소유자 전원의 합의로 주민합의체 대표자 선임 후 시장·군수등에게 신고하며, 사업시행계획인가는 60일 이내에 처리되며, 다른 법률에 따른 인·허가는 의제처리됨에 따라 주민 합의가 원만한 경우 주민합의체 구성에서 입주까지 통상 2년 이내로 타 정비사업에 비해 사업기간 및 사업비용 절감이 가능하다.

자율주택정비사업이 실시되는 사업구역으로 단독주택지는 주로 단독주택이 밀집된 지역에서 추진되며, 단독주택 10호 미만일 경우 주민들이 합의체를 구성하여 자발적으로 개량 또는 재건축을 진행하게 된다. 반면, 다세대주택지는 20세대 미만의 다세대주택이 밀집한 지역에서 추진되며, 주민들이 공동으로 주거환경을 개선하는 것을 목표로 한다. 단독주택과 다세대주택이 혼합된 지역에서 세대수가 20세대 미만일 경우 각 유형의 장점을 결합하여 정비사업을 추진할 수 있다. 예를 들어, 단독주택과 다세대주택이 함께 있는 구역에서 공동의 주차장, 녹지 공간 등을 조성하고, 건축물의 통합 설계를 통해 도시 경관을 개선할 수 있다. 자율주택정비사업의 사업방식은 건축협정형, 자율형, 합필형이 있는데 건축협정형은 주민들 간의 약속에 근거한 건축협정으로 협정 대상 부지의 건축선, 높이 및 층수, 건폐율 및 용적률, 맞벽 건축의 구조 및 형태 등에 대해 협정을 체결하고 진행하는 것이며, 자율형은 일단의 구역에 대해 건물이 축조가 가능하도록 구획정리를 하여

그림 10-3 자율형 사업방식(자율주택정비사업+구획정리)

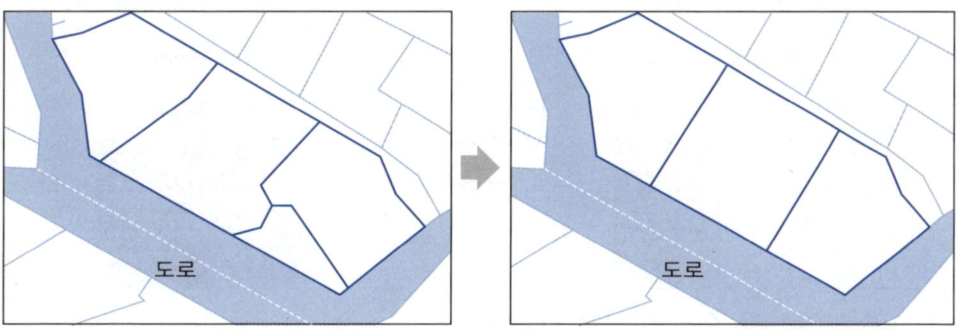

일정구역 내에서 서로 건축할 수 있도록 조정하여 필지를 구분하는 것이며, 합필형은 여러 필지를 하나의 대지로 합필하여 진행하는 방식이다.

자율주택정비사업의 건축협정형은 하나의 대지, 토지분할, 맞벽·합벽건축을 가능하게 만들어서 개별 필지만으로 할 수 없는 사업을 가능케 하며, 소규모주택정비를 효율적으로 추진하고 도시 내 토지 이용 가치를 극대화하기 위해 마련된 제도이다. 먼저, 개별 대지에 적용되던 여러 규정을 하나의 대지로 통합하여 적용하는 방식은 개발 효율성을 크게 높이는 데 기여한다. 이를 통해 인접 대지 간 상호 일조권 문제를 조정하거나, 부설주차장과 하수처리시설을 통합하여 설계함으로써 공간 활용도를 극대화할 수 있다. 특히, 이러한 조정은 기존의 개별 대지 개발보다 유연성을 제공하며, 소규모 대지에서도 효과적인 공동개발을 가능하게 한다는 점에서 주목할 만하다. 건축협정 구역 내에서 60m² 미만의 토지분할이 가능해져 토지이용가치를 상승시킬 수 있으며, 맞벽 건축은 대지 경계선에 건축물을 밀착하여 설계함으로써 개별 대지의 건축 면적을 최대화할 수 있는 방법이다. 이와 더불어 합벽 건축은 인접 건축물 간 물리적 연결을 통해 일체화된 구조를 형성하는 것으로, 건축 자재를 절약하고 구조적 안정성을 확보할 수 있다. 맞벽 건축은 대지 경계선으로부터 50cm 이내에서 건축을 허용하여 공간 활용을 극대화하며, 합벽 건축은 경계벽을 제거

그림 10-4 건축협정 중 맞벽·합벽건축 예시

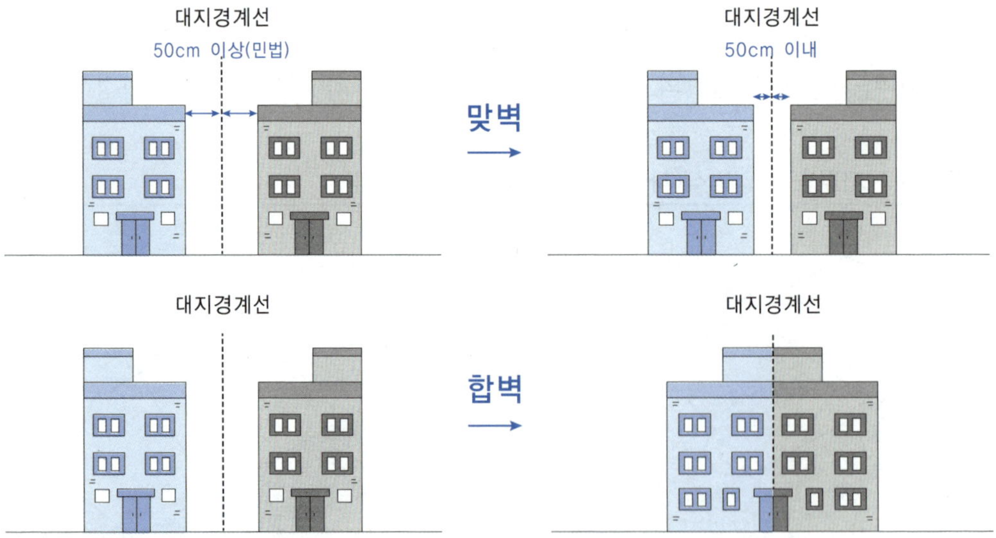

출처: 국토교통부(2018), 「자율주택 정비사업 가이드라인」

함으로써 하나의 건축물처럼 통합된 설계를 가능하게 한다.

건축협정에서 조경, 건폐율·용적률 및 높이에 대한 특례(인센티브)를 통해 자율주택 정비사업을 촉진하는 사유는 대규모 정비사업 추진이 어려운 지역의 정주여건을 증진시키기 위한 것으로, 소방차 진입이 어렵거나 하수관이 역류하는 등 기반시설의 정비가 필요한 지역에서는 정주여건을 개선하는 촉진 역할을 할 수 있으며, 조경의 경우 도로변에 통합적으로 조정하는 경우 20% 범위에서 완화하는 방안이며, 건폐율과 용적률은 「국토의 계획 및 이용에 관한 법률」 제77조, 제78조에 따른 건폐율, 용적률 최대 한도 내에서 건폐율 20%, 용적률 20% 범위에서 완화되며, 건축물의 가로구역 높이기준은 너비 6m 이상의 도로에 접하는 경우 가로구역 높이 기준을 20% 범위에서 완화할 수 있다.[13]

공공의 제한된 재정여건을 고려하면 모든 지역에 공공의 재원만으로 공동이용시설, 주차장 및 임대주택을 건설하기에는 한계가 있고, 재원이 충분한 경우에도 구도심에서는 부지 확보에 큰 어려움이 있다. 따라서, 구도심에서 자율주택 정비사업 추진 시 어린이 놀이터, 경로당 등 공동이용시설을 설치할 경우 해당 지역에 적용되는 용적률에 공동이용시설 등에 해당하는 용적률을 더한 범위에서 시·도 조례로 정하는 용적률을 추가 적용받을 수 있다. 사업시행자가 인근(직선 300m 또는 도보 600m)의 주차장에 주차장 사용권을 확보하는 경우 부설주차장 주차 단위구획 총수의 30/100 미만의 범위 내에서 주차장 설치기준을 완화받을 수 있으며, 연면적 20% 이상의 공공임대주택, 준공공임대주택 설치 시 용적률 상한까지 건축하고, 세대당 주차대수 0.6대(전용면적 30m^2 미만인 경우 0.5대)로 감소된다.

자율주택정비사업은 단순히 주거환경을 개선하는 것뿐만 아니라, 생활 편의성을 높이고, 주택의 가치를 상승시키며, 지역 경제 활성화에도 기여한다. 또한, 주민들이 스스로 사업을 추진함으로써 주민 간의 유대감이 강화되고, 지역 공동체의 활성화에도 긍정적인 영향을 미친다. 이러한 자율주택정비사업은 소규모로 시행되지만, 지역 사회에 미치는 영향은 매우 크며, 도시 전체의 균형 발전을 도모하는 데 중요한 역할을 한다.

---

13 국토교통부(2018), 「자율주택 정비사업 가이드라인」

제3절 가로주택정비사업

가로주택정비사업의 기존 주택 수는 단독주택 10호 이상, 다세대·연립주택 20세대 이상이어야 하며, 사업에 참여하려는 주민(토지등소유자) 수의 80% 이상이 동의해야 하며, 그들이 소유한 토지 면적이 전체의 3분의 2 이상이어야 한다. 단독으로 시행하기 어려운 경우에는 공공기관과 공동으로 시행할 수도 있다.

가로주택정비사업은 대규모 재개발과는 달리 기존의 도로체계를 유지하면서 가로구역 전체 또는 사업 반대구역을 제외한 지역의 주거환경을 개선하는 데 중점을 두고 있다. 이를 통해 주민들이 익숙한 생활환경을 유지하면서도 주거환경의 질을 높일 수 있다. 사업이 성공적으로 완료되면, 주거지의 밀도를 높여 더 많은 주택을 공급할 수 있으며, 건축물의 안전성과 편의성을 향상시킬 수 있다. 또한, 임대주택 건설 시 법적 상한 용적률까지 용적률을 완화 받을 수 있고, 주차장, 녹지 공간 등 주민 편의 시설을 확보하여 주거환경을 더욱 쾌적하게 만들 수 있다.

그림 10-5 저층주택(단독·다세대)(좌), 가로주택(소규모 아파트)(우)

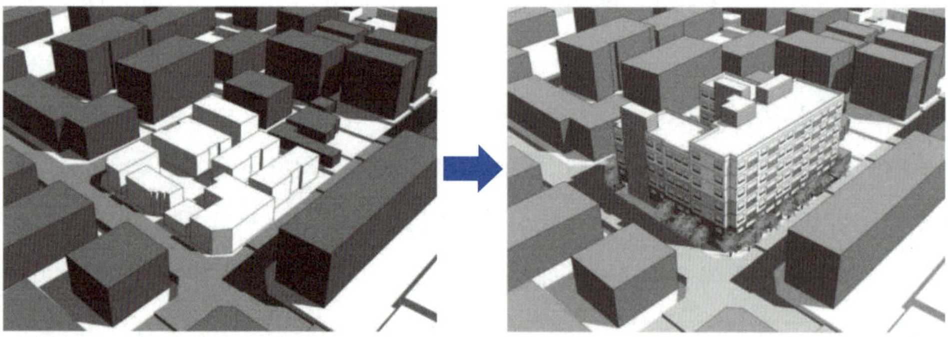

출처: 인천도시공사(2023), 「가로주택정비사업 길라잡이」

공공참여 가로주택정비사업은 노후화된 주거지역의 주거환경을 개선하고, 지역 사회의 지속가능한 발전을 도모하기 위해 공공기관이 주도하여 시행하는 정비사업이다. 이 사업은 기존의 가로구역을 유지하면서, 공공기관이 사업 추진 과정에서 주민들과 협력하여 체계적으로 주거환경을 개선하는 것을 목표로 한다. 이를 통해 노후 주거지의 주거 환경을 개선하고, 지역의 공공시설 및 인프라를 확충하여 주민들이 안전하고 쾌적한 환경에서 생활할 수 있도록 한다. 또한, 공공기관의 적극적인 참여를 통해 사업의 안정성을 높이고, 사업 초기 단계부터 주민들의 동의를 얻어 원활한 사업 진행이 가능하게 하며, 가로주택정비사업의 사업절차는 기존 정비사업의 초기단계 절차(정비기본계획수립, 정비계획수립/구역지정, 조합설립 추진위원회)가 생략되며, 조합설립인가 이후 청산 및 조합해산까지 평균 3년가량 소요된다.

공공거점 역할 및 추진 프로세스는 공공참여 가로주택정비사업의 네 가지 단계로 구성된다. 먼저 거점개발과 공공임대주택 확보로, 노후된 주택을 철거하고 새로운 공동주택을 건설하여 공공주택을 확보하는 것이고 이후에 주민편의시설을 설치하여 주민들이 필요로 하는 커뮤니티 시설과 생활편의시설을 신설하거나 개선하는 것을 목표로 한다. 다음에는 주민자립을 위한 경제적 기반 마련을 통해 지역 주민들이 자립할 수 있는 환경을 조성하는 것이다. 마지막으로 마을관리회사를 설립하여 지속가능한 마을 관리를 가능하게 하며, 주민들과의 소통을 통해 사업의 성과를 극대화하는 것이다.[14]

제4절 소규모재개발사업

소규모재개발사업은 철도 승강장 경계로부터 반경 350m 이내인 역세권 또는 준공업지역에서 5,000m^2 미만의 소규모로 재개발하기 위한 사업으로 주택이 없어도 추진이 가능한 사업이다. 역세권과 같은 접근성이 높은 지역의 낙후된 주거지를 개선하고, 보다 현대적인 주거환경을 조성하기 위해 추진되는 사업이다. 해당 구역의 노후화된 지역을 정비하여 새로운 공동주택을 건설하는 것을 목표로 한다. 소규모재개발사업의 가장 큰 혜택은 용적률과 건축규제의 완화이다. 용적률 완화는 전체 연면적 또는 세대수의 20% 이상을 공공임대주택이나 공공지원민간임대주택으로 공급할 때, 법적 상한 용적률까지 완화

14 LH공사 홈페이지, 공공참여 가로주택정비사업 개발 기본구상

받을 수 있는 혜택을 의미한다. 이로 인해 더 많은 주택을 공급할 수 있어 사업성 향상에 기여한다. 또한, 건축규제 완화는 건폐율, 높이 제한, 부대시설 설치 등의 규제 완화를 포함하며, 이를 통해 더 다양한 형태의 건축물이 가능해진다. 이러한 혜택들은 소규모재개발사업이 보다 원활하게 진행되도록 도와주며, 사업자와 주민 모두에게 긍정적인 영향을 미친다. 수도권 일대의 역세권 주변의 준공업지역은 주택은 별로 없고 가내수공업 형태의 건물들이 밀집한 경우가 많다. 이러한 경우는 재개발도 재건축도 할 수 없이 도심의 이질적인 공간으로 남게 되었다. 소규모재개발사업 유형이 2021년에 신설되어 새롭게 정비될 법적 토대가 완료되었다. 도심 역세권의 기존 노후화된 지역이 변모하게 되면 청년·신혼부부 등이 선호하는 역세권 내 주택 수요를 일부 충당할 수도 있다. 이는 단순히 일부 공동주택의 공급을 넘어 지역 내 직주근접을 통한 시민 생활의 질 향상에 크게 기여할 수 있다. 또한, 공공임대주택과 같은 공공성을 가진 주거공간이 확충되어 지역 내 다양한 계층이 공존할 수 있는 환경을 제공한다. 이러한 변화는 지역 주민들의 생활 안정성을 높이고, 지역 경제 활성화에도 기여할 것이다.[15]

제5절 소규모재건축사업

소규모재건축사업은 기존 주택의 세대수가 200세대 미만이고, 사업 시행 면적이 1만m^2 미만인 소규모 단지를 대상으로 하는 재건축 사업이다. 이 사업은 노후화된 주거지를 현대적인 공동주택으로 재건축하여 주거환경을 개선하고, 지역의 가치를 높이는 것을 목표로 한다. 주택단지로서 하나의 주택단지 또는 둘 이상이 연접된 단지도 시·도조례로 정하는 바에 따라 해당 도로가 폐지되거나 노선이 변경되는 경우를 전제로 소규모재건축사업을 실시할 수 있다.

소규모재건축사업의 절차는 <그림 10-6>과 같이 일반 재건축에 비해 간소화되어 있다. 사업 준비 단계에서는 정비기본계획 수립과 정비계획 수립 및 구역지정, 조합설립

15 서울특별시(2022),「우리집 우리동네 정비사업가이드」

추진위원회 절차는 생략되며, 주민들의 동의를 받아 조합을 설립한다. 이후 사업 시행 단계에서는 사업시행계획인가와 관리처분계획인가를 통합하여 한 번에 신청 가능하고, 실제 공사를 진행한다. 사업 완료 단계에서는 준공 및 입주 절차를 거치고, 청산 및 조합 해산으로 사업이 종료된다. 전체 사업 기간은 평균 2~3년 정도 소요되며, 이는 평균 9년이 걸리는 대규모 재건축에 비해 매우 빠른 편이다. 이러한 간소화된 절차 덕분에 주민들의 부담이 적고, 빠르게 주거환경을 개선할 수 있다.

그림 10-6 소규모 재건축·재개발 사업 절차

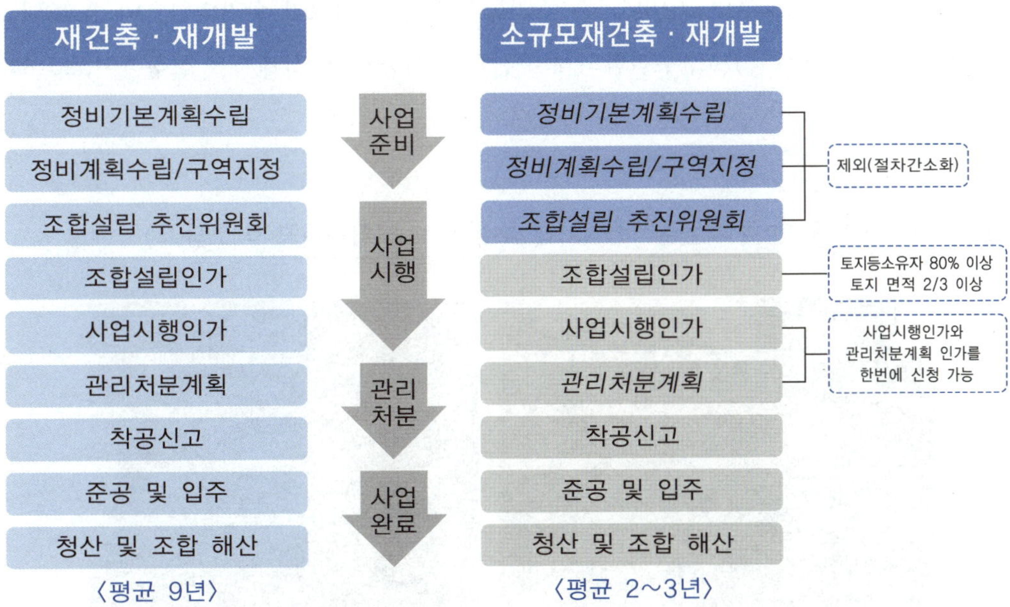

출처: www.magazineh.com 참고 재작성

제6절 소규모주택정비사업 준공 및 계획설계 사례

6.1 자율주택정비사업 완료 사례

당산동 제1호 자율주택정비사업은 서울시 영등포구 당산동1가 158-10, 11, 12번지에서 진행된 사업이다. 사업방식은 3개 필지 자율형 방식으로 진행되었으며, 사업지는 면적 428.5m², 연면적 1,009.61m² 규모로 총 18호가 건설되었다.

본 사업은 구청으로부터 2018년 5월 주민합의체 구성 신고가 수리되었으며, 2018년 7월 사업시행인가 고시되었고, 주민합의체 주관으로 시공자 및 설계자를 선정하여, 2018년 9월 착공하여 2019년 4월에 준공·입주하였다.

그림 10-7 당산동 제1호 자율주택정비사업 착수 전 모습(좌), 준공 후 모습(우)

출처: 국토교통부, 2018.9.4.30. 보도자료

6.2 자율주택정비사업 계획설계 분석자료

도봉구 창동 계획설계 대상지는 계획설계를 통해 기존 12호(지상 8호, 지하 4호)에서 다세대 12세대(A형 8, B형 4), 오피스텔 11실, 근생 1실로 계획되었다.

2018년 계획 당시의 건설공사비는 최근 상황과는 차이가 있지만 당시 지질조사 및 측량비, 설계감리비, 공사비 및 부대경비 등 추정비용은 평당 약 580만 원 정도였고, 종전자산 약 14억 6,800만 원, 총수입 약 46억 700만 원, 총사업경비 약 26억 9,000만 원으로 산정하여 비례율은 130.59% 산출되었다.

다음 [표 10－2]는 계획 당시 자산가치를 기준으로 산정된 권리가액(A)과 분양금액(B)의 차이를 분담금(C)으로 도출한 표이다. 계획 당시의 비례율은 130.59%로 산출되었으며, 각 호의 분담금(C)은 분양금액에서 권리가액을 차감하여 계산되었다. 이를 통해 분담금이 산정되었다.

표 10-2 도봉구 창동 계획설계 대상지 초기 분석(안)

(단위: 천 원)

	비례율	130.59%			
기존 호	종전 자산가치	권리가액 [A]	분양 TYPE	분양금액 [B]	분담금 [C=B-A]
101	128,000	167,151	A1	195,475	28,324
102	128,000	167,151	A1	195,475	28,324
201	138,000	180,209	A1	195,475	15,266
202	138,000	180,209	A1	195,475	15,266
지1	98,000	127,975	A2	187,852	59,877
지2	98,000	127,975	A2	187,852	59,877
101	130,000	169,763	A1	195,475	25,712
102	130,000	169,763	A1	195,475	25,712
201	140,000	182,821	A1	195,475	12,654
202	140,000	182,821	A1	195,475	12,654
지1	100,000	130,586	A2	187,852	57,266
지2	100,000	130,586	A2	187,852	57,266

출처: 국토교통부, 2018.5

6.3 가로주택정비사업 완료 사례

<그림 10-8>은 '인천 숭의2 LH 참여형 가로주택정비사업' 현황이다. 좌측 사진에서 기존 노후화된 주거지 형태를 볼 수 있다. 해당 사업지는 한 블럭만 지나면 대로에 접하고, 인근 체육시설 및 교육시설 등 입지가 우수한 지역이며, 가로주택정비사업을 통해 성공적으로 정주여건을 개선한 프로젝트이다.

그림 10-8 인천 숭의2 LH 참여형 가로주택정비사업

출처: kakao map, naver map

6.4 소규모재건축사업 사례

2024년 10월 기준 서울에서 착공된 소규모재건축사업 현장은 2곳으로 송파구 가락동에 위치한 가락현대 5차아파트와 노원구 공릉동의 대명아파트 소규모재건축 현장이 있다. 소규모재건축사업은 사업규모, 현장 여건 등에 따라 일반 재건축사업에 비해 면적당 사업비가 다소 증가할 요인이 있으나, 그 규모에 맞게 특화된 설계와 입지적 강점을 구비한다면 충분한 장점이 있을 것이다.

소규모재건축사업을 고려하는 소유주들 입장에서는 투명한 사업비 관리 및 사업관리 역량 강화를 위해 2022년 1월 20일에 법제화된 공공참여 소규모재건축활성화사업(약칭: 공공소규모재건축사업)을 활용하는 방안도 고려해볼 필요가 있을 것이다.

그림 10-9 대명아파트 소규모재건축 현장

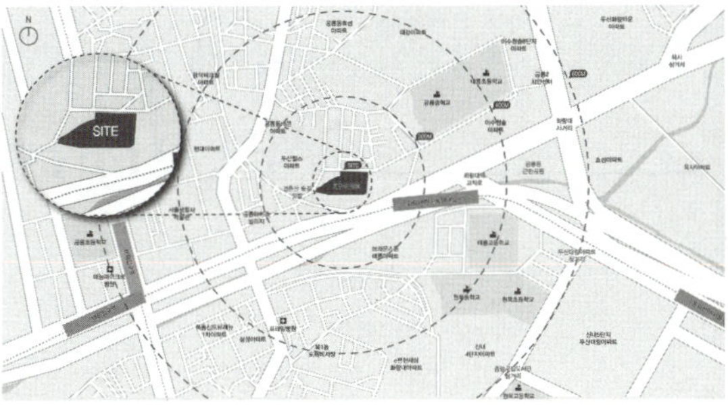

출처: http://cleanup.seoul.go.kr

제11장

도시재생사업

제1절 도시재생의 개념 및 현황

1.1 도시재생의 개념[1]

영국과 미국 등 선진국에서는 1950년대부터 대도시의 무분별한 교외화가 진행되면서 도심 쇠퇴가 가속화되었으며, 이는 원거리 통근과 물류 이동을 증가시켜 에너지 자원의 낭비, 교통 혼잡, 공해 등의 문제를 초래하였다. 또한, 도심부의 투자 감소 및 경제적 여건의 악화 등으로 구시가지 및 기반시설의 노후화, 상업기능의 쇠퇴, 도심공동화 현상 등을 초래하였으며, 사회적 일탈과 범죄, 실업률 증가와 같은 환경적, 경제적, 사회적 문제를 야기하였다. 그러나 1950년대의 도시재건(urban reconstruction), 1970~1980년대의 도시재개발(urban renewal, urban redevelopment)과 같은 기존 도시 정비사업이 추진되었으나, 물리적 환경 정비에 초점을 맞춘 사업 방식은 지역 경제 활성화와 구시가지 회복에 한계를 드러냈다. 그 결과, 개선 효과가 지속되지 못하고 재슬럼화가 발생하는 문제가 나타났다. 이러한 문제를 해결하기 위한 정책적 대안으로 '도시재생' 개념이 등장하였으며, 1990년대에 들어 환경 문제가 세계적인 이슈로 부각되면서 녹지를 훼손하는 교외 신개발에 대한 비판적 인식이 확산되었고, 이에 따라 도시 문제 해결을 위한 복합적인 접근이 요구되면서 도시재생의 필요성이 더욱 강조되었다.

1 대한국토·도시계획학회(2015), 「도시재생」, p.16 참조

영국의 토니 블레어 정부와 일본 고이즈미 내각에서는 도시재생을 단순한 정비사업이 아닌, 사회, 교육, 복지, 문화 서비스 수준의 개선과 도시경제 회복을 통한 경쟁력 확보라는 측면에서 도시부흥(urban renaissance)이라는 용어로 개념화하였다. 즉, 도시재생이란 정비사업을 통해 도시의 물리·환경, 산업·경제, 사회·문화적 측면을 부흥시킨다는 포괄적 의미가 강조된 개념이라고 할 수 있다.

이러한 개념에 따라 미국에서는 도시 재생이 커뮤니티 운동과 연계된 중심 시가지 활성화 사업으로 구체화되고 있으며, 일본에서는 '마을만들기 운동' 차원의 도시재생 사업과 결합되어 추진되고 있다. 또한, 영국에서는 근린 지역 재생(New Deal for Communities)과 같은 실천적 사업과 연계하여 다양한 방식으로 진행되고 있다. 즉, 도시재생은 물리적 환경 쇠퇴로 인한 지역 내 부정적 악순환을 사회·경제적 측면에서 개선하여 긍정적 순환구조로 전환하려는 수단으로 적용되고 있다.

국내에서도 도시재생이란「도시재생법」제2조 정의에 "인구의 감소, 산업구조의 변화, 도시의 무분별한 확장, 주거환경의 노후화 등으로 쇠퇴하는 도시를 지역역량의 강화, 새로운 기능의 도입·창출 및 지역자원의 활용을 통하여 경제적·사회적·물리적·환경적으로 활성화시키는 것을 말한다."라고 규정되어 있다.

'쇠퇴하는 도시'는 외부 개입이 없는 자연 상태에서는 '엔트로피의 법칙(Entropy Law)'처럼 도시의 쇠퇴는 가속화될 것이다. 도시도 생물체와 같이 탄생, 성장, 노화, 소멸의 과정을 거친다고 보면 어쩌면 쇠퇴는 자연스러운 과정일 것이다. 문제는 이러한 쇠퇴의 과정을 역으로 되돌려 경제·사회·물리·환경적으로 활성화시키기 위해서는 엄청난 에너지가 든다는 것이 딜레마다.

이러한 여건과 인구 감소 시대, 글로벌 도시 경쟁 시대의 실정을 감안하면, 국가와 지방정부는 한정된 인력과 재원을 효율적으로 배분하고 민관 협치 거버넌스 역량을 집중적으로 투입하여 특정 지역을 변화시키고, 이를 주변 지역으로 확산시켜 상생할 수 있는 방안을 모색할 필요가 있다.

그림 11-1 도시재생 설명

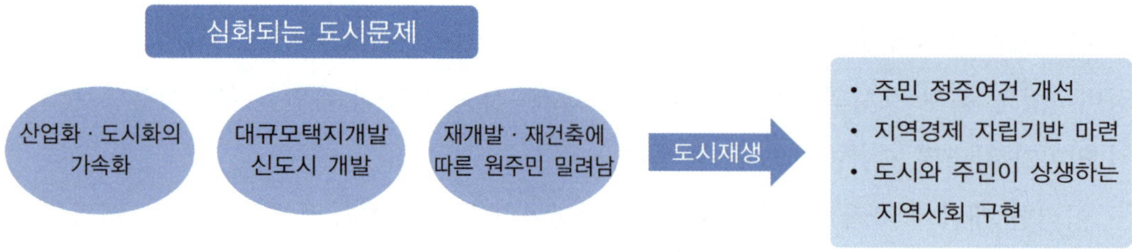

출처: 도시재생 종합정보체계, 자료 재구성

1.2 도시쇠퇴 의의[2]

도시의 성장은 인구 증가와 산업의 발달 및 집중으로 형성되는 집적경제(Agglomeration Economics)에 의해 급속하게 성장하게 된다. 하지만 교통 혼잡, 주거기능 악화, 환경오염 등의 문제로 발생하는 외연적 확산에 의한 교외화, 분산화 과정을 거치게 된다. Klaassen과 Paelinck(1979)는 도시공간구조의 성장과정을 여섯 단계로 구분하였고, 유럽 12개국의 도시들을 대상으로 도시성장 단계를 분석하여 1~4단계는 성장(Growth), 5~6단계는 쇠퇴(Decline)로 구분하기도 했다.

표 11-1 Klaassen과 Paelinck의 도시성장 6단계 가설

구분	절대적 분산	상대적 분산	상대적 분산	절대적 분산	절대적 분산	상대적 분산
도시 집중부	+	++	+	−	−	− −
주변 지역	−	+	++	+	+	−
도시권 전체	+	++	+	+	−	−
도시성장단계	1	2	3	4	5	6

주) +: 인구 증가, ++: 인구 대폭 증가, −: 인구 감소, − −: 인구 대폭 감소
출처: L. H. Klassen & J.H.P. Paelinck(1979). 「The Future of Large Towns, Environment & Planning」, Vol. 11(10), p.1096

2 국가직무능력표준(NCS)(2024), 「도시재생 기획: NCS 학습모듈」, pp.3−4 참조

도시성장 단계는 도시화, 교외화, 반도시화의 과정으로 설명되는데, 도시화단계에서는 인구가 도심으로 집중되며 산업화에 따라 도심의 인구는 지속적으로 증가하게 된다. 도심에 인구가 집중되면서 교통이 혼잡해지고 주거환경 악화로 인해 주거 및 산업의 교외화가 나타나기 시작하고, 이를 통해 도심부의 인구는 감소하게 된다. 이러한 현상은 대도시뿐만 아니라 지방중소도시에서도 나타나고 있는데, 도심부의 인구 감소는 도심공동화 현상을 불러일으키고 직주 불일치 현상을 심화시키는 문제가 발생하게 된다. 선진국의 경우, 반도시화 현상(U-turn)이 나타나고 있는데, 교통과 정보통신기술의 발달로 보다 쾌적한 환경을 찾아 도시에서 농촌지역으로 이주하게 되는 현상이다. 이러한 교외화와 반도시화현상으로 교통거리와 통근비용이 증가되면서 교통 혼잡을 가중시키는 문제가 대두되자 교외화 현상이 발생하여 파급된 도심지의 지가 하락으로 인해 인구가 재유입되는 젠트리피케이션(Gentrification)이 나타나게 된다.

젠트리피케이션은 Klaassen과 Paelinck가 제시한 가설의 한계가 발생하므로 이를 보완하여 제시한 것이 Berg의 도시성장 단계 모델이다. 도시는 도시화, 교외화, 반도시화, 재도시화의 단계를 거치며, 도심지역은 이 중에서 교외화 단계나 반도시화단계에서 외곽

표 11-2 Berg의 도시성장 단계

구분	세분류	인구변화			비고
		도시 중심부	주변 지역	도시권 전체	
도시화	절대적 집중	++	−	+	성장
	상대적 집중	++	+	+++	
교외화	상대적 분산	+	++	+++	
	절대적 분산	−	++	+	
반도시화	절대적 분산	−−	+	−	쇠퇴
	상대적 분산	−−	−	−−−	
재도시화	상대적 집중	−	−−	−−−	
	절대적 집중	+	−−	−	

주) +, ++, +++ = 인구 성장, slow(+) to fast(+++)
−, −−, −−− = 인구 감소, slow(−) to fast(−−−)

출처: V. D. Berg(1983); W. F. Lever(1993), 「Reurbanization: The Policy Implications,」 Urban Studies, 30(2), p.269에서 재인용

지역에 비하여 상대적으로 쇠퇴하거나 정체한다. 도시성장 단계는 대도시의 성장단계에 대한 설명이지만 최근, 지방 중소도시에서도 유사한 성장단계의 변화가 발생하고 있으며, 우리나라 지방 중소도시의 경우 대부분이 교외화 단계에 접어들었다.

1.3 도시재생 현황

「도시재생법」은 도시재생 활성화계획을 통해 국토교통부에서 지원하는 마중물사업과 각 부처별 사업, 지자체 사업 및 민간 참여 사업을 장소 중심으로 한데 묶어 효율적으로 재생을 추진하는 데 그 목적이 있다. 국토교통부 주관 추진사업과 부처별 협업사업은 포

그림 11-2 도시재생 관련 법령체계 및 관련 사업

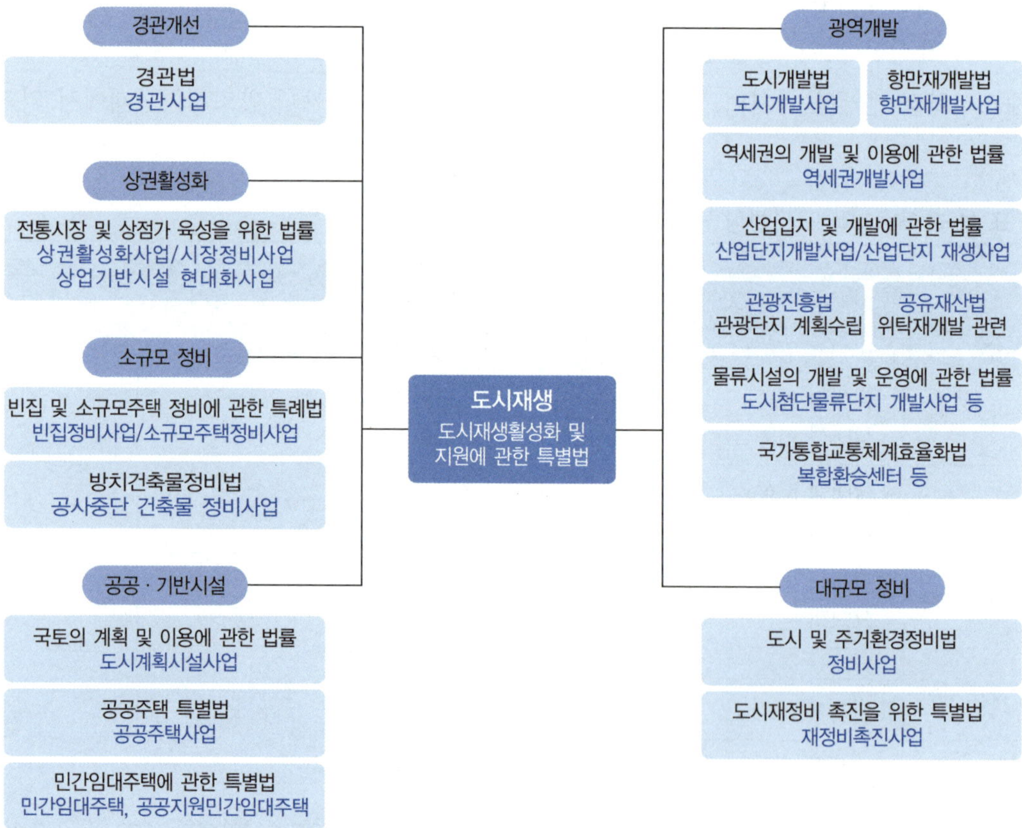

출처: 광주 도시재생DB 플랫폼, 자료 재구성

괄적으로 패키지화되어 추진 중이다. <그림 11-2> '도시재생 관련 법령체계 및 관련 사업'에서 보듯이 도시재생은 특정 법률에 따른 개별사업에 국한되지 않고, 쇠퇴해가는 지역을 변화시키기 위한 다양한 시도들의 총합인 것이다.

2023년 상반기 도시재생사업 신청 가이드라인에 따르면, 각 부처별 연계사업은 18개 부처(청)에서 총 66개 연계사업이 있다. 이처럼 도시재생 뉴딜사업에서 부처 연계사업이 다양한 것은 지역 내의 시민들의 생활에 미치는 세세한 범위까지 효율적으로 개선하기 위해 연계하는 사업 관련 부처도 많고 사업도 포괄적으로 다양한 유형이 포함되게 되었다.

표 11-3 각 부처별 도시재생사업 중점 연계사업, 18개 부처(청), 66개 연계사업

부처명	부처 연계사업
국토부 (6)	① 건축·경관특화사업, ② 건축자산진흥구역, ③ 주거플랫폼(고령자돌봄형, 교육연계형, 일자리연계형), ④ 소규모주택정비 등 빈집정비사업, ⑤ 동행사업(골목길 연계 집수리), ⑥ 지역활력타운
문체부 (14)	① 문화도시 조성, ② 생활문화공동체 활성화, ③ 폐산업시설 등 유휴공간 문화재생 사업, ④ 지역영상미디어센터 활성화 지원, ⑤ 마을미술프로젝트, ⑥ 생활문화시설 인문프로그램 지원, ⑦ 문화영향평가, ⑧ 열린관광 환경 조성, ⑨ 공공디자인으로 행복한 공간 만들기, ⑩ 문화콘텐츠 접목 노후관광시설 재생, ⑪ 관광 거점도시 육성 사업, ⑫ 계획공모형 지역관광개발 사업, ⑬ 관광두레 조성, ⑭ 생활밀착형 국민체육센터 건립지원
문화재청 (5)	① 근대문화유산의 관광자원화, ② 문화재분야 전문가 참여, ③ 생생문화재, ④ 고도(古都) 역사문화도시 조성, ⑤ 역사문화권 역사문화환경 정비육성 사업
중기부 (7)	① 전통시장 주차환경 개선, ② 특성화시장 육성, ③ 청년상인 육성(청년몰 조성 및 활성화), ④ 상권 활성화, ⑤ 소공인특화지원센터 설치·운영, ⑥ 지식산업센터건립, ⑦ 지역혁신창업 활성화지원
환경부 (7)	① 분리배출 취약지역 배출환경 개선사업, ② 사회취약계층 어르신 활동공간 환경성질환 예방사업, ③ 슬레이트 처리 지원사업, ④ 도시소생태계 지원사업, ⑤ 도시침수 대응사업, ⑥ 수소충전소 구축지원, ⑦ 재활용 및 업사이클센터 설치사업
산림청(2)	① 국산목재 활용 촉진사업, ② 목재친화도시 조성사업
행안부 (3)	① 마을기업 육성사업, ② 공공 유휴공간 민간활용 지원, ③ 청년마을 만들기 사업
고용부(2)	① 지역산업맞춤형 일자리 창출지원, ② 부처형 예비사회적기업
농식품부	① 일반농산어촌 개발사업

농진청	① 도시농업 및 치유농업 기술개발
해수부(3)	① 항만 재개발사업, ② 어촌뉴딜 300, ③ 일반농산어촌개발사업
산업부(2)	① 산업단지 환경조성 사업, ② 신재생 에너지 보급지원 사업
법무부	① 범죄예방 환경 개선
경찰청	① 도시재생 뉴딜사업 범죄예방 컨설팅
교육부(3)	① 학교시설 복합화 건축추진, ② 대학생 공공·연합 기숙사 건립, ③ 미래형 교육자치 협력지구
여가부(2)	① 여성친화도시 조성 및 확산, ② 공동육아나눔터 운영
복지부(5)	① 국공립 어린이집 확충, ② 다함께 돌봄, ③ 노인 의료·돌봄 통합지원 시범사업, ④ 놀이혁신 선도지역 선정 및 지원, ⑤ 사회보장 특별지원구역사업
과기부	① 공중케이블 정비사업

출처: 국토교통부(2023.3), 「2023년 상반기 도시재생사업 신청 가이드라인」

제2절 새로워진 도시재생 유형

2013년 「도시재생법」 제정으로 공공주도의 도시재생사업이 시작되었고, 2014년 도시재생 선도지역 선정 후, 2016년 지역 맞춤형 사업유형을 세분화하여 2017년도부터 도시재생사업 선정 및 확대하였으며, 2022년에 사업체계를 개편하기에 이르렀다. 개편된 '경제재생'은 '혁신지구' 선정을 통해 지원되며, 쇠퇴 지역에 주거, 업무, 상업 등 도시 기능을 복합개발하여 경제 거점을 조성하고, 일자리를 창출하는 면 단위 도시재생사업을 추진한다.

각 혁신지구에는 국비지원 250억 원을 지원하고, 기금으로 20% 출자, 50%를 융자하여 사업비 조성의 토대를 마련하고 혁신지구를 위한 도시·건축 특례를 부여받게 되는데, 용적률 완화 및 건폐율 완화가 대표적이다. 2023년 기준 혁신지구는 서울의 강서구, 용산구, 경기도의 고양, 부천, 안산, 안양, 충남 천안, 경북 구미, 광주광역시 북구에 있다. 혁신지구에는 민간의 참여를 독려하고, 공공 주도의 도시재생사업 추진역량지원을 위해 전문가 및 지자체 공무원 교육과 거점대학 전문인력 양성사업 확대도 포함된다.

그림 11-3 도시재생 사업유형 개편 자료

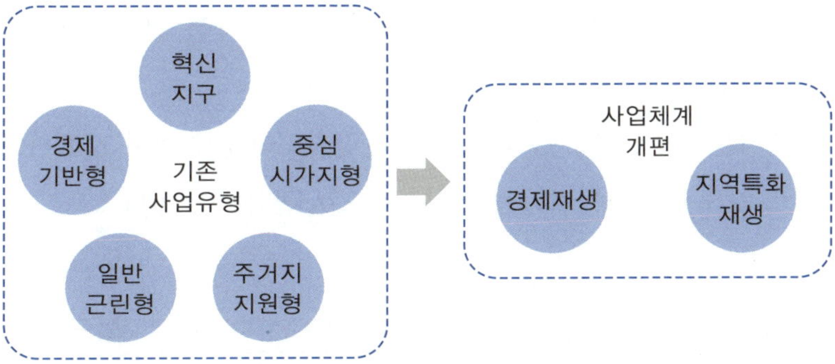

출처: 국토교통부(2023), 「살아 숨 쉬는 도시, 새로워지는 도시공간」 홍보자료 재구성

제3절 산업재생 사례

본 절의 산업재생 사례는 기존의 구로공단이 '구로디지털단지'로 변화되고, 준공업지역이었던 성수동이 젊은 층의 인기 명소(Popular Spot)로 변모되고, 기존에 산업지역은 아니지만 난지도에서 세계 문화 콘텐츠 시장에 중심이 되고 있는 서울 상암 디지털미디어시티(DMC)까지 포함하여 산업재생을 소개하고, 도시재생이 개인의 주거지 변화를 넘어, 지역에 활력을 불어넣고 도시의 성장을 견인하는 사례를 살펴보고자 한다.

3.1 구로디지털단지

1968년 9월 11일 한국수출산업단지(구로공단)에서 개최된 제1회 국제무역박람회는 본 단지를 알리고, 근로자를 유치하는 데 효과적이었고, 전국 각지에서 젊은 근로자들이 몰려드는 계기가 되었다. 각 전시장에는 합성수지, 전기, 화공약품, 기계, 금속, 직물, 봉제품 등 다양한 영역의 산업이 홍보되었다.

구로디지털단지는 매년 넥타이마라톤(G밸리 스마트 마라톤대회) 대회가 열릴 정도로 첨단산업 종사자들이 많다. 1990년대까지 공장근로자 중심의 구로공단이 IT 벤처인, 스마트산업 종사자 위주의 지식산업단지로 탈바꿈되면서 지역경제를 견인하고, 도시 경쟁력을 제고하는 데 일조하고 있다.

그럼에도 G밸리는 마곡, 판교 등 다른 첨단산업지역과 끊임없이 경쟁하고 있으며, 이러한 경쟁 구도로 인해 구로디지털단지는 지속적으로 변화하고 있다.

그림 11-4 제1회 국제무역박람회장 항공사진(좌), 2020년대 구로디지털단지(우)

출처: 국가기록원(좌), 구로구청(우)

3.2 서울 성수동

성수동은 해방 이후 1946년 서울시 성동구에 편입되었으며, 뚝섬승마장은 1954년 5월 최초로 개장한 이후 제주도 조랑말을 들여와 경마장으로 운영되었으나, 한국마사회가 1989년 8월 과천으로 이전하며 그 기능이 축소되다가 2014년 12월부터 폐쇄되었다. 1970년대에는 영세업체들이 자발적으로 세운 공장지대가 형성되었으며, 1980~1990년대에는 대규모 공단의 이탈과 영세화로 인해 일부 지역이 빌라 등 주거지로 변경되었다. 2000년대 이후에는 수제화, 인쇄, 자동차 정비 중심의 생활 밀착 산업이 자리 잡았으며, 최근에는 문화예술 복합 공간, 수제화 타운, 소셜 벤처 클러스터 등으로 변모하고 있다.

대림창고는 수제화를 보관하던 곳으로 높은 층고, 철재 트러스 등 최근 레트로 감성열풍에 부합하는 장소로 성수동을 널리 알리는 계기가 되었다. 민간영역에서 활발한 자발적

재생이 이루어짐과 동시에 행정영역에서도 성수동 일대에 대한 정비계획안이 활발히 진행 중이다. 서울숲을 거점으로 대규모 숲세권의 개발압력이 높고, 서울시의 한강 르네상스 사업과도 결합되어 있어 한강변의 정비사업과 기존 성수동 준공업지역 일대를 '창조적 지식기반산업 중심지'로 육성할 예정이다. 성수동의 위치가 강남, 잠실, 종로 방향으로 가깝게 연결되는 위치에 있어 서울 각 지역에서 접근성이 뛰어난 점도 성수동의 변화에 기여하고 있다. 일상에서 문화를 만나고, 새로운 환경을 찾고 싶을 때 멀리 드라이브를 갈 수도 있지만 도심지 내에 또 다른 창조적 문화 구역을 쉽게 만날 수 있는 것이 성수동의 장점이다.

그림 11-5 성수동 대림창고(좌), 성수동 입지분석 자료(우)

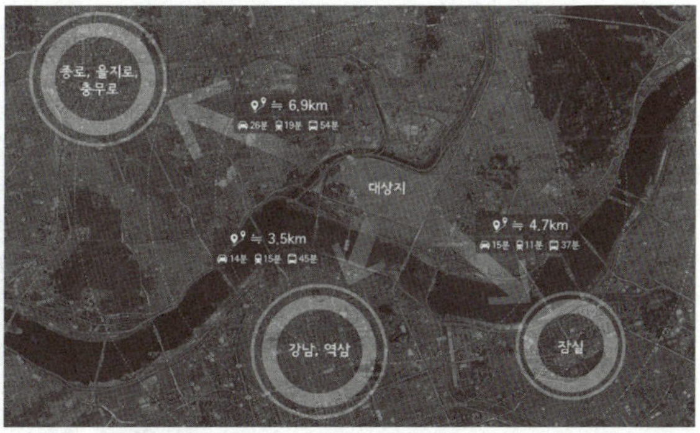

출처: 성수동대림창고갤러리(좌), 성동구청(우)

3.3 서울 상암 디지털미디어시티(DMC)

'난지(蘭芝)'는 난초와 지초를 아우르는 말이며, 철따라 온갖 꽃이 만발해 '꽃섬'이라 불리기도 했다. <그림 11-6>의 겸재 정선의 그림에서 좌측 상단에 아름답게 묘사된 곳이 난지도이다. 이러한 난지도가 경제성장과 인구의 서울 집중으로 인해 1977년 이후 서울시에서 대규모 매립지를 물색하던 중 서울시 외곽이면서 교통이 편리하고 재방 축조 공사 중이던 난지도를 대상으로 선정하였다.[3] 서울시는 2000년에 서울 4대문 내 도심규모와

3 SEOUL SOLUTION 홈페이지

비슷한 약 200만 평 규모의 밀레니엄시티를 계획하고, 상암 DMC를 포함한 신도시를 건설하였다. 대규모 사업을 하다보면 누구나 청사진을 그리고 많은 계획을 수립하지만 막상 토지공급 시점에 가면 경제논리와 시장상황, 투자자의 요구사항 등을 감안하면 초기 계획은 희석되고, 시장논리대로 변질되는 경우가 허다하다.

상암 DMC의 경우 현재는 전 세계의 미디어 산업의 메카로 군림하지만 개발 당시는 그 성장 가능성을 예측하기 어려웠을 것이고, 토지 매각이 급선무일 수도 있었지만 토지공급 시 토지가격 이외에 '도시설계'를 고려하고, '협상원칙 및 심사기준'을 고려하여 당초의 계획에 부합하는 사업자에게 토지를 공급하는 일관된 뚝심을 가지고 사업을 성공적으로 이끌어 왔다. DMC에는 첨단업무, 상업업무, 방송시설, 공공청사, 주상복합, 호텔 등이 시너지를 내면서 국제적인 미디어의 메카로 자리잡았다.

그림 11-6 겸재 정선이 그린 난지도(좌), 난지도 위치도(우)

출처: seoulsolution.kr

제4절 문화 및 역사재생 사례

본 절의 문화 및 역사재생 사례는 '인천 아트플랫폼', '광주 아시아 문화의 전당'과 기존 산업 유휴시설을 문화시설로 탈바꿈시킨 '서울 마포 문화비축기지'를 사례로 하며, 과거를 기억하는 공간이 그 규모에 상관없이 시민들에게 얼마나 큰 울림이 있는지 살펴보고자 한다.

4.1 인천아트플랫폼

인천아트플랫폼은 1888년 지어진 일본우선주식회사 건물을 포함하여 1930년대에서 1940년대까지 건축문화자산을 활용한 도시재생 사례이다. 당시의 모습을 품고 골조와 외장재 등이 잘 보존되어 있어 역사적 보전 가치가 높은 건물이다. 인천아트플랫폼은 시민들에게는 담장 없는 전시장이자 공연장이다. 인천 중구 차이나타운을 찾는 시민들이 부담없이 걸어서 찾을 수 있는 가까운 거리에 무료로 이용할 수 있는 다양한 프로그램들이 있기 때문이다.

젊은 예술가들에게 인천아트플랫폼의 예술 창작 공간은 예술 창작을 위한 창작공간 제공, 전시기회 제공 및 해외 유관기관과의 교류 기회를 제공하고 있다. 2009년 파일럿 프로그램을 진행한 이후, 2010 레지던시 프로그램(1기) 이후 2023 레지던시 프로그램(14기)을 맞이하고 있으며, 일반인에 대한 대관 지원은 전시공간 약 200평 규모로 실비 수준의 저렴한 비용으로 이용할 수 있어 지역 내에서의 다양한 창작활동에 대한 공유, 전파 활동에도 기여하고 있다.

그림 11–7 인천아트플랫폼 야외공연과 전경

출처: 인천아트플랫폼

4.2 국립 아시아 문화의 전당

'국립 아시아 문화의 전당'은 기념비가 아닌 기념비이다. 설계자인 우규승 건축가는 설계 과정을 형태를 만드는 조각보다는 연결, 움직임, 관계가 중요한 음악에 가깝다고 했다. 설계의 주안점은 5·18민주화운동의 상징과도 같은 구 전남도청사를 가릴 수 있는 대형 건물은 지양하고, 지역의 부족한 공원 인프라를 고려하였으며, 구조형식은 장스팬 복합구조를 채택하여 향후 내부의 가변적 계획 변경도 가능하도록 하였다. 내부 중정은 아시아적이고 한국적 요소이지만 대로변의 가로와 연결되고 지하철로도 연결되는 외향화된 중정이다.[4]

국립 아시아 문화의 전당 설계의 주요 개념은 '기억, 시민공원, 외향화된 중정, 빛의 숲'이다. 역사성이 있는 장소에 대한 소중한 기억을 보존하며, 이 공간을 시민들에게 공원으로 돌려주고, 외향화된 중정에서 서로 교류하며 소통할 수 있도록 설계되었다. 또한, 빛의 숲을 통해 과거와 현재, 그리고 미래가 시공간적으로 연결되는 공간을 조성하였다. 국제공모 당선 당시 건립지역인 지역사회에서 빌바오의 구겐하임이나 시드니 오페라하우스 같은 상징적인 건축물을 원한 바도 있지만 지역성과 보존성 등 사이트의 가치를 고려하면 현재의 설계안이 다양한 지역사회의 담론을 담을 수 있는 좋은 장소가 된 것 같다.

그림 11-8 5·18민주화운동의 기억(좌), 현재의 다양한 활동(우)

출처: 국립 아시아 문화의 전당

4 우규승(국립 아시아 문화의 전당 설계자) 인터뷰 아카이브, 국립 아시아 문화의 전당

4.3 서울 마포 문화비축기지

1973년 중동전쟁으로 석유파동 이후, 서울시는 유류 저장시설을 건설하였고, 당시 서울 시민의 한달 석유 사용량인 40만 배럴의 비축을 위해 유류 저장탱크를 설치하였다. 2022년 기준 서울시 월 평균 269만 배럴을 사용하고 있어 현재와 직접 비교는 무리지만, 당시에는 수도 서울의 안정적 운영에 기여하였다. 1급 보안시설로 운영되던 석유비축기지는 2002 한일 월드컵 상암 경기장이 바로 앞에 건설됨에 따라 안전상의 이유로 폐쇄되고, 2014년까지 버스 주차장, 월드컵대교 현장사무실 등으로 사용되었다. 석유비축기지는 지반의 토압 및 수압을 견디기 위해 원형의 철근콘크리트조로 공사되었고, 내부 탱크는 석유의 누수를 방지하기 위해 철재 탱크로 구성되었으며, 이 탱크는 석유의 압력을 견디기 위해 원통 형태의 탱크로 이루어졌다. 현재 리뉴얼 과정에서 남은 견고한 콘크리트 구조물과 매우 절제된 모습의 철골조 탱크는 마치 거대한 악기를 연상시킨다. 실제로 탱크 외부를 살며시 터치해도 큰 울림이 생기며 마치 수십 년의 짧지 않은 공간의 역사를 알리는 메아리로 들리는 듯하다.

서울시에서는 문화비축기지 운영과 관련하여 최대한 시민의 자발적 참여를 유도하였다. 공원 가운데 넓은 마당으로 자리 잡은 '문화마당'에서는 행사, 시장, 축제와 같은 다양한 활동이 가능하며, 매봉산 자락에 있는 탱크(T1~6) 6개에서는 공연전시교육이 이루어지고 있다. 이곳에서는 시민들이 전시를 주최하고, 시장을 열고, 스스로 공연하는 시민 주

그림 11-9 문화비축기지 현재 모습

출처: www.goodplace.or.kr

도적인 문화예술 행사들이 상시 개최되어 시민 교류의 장이 되고 있다.

제5절 환경재생 사례

본 절의 환경재생 사례는 서울 청계천이 친환경적으로 재생되는 과정과 이로 인한 쾌적한 환경이 우리의 삶을 얼마나 풍요롭게 하는지 살펴보자.

5.1 서울 청계천

서울이 조선의 수도로 정해지기 전 청계천은 자연상태의 하천이었다. 청계천의 성격을 두고 풍수학상의 명당수로서 늘 깨끗하게 유지해야 한다는 명분론적 주장과 도성에는 많은 사람들이 살고 있어 더러운 것이 많이 생기므로 이것을 배출할 하천이 있어야 한다는 현실적 주장이 맞서고 있었다. 이 논쟁에서 세종이 후자의 주장을 받아들임으로써 청계천은 생활하천으로 결정되었다. 이로써 청계천은 조선왕조 500년 동안 도성에서 배출되는 많은 생활쓰레기를 씻어내는 하수도로서 기능함으로써 도성 전체를 깨끗하게 유지할 수 있었다.[5]

청계천 주변에 자리잡은 판자촌은 평소 유량이 많지 않다가 장마철 등에 강이 범람하고 사망자가 발생하는 일이 잦았다. 이를 해소하기 위해 청계천 복개공사가 실시되었으며, 청계천 복개공사는 지역 일대의 정비뿐만 아니라 서울 도심의 교통체증 완화를 위한 목적도 있었다.

5 서울시설공단, 「청계천탄생」, www.sisul.or.kr

그림 11-10 청계천 주변 무허가건물 및 복개 공사 현장

출처: www.archives.seoul.go.kr

청계천 복개공사 및 고가도로는 도심 교통 완화에 크게 기여했지만, 시간이 흐르면서 고가도로 하부 지지부의 구조 안전 등급이 전반적으로 'C' 등급을 받았고, 일부 구간에서는 'D' 또는 'E' 등급을 받았다. 이에 따라 서울시는 안전상의 문제로 전면적인 구조 보강 또는 철거의 기로에 서게 되었다. 청계천은 2002년 이명박 당시 서울시장 시절 친환경적이고 삶의 질을 제고하는 방향으로 청계천 복원을 실시하였다. 철거 과정은 램프교, 상부 구조, 교각을 순서대로 철거하고, 육교와 상가를 해체한 이후에 복개 구조물을 단계적으로 철거하고 절단면에 대한 구조보강과 구조하중 변화에 따른 지반(기초) 보강 공사도 실시되었다.

청계천은 복원 과정을 거친 후 시민들에게 돌아갔으며, 당시의 모습을 기억하기 위해 교각 3개는 존치되었다. 청계 고가 이용 초기에 많은 인파와 차량으로 인해 주변 노점과 인근 상인들의 활발한 상업활동이 일어났으며, 개발 당시 이주대책을 수립하여 사업을 진행하였으나, 이주할 점포의 단가 등의 사유로 일부 반대 시위가 끊이지 않았으나, 지금의 청계천은 인증샷을 남기는 국내외 관광객에게나 주변 이용객에게도 큰 휴식을 제공하는 곳으로 다시 태어났고, 물줄기를 덮고 있던 거대한 콘크리트 구조물이 사라지면서 길이 열렸고, 청계천은 세계 각지의 관광객들이 찾는 명소가 되었다. 청계천 환경재생을 통해 시민들은 자연을 체험하고 삭막한 도심 속 휴식공간을 누릴 수 있게 되었다.

그림 11-11 청계천의 과거와 현재

출처: 세계일보, 2021.4.5. 보도자료

제12장

해외 도시재생사업

제1절 미국의 도시재생

도시는 쇠퇴와 성장을 반복해왔으며, 산업혁명 이후 다양한 분야에서 급격한 성장을 이루었다. 특히 20세기 초 미국에서는 급격한 인구 증가와 도시 확장이 일어나면서, 도심지의 슬럼화 문제와 저소득층의 주거 문제가 대두되었다. 이러한 문제를 해결하기 위해 미국 정부는 대규모 도시 재개발 및 도시재생정책을 도입하였고, 이 과정에서 전면적인 철거와 재개발이 이루어졌다. 도시 규모의 확대는 필연적으로 도심공동화 현상과 도시의 무분별한 확산(Urban Sprawl)으로 대표되는 여러 가지 부작용을 야기하였다. 이후 미국 도시재생은 전면적인 재개발보다는 지역 자생적 재생을 통해 도시 문제를 해결하는 방향으로 점차 변화하였다.

1.1 20세기 초 미국의 도시재개발

미국의 20세기 초 대규모 이민과 급격한 인구의 도시 집중은 필연적으로 도심지의 슬럼화를 불러왔고, 이러한 경향은 서유럽 이민자들이 집중된 뉴욕에서 심화되었으며, 다양한 인종과 민족의 이민으로 형성된 사회는 이를 기반으로 한 갈등이 발생하는 경우가 많았다.

그림 12-1 1934년 워싱턴주 시애틀 슬럼가(좌), 1958년 테네시주 내쉬빌 슬럼가(우)

출처: 최영상 · 백인걸(2017), 「미국 도시재생 경험의 시사점과 교훈」, 주택금융월보

1.2 1960~1980년대의 도시재개발과 도시재생

1960년대 미국에서는 도시화가 진행되면서 인종차별로 인한 계층 간 갈등이 심각해졌고, 공공주택 문제와 관련한 도시재생 프로젝트가 도입되었다. 1965년부터 미국 정부는 빈곤 문제를 해결하고자 "빈곤과의 전쟁(War on Poverty)"이라는 슬로건 아래 미국 내 빈곤지역에 대한 보건 및 직업교육을 지원하는 지역활동 계획(Community Action Plan)이 수립되었다. 특히 1974년 제정된 주택 및 커뮤니티 개발법(Housing and Community Development Act)에서는 경제적·환경적으로 낙후된 도시지역에 대한 전면철거 방식이 아닌 선택적 철거와 점진적 멸실을 통한 개발을 권장하고 있다. 이러한 개발 방식을 따르는 개발 주체들에게 세제 혜택을 주어 기존 시가지를 재생함과 동시에 지역사회를 보존하기 위한 정책이 시행되고 있다.

도시재생 시스템은 1990년대를 거치면서 한층 발전하여 중심 시가지의 문제를 단순히 빈곤과의 전쟁으로만 다루지 않았다. 과거의 실태를 경험 삼아 발전한 도시재생시스템은 도시의 무분별한 확산 억제와 더불어 공공 교통 시스템을 정비하고 주거환경을 개선하여 지속적으로 도시 자체가 재생하는 선순환 구조의 도시성장을 목표로 하고 있다. 미국 지자체 및 연방정부에서는 도시재생을 목적으로 한 다양한 재정지원 방안과 정책들이 시행되고 있다.

그림 12-2 뉴욕시 5번가 주거지역

출처: 최영상 · 백인걸(2017), 「미국 도시재생 경험의 시사점과 교훈」, 주택금융월보

1.3 주택법 제1장의 교훈

1949년 주택법 제1장(Title I of the Housing Act of 1949)은 연방정부가 주도한 대규모 도시재건축 프로그램을 시작하는 중요한 법안이었다. 이 법은 20년 동안 도시계획 전문가, 정치인, 그리고 건설업자들이 주도하는 재개발사업을 통해 도시의 재생을 꾀하고자 했다. 하지만 1960년대 초 회의론자들은 연방정부가 보조금을 지원하는 도시재생 방식의 실효성에 대해 의문을 제기하였다.

주택법 제1장은 도시의 전반적인 개선을 목표로 추진되었으나, 초기부터 여러 이해관계자의 충돌이 있었던 법안이었다. 도시개발을 위한 대규모 계획은 종종 부동산 가격 상승을 우려하는 세력과 충돌하였으며, 특히 주거 문제를 해결하려는 노력이 부동산 투기와 연계되면서 도시재생의 목적이 흔들리게 되었다. 또한, 주거지의 철거와 대규모 개발이 대부분의 시민들에게는 직접적인 혜택을 주지 못하고, 오히려 경제적 부담을 가중시키는 결과를 초래하게 되었다. 이러한 정책 실패로 인해 주택법 제1장은 그 계획의 본질적인 한계를 드러냈다.

1949년 주택법 제1장은 도시재생의 새로운 전환점으로 기대되었으나, 실제로는 많은 문제를 동반하였다. 대규모 철거와 재개발이 도시 경제를 활성화하기보다는 사회적 불평등을 심화시키고, 지역 커뮤니티의 붕괴를 가속화하였다. 특히, 저소득층 주민들이 주거지를 잃고 재정착에 어려움을 겪으면서 도시 내 불균형이 심화되었으며, 이는 도시재생 정책에 대한 재검토의 필요성을 제기하게 했다. 따라서 이 법안은 도시재생에 있어 주민 참여와 지속가능성을 고려하지 않으면 장기적인 성공을 거둘 수 없다는 중요한 교훈을 남겼다.

프루이트-아이고 주거단지는 대규모 공공주택 프로젝트로 설계되었으나, 여러 가지 문제로 인해 실패한 사례로 기록되었다. 이 주거단지는 밀집된 건축 구조로 인해 거주자들이 심리적, 사회적으로 고립감을 느끼게 되었고, 이 지역의 범죄율이 증가하고, 사회적 문제가 심각해져 결국 전면 철거의 과정을 거치게 되었다. 클리블랜드의 에리뷰(Erieview) 타워는 주변 경관과 조화를 이루지 못한 외관으로 도시의 경관을 저해하는 프로젝트로 인식되었다.

그림 12-3 프루이트-아이고 주거단지(좌), 클리블랜드의 에리뷰(Erieview) 타워(우)

출처: 최영상 · 백인걸(2017), 「미국 도시재생 경험의 시사점과 교훈」, 주택금융월보

연방정부가 시행한 도시재생 사업은 1949년 주택법 제1장에 근거해 추진되었으나, 전반적으로 당초 기대했던 효과를 거두지는 못했다. 도시재생 사업의 초점은 도시 내 불량 주거지를 재개발하는 것이었으나, 급격한 철거와 재개발로 인해 지역 커뮤니티가 약화되고, 경제적 불평등이 심화되었다. 주택 문제를 해결하기보다는 오히려 사회적 문제가 대두되는 결과를 초래했으며, 특히 저소득층 주거 문제는 해결되지 않은 채로 남게 되었다.

1960년대부터 연방정부 주도하에 도시재생이 계속되었으나, 많은 경우 경제적 이익을 우선시한 민간 투자자 중심의 개발로 인해 주민들의 주거 안정성은 후순위로 밀리게 되었다.

결국, 1970년대 이후 도시재생정책은 그 실패를 인지하고 재검토가 필요해졌다. 도시재생 사업이 물리적인 철거와 재건축에만 집중하는 것이 아니라, 주민들의 생활 복지와 재정착 문제를 해결하는 방향으로 전환되어야 한다는 교훈을 남겼다. 현재 한국을 포함한 여러 국가들이 이 교훈을 바탕으로 주민 중심의 도시재생 모델을 도입하고 있으며, 이는 지속가능한 도시재생의 성공을 위한 중요한 시사점을 제공하고 있다.

제 2 절 영국의 도시재생

한국의 도시재생정책은 정책형성 과정에서부터 영국 도시재생정책의 영향을 많이 받았고, 재생사업 추진방식에 있어서도 상당한 유사점을 보여주고 있다. 현재 도시재생은 쇠퇴·낙후된 지역이면서 잠재력을 가지고 있는 지역을 선별하여 중앙정부와 지자체의 예산을 우선적으로 투입하는 방식으로 진행되는데, 특정지역을 대상으로 일정 기간 동안 집중적으로 자원을 투입하는 방식은 영국에서 1960년대부터 2000년대 초반 사이 주된 도시재생방식이었던 장소기반 재생(area－based initiative) 방식과 많은 유사점을 가지고 있다. 또한, 관련 이해당사자와 파트너십을 형성해서 재생을 추진하는 방식 또한 1990년대 이후 영국의 도시재생 방식과 유사하다. 영국의 도시재생정책은 집권당의 정치철학에 따라 다르게 나타나지만, 도시재생정책의 변화를 살펴보면 당시의 사회적, 경제적 상황에 대응하기 위해 노력하고 있음을 알 수 있다. 1980년대 집권한 대처정부의 도시재생은 경제위기에 대응하기 위해 대규모 도시개발사업을 중심으로 추진되었으며, 1997년 집권한 블레어 정부는 지역 간, 계층 간 소득 양극화 심화 등으로 갈등이 확산되자 지역사회의 역할을 강조하고 공동체 활성화를 위한 정책을 추진하였다.[1]

표 12-1 영국 도시재생정책의 변화

시기	정부	정책 특성	주요 정책	주요 특징
1970~1990	보수당, 대처정부	시장 중심	EZ, UDC	• 물리적 재개발에 초점 • 공기업-민간자본 파트너십
1990~1997	보수당, 메이저정부	경쟁 중심	City Challenge, SRB	• 통합적 재생의 중요성 인식 • 지속가능한 재생을 위해 커뮤니티 참여 강조
1997~2010	신노동당, 블레어/브라운	장소 중심	NDC, NRF	• 커뮤니티가 주도하는 도시재생 시도
2010~2016	보수-자유연합 정부, 캐머런	지방 중심	Localism Act, City Deal	• 지방분권 강조

출처: 김예성 · 이태희(2017), 「영국 도시재생정책의 변화와 시사점」, Journal of Urban Planners

2.1 대처정부의 재생정책

대처정부(1979-1990)의 재생정책은 신자유주의에 입각해 국가의 개입과 규제를 줄이고, 민간 투자를 촉진하는 방향으로 이루어졌다. 당시 도시쇠퇴의 원인을 국가의 과도한 개입으로 보았으며, 이를 해결하기 위해 규제를 완화하고 기업의 투자를 유도해 도시 경쟁력을 높이고자 했다. 이 과정에서 주로 낙후된 공장이나 철도, 항구 지역의 재생이 추진되었으며, 부동산개발이 중심이 되는 '부동산주도 도시재생(property-led urban regeneration)'이 이루어졌다.

그러나 이 시기의 재생정책은 중앙정부와 기업의 역할이 두드러졌던 반면, 지방정부

1 김예성·이태희(2017), 「영국 도시재생정책의 변화와 시사점」, Journal of Urban Planners

와 지역 주민의 참여는 제한적이었다. 도시재생은 주로 수익성이 있는 지역에만 집중되었고, 재개발된 지역에서는 주택가격이 급등해 젠트리피케이션 현상이 발생했다. 대표적인 사례인 런던 도클랜드의 경우, 금융업 일자리가 크게 증가했으나, 그 혜택은 외부에서 온 고학력자에게 돌아갔고, 기존 주민들은 여전히 양질의 일자리를 찾기 어려웠다. 이로 인해 경제성장은 이루어졌지만, 실업률은 증가하고 사회적 갈등이 심화되는 문제를 낳았다.

2.2 메이저정부의 재생정책

메이저정부(1990~1997)는 대처정부의 도시재생정책에 대한 비판을 수용하여 정책 방향을 수정하였다. 첫째, 여러 부처에서 분절적으로 추진되던 재생 관련 정책과 예산을 통합하여 효율적인 추진이 가능하도록 제도를 개편하였다. 둘째, 도시재생 과정에서 지방정부의 권한을 일부 강화하였고, 셋째, 지역 공동체와 비영리 부문의 참여를 독려하였다. 넷째, 지방정부, 기업, 지역 공동체, 비영리 부문 간의 파트너십을 강조하였다.

주요 프로그램인 Single Regeneration Budget(SRB)은 재생 관련 예산을 하나로 통합하여, 효과적으로 재생사업을 추진할 수 있게 하였다. 정부가 이를 총괄하면서 정책 조정이 용이해졌고, 지역 주체들이 재생 과정에 실질적으로 참여할 수 있는 기회를 제공하였다. 특히, SRB는 저소득층과 사회적 약자 계층의 참여를 장려하고, 재생을 통해 실질적인 혜택이 돌아갈 수 있도록 강조하였다.

그림 12-4 Shoreditch Trust(좌), Shoreditch Trust가 운영하는 사회적 기업 식당(우)

출처: 김예성 · 이태희(2017)

2.3 신노동당정부의 재생정책

신노동당정부(1997~2010)는 전통적인 사회민주주의 정책에서 벗어나, 신자유주의적 시장경제를 바탕으로 인적자본과 개인의 경제적 경쟁력을 강조하는 커뮤니티 중심의 도시재생정책을 추진하였다. 이 정책의 핵심은 커뮤니티 참여를 확대하고, 쇠퇴한 지역사회를 재건하는 데 중점을 두는 것이었다. 대표적인 프로그램으로 NDC(New Deal for Communities)가 도입되었으며, 이를 통해 영국 전역의 빈곤과 사회적 배제를 겪는 39개 지역에 10년간 각 지역당 5,000만 파운드를 지원하여 지역공동체의 참여를 기반으로 한 도시재생을 시행하였다. 이 프로그램은 교육, 고용, 건강, 주거환경 개선 등을 목표로 하여, 커뮤니티 주도하에 지속가능한 재생 모델을 구축하려 하였다.

하지만 NDC는 주민참여의 한계와 대표성 문제를 드러내기도 했다. 일부 주민들은 프로그램의 존재조차 알지 못했고, 적극적인 참여율은 매우 낮았다. 또한, 주민 대표의 대표성이 부족해 갈등을 유발하기도 하였다. 그럼에도 불구하고 NDC는 장기적인 안목을 가지고 추진되었고, 다양한 이해관계자 간의 관계 회복을 통해 소외된 이들을 포용하는 정책을 추진한 점에서 중요한 시사점을 남겼다. 신노동당정부의 10년간 한 지역당 5,000만 파운드를 지원했다는 점은 지역에 대한 호혜적 배분이 아니라 장기적인 안목을 가지고 지속가능한 도시재생의 토대를 만들고자 했던 것이다.

제3절 일본의 도시재생

최근 일본의 많은 지방도시에서는 인구감소와 고령화, 그리고 수도권 집중으로 인한 도시쇠퇴로 인하여, 중심시가지의 거주인구 감소와 저출산, 공공시설의 교외 유출 등으로 중심시가지 쇠퇴가 가속화되고 있으며, 이로 인해 빈집, 빈터 등 유휴부동산이 급격히 증가하고 있다. 이러한 과제를 해결하기 위해 지역재생을 위해 다양한 대응방안이 모색되고 있으며, 특히 지방도시의 중심 시가지에는 상권 활성화, 주거 정비, 도로 개선, 이벤트 사업 등의 다양한 대책이 강구되고 있다. 또한 1998년에 제정된 '마을 만들기 3법'에 의해 중심시가지 활성화 기본계획이 책정되었으나, 지방도시의 중심시가지 쇠퇴는 완화되지 않았고, 이로 인하여 2006년에 '마을 만들기 3법'이 개정되었다. 개정된 기본계획은 선택과 집중이라는 관점에서 내각총리의 인정에 의한 인정기본계획이 수립되었으며, 이러한 인정기본계획은 정기적인 후속 보고를 통해 계획을 재검토하는 것이 의무화되었다. 일본의 경우에는 1998년부터 동경권은 물론 지방도시에서도 다양한 유형의 도시재생사업이 진행되고 있으며, 결합개발, 인정사업제도 등을 통하여 민간기업의 도시재생사업을 촉진하고, 역세권 및 도심기능의 회복을 통하여 도시 활성화와 도시 경쟁력 향상이라는 실질적인 도시재생 효과를 거두는 도시재생 사업의 성과를 거두고 있다.[2]

일본의 도시재생 체계는 지방공공단체와 시민활동단체를 중심으로 한 연대와 협력을 강조한다. 우선, 지방공공단체는 지역재생계획을 수립하고 사업 기획제안을 하고, 정부조직인 내각부에서 이를 선정하게 되면 지방공공단체가 상세한 계획신청을 하고, 내각부에서 계획 인정을 하게 되면 지역재생계획의 주체(지방공공단체, 시민활동단체)와 내각부가 계약을 체결하여 재생사업을 실시하고, 사업 종료 시 내각부에 성과 보고를 하게 된다. 내각부에서는 사업 심의회 개최, 계약단체 선정, 지역재생계획 인정, 성과정리 과정을 거쳐 전국에 주요 성과를 공유하게 되고, 전국 각지의 지역재생을 추진하게 된다.[3]

제4절 해외 도시재생 사례

4.1 Battery Park City

현재 세계 금융의 중심지는 뉴욕, 런던, 싱가포르로 편재되어 있다. 1970년대 뉴욕도 글로벌 경쟁에 대비하여 배터리 파크 시티를 구상하였고, 허드슨 강에서 매립한 토지를

2 김대일 외(2020), 「일본 도시재생정책의 변천과 군집분석에 의한 도시재생사업의 특성 및 시사점에 관한 연구」, 국토계획

3 유학열(2008), 「일본 지역재생사업의 실태 및 특징」

이용하여 조성하면서 뉴욕 맨해튼의 과밀 문제를 완화하고, 새로운 주거 및 상업 공간 창출에도 기여하고 동시에 국제 금융도시에 걸맞는 업무공간, 상업공간, 주거공간 등을 마련하게 되었다. 19세기와 20세기 초반 동안, 매립 전의 배터리파크 일대는 유럽 이주민들이 미국에 도착하는 주요 관문이었다. 이곳은 특히 자유의 여신상과 엘리스 섬으로 가는 길목에 위치하여 많은 이주민들이 배를 통해 이 지역에 도착했다. 배터리파크 시티는 이러한 역사적 장소성을 간직하고 있고, 맨해튼의 과밀을 해소하고 지역 주민들이 원하는 공원을 대폭 확대하는 도시정비의 성공적인 사례로 많은 이들이 찾는 명소가 되었다. 배터리 파크 시티는 지역 안에 초고층 박물관, 시인 하우스 등 여러 문화 공간과 안전하고 쾌적한 수변공간을 갖추어 뉴욕의 어메니티를 크게 향상시키는 요소가 되었다. 배터리 파크 시티는 뉴욕의 도시 재생을 대표하는 성공적인 사례로, 지속가능한 도시개발의 모범으로 자리 잡고 있다. 이 지역은 초기 계획 단계에서부터 환경 친화적인 요소가 강조되었으며, 특히 녹지 공간과 공공공간이 충분히 확보되어 주민들에게 쾌적한 생활 환경을 제공하고 있다. 또한 배터리 파크 시티는 재생 과정에서 다양한 친환경 기술을 도입하여 에너지 효율을 높였으며, 이는 도시 전체의 지속가능성을 강화하는 데 기여하였다.

그림 12-5 Battery Park City

출처: perkinseastman.com

4.2 Hudson Yard

허드슨 야드 프로젝트는 미국 최대의 민간 개발 프로젝트이자 뉴욕 역사상 가장 복잡한 건설 프로젝트 중 하나이다. 운영 중인 철도 부지 상부 28에이커(ac)(약 113,312m^2)에 건설된 이 부지는 30개의 활성 철도 선로, 3개의 철도 터널, 새로운 게이트웨이 터널을 연결하는 2개의 플랫폼을 갖추고 있다.

현재는 세계적인 직주락(職住樂, Live-Work-Play)의 대표적인 명소가 되었다. 세계적인 기업들이 이곳으로 입주하고 있으며, 분양 또는 임대되는 주택의 가격은 뉴욕의 평균 수준보다 높게 형성되어 있고, 여기에서 이루어지는 각종 행사 등은 실시간으로 보도되고, 많은 이들의 선망의 장소, 만남의 장소로 이용되고 있다.

그림 12-6 Vessel, Public Square and The Shed

출처: www.tourbytransit.com/www.thorntontomasetti.com

<그림 12-6>의 Vessel은 초기 개장 당시 프로젝트의 조형물을 뛰어넘어 전 세계의 개발 프로젝트 중 외부 방문객을 효과적으로 유치하는 뛰어난 방안으로 유명세를 탔다. 향후에도 관람객의 안전계획 보완 등을 통해 활용이 지속되기를 기대한다. 더 세드(The Shed) 건축물은 다양한 예술활동을 지원하기 위해 건축물의 형태를 완전히 새로운 시각에서 접근한 프로젝트이다. 필요에 따라 건물의 외피가 레일을 통해 수평이동하여 다양한

공연이 가능하게 되었다. 이 사업이 뉴욕의 가장 복잡한 프로젝트였던 이유는 건물을 지탱하기 위한 300개의 케이슨(Caisson) 기초를 선로 사이에서 철도 운영 기간 중에 시공해야 했기 때문이다. 케이슨의 직경은 약 1.5m, 깊이는 약 25m 이내로 장비 반입 등 현장여건 및 장비 운용상 여러 어려움이 있었다. 이러한 건설단계의 어려움을 딛고 일어선 허드슨 야드는 성공적인 민간 개발사업으로 손꼽히게 되었다.

4.3 King's Cross 도시재생사업

킹스 크로스는 로마 시대부터 런던의 상징이자 경제 중심지이며, 킹스 크로스역은 1850년에 런던과 북부 지역을 효과적으로 연계하기 위해 증기기관차 정류장으로 건립되었고, 1868년에는 바로 서쪽 인근에 중부지역을 연결하는 기차역의 출발점인 세인트 판크라스역을 추가로 건립해 명실공히 영국의 대표적인 역세권이 되었다.[4] 이후 영국과 대륙을 연결하는 철도역은 기존의 노선이 많은 킹스 크로스역 지하부에 신설하는 방안과 세인트 판크라스역 중에서 최종적으로 세인트 판크라스역으로 결정되었고, 두 역이 기능적으로 잘 역할을 분배하여 두 역 간의 시너지는 오히려 더욱 커지게 되었으며, 주변 상가 등의 활성화에 기여하게 되었다. 템즈 강 북쪽에 도시재생의 일환으로 기존 형태와 주요 구조부재를 활용한 'Coal Drops Yard'는 젊은이들이 자주 찾는 명소가 되었다. 특히 <그림 12-7>의 '키스하는 듯한' 건물 외관은 그 자체로 사진 찍는 명소가 되었다.

킹스 크로스역(King's Cross Station)은 역사적, 건축적으로 의미가 있는 건축물이고, 런던의 최대 환승역 중 한 곳이다. 인근의 세인트 판크라스역(St. Pancras Station)과 운하가 함께 모여 있다. 그리고 현재는 도시재생 프로젝트를 통해 1,700개의 일반 주거단지, 650개의 학생 주거단지, 450,000m^2 규모의 비즈니스 지구, 45,000m^2 규모의 상업지구, 70,000m^2 단위 지역 커뮤니티 지구, 28,000m^2 규모의 휴양·공공·교통 지구를 조성하여 미래의 청사진을 그리고 있다. 킹스 크로스 재생사업이 바람직하게 추진되고 있는 것 중에 하나가 주변 인프라, 매력적인 어메니티 장소 등이 들어 선 이후 본격적인 주거단지 개발이 이루어지고 있는 점이 특징이다.

4 김정후(2020), 「런던에서 만난 도시의 미래」, 21세기북스, p.219

그림 12-7 킹스 크로스의 Coal Drops Yard 현재 모습과 건설단계

출처: 킹스크로스 공식 유튜브 채널, 「Coal Drops Yard」

4.4 하펜시티

하펜시티는 독일을 넘어 유럽의 도시재생 성공 사례로 자주 언급되며, 현재도 함부르크에서는 하펜시티를 중심으로 인근의 지역을 지속가능한 개발을 염두에 두고 녹지공간, 주거지역, 업무공간 등을 조성 중에 있다. 평균 용적률이 250%로 항구의 조망 등을 특정 공간이 독점하지는 않고 주변과 어우러져 개발되고 있다.

그림 12-8 하펜시티 구역(독일 함부르크)

출처: hafencity.com

하펜시티의 후광으로 인근 지역도 국제기업 유치, 양질의 일자리, 쾌적한 주거지역 등이 조성되고 있다.

이렇게 성공적인 도시재생사업으로 평가받은 하펜시티도 개발 초기에는 여러 고민들이 있었다. 대표적인 것이 계절적 요인에 따른 강 수위 상승 및 하강 문제였다. 이러한 문제는 오래된 건물 1층 사용에 큰 지장을 초래하였고, 개발 초기에 하펜시티를 부지 조성공사 시 지반고를 들어올려 강 수위 상승에 대응하는 방안도 있었지만 이럴 경우 기존의 고유한 건축문화유산이 사라질 우려가 있어 개발방향은 기존 도심 내에서 기술적으로 강 수위 상승에 대응하기로 한 것이다.

그림 12-9 좌측 신축건물, 우측 오래된 창고

출처: urbangreenbluegrids.com

<그림 12-9>의 우측 오래된 창고 건물은 물이 범람하면 1층이 잠기게 되는 문제가 있었지만, 기후 환경 등을 고려해 최근 지어진 좌측의 건물은 레벨을 들어올리고, 1층의 문은 내수압 문으로 설계하여 범람에 대응하고 있다.

그림 12-10 내수압·수밀성 갖춘 외부 문과 강 범람 대응 레벨

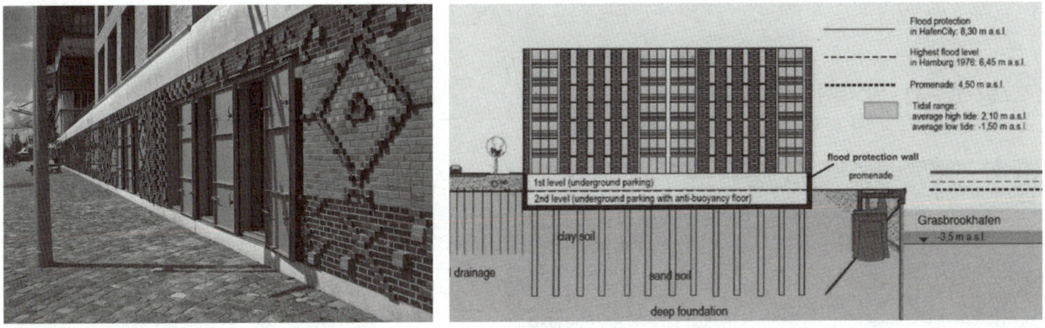

출처: cortescurrents.ca

이뿐만 아니라, 그럼에도 물이 들어올 경우를 대비하여 <그림 12-10>처럼 1층 외부 문은 수압을 견디고 수밀성을 갖춘 문으로 설치하였고, 물이 범람하는 것을 염두에 두고 도시의 방재계획을 수립하였다.

4.5 시부야 역세권개발사업

시부야 역세권개발사업은 일본 내에서도 100년에 한 번 나올 법한 대규모 사업이라고 언론에 보도되고 있다. 이 사업은 도큐 도요코선의 지하화로 발생한 약 1km의 폐선부지에 시부야 히카리에와 시부야 스크램블 스퀘어 등의 복합시설을 개발하고 그 외 부지는 보행통로와 공공을 위한 공간으로 조성하는 사업이다. 단순히 선형적 개발사업이 아니라 시부야역 중심으로 반경 2.5km를 사업영역으로 보고 개발하겠다는 계획으로 광역 시부야권(Greater SHIBUYA) 구상으로 불리고 있다. 본 사업의 시행자는 도큐 도요코선을 건설하고 운영 중인 도큐(Tokyu Corporation)이며, 철도 건설 및 운영 사업뿐만 아니라 부동산 개발사업에 특화된 기업이다.

시부야역 주변에는 하라주쿠, 아오야마, 오모테산도, 에비스, 다이칸야마 등 개성 있는 거리가 도보권에 위치하고 있으며, 국립경기장과 NHK, 대학 등 다수의 문화·학술 기관도 자리하고 있다. 이러한 지역적 환경을 활용하여, 공간별 거점 건축물을 점 단위로 신축하되, 도보환경, 접근성 등을 고려하여, 주변과 상생할 수 있게 개발하여 전체 광역 시부야

권의 가치를 높이는 것에 집중하는 것이며, 아직 전체 계획이 완료되지는 않았지만 이미 글로벌 기업 입주 등이 이루어지고 있다.

그림 12-11 광역시부야권 구상

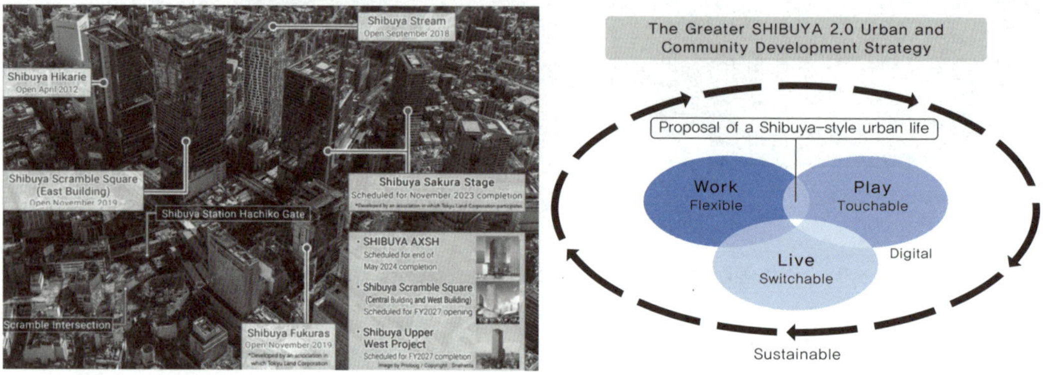

출처: TOKYU CORPORATION 리포트, 2023

시부야역 일대는 지형적으로 레벨차가 심하고 도로망이 복잡하여 대형건물이 들어서면 작은 길들이 막혀서 보행에 불편을 줄 수 있는 환경이다. 하지만 광역 시부야권을 구상한 도큐 회사는 본인들이 개발하는 건물의 저층부에 보도 이용에 불편함이 없도록 개발계획에 우선 반영한 우수 사례라 할 수 있다.

그림 12-12 시부야 Hikarie, 시부야 Scramble Square, 시부야 Upper West Project

출처: TOKYU CORPORATION, 2023–2024

시부야 역세권개발사업은 시부야역 반경 2.5km 이내의 거점별 건물들이 지역을 연결하고, 주변의 우수한 건축 자산들의 가치도 높이면서 시행자가 개발한 부동산의 가치를 상승시키는 보기 드문 사례이다. 이는 도시개발에서 지역 간 상생하고 협력하는 우수한 사례로 볼 수 있다.

제 4 편

도시개발 관련 기법

제13장

도시개발 계획기법

제1절 도시개발 패러다임

모더니즘 시대부터 신도시 계획의 패러다임들이 등장하여 변화되었고, 1902년 처음 등장한 전원도시에서부터 시작하여 1970년대 후반 압축도시, 1987년에 지속가능한 개발 개념이 대두되었다. 그 후 포스트모더니즘 시대로 전환되는 과정에서 압축도시 개념과 더불어 1980년대 후반에 스마트성장, 신도시주의(New Urbanism) 등의 개념이 새롭게 등장했다.[1]

1.1 압축도시(Compact City)

압축도시는 <그림 13-1>처럼 공간이용의 고도화, 토지이용의 고도화, 집중된 활동, 높은 밀도 등이 실현된 도시라 할 수 있고 직주근접과 토지복합이용을 통해 도시의 자족기능을 향상시킨 개념이다.

1 정봉현·오은열(2023), 「대중교통지향적 도시개발론(TOD): 이론과 정책」, 마로니에

그림 13-1 개발밀도에 따른 모습 변화

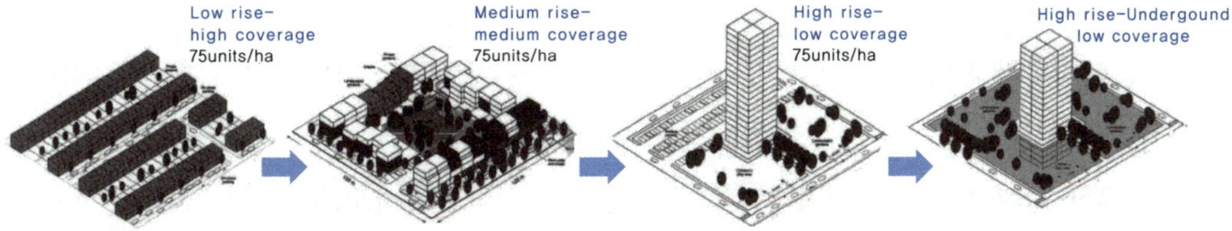

출처: 강지원 외(2010), 「압축도시(Compact City) 중심의 미래도시 개발전략과 기본구상」, 한국교통연구원

압축도시 거점을 조성하는 방안은 <그림 13-1>과 같이 철도를 비롯한 대중교통을 활성화시켜 그 인근 가로에 거주, 상업, 업무, 문화 등 도시의 제반기능을 집약시키고, 대중교통을 축으로 하는 도시구조를 형성하는 것으로 거점(도보권)을 중심으로 도보나 자전거를 이용하여 활동하고, 거점 간에는 편리한 공공교통 수단을 활용하여 이동할 수 있도록 하고, 자동차 미이용자도 생활에 필요한 서비스를 향유할 수 있도록 하는 것이다.

1.2 스마트성장(Smart Growth)

미국에서 2차 세계대전 이후 도시의 무계획적인 확산(Sprawl)과 개발로 인한 여러 문제에 직면하게 되었고, 이를 해소하기 위해 스마트 성장은 압축 개발과 복합용도 개발을 근간으로 대중교통 중심 개발에 지속가능한 토지이용 패턴을 구축해 가는 도시개발 방향이 자리 잡게 되었다.

미국 스마트성장단체(Smart Growth America)에서는 스마트성장의 10가지 원칙을 다음과 같이 제시하고 있다.

- **토지 이용의 다양화:** 주거, 상업, 공공시설 등의 다양한 용도를 혼합하여 공간을 활용함으로써 지역사회의 활력을 증대시키고, 이동성을 향상시키며, 안전하고 경제적인 도시 구조를 촉진한다.
- **고밀도 건축 설계의 활용:** 기존 개발지에서 토지를 효율적으로 사용하고, 상향 개발을 통해 인프라의 효율성을 극대화하며, 도시 내부의 빈 공간을 재활용하여 경제적이며 지속가능한 성장을 도모한다.

○ **다양한 주택 선택 기회 제공:** 각계각층의 인구가 다양한 삶의 단계와 경제적 여건에 맞는 주택을 선택할 수 있도록 하여 주거의 질을 높이고, 지역사회의 경제적 회복력을 강화한다.

○ **보행 중심의 지역사회 조성:** 안전하고 편리한 보행 환경을 통해 걷기 좋은 지역사회를 조성하고, 대중교통 접근성을 향상시켜 지속가능한 도시 이동성을 지원한다.

○ **고유한 정체성을 지닌 매력적인 공동체 형성:** 도시의 역사적, 문화적 가치와 자연 환경을 보존하면서 지역사회의 고유한 특색을 강화하여 새 거주자와 방문객을 유치한다.

○ **녹지, 농지, 자연 경관 및 환경 보전 지역 보호:** 개발 압박을 최소화하고, 환경적으로 중요한 지역을 보전함으로써 지역사회의 생태적 지속가능성을 강화하고, 자연 재해로부터 도시를 보호한다.

○ **기존 커뮤니티로의 개발 유도:** 기존 커뮤니티 내에서 개발을 촉진하고, 이미 구축된 인프라를 효율적으로 활용하며, 지방세 기반을 강화하여 새로운 토지개발의 필요성을 줄인다.

○ **다양한 교통 수단 제공:** 대중교통, 자전거 및 보행 인프라를 포함한 다양한 교통 수단을 제공하여 도시 경쟁력을 강화하고, 주민들의 삶의 질을 향상시킨다.

○ **예측 가능하고 공정하며 비용 효율적인 개발 결정:** 개발 절차를 간소화하고 투명성을 제고하여 공정하고 비용 효율적인 개발 환경을 조성한다.

○ **지역사회 및 이해관계자의 협력적 의사결정 촉진:** 지역사회와 이해관계자 간의 협력을 통해 보다 포용적이고 지속가능한 개발 계획을 수립한다.

1.3 신도시주의(New Urbanism)

신도시주의(New Urbanism)는 1980년대 미국에서 등장한 도시계획 및 건축 운동으로, 20세기 중반 이후 확산된 도시의 무계획적인 확산(Sprawl)에 대한 반작용으로 기존 도시개발 방식의 환경 파괴, 공동체의 붕괴 등을 해결하기 위한 대안으로 제시되었으며, 도시 내 보행 가능성과 공공공간의 활성화, 교통 접근성 등을 중시하였다.

그림 13-2 미국의 대규모 교외형 쇼핑센터(North Gate Mall), 자동차가 점령한 땅

출처: kings5.com

신도시협회(newurbanism.org)에서 제시하는 신도시주의의 10가지 원칙은 다음과 같으며, 특히 보행 친화적 개념은 TOD뿐만 아니라 각종 도시개발사업의 기본 콘셉트가 되고 있다.

- **보행 가능성(Walkability)**
  대부분의 장소가 집과 직장에서 10분 이내 도보 거리에 있고, 보행자 친화적 거리 설계와 특별한 경우에는 자동차가 없는 보행자 전용도로
- **연결성(Connectivity)**
  상호 연결된 도로망이 교통을 분산시키고 걷기 쉬운 환경을 제공하고, 좁은 도로, 대로, 골목의 계층 구조, 보행자 네트워크와 공공공간이 고품질로 설계되어 걷는 것이 즐거운 곳
- **혼합 용도 및 다양성(Mixed-Use & Diversity)**
  상점, 사무실, 아파트, 주택이 혼합되어 있고, 이웃, 블록, 건물 내에서 용도가 혼합되어 있고, 다양한 연령, 소득 수준, 문화, 인종의 다양성이 존재함
- **혼합 주거 형태(Mixed Housing)**
  다양한 유형, 크기, 가격의 주택이 근접하게 위치
- **고품질 건축 및 도시설계(Quality Architecture & Urban Design)**
  아름다움, 미적 감각, 인간의 편안함, 장소성을 강조함. 공동체 내에서 공공 용도를 특별하게 배치하고 인간 규모의 건축과 아름다운 주변 환경이 인간의 정신을 풍요

롭게 함

○ **전통적 이웃 구조(Traditional Neighborhood Structure)**

명확한 중심과 경계가 있고, 중심에 공공공간이 위치해서 공공영역의 수준이 중요하고, 10분 도보 거리에 다양한 용도와 밀도를 포함

○ **밀도 증가(Increased Density)**

더 많은 건물, 주택, 상점, 서비스가 근접해 있어 걷기 편하고, 서비스와 자원의 효율적 사용을 가능하게 하며, 더 편리하고 즐거운 거주지를 만듦

○ **친환경 교통(Green Transportation)**

도시, 마을, 이웃을 연결하는 고품질의 기차 네트워크로 구성되며, 자전거, 롤러블레이드, 스쿠터, 걷기를 일상적인 교통 수단으로 장려하는 보행자 친화적 설계

○ **지속가능성(Sustainability)**

개발 및 운영에 대한 환경적 영향을 최소화하고, 친환경 기술, 생태 존중, 자연 시스템의 가치를 존중하고, 에너지 효율성을 제고함

○ **삶의 질(Quality of Life)**

이 모든 요소가 합쳐져 높은 삶의 질을 제공하며, 인간 정신을 풍요롭게 하고 영감을 주는 장소를 만듦

그림 13-3 뉴어바니즘의 트랜섹트 모델

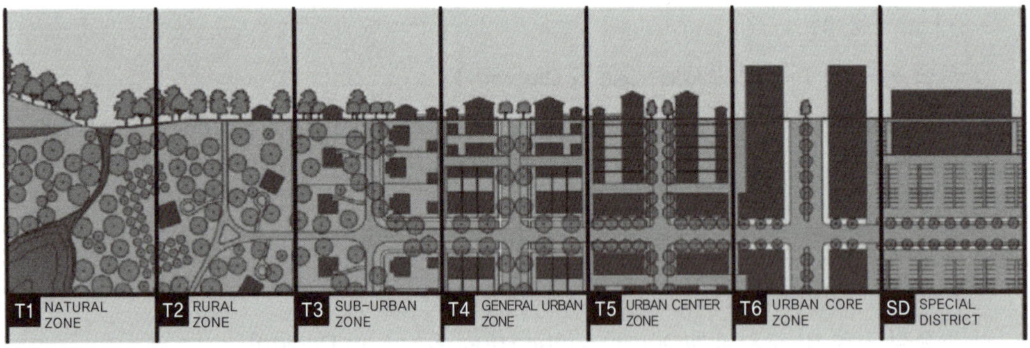

출처: Smart Code, Duany, Plater-Zyberk & Company

트랜섹트 모델은 T1: Natural Zone(자연 구역), T2: Rural Zone(농촌 구역), T3: Sub-Urban Zone(교외 구역), T4: General Urban Zone(일반 도시 구역), T5: Urban Center Zone(도시 중심 구역), T6: Urban Core Zone(도시 핵심 구역), SD: Special District(특별 구역)으로 구성되어 있다.

이 트랜섹트 모델은 각 구역이 도시와 자연 간의 상호작용을 고려해 체계적으로 개발되도록 하는 설계 방식을 제안하고 있으며, 각 구역의 건축물과 개발 패턴은 환경적 지속가능성과 인간 중심의 도시 설계를 목표로 하고 있다.

이 모델은 뉴어바니즘의 지속가능한 도시계획을 실현하기 위한 중요한 도구로, 다양한 환경에 적합한 설계를 제시하여 도시 확산(urban sprawl)을 억제하고, 밀집된 도시 구조를 통해 보행자 중심의 지역사회를 조성하는 데 중점을 두고 있다.

제2절 역세권 개발과 TOD

2.1 역세권 개발

역세권과 관련된 최근까지 논의된 개념을 살펴보면, 보행자의 접근과 토지이용 측면에서 역사와 관련 시설의 영향이 미치는 범위 등으로 정의된다. 토지이용 측면에서 영향을 받는 범위란 일반적으로 철도역 등에 의한 영향권으로 해석되며, 도시의 일상생활에서 교통수단으로 철도를 정기적으로 이용하는 인구가 거주·분포하는 공간적 범위로 당해 철도가 통과하는 도시 전체의 권역으로 지칭할 수 있다. 또한 역세권의 공간적 범위는 과거에 비해 점차 확장되고, 역과 시설의 기능도 복합화되는 추세이므로 역세권의 개념과 범위도 확대되고 있다. 과거 역세권의 개념은 역무시설과 인접 지역을 지칭하는 개념으로 사용되었으나, 현재는 역시설과 인접 배후지역을 포괄하는 개념으로 확장·전환되어 사용된다. 특히 단일 기능만을 수행하던 역사는 교통기능을 중심으로 복합화(상업·업무·문화시설 등)하여 개발하는 추세이며, 역세권 유동인구 증대는 역사 주변 지역의 개발을 촉진하

고 도시 내 상업시설의 집적과 일자리 창출에 기여하고 있다.[2]

역세권 개발 개념은 역세권의 개발유형에 따라 그 정의가 달라질 수 있다. 역세권은 철도를 이용한 지상철, 지하철, 고속철도뿐만 아니라 대심도 철도가 있고, 버스를 활용한 버스터미널 등이 있고, 최근에 계획되고 있는 대심도 철도는 수도권의 대형환승정거장과 연계하여 건설되는 것이 일반적이고, 해당 사업 복합개발 시 복합적인 교통망을 갖게 된다. 즉, 지하철노선과 대심도철도, 버스환승체계와 더불어 일부 환승공간에는 UAM(도심항공교통)까지 연계될 예정이다. 따라서 최근의 역세권 개발은 특정 분야의 기능만 담당하는 것을 넘어 종합적인 교통, 위락, 문화, 숙박, 주거의 요체가 되고 있다.

그림 13-4 Vertiport 예시(대심도철도, UAM 등 복합연계)

출처: 국토교통부(2021), 「제3차 환승센터 및 복합환승센터 구축 기본계획」

환승센터의 사례를 살펴보면 수원역은 GTX-C, 경부선(KTX), 1호선, 분당선과 102개 버스노선이 교차하는 경기 남부의 거점역으로, 연결통로 개설 및 확장을 통해 GTX와의 환승동선 및 혼잡도를 개선하는 구상안이 제시되었고, 동측 광장에 산재되어 있는 버스 정류장을 역사 전면에 재배치해 철도와 버스와의 환승동선을 획기적으로 개선될 예정이며, 섬처럼 위치해 활용도가 낮았던 동측 광장을 재생해 보행자 중심의 시민 휴게공간으로 탈바꿈할 수 있도록 계획 중이다.

2 국토연구원(2018), 「사례로 보는 경제기반형 도시재생(역세권)」

그림 13-5 수원역 환승센터

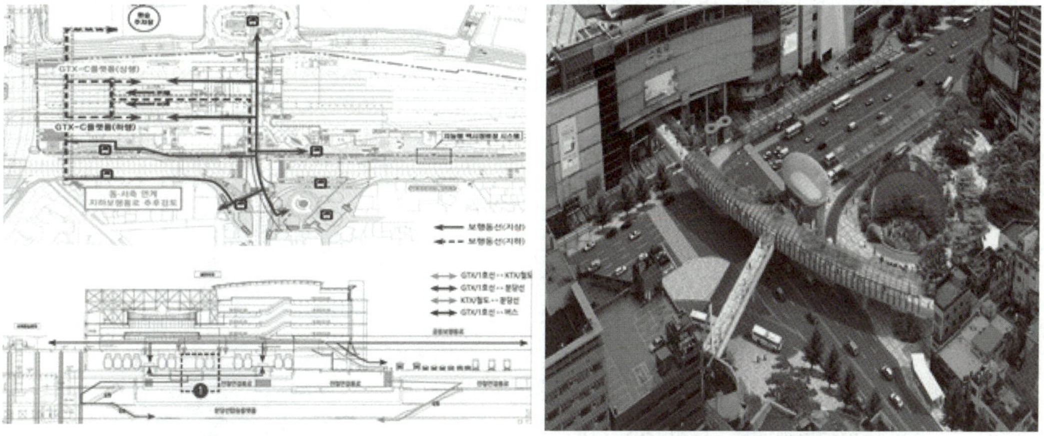

환승체계 조감도

출처: 국토교통부(2020.11.11),「보도자료」

2.2 TOD(Transit-Oriented Development)

급격한 인구의 증가와 자가용의 보급은 도시의 급격한 확산을 초래하였고, 급격한 도시의 확장은 각종 도시문제로 이어졌다. 또한, 도시문제는 이에 따른 사회적 비용을 수반하기 때문에 최근 각종 도시문제를 인식하고 이를 해결하기 위한 노력이 지속되고 있다. 그중에서도 토지이용과 대중교통 수요와의 관계에 주목한 대중교통 지향형 개발(TOD: Transit−Oriented Development)은 도시문제를 해결하기 위한 방안 중 하나로 인식되고 있다. TOD란 미국 건축가인 Peter Calthorpe에 의해 처음으로 제시된 이론으로 기능, 대중교통, 그리고 지역적 특성에 따라 유형을 나눌 수 있으며 대중교통 결절점을 중심으로 반경 2,000ft(약 610m)의 보행 또는 자전거 통행 거리 내에 상업·업무지구를 형성하고, 외곽에는 공공용지 및 주택지를 배치함으로써 대중교통을 사용하여 일상생활을 영위하기 위한 통행이 가능하도록 하는 도시개발의 형태를 의미한다. 즉, 고밀도와 혼합된 토지이용, 그리고 워커빌리티(walkability)의 측면을 강조한 도시개발의 한 형태이다. Peter Calthorpe의 TOD 연구 이후에도 이에 관한 활발한 연구가 진행되어왔으며, 2008년 Ewing의 연구에서는 기존 3개의 TOD 계획요소를 다섯 가지, 개발밀도(Density), 토지이용의 다양성(Diversity), 도시설계(Design), 도착지 접근성(Destination accessibility), 대중교통 접근성(Distance to transit)으로 구분하여 최근 교통 접근성 등을 보완하였다.[3]

그림 13-6 TOD 계획요소의 변천

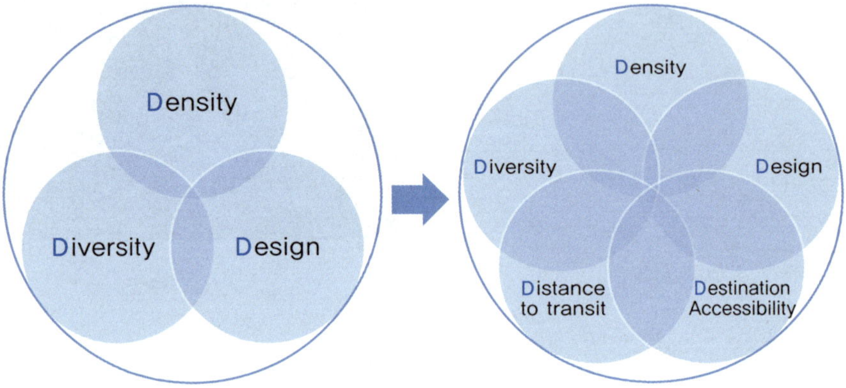

출처: Cervero and Murakami, 2009

그림 13-7 TOD 광역도시 & 지구 개념도

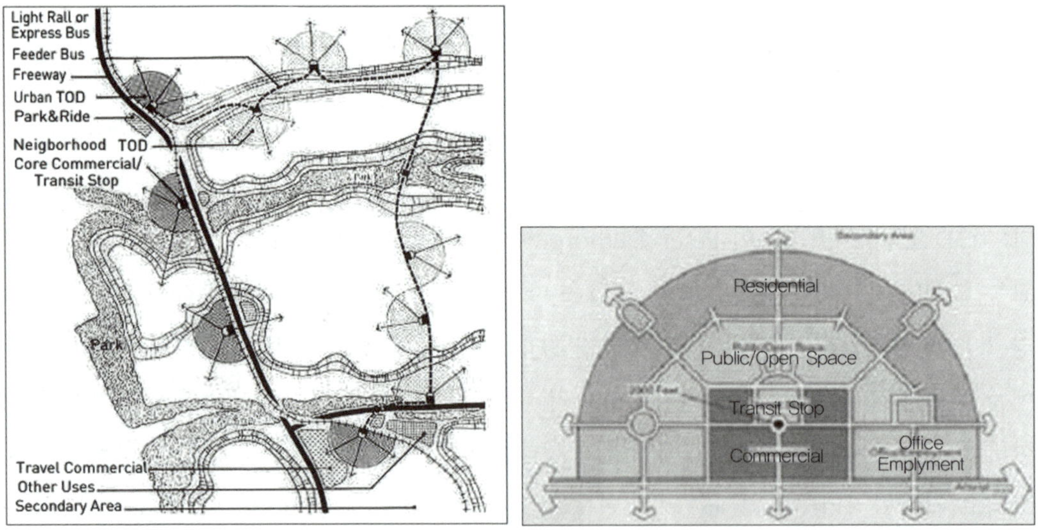

출처: Peter Calthorpe, The Next American Metropolis, 1993

3 오지예(2019), 「5D TOD 계획요소와 지하철 승·하차 관계분석」, 대한지리학회 학술대회논문집

TOD는 철도역, 버스 정류장 등 대중교통 노선의 거점을 중심으로 국지적으로 고밀 개발을 추구하여 대중교통수단으로의 접근통행거리를 단축시킴으로써, 대중교통 이용률을 제고하고 대중교통 인프라에 대한 투자를 효과적으로 추진하는 도시개발방법의 일종이다. 즉, TOD는 승용차 의존적인 도시에서 탈피하여 대중교통 이용에 역점을 둔 도시개발 방식이다. TOD는 스마트 성장, 신도시주의, 입지효율적 개발 등에서 추구하는 토지이용 계획방법으로 토지이용계획의 특징은 다음과 같다.

첫째, 철도역과 버스 정류장 주변은 고밀도 상업 및 주거시설개발, 둘째, 중심지와 인접한 지역에 상대적으로 고밀도의 주거시설과 주변으로 갈수록 완화되는 주거밀도로 이루어지는 배치구조, 셋째, 외곽에는 저밀도의 대규모 단독주택 입지, 넷째, 도보접근이 가능한 반경 400~800m의 대중교통 지향적 근린지역 형성이다. 즉, TOD는 대중교통체계가 잘 정비된 도심지구를 중심으로 고밀 개발을 추구하고, 외곽지역에는 저밀도의 개발을 추구하는 방식이라고 할 수 있다.[4]

다음의 사례들은 접근성이 떨어지는 해외지역에서 TOD 개념의 개발이 얼마나 중요한 요인으로 자리 잡고 있는지 살펴볼 수 있다.

그림 13-8 인도 자르칸드 주 TOD 목표 예시

출처: ITDP, TOD Standard 공식 웹사이트, http://tod.itdp.org

4 김성길(2005), 「TOD(Transit Oriented Development)의 기본방향과 과제」, 대전발전연구원

인도 자르칸드 주에서 주 정부는 TOD 표준의 목표와 지표를 기반으로 주 TOD 정책을 채택하고, 대도시 인구의 최소 80%가 400m 이내에서 도보로 대중교통을 이용하는 것을 목표로 하면서 도시 연결성, 활동적인 가로, 밀도 증가에 중점을 두고 있다.

그림 13-9 탄자니아, 다르 에스 살람(Dar es Salaam)

출처: ITDP, TOD Standard 공식 웹사이트, http://tod.itdp.org

아프리카 탄자니아의 최대 도시이자 항구도시인 다르에스살람의 BRT(버스 고속교통) 시스템은 2016년 개통 이후 경제 활동과 일자리에서 멀리 떨어진 주거 지역에 사는 사람들에게 필수 서비스와 더 짧고 안전한 교통수단을 제공해왔다. BRT는 다르에스살람에서 가장 인구가 많은 지역을 위해 계획되어 많은 주민의 접근성을 개선하고 대중교통 이용률을 높였는데, 이는 지역이 고립되지 않고 연결될 수 있는 강력한 도구를 제시한 것이다.

제 3 절 계획단위개발(PUD: Planned Unit Development)

계획단위개발(Planned Unit Development, PUD)의 도입은 1950년대와 1960년대의 급격한 도시화와 교외화 현상에서 시작되었다. 이 시기에는 자동차 보급이 급속히 확산되면서 교외 지역으로 인구 이동이 본격화되었다. 교외 지역에서는 저밀도의 단독 주택이 급속히 건설되었는데, 이러한 급격한 교외 확장은 기존의 도시계획 및 용도지역제(zoning system)가 교외 지역의 빠른 변화와 확장에 충분히 대응하지 못하는 문제를 드러냈다. 용도지역제는 토지 이용을 엄격하게 구분하여 주거, 상업, 공공시설 등의 개발을 규제하고 있었기 때문에, 다양한 용도의 혼합이나 유연한 개발을 제한했다. 특히, 전통적인 용도지역제는 주거지, 상업지, 공공시설 간의 통합적 개발을 어렵게 만들어 교통 혼잡, 환경 문제, 커뮤니티 붕괴 등의 문제를 초래하게 되었다.

계획단위개발을 통해 개발사업자는 사업계획을 보다 자유롭고 사업성과 분양성을 높일 수 있는 방식으로 개발계획안을 작성하고, 공청회 등 각종 절차를 이행하여 승인권자의 승인을 득하게 되고, 지방자치단체도 계획단위개발을 통해 기반시설 정비 등 지자체의 재정부담을 경감시킬 수 있다.

표 13-1 PUD의 특성

구분	개발사업자(Developer)	지자체	거주자 및 토지소유자
공공 오픈 스페이스 확보	개발단계에 융통성과 변화의 여지가 존재	쾌적한 주거환경 확보로 인한 위상 제고와 관리의 효율성 제고	쾌적한 주거환경 유지
다양한 주택유형	설계의 다양성 및 융통성 확보	주거환경의 다양성, 미학적 측면에서 유리	주택유형의 선택 가능
개발밀도 제고	사업성 확보	토지이용의 효율성	비교적 저렴한 비용으로 최상의 주택취득 가능
복합적 토지이용	개발 수익성 제고	불필요한 이동감소를 통한 교통 발생 억제	다양한 생활편익시설 확보
기타	단계적 개발에 의한 초기 개발 비용부담 감소 및 시기적 대응	근린의식의 제고	지가상승을 통한 잠재 수익률 상승

출처: Frank et al.(1973), 「Planned Unit Development Ordinances」; 안정근(2024), 「도시개발론」, 기문당에서 재인용

제 4 절 개발권양도제(Transfer of Development Rights)[5]

4.1 TDR의 정의

TDR(Transferable Development Rights, 개발권양도제)은 기존의 용도 구역 경계를 넘어서 연면적을 이전할 수 있는 메커니즘이며, 이는 인접한 구역이나 여러 블록에 걸쳐 개발 권리를 이전하여 다양한 계획 목표를 달성하는 데 사용되고 있다. TDR을 사용하여 랜드마크 보존, 공공공간 창출, 도시계획 목표 달성 등을 할 수 있다.

그림 13-10 TDR 적용 개념도 및 적용지역

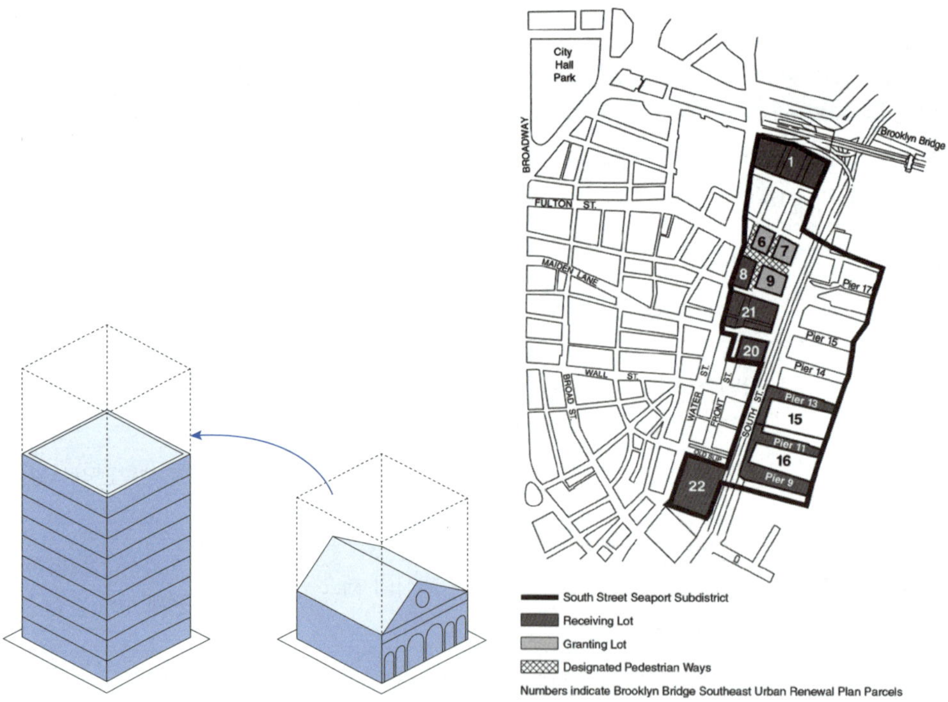

출처: New York City TDR 조사자료

5 본 내용은 뉴욕시의 'A Survey of Transferable Development Rights Mechanisms in New York City' 자료를 참고로 작성한 내용이다.

뉴욕시의 TDR은 역사적 랜드마크와 같은 저밀도 공공 이익을 보존하기 위한 수단으로 사용되었고, TDR은 랜드마크 지정에 따른 개발 제한을 완화하고, 해당 지역의 개발을 유도하기 위해 도입되었다.

뉴욕 맨해튼의 유서 깊은 지역인 사우스 스트리트 시포트(South Street Seaport)의 역사적 건물을 보존하기 위해 TDR이 도입되었고, TDR은행 메커니즘을 통해 역사적 건물의 공중 권리를 다른 개발 프로젝트로 이전할 수 있게 되었다.

4.2 TDR 추진 시 혜택

- **보존:** TDR은 랜드마크와 공공공간을 보존하는 데 기여하며, 소유자에게는 개발 권리를 판매할 수 있는 기회를 제공한다.
- **도시 디자인 및 밀도 관리:** TDR을 통해 특정 지역에서 밀도를 집중시키고, 다른 지역에서 공공공간을 보존할 수 있으며, 이는 도시 디자인의 유연성을 제공한다.
- **수익 창출:** TDR은 공공 자산, 예를 들어, 공원이나 임대주택 등의 자금 조달을 위한 도구로 사용되고 있다.

TDR은 용적률을 제공하는 부지(Granting Lot)와 제공받는 부지(Receiving Lot) 소유주 간의 용적률 거래에 따른 사업적 거래 행위만을 위한 것이 아니라 지역의 경관을 개선하고 보행자의 안전하고 쾌적한 보행공간을 조성하는 등의 공적인 개선 역할 또한 크다고 하겠다.

제14장

도시마케팅

제1절 도시마케팅

1.1 마케팅의 개념과 전략

마케팅의 정의는 미국 마케팅학회(AMA)의 전신인 NAMT(National Association of Marketing Teachers)에서 처음으로 1935년도에 '사업활동의 수행(the performance of business activity)'으로 정의되었다. 그 이후 미국 마케팅협회(AMA)에서 2004년에 과거의 마케팅 정의를 새로 개정하였는데 그 정의에 따르면 '개인적이거나 조직적 목표를 충족시키기 위한 교환을 창출하기 위해 아이디어, 제품, 그리고 서비스에 대한 개념정립, 가격결정, 촉진 및 유통에 대한 계획을 수립하고 이를 수행하는 과정'이며, 그 주요 특징은 고객가치와 고객관계가 포함되어 있다는 것과 마케팅을 하나의 조직기능으로 정의하고 있다는 것이다.

마케팅의 주요 전략의 전환은 [표 14-1]에서와 같이 기존의 4Ps(Product, Price, Place, Promotion)에서 4Cs(Customer Value, Cost to the Customer, Convenience, Communication)로 전환된 것이다.

표 14-1 4Ps 전략의 4Cs 전략으로의 전환

4Ps → 4Cs	내용
상품(Product) ⇩ 고객 가치(Customer Value)	• 어떤 상품(Product)을 개발하고 홍보해야 하는가? → 소비자가 원하고 필요로 하는 것(Customer Value)은 무엇인가?
가격(Price) ⇩ 소비자 비용(Cost to the Customer)	• 상품의 적정 가격(Price)은 얼마로 책정해야 하는가? → 소비자가 지불할 수 있고 지불하고자 하는 적정 가격(Cost)은 얼마인가?
장소(Place) ⇩ 편리성(Convenience)	• 마케팅을 위해 적합한 유통경로(장소, Place)는 어디인가? → 소비자가 접근하기 편리한 방법(Convenience)은 무엇인가?
홍보(Promotion) ⇩ 의사소통(Communication)	• 상품의 효율적인 판매촉진(Promotion) 전략은 무엇인가? → 소비자와 함께 의사소통을 할 수 있는 쌍방향 의사소통방법(Communication)은 무엇인가?

출처: 오동훈(2006), 「도시마케팅의 개념정립을 위한 소고」, 국토계획 제41권 제1호, p.56 참조

일반적 마케팅의 주요 개념과 전략은 큰 틀에서는 대부분 유사하나, 마케팅 대상의 범주에 따라 달라지게 된다. 우리가 쉽게 접할 수 있는 소규모 상가 분양뿐만 아니라 일정 규모 이상의 부동산개발 마케팅 분야를 살펴보면 다음 <그림 14-1>의 마케팅 전략이 사용된다.

그림 14-1 마케팅 우산(The Marketing Umbrella)

출처: Mike E. Miles et al.(2015), 「Real Estate Development: Principles and Process」, ULI

<그림 14-1>의 마케팅 우산은 부동산 개발에 적용된 사례이다. 부동산개발 시에는 사례조사 및 관련 자료 조사(Research), 판매전략과 계획(Strategy and Planning), 판촉(Promotion)과 판매(Sales)까지 포함된 개념이다.

부동산 개발 사업의 성패는 예측하기 힘든 여러 내·외부 요인에 따라 좌우되며, 사업이 탄탄대로를 달리는 것 같다가도 예상치 못한 폭우와 같은 변수를 만날 수도 있다. 이러한 변수에 대비해, 사업을 보호하는 우산 역할을 마케팅이 수행한다고 볼 수 있다.

1.2 도시마케팅의 개념

도시마케팅은 도시가 경쟁력을 갖추기 위해 다양한 전략을 수립하고 실행하는 활동을 의미하며, 1990년 이후 세계화가 가속화되면서 국가 간 경쟁뿐만 아니라 도시 간 경쟁도 심화되었다. 이러한 변화 속에서 도시의 경쟁력을 높이기 위한 노력이 중요해졌으며, 이로 인해 도시마케팅이라는 새로운 개념이 등장하게 되었다.

1995년 지방자치제가 본격적으로 시행되면서, 중앙정부의 일부 기능과 역할이 지방정부로 이양됨에 따라 도시 경쟁력 향상이 주요 과제로 부각되었으며, 지방 정부는 지역발전을 위해 차별화된 경쟁 요소를 강조하는 도시마케팅 정책을 적극적으로 추진하고 있다. 도시마케팅은 단순히 관광객을 유치하는 것에 그치지 않고, 도시 주민들에게도 매력적인 환경을 조성하기 위한 종합적인 노력으로 볼 수 있다. 따라서 도시마케팅은 경쟁력 있는 도시 이미지를 구축하고, 이를 통해 도시의 지속가능한 발전을 도모하는 중요한 전략적 수단으로 자리 잡고 있다.

다음은 도시마케팅의 중요성을 알려주는 좋은 일화이다. 1998년 에스토니아에서 열린 에스토니아 국가마케팅 활성화를 위한 포럼에서 에스토니아의 당시 외무부장관이었던 토마스 일베스(Toomas Ilves)가 언급한 일화이다. 그는 "아이슬란드(Iceland)는 세상에서 최악의 마케팅 사례이다."라고 주장하였다. 아이슬란드 태생의 탐험가 리프 에릭슨(Leif Eriksson)은 자신이 태어난 땅의 이름이 아이슬란드라고 지어져 아무도 이 땅에 오려 하지 않는다는 것을 알고 새로 발견한 옆의 섬 이름을 그린란드(Greenland)라고 지었다. 이름이 주는 이미지 때문에 많은 사람들이 이주하게 되었다고 하였다. 비록 마케팅 개념이나 브랜딩 개념이 없던 서기 1세기경의 사례이지만 도시마케팅의 중요성을 잘 이해할 수 있는 사례라 할 수 있다.[1]

1.3 도시마케팅의 구성요소[2]

도시마케팅의 기본 구성 요소는 <그림 14-2>와 같이 경쟁시장, 고객, 상품으로 구분되며, 도시마케팅의 경쟁시장은 도시 공공서비스를 생산, 공급하는 지자체와 그것을 소비하는 단위들이 커뮤니케이션하는 도시공간 그 자체이다. 이와 같은 경쟁시장은 대상 고객이 누구이냐에 따라 달라진다. 수도권 신도시를 개발할 경우에는 서울의 인구를 분산·유입시키기 위해 경쟁시장이 해당 도시와 인근 도시들로 설정되지만, 국가별 주요 도시들이 글로벌 경쟁력을 갖추기 위한 경쟁시장은 대륙 단위로 확장되고 있다. 최근 홍콩의 글로벌 금융 허브 기능을 싱가포르에서 대거 흡수·이전해가는 상황 등을 보면 경쟁지역의 범위를 잘 알 수 있다.

그림 14-2 도시마케팅의 구성요소

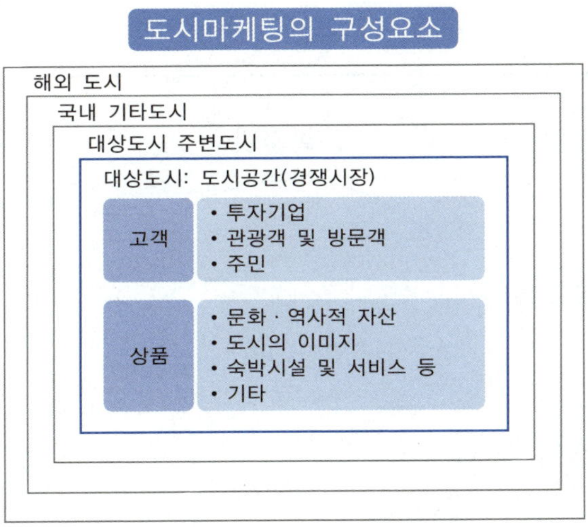

출처: 오동훈(2006), 「도시마케팅의 개념정립을 위한 소고」, 국토계획 제41권 제1호, p.57

1 서구원·배상승(2005), 「도시마케팅」, 커뮤니케이션북스

2 오동훈(2006), 「도시마케팅의 개념정립을 위한 소고」 내용을 바탕으로 재정리

도시마케팅의 기본 구성요소 중 고객 관련해서 핵심 대상 고객은 투자기업, 관광객 및 방문객, 시민으로 도시정부는 경쟁시장에서 고객을 만나고 경쟁시장 가운데 도시의 강점과 기회를 파악해 주요 마케팅 대상을 설정하게 된다.

도시마케팅의 기본 구성 요소 중 상품에 대해 보면 도시마케팅은 도시 내 특정 장소를 상품화하는 것으로, 일반 재화나 용역과 다른 특질을 가지고 있다. 첫째, 도시마케팅 상품은 단일재가 아니라 집합적 성격의 상품을 가지는 복합재로서, 도시의 다양한 매력요인, 숙박시설, 교통접근성 및 각종 서비스 등이 하나의 상품을 구성한다. 둘째, 도시마케팅 상품은 소비를 통해 변형되거나 소멸되기 힘든 내구재에 가까운 성격을 가지며, 도시는 이동이 불가능한 위치적 유일성을 갖는데 이러한 특성은 지리적인 시장세분화(market segmentation)의 설정을 용이하게 한다. 통상적인 시장세분화와는 달리 일부 지역에서는 인근 시장 상권까지 영향을 미치는 핵심 시장이 형성되고 있으며, 이러한 핵심 시장은 시대의 트렌드에 맞춰 사람들의 발걸음을 유인하고 있다. 대표적인 사례로는 2021년 개점한 여의도 현대백화점은 서울 서북부 및 경기도 인근 지역까지 상권 범위를 확대하고 있다.

최근에 도시마케팅의 기본 구성요소 중 중요한 요소로 투자기업을 들 수 있다. 도시의 자족기능 향상과 도시 전체의 거주인구, 이동인구 및 지역 내에서 이루어지는 다양한 상

그림 14-3 도시마케팅 휠

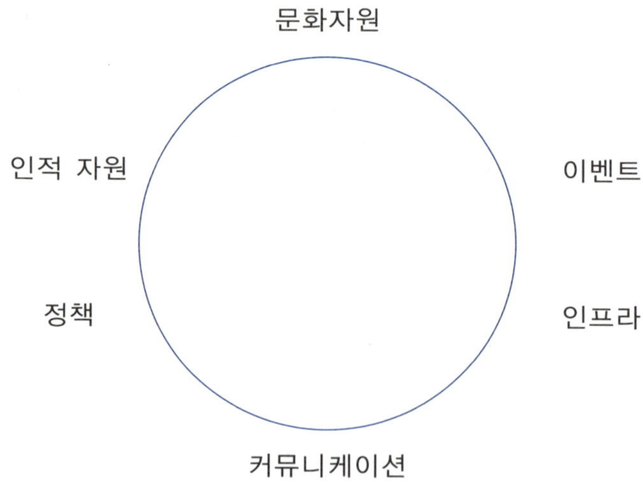

출처: 서구원 · 배상승(2005), 「도시마케팅」, 커뮤니케이션북스

업활동의 기반을 형성하는 주요 투자기업의 유치 여부는 도시마케팅의 핵심 요소 중 하나이다. 구로공단이 현재의 G밸리로 전환되면서 지역이 변화되었고, 판교밸리의 첨단 기업체들이 현재의 판교신도시 성공의 핵심이 되었다. 이러한 도시마케팅의 성공을 위해서는 <그림 14-3>처럼 교통시설 등 인프라와 정책, 인적자원, 커뮤니케이션, 문화자원, 이벤트 등이 조화롭게 갖추어져야 한다.

1.4 일반마케팅, 부동산마케팅 및 도시마케팅 비교

표 14-2 일반마케팅, 부동산마케팅 및 도시마케팅의 상품 비교

구 분	일반마케팅	부동산마케팅	도시마케팅
상품의 성격	단일재, 단일성	집합재, 복합재	집합재, 복합성
상품의 유동성	이동성	비이동성	비이동성
상품의 가격	부동산에 비해 저가	고가	공공재로 비교 불가
상품의 수요자	1차 수요자	1, 2차 수요자	1, 2차 수요자

출처: 오동훈(2006), 「도시마케팅의 개념정립을 위한 소고」, 국토계획 제41권 제1호, p.57

일반 마케팅, 부동산 마케팅, 그리고 도시마케팅은 각기 다른 특성을 가진 상품을 대상으로 하며, 이들 간의 차이는 상품의 성격, 유동성, 가격, 그리고 수요자의 종류에서 두드러진다. 먼저 일반 마케팅은 단일재나 단일성의 상품을 주로 다룬다. 이 상품들은 독립적이고 개별적으로 제공되며, 주로 소비자가 쉽게 구입하고 활용할 수 있는 형태로 나타난다. 일반 상품은 유동성이 높아 다양한 지역에서 구입 가능하고 소비자에게 쉽게 접근할 수 있다. 가격 또한 다른 마케팅 분야와 비교했을 때 상대적으로 저렴하며, 소비자는 주로 1차 수요자, 즉 최종 소비자가 주요 타깃이다.

이에 비해 부동산마케팅은 집합재와 복합성을 가진 상품을 대상으로 한다. 부동산 상품은 공간과 시간의 제약을 받으며, 고정된 장소에 존재하는 것이 특징이다. 부동산은 비유동성이 강한 상품으로, 한 번 개발되면 그 위치를 옮길 수 없기 때문에 특정 지역의 가치와 수요에 크게 의존한다. 이러한 상품의 특성 때문에 부동산의 가격은 상대적으로 매우 높으며, 수요자는 1차 수요자뿐만 아니라 2차 수요자, 즉 투자자나 중개자도 포함된다. 부동산 시장은 단순 소비보다도 투자의 성격이 강해, 복합적인 수요층을 대상으로 한다는 점에서 일반 마케팅과 큰 차이가 있다.

도시마케팅은 부동산마케팅과 비슷한 맥락에서 진행되지만, 핵심은 도시마케팅의 핵심적인 주체가 도시정부라는 점에 있고, 부동산 마케팅보다 더욱 복잡한 집합재와 공공재의 성격을 띤다. 도시마케팅의 주요 대상은 도시의 인프라, 교통, 환경 등 여러 요소가 결합된 상품들이다. 이러한 상품들은 단순히 개별 재화가 아닌, 도시 전체를 하나의 상품으로 보고 마케팅 전략을 수립하게 된다. 도시 재화는 부동산처럼 비유동성이 강하며, 가격 또한 일반 재화와 비교할 수 없을 정도로 복잡하다. 이는 단순한 금전적 가치뿐만 아니라, 사회적, 환경적 가치를 포함하기 때문이다. 이와 같은 특성 때문에 도시마케팅의 수요자는 부동산과 유사하게 1차 수요자와 2차 수요자로 나뉘며, 공공부문과 민간의 다양한 이해관계자가 포함된다.

이와 같이 일반 마케팅, 부동산마케팅, 그리고 도시마케팅은 각각의 상품이 지닌 고유한 특성에 따라 다양한 전략과 접근법이 요구된다. 일반 상품은 단순성과 유동성을 중시하는 반면, 부동산과 도시는 복합성과 고정된 자원을 중심으로 시장이 형성되며, 각각의 특성에 맞춘 특화된 마케팅이 필요하다.

1.5 도시마케팅의 고려사항[3]

○ **도시자족성과 도시마케팅:** 도시의 자족성(self－sufficiency 또는 self－containment)은 '도시 내에서 이루어지는 주민들의 다양한 활동을 외부에 의존하지 않고 도시 자체에서 수용함' 을 뜻한다. 이는 충분한 고용 기회를 제공하는 것뿐만 아니라 도시 생활에 필요한 서비스들을 도시 내에서 제공할 수 있어야 함을 의미한다. 따라서 도시자족성 확보를 위해서는 첨단산업단지나 연구단지와 같은 생산활동 공간이나 생활편익시설의 조성이 필요하다. 도시마케팅은 이러한 자족적인 요소들을 강조하고, 도시 고유의 성향과 이미지를 창출하여 도시 경쟁력을 높이는 데 중요한 역할을 한다.

3 오동훈·임경수·소진광·김남조(2008),「도시마케팅 관점에서 본 해외 관광레저도시 사례 연구」

○ **도시경쟁력과 도시마케팅:** 세계화(Globalization)로 인해 국경의 의미가 약화되면서 세계의 많은 도시들 간의 경쟁이 심화되고 있다. 또한 국내에서도 중소도시들 간의 경쟁이 과거에 비해 더 치열해지고 있다. 특히 최근에는 글로컬라이제이션(Glocalization=Globalization+Localization)이라는 개념이 확산되면서 도시의 경쟁력이 더욱 부각되고 있다. 도시마케팅이란 지리적으로 규정된 특정 장소(도시)를 하나의 상품으로 인식하도록 이미지를 개발하고 도시의 상품가치를 높이는 다양한 방식의 노력을 의미하는데, 이는 한마디로 도시의 경쟁력을 높이는 것이라 할 수 있다. 도시마케팅의 핵심은 단순히 현재의 도시 모습을 홍보하는 것이 아니라, 도시의 이미지를 재구축하고, 재구성하여 경쟁력을 강화하는 데 있다. 이러한 점에서 볼 때 도시경쟁력 강화를 위해서는 도시마케팅 전략은 필수불가결한 요소이다.

○ **아이디어 및 차별성:** 마케팅에서 중요한 것은 상품의 싸움이 아니라, 인식의 싸움이라는 말이 있다. 이처럼 인식이란 이미지와 차별성 등에 의해 각인되거나 변화될 수 있는 것이다. 그러므로 도시마케팅에서 도시이미지를 부각시킬 수 있는 아이디어와 차별성은 매우 중요하다. 특히 도시마케팅을 통해 도시경쟁력을 높이기 위해서는 창의적인 아이디어를 통해 다른 도시와 차별화된 해당 도시만의 이미지 또는 고유한 색깔을 만들어가는 것이 중요하다.

제 2 절 신도시마케팅

2.1 기존 도시마케팅과 신도시마케팅

기존 도시마케팅과 신도시마케팅은 마케팅 대상이 되는 도시의 특성과 목표, 그리고 전략에 있어 상당한 차이를 보인다. 기존 도시마케팅은 이미 형성된 도시의 구조와 인프라를 기반으로 이루어진다. 주로 역사적 배경이나 지역적 특성을 강조하며, 기존의 인프라를 보완하고 유지하는 데 초점을 맞춘다. 이를 통해 도시는 정체성을 유지하고, 이미 자리 잡은 주민들과 기업들이 도시에 적응하도록 지원한다. 기존 도시마케팅에서 중요한 요소는 도시의 하드웨어적 측면, 즉 교통, 공공시설, 상업 및 주거 지역의 배치와 같은 물리적 구조를 활용하는 것이다. 그러나 최근에는 이와 함께 문화, 사회적 이미지, 지역의 무형적 자산이 중요시되며, 도시의 정체성을 강화하는 다양한 문화적 요소들이 마케팅에 활용되고 있다.

반면 신도시마케팅은 기존의 도시와는 다른 접근 방식을 요구한다. 신도시는 새로운 인프라와 도시 구조를 설계하고 건설하는 단계부터 마케팅이 시작된다. 이는 아직 형성되지 않은 공간을 대상으로 하며, 신도시의 경우 기존의 역사나 문화적 배경이 부족하다는 점에서 무형적 자산보다는 새로운 도시의 비전과 미래 가치를 제시하는 것이 핵심이다. 따라서 신도시마케팅은 그 도시가 제공하는 경제적 기회, 환경적 이점, 그리고 미래 성장 가능성을 중심으로 전략을 수립한다. 도시의 정체성을 처음부터 구축해나가는 과정에서 특정한 테마나 기능적 목표를 설정하여 이를 홍보하고, 잠재적인 투자자와 거주민을 끌어들이는 것이 중요하다.

기존 도시마케팅은 기본적으로 기존의 자원을 효율적으로 관리하고 활용하는 데 중점을 두는 반면, 신도시마케팅은 아직 존재하지 않는 도시를 상상하고 그 미래를 창출하는 과정이라고 할 수 있다. 신도시는 종종 특정한 산업이나 경제적 목표를 중심으로 개발되기 때문에, 마케팅 전략도 이에 맞춰 집중적으로 이루어진다. 예를 들어, IT 중심의 스마트 도시나 친환경 생태 도시 등으로 브랜드화하여 새로운 수요층을 유인하는 것이 핵심 전략 중 하나다. 이러한 과정에서 신도시의 브랜드 이미지 구축은 매우 중요하며, 이를 통해 도시가 제공하는 가치와 비전을 명확히 전달할 수 있다.

결론적으로, 기존 도시마케팅과 신도시마케팅은 각기 다른 도시의 발전 단계와 목표에 맞추어 차별화된 전략이 필요하다. 기존 도시는 안정성과 지속가능성을 강조하며, 이미 구축된 인프라와 사회적 자본을 바탕으로 마케팅 전략을 수립한다. 반면 신도시는 미래의 발전 가능성과 혁신적인 비전을 바탕으로 마케팅을 진행하며, 아직 존재하지 않는 도시의 이미지를 구축하는 데 초점을 맞춘다. 이러한 차별화된 마케팅 전략은 도시개발의 성공 여부를 좌우하는 중요한 요소로 작용한다.

2.2 신도시마케팅의 전략수립 절차

도시마케팅에서는 모든 도시가 필요로 하는 모든 생활편익시설 및 공공시설 등을 구비하는 것은 비현실적이라서 해당 도시에 맞는 적정 규모와 도시 성격에 맞는 시설의 도입과 배치 결정 등이 중요하다.

도시마케팅은 다양한 전략수립 경험, 도시계획(설계, 교통, 환경)과의 절충의 미학이 필요한 작업이라 볼 수 있다. 특히 신도시개발계획 수립에 있어 개발방향 설정, 전략수립, 개발계획 등이 진행되는 절차(순서)는 보통 다음과 같은 네 가지 방법이 있을 것이다.

표 14-3 전략 수립 순서에 따른 방법

방법	순서
방법 A	도시개발구상 → 도시개발계획 → 실시설계
방법 B	도시개발구상 → 도시마케팅 → 도시개발계획 → 실시설계
방법 C	마케팅 → 도시개발구상 → 도시개발계획 → 실시설계
방법 D	도시개발구상 및 도시마케팅 → 도시개발계획 → 실시설계

출처: 오동훈(2006), 「도시마케팅의 개념정립을 위한 소고」, 국토계획 제41권 제1호

방법 A는 1990년대 이전의 도시개발 전략 수립에서 마케팅이 전혀 고려되지 않았던 전통적인 방식이다. 이 방식에서는 도시개발구상을 세우고, 개발계획 및 실시설계를 진행하는 과정에서 마케팅 전략이 배제되었다. 당시에는 물리적 개발이 우선시되었고, 도시의 경제적 또는 사회적 이미지를 형성하는 마케팅의 중요성이 크게 간과되었다.

방법 B는 도시개발계획과 설계에 중점을 두는 방식으로, 최근까지도 널리 사용된 접근법이다. 이 방식은 물리적 개발이 우선되며, 마케팅 전략은 개발 계획 이후에 부가적으로 적용되는 경향이 있다.

방법 C는 상업성에 기반한 방법으로, 공공적 혜택을 적극 검토해야 하는 도시개발 분야와는 다소 괴리가 있는 방법으로 평가되며, 기업 이익이나 상업적 가치를 우선시하는 이 방법은 도시의 사회적, 환경적 측면보다는 경제적 이익을 극대화하는 데 치중하며, 그로 인해 도시 분야에서는 실제로 적용하기가 어려운 방식이다.

마지막으로, 방법 D는 도시계획과 도시마케팅을 동시에 진행하는 방식으로, 1990년대

중반 이후 일부 도시개발에 적용되기 시작했다. 이 방식은 개발 초기부터 도시의 비전과 가치를 마케팅에 반영하여, 물리적 개발과 동시에 도시 이미지를 구축하는 전략이다. 방법 D는 도시계획 전문가와 마케팅 전문가 간의 협업을 통해 도시의 목표와 개발 방향을 합의하고 조율해 나가는 과정을 중시한다. 최근 들어 3기 신도시 개발 등과 같은 대형 프로젝트에서는 이 방식이 대세로 자리 잡고 있으며, 특히 초기부터 투자자 유치와 도시 브랜드 형성에 있어 큰 효과를 보고 있다.

2.3 신도시마케팅의 성공요인

도시개발과 부동산개발의 차이는 단지 어쩌면 거시적 관점(Macro Perspective)과 미시적 관점(Micro Perspective)의 차이뿐일지도 모른다. 물론, 도시개발에는 공공성의 고려와 녹지 등 공공공간 배치 등 다른 요소가 없지는 않으나 결국 신도시 개발이란 개별 부동산개발의 포괄적 집합에 공공성을 고려한 배치(용도 배분, 토지이용계획)를 합한 개념일 것이다. [표 14-4]에서는 신도시 개발과 부동산개발의 관계 및 신도시 개발의 성공요인을 정리하였다.

표 14-4 신도시 개발과 부동산개발의 관계

신도시 개발 = Σ(개별 부동산개발i) + α(조화)
1. 타 도시와 차별성 있는 도시개발 콘셉트 도입 　= Σ(다른 건물과 차별성 있는 개발 Idea 창출) + α(조화) 2. 도시 내 구성요소의 적절한 결정 및 공간계획 배치 　= Σ(건물 내 MD 구성) + α(조화) 3. Image Making을 위한 도시마케팅전략 수립 　= Σ(그 건물만의 특별한 마케팅전략 수립) + α(조화)

출처: 오동훈(2006), 「도시마케팅의 개념정립을 위한 소고」, 국토계획 제41권 제1호

[표 14-5]에서 주목할 내용은 모든 관점이 공급자(개발자) 관점이 아니라 수요자(거주자나 소비자) 관점에서 언급되었다는 것과 차별화가 필요하다는 것이다. 이처럼 도시마케팅에서는 차별화가 주요한 요인이 된다.

표 14-5 신도시 개발의 성공요인

신도시 개발 성공요인 + 차별화	상업부동산개발 성공요인 + 차별화
1. 살고 싶은 공간(도시) 2. 일하고 싶은 공간(도시) 3. 기업하기 좋은 공간(도시) 4. 구경 가고 싶은 공간(도시) → 주변 지역(도시)들과의 차별성 모색 → 1~4항의 적절한 조합 후 도시의 공간계획	1. 살거리 2. 먹거리 3. 볼거리 4. 즐길거리 → 주변 유사 업종들과의 차별적 모색 → 1~4항의 적절한 조합 후 건물의 MD 구성

출처: 오동훈(2006), 「도시마케팅의 개념정립을 위한 소고」, 국토계획 제41권 제1호

신도시 개발의 성공 요인을 고려해볼 때, 도시를 살고 싶은 공간으로 만들면 중장기적 관점에서는 그곳에 소득이 높은 계층들이 들어오고 또 그들을 위한 상업공간과 레저 공간도 형성되며 결국에는 기업도 관심을 갖게 되어 들어올 수도 있을 것이므로 살고 싶은 공간(도시)을 만드는 것이 제일 중요하다.

최근에는 신도시 개발 성공요인이 상업용 부동산개발뿐만 아니라 신도시의 자족기능, 광역도심으로의 접근성, 지하철 및 BRT 등 교통체계 구비 등이 중요한 요인으로 대두되고 있다.

제3절 도시마케팅 사례

3.1 도시마케팅 일반 사례

도시마케팅의 성공 사례를 찾기는 쉽지가 않다. 도시마케팅은 마케팅 그 자체가 빛나기보다 도시 속에 스며들어, 그 도시 자체가 원래 그렇게 멋진 장소성을 가진 것처럼 조연의 역할에 충실한 것이 본연의 임무일 것이다. 그럼에도 불구하고 도시마케팅의 성공 사례로 전 세계 많은 지자체 공무원과 도시개발 관련 종사자들이 자주 찾아가는 명소가 바

로 스페인 빌바오에 있는 구겐하임 미술관이다.

도시라는 넓은 면 단위의 도시활력 증진에 건물 하나, 점 단위의 프로젝트가 전체 도시의 활력을 불어넣은 사례는 좀처럼 찾기 힘들다. 본 건축물의 난해한 외형은 정적인 주변 건물 사이에서 그리고 유유히 흐르는 강변과 모성애를 자극하는 거미 조형물 등으로 도시 속에 완벽히 자리 잡았다.

그림 14-4 구겐하임 미술관

출처: www.guggenheim-bilbao.eus

도시마케팅은 각 도시가 고유한 정체성을 확립하고, 이를 통해 관광객, 투자자, 거주민 등을 끌어들이기 위한 중요한 전략이다. <그림 14-5>의 이미지 속 도시 브랜드 로고들은 각 도시의 차별화된 마케팅 전략을 잘 보여준다. 예를 들어, 뉴욕의 "I ♥ NY"는 도시의 매력과 사람들의 사랑을 상징하며, 뉴욕이 글로벌한 문화적 허브임을 강조하는 강력한 메시지를 전달한다. 이는 전 세계적으로 가장 성공적인 도시 브랜드 중 하나로 자리 잡았다.

그림 14-5 여러 도시의 도시마케팅 상징들

출처: www.ohmynews.com

암스테르담의 "I amsterdam" 로고는 도시 이름에 "I am"을 결합함으로써, 주민과 방문객이 도시의 정체성과 자부심을 공유하도록 유도한다. 이는 암스테르담이 개방적이고 포용적인 도시임을 시각적으로 강조하며, 관광객들이 도시와의 개인적인 연결을 형성하도록 돕는다. 이는 관광객들이 단순히 방문하는 것을 넘어, 도시의 일부가 되도록 유도하는 효과적인 브랜드 전략이다.

3.2 오사카 도시마케팅

오사카는 일본 내에서 관광, 문화, 경제의 중심지로 자리매김한 도시이다. 오사카의 도시마케팅은 "Osaka Amazing Pass"라는 관광 패스를 중심으로 관광객에게 다양한 도시 명소를 무료 또는 할인된 가격으로 경험할 수 있는 기회를 제공하고 있다. 이 패스를 통해 오사카는 관광객의 만족도를 높이고, 도시의 매력적인 문화, 역사적 유산, 현대적 시설을 강조하는 캠페인을 벌이고 있다. 더불어, 오사카는 "Osaka Innovation Hub" 프로젝트를 통해 첨단산업과 혁신적인 스타트업 생태계를 지원하고 있으며, 이를 통해 비즈니스 관광객과 국제 컨퍼런스 유치에도 기여하고 있다.

이러한 도시마케팅을 통한 오사카의 브랜드 재구축은 도쿄에 비해 비교적 주목받지 못하던 도시를 매력적인 도시로 변모시키고 있으며, "Osaka Amazing Pass"의 성공으로 관광객 유치에 기여하였으며, 특히 외국인 관광객 수가 증가하였다.

그림 14-6 Osaka Amazing Pass 소개와 Osaka Innovation Hub 소개

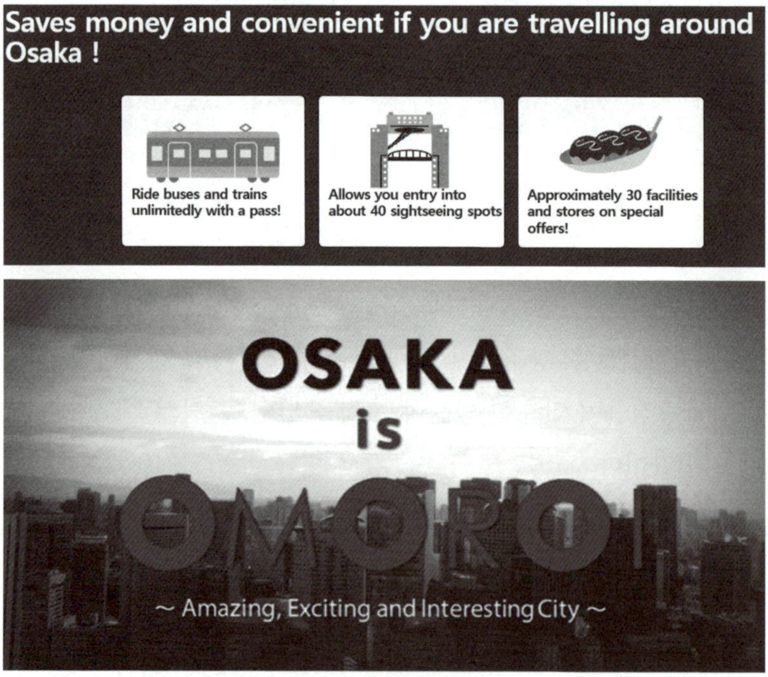

출처: https://www.innovation-osaka.jp/faq/#menu01btn

3.3 헬싱키 도시마케팅

헬싱키는 환경 친화적인 도시로 잘 알려져 있으며, 이는 도시마케팅의 중요한 요소로 작용하고 있다. 헬싱키는 "Carbon-neutral Helsinki 2035"라는 캠페인을 통해 2035년까지 '탄소중립 도시'가 되겠다는 목표를 세웠으며, 이를 도시의 대표적인 브랜드로 내세우고 있다. 이와 함께 도시 내 대중교통, 자전거 도로 확장, 재생에너지 사용 등 다양한 친환경 정책을 시행하며 국제적인 인지도를 얻고 있다. 특히, 스마트시티 기술을 접목하여 에너지 효율성을 높이는 프로젝트도 활발히 진행 중이다.

도시마케팅의 주요 성과로는 헬싱키의 환경 보호와 지속가능한 도시 발전을 핵심으로 하는 도시마케팅을 통해 국제적인 명성을 쌓았다. 지속가능한 도시로서의 이미지는 유럽 내 다른 도시들과 차별화되며, 친환경적인 삶의 방식을 중시하는 글로벌 관광객을 유치하는 데 성공했다. 지속적인 기후 작업으로 이미 상당한 진전이 이루어졌다. 헬싱키 도시마케팅 관련 홈페이지에는 "2020년 헬싱키의 탄소 배출량은 1990년보다 33% 감소했지만, 주민 수는 15만 명 증가했고, 주민 1인당 배출량은 약 49% 감소한 것으로 나타났다. 헬싱키를 탄소 중립 도시로 만들기 위해 주민, 도시, 기업 및 조직 간의 협력이 필요하다."라고 명시되어 있다. 헬싱키에 거주하는 것만으로도 탄소배출 저감과 지속가능한 환경구축에 동참하는 듯한 인상을 준다. 이러한 콘텐츠가 도시마케팅의 일부이다.

그림 14-7 헬싱키 라시팔라차 광장(좌), 헬싱키 도시마케팅 이미지(우)

출처: https://www.myhelsinki.fi/en/think-sustainably/making-helsinki-carbon-neutral

3.4 시드니 도시마케팅

시드니는 오페라하우스와 하버브리지 등 상징적인 건축물뿐만 아니라 아름다운 자연 경관을 통해 세계적인 도시로 자리 잡았으며, 시드니의 도시마케팅 전략은 주요 관광 명소를 활용하는 것에 그치지 않고, 'Vivid Sydney'와 같은 대규모 문화 축제를 통해 도시의 창의성과 혁신을 강조하고 있다. 'Vivid Sydney'는 세계 최대의 조명 축제 중 하나로, 매년 수백만 명의 관광객을 유치하며, 시드니의 창의적이고 예술적인 도시 이미지를 강화하는 데 중요한 역할을 하고 있다.

'Vivid Sydney'는 시드니의 문화적 자산을 활용한 대표적인 성공 사례로 국제적으로 큰 인지도를 얻었으며, 이 축제를 통해 시드니는 관광객뿐만 아니라 다양한 예술가와 창의적인 전문가들을 끌어들여 도시의 이미지를 한층 더 업그레이드했다.

그림 14-8 시드니 오페라하우스를 배경으로 한 조명축제 사진

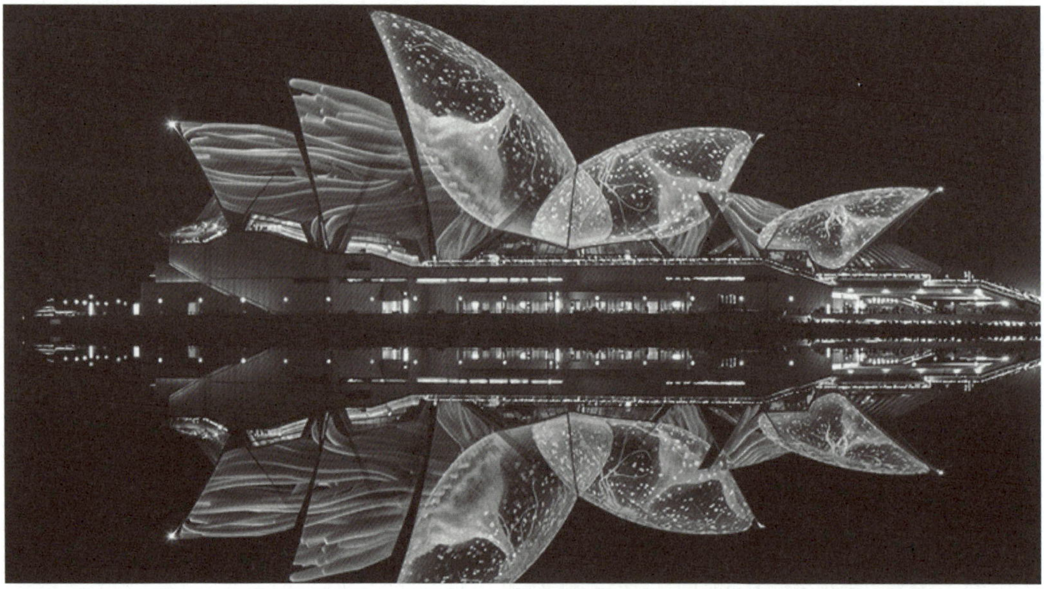

출처: https://www.commbank.com.au/articles/newsroom/2022/06/CBA-sponsors-Vivid-Festival.html

제15장

부동산개발금융

제1절 부동산개발금융의 이해

1.1 부동산개발의 개념

부동산개발은 부동산을 대상으로 인간의 일정한 노력과 선택이 투입되어 새로운 가치를 창출해 내는 과정으로 부동산개발의 정의는 관점에 따라 다르게 개념화되기도 하는데, 부동산개발을 협의적 관점에서 볼 때는 공간의 확대 또는 공간 수요의 변화 정도를 의미하지만, 광의적 관점에서 볼 때는 공간의 조성, 개발 효과의 극대화 그리고 경제 및 경영기법을 포함하는 사업적 의미를 포괄하는 광범위한 개념으로 확장된다. 이와 같이 관점에 따라서 부동산개발의 개념은 다소 다르게 인식될 수 있는데, 부동산개발을 통해 달성하고자 하는 가치 및 의의를 어떻게 인식하느냐에 따라 그 관점은 달라질 수 있다. 한편, 부동산개발은 관련 법에 의해 법정 개념이 정립되어 있기도 하다. 「부동산개발업의 관리 및 육성에 관한 법률」에 따르면, 부동산개발은 두 가지의 주된 개념을 갖고 있다. 그것은 첫째, '토지를 건설공사의 수행 또는 형질변경의 방법으로 조성하는 행위'로 정의될 수 있다. 둘째, '건축물을 건축·대수선·리모델링 또는 용도변경하거나 공작물을 설치하는 행위'로 정의될 수도 있다. 법정화된 부동산개발의 정의는 학술적 정의에 비해 다소 그 개념적 범위가 좁고 구체화되어 있는데, 특히 특정 행위에 기초해 부동산개발을 개념화하고 있다는 점에서 학술적 정의와 차이를 갖고 있음을 알 수 있다. 이러한 학술적 정의와 법적 정의를 종합적으로 검토해보면 부동산개발을 '토지, 노동, 자본 등의 요소가 최적의 비율로 결합되어 특정 부동산에 가치와 유용성을 더하기 위한 부동산의 형질변경이나 용도변경을 통해 경제적 이윤이나 부가가치를 만들어 내는 제반 활동'으로 정의할 수 있겠다.[1]

1.2 부동산개발금융의 개념

부동산개발금융은 '특정 부동산의 개발을 위해 필요한 토지 매입과 건설공사 등에 대해 소요되는 자금을 조달하는 금융'으로 볼 수 있으며, 부동산개발금융은 일반 시중 은행의 공사 대출을 중심으로 하는 단기대출금융이 주를 이루고 있으며, 공사 대출을 일으키기 위한 선행 조건으로 건설회사의 지급 및 분양보증이 개발 금융의 중요한 쟁점 중에 하나이다.[2]

또한, 부동산개발금융은 부동산개발에 필요한 토지 매입비, 인허가 절차에 필요한 비용, 초기 사업비, 마케팅 비용, 토목 및 건축 공사비, 각종 관리비용 등의 자금 또는 이를 조달하는 방법을 지칭한다. 대부분의 부동산개발에는 막대한 자금이 소요되며, 개발사업자가 이를 자기자본으로만 충당하기는 어렵다. 그러므로 개발금융 시스템이 원활히 작동되어야 부동산개발사업이 순조롭게 진행되고, 양질의 부동산이 공급될 수 있다. 부동산개발은 여러 단계를 거쳐 이루어지는데, 각 단계마다 수많은 이해당사자들이 개입하고 다양한 외부 요인들의 영향을 받으므로 많은 위험요소들이 존재한다. 일반적으로 건물이 완공되어 운영되는 때에 비해 개발단계에서의 위험요인이 훨씬 크다. 따라서 개발에 관여하는 금융은 완공 이후 제공되는 금융에 비해 고위험-고수익의 특성을 가진다. 원활히 작동하는 개발금융시스템은 개발의 각 단계마다 내포된 위험을 잘 이해하고, 적정한 수익률을 대가로 위험을 부담하는 자금 공급자(금융기관 등)들이 적합하게 설계된 금융상품을 매개로 자금 수요자(개발업자)들과 거래한다.[3]

이상과 같이 다양한 부동산개발금융의 정의 및 의의를 살펴보면 부동산개발금융을 '부

1 홍우상(2022), 「크라우드 펀딩 방식을 활용한 부동산 프로젝트 파이낸싱 투자의사 예측과 활성화 방안」, pp.58-59

2 이현석(2006), 「부동산개발금융의 현황과 과제」, 서울국제부동산세미나, p.214

3 조만·차문중(2012), 「글로벌 금융위기 이후 주택정책의 새로운 패러다임 모색」, KDI, pp.3-4

동산개발을 통한 부가가치 창출을 위해서 시공 전 단계와 시공 단계에서 부동산개발에 필요한 제반 소요 자금을 확보하기 위해서 행하는 총체적인 금융 활동'으로 정의할 수 있겠다.[4]

표 15-1 부동산개발금융의 일반적 유형 분류

구 분	단기금융 (short-term financing)	장기금융 (long-term financing)
자기자본투자 (equity financing)	직접 투자(개발업자, 합작투자/joint venture)	장기 투자(연·기금 등)
대출투자 (debt financing)	공사대출(일반 시중은행)	장기 대출(연·기금 등)

출처: 이현석(2006), 「부동산개발금융의 현황과 과제」, 서울국제부동산세미나, 214p; 홍우상(2022) 재인용

[표 15-1]과 같이 부동산개발금융을 일반적 유형에 따라 분류하면, 단기금융에는 자기자본이 투자되는 '직접 투자' 유형과 대출 투자 방식인 '공사대출'이 있다. 장기금융의 유형에는 자기자본이 투자되는 '장기투자(연·기금 등)'와 대출 투자 방식인 '장기 대출

표 15-2 부동산개발금융의 발전단계별 유형 분류

구분	1단계	2단계	3단계
자금 형태	대출 위주	대출+자본 투자	자본 투자
자금 성향	저위험, 저수익	중간	고위험, 고수익
상품 형태	금융기관 PF 부동산간접투자기구 금전신탁 CR-REITs	CR-REITs 부동산간접투자기구 금융기관 PF 금전신탁	개발형 부동산 펀드 REITs 금융기관 PF 부동산간접투자기구 금전신탁

출처: 홍우상(2022)

4 홍우상(2022), 「크라우드 펀딩 방식을 활용한 부동산 프로젝트 파이낸싱 투자의사 예측과 활성화 방안」, p.63

(연·기금 등)'이 있다. 그런데 이러한 전통적인 유형은 부동산개발금융이 진화하면서 다양한 형태로 변화를 모색해 왔다. 부동산개발금융도 여타 분야와 마찬가지로 사회·경제적 여건에 따라 변화하는 양상을 보이고 있다. 즉, 부동산개발금융은 발전 단계의 관점에서 구분해 보면, [표 15-2]와 같이 금융기관의 역할이 대출 위주였다가 최근에는 자본 투자의 방식으로 그 유형이 변화·발전되어 가고 있는 것을 알 수 있다. 또한 점차 리츠(REITs)뿐만 아니라 개발형 부동산 펀드, 금융기관 PF 등 다양한 형태로 확장되고 있음을 알 수 있다.

1.3 PF(프로젝트 파이낸싱) 개념

앞에서 살펴본 '부동산개발'과 '부동산개발금융' 관련해서 본 장에서는 프로젝트 파이낸싱(Project Financing), 민관 합동형 PF, 펀드와 리츠에 대해 살펴볼 예정이다.

PF(프로젝트 파이낸싱)이란 돈을 빌리는 사람(법인)의 신용도나 담보 대신에 프로젝트의 미래 수익성을 예측하여 이를 기반으로 금융기관에서 자금(Loan)을 조달하는 금융방식으로 대출 원리금 상환부담이 Project의 내재가치와 예상 현금 수입의 범위 내로 한정되는 방식이며, 부동산 PF는 아파트, 주상복합, 상가 등을 짓기 위하여 자금을 조달할 때 미래에 예상되는 분양 수익금을 기반으로 금융기관에서 자금(Loan)을 조달하는 방식이다.

역사적 관점에서 보면 프로젝트 파이낸싱은 새로운 자금 조달 기술이 아니다. 한정된 수명의 프로젝트를 위한 개별 자금 조달은 오랜 역사가 있으며, 17세기까지 상업에서는 일반적인 방식이었다. 예를 들어, 1299년 영국 왕실은 당시 주요 이탈리아 상업 은행인 프레스코발디(Frescobaldi)로부터 데번(Devon) 은광 개발을 위한 대출을 협상하였고, 이 대출 계약은 대출자가 1년 동안 은광 운영을 통제할 수 있도록 했다. 대출자는 1년 동안 추출할 수 있는 만큼의 정제되지 않은 광석을 가져갈 수 있었지만, 운영 비용을 전액 부담해야 했다. 이 계약에는 이자가 없었고, 영국 왕실은 채굴될 은의 양이나 품질에 대한 보증을 제공하지 않았다. 이러한 대출 방식은 오늘날 생산지불대출(production payment loan)로 알려진 방식의 전신이라고 할 수 있다. 또한 프로젝트 파이낸싱은 오랫동안 대규모 천연자원 프로젝트의 자금 조달에 사용되어 왔다. 대표적인 사례 중 하나는 1969년부터 1977년까지 개발된 트랜스 알래스카 파이프라인 시스템(TAPS: Trans-Alaska Pipeline System)

프로젝트이다. TAPS는 세계 최대 석유 회사 8곳이 참여한 합작 투자였으며, 알래스카 북부에서 남부 발데즈 항구까지 800마일(mile)의 파이프라인을 건설하는 프로젝트였다.[5]

그림 15-1 부동산 금융(부동산 PF) 개념도

출처: 신한투자증권, www.shinhansec.com

그림 15-2 부동산개발사업 프로세스와 PF 진행단계

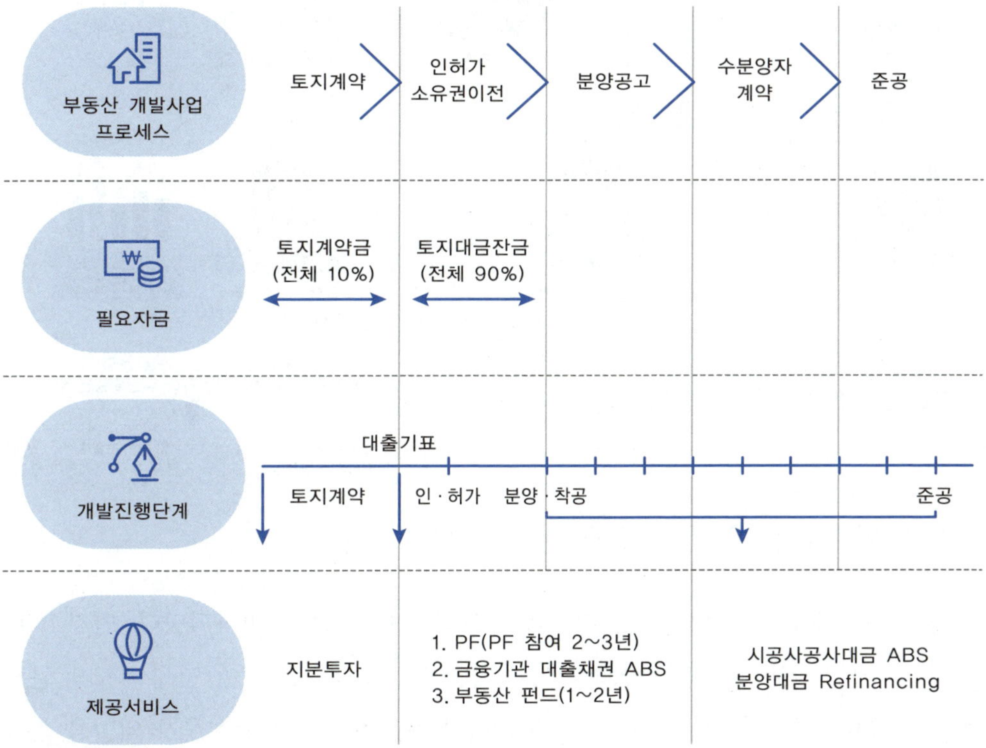

출처: 신한투자증권, www.shinhansec.com

5 John D. Finnerty, Project Financing: Asset–Based Financial Engineering, pp.4–5

일반 기업금융은 담보와 신용을 상환재원으로 하고, 부동산금융(PF)은 미래현금흐름을 상환재원으로 한다. <그림 15-2>에서와 같이 통상 토지계약 시 증권사나 저축은행에서 지분투자나 브리지론을 실행하고, 통상 인허가 완료부터 분양공고시점까지 본 PF 실행되고, 분양시점부터 분양금으로 사업자금 충당하게 된다. 이때 자금이 부족할 경우 미래의 분양대금을 기초로 분양대금 리파이낸싱(Refinancing)을 하게 된다.

그림 15-3 시기별 부동산 PF 특징

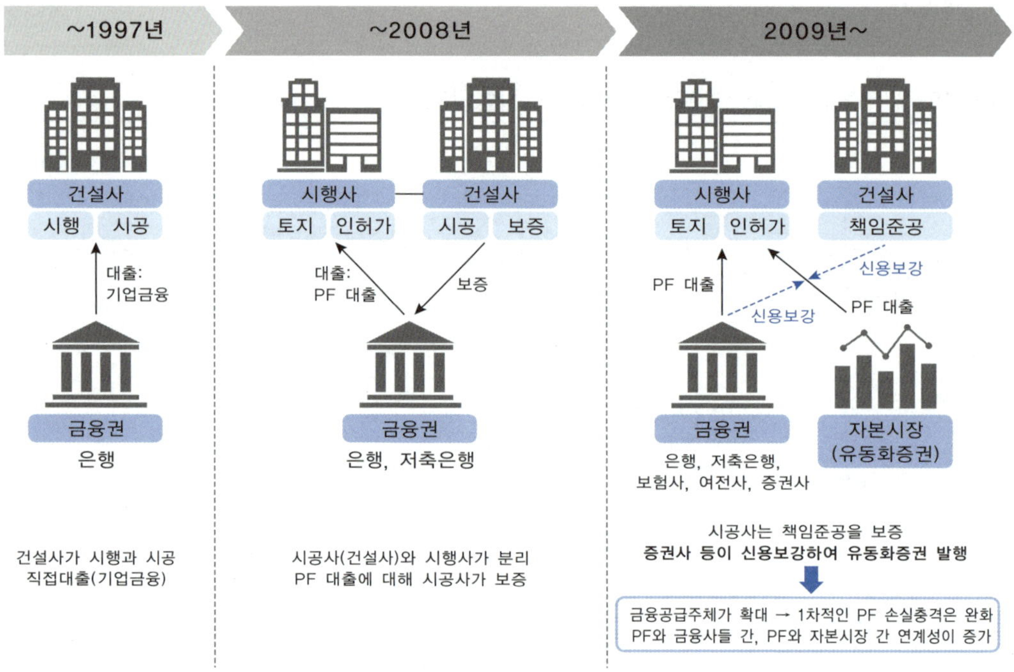

출처: 장근혁 외(2023). 「국내 증권업 부동산 PF 위험요인과 대응방안」. p.2

부동산 PF는 IMF와 글로벌 금융위기를 겪으면서 PF 구조가 변화되었다. 먼저 IMF 이전에 건설사가 시행과 시공을 같이하면서 기업금융으로 대출을 받아 연쇄 부도의 문제가 있었고, 그 이후 글로벌 금융위기 전인 2008년까지는 시행사와 건설사가 역할을 분담하여 진행해왔었다.

글로벌 금융위기 이후 2009년부터는 역할이 좀 더 나누어졌다. 시공사는 시공에 집중하면서 책임준공을 보증하고, 금융권이 부동산개발사업의 위험을 일부 부담하게 되었다.

부동산 PF는 건설사 보증의 은행 대출 중심에서 제2금융권의 대출 및 건설사나 금융사가 보증한 유동화증권 발행 방식으로 다양화되었다. 금융공급 및 보증 주체가 다양해지면서 부동산 PF 부실의 1차적인 충격은 분산되었다고 볼 수 있지만, 부동산 PF 위험과 금융사 간 연계성은 증가하였다. 또한, 증권사 등이 신용보강을 하여 유동화증권을 발행하는 방식이 증가하면서 부동산 PF와 단기자금 및 채권시장 간 연계성도 높아졌다.

그림 15-4 부동산개발 단계별 부동산 PF(좌) 및 자금조달 구조(우)

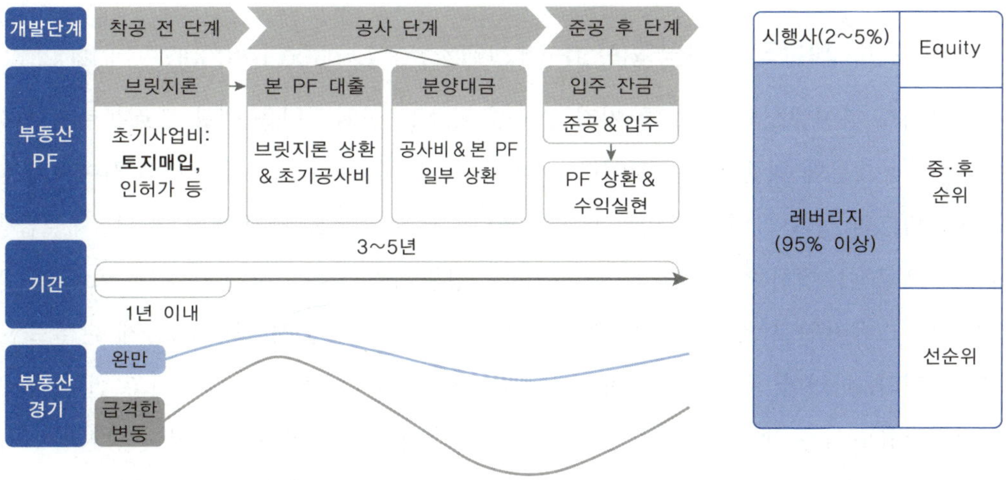

출처: 장근혁 외(2023), 「국내 증권업 부동산 PF 위험요인과 대응방안」, 자본시장연구원, p.4

부동산개발사업은 착공 전 단계, 공사 단계, 준공 후 단계로 나누어지며, 각 단계에서 필요한 자금을 다양한 방식으로 조달하게 된다. 착공 전 단계에서는 브리지론을 통해 초기 사업비와 토지 매입비 등을 마련하며, 공사 단계에 들어가면 본격적인 본 PF 대출을 통해 공사비와 초기 비용을 충당하게 된다. 이때 대출금은 브리지론 상환에 사용되기도 하며, 이후 분양이 이루어지면 분양대금으로 공사비 일부를 상환하는 구조가 형성된다. 준공 후 단계에서는 분양이 완료되고 입주가 진행되며, 이 과정에서 PF 상환과 함께 수익이 실현된다.

한편, 부동산 PF 자금조달 구조의 특징으로 높은 레버리지를 들 수 있는데, 개발 주체인 시행사는 적은 자본금(통상 PF 자금의 2~5%)으로 사업에 참여하고 레버리지를 이용하여 사업자금을 조달한다(<그림 15-4>의 오른쪽 그림). 높은 레버리지로 인해 시행사의 부담은 작지만, 사업의 불확실성에 대한 자본의 완충작용이 미흡하고 부동산 PF 참여자들의 위험은 클 수밖에 없다. 자체 신용보강을 위해 트랜치(tranche) 구조를 사용하지만, 유동화증권을 발행하는 경우 통상 시공사나 금융사(주로 증권사)들의 신용보강이 포함된다.

1.4 PF(프로젝트 파이낸싱) 특징[6]

1) 비소구 · 제한적 소구금융(Non-Recourse or Limited Recourse Financing)

프로젝트 파이낸싱의 특징 중 가장 중요한 요소는 상환재원을 해당 프로젝트에서 창출되는 현금흐름에 의존한다는 것이다. 이에 따라 채권금융기관은 다른 사업 참여자와 함께 프로젝트의 성패에 영향을 받는 이해관계자로서의 성격을 가지게 된다. 즉, 채권금융기관은 프로젝트에서 창출되는 현금흐름으로 상환재원을 확보하지 못하면 프로젝트의 실질적인 소유자인 사업주나 다른 이해관계자에게 책임을 묻지 못하고 자체 손실로 이어지게 된다. 이러한 금융구조를 비소구금융(Non-Recourse Financing)이라고 한다. 반면에 기업금융방식은 채권금융기관이 사업주에 대하여 직접적이며 최종적인 상환의 소구(Recourse)가 가능하다는 점에서 소구금융(Recourse Financing)이라고 할 수 있다.

그러나 실제 거래에 있어서는 채권금융기관에 대하여 사업주가 여신위험의 일부를 부담하는 등의 사업 참여자 간에 여러 가지 직·간접적인 위험배분의 조합이 활용되는 등 완전한 비소구방식의 금융보다는 제한적 소구(Limited Recourse)가 일반적으로 이용되고 있다.

2) 부외금융(Off-Balance Sheet Financing)

프로젝트 파이낸싱은 사업주 자신과는 법적·경제적으로 독립된 프로젝트 회사(SPC)가 자금을 공여받아 프로젝트를 수행하므로 사업주의 대차대조표에 관련 대출금이 계상되지 않아 사업주의 재무제표에 영향을 주지 않는 부외금융의 성격을 가진다.

6 정구익(2008), 「부동산개발금융(PF) 실무와 사례」, 한국생산성본부, pp.43-45

3) 현금흐름에 기초한 여신(Cash Flow Lending)

프로젝트 파이낸싱의 담보는 프로젝트에서 창출되는 미래의 현금흐름이기 때문에 프로젝트의 실패로 현금흐름이 부족한 경우에는 다른 채권 회수 수단이 없다. 따라서 채권금융기관이 대출 취급을 결정할 때에는 충분한 사업성 검토를 근거로 하여 현금흐름에 의한 대출금 상환재원 확보가 가능한지 여부를 심사하게 된다. 또한 이러한 현금흐름을 관리하기 위하여 사업주는 프로젝트별로 독립적인 결제관리계좌(Escrow Account)를 개설하게 되는데, 이 결제관리계좌를 통하여 자금의 입출금을 객관적으로 투명하게 관리함으로써 채권금융기관은 대출금 상환재원을, 시공사는 공사대금 등을 보호받게 되어 사업에 참여하는 이해관계자들이 안심하고 사업 성공에 매진할 수 있게 된다.

4) 사업 참여자 간의 위험 분담

프로젝트 파이낸싱은 프로젝트의 이해관계자들 간의 적절한 위험분담에 대한 합의를 기초로 성립되며, 구체적인 위험분담 기준과 위험분담의 크기는 프로젝트의 사업성에 달려있다고 할 수 있다.

5) 복잡한 계약 및 금융절차

프로젝트의 시공 및 운영에는 여러 이해관계자가 참여하고, 또한 다양한 종류의 위험이 도사리고 있는 바, 이러한 위험의 분석과 회피를 위하여 여러 가지 전문적인 계약서 체결이 필요하며 금융절차 또한 복잡할 수밖에 없다. 따라서 계약서 작성과 금융 절차 등에 대해 변호사의 충분한 자문을 거치는 것이 후일 발생할지도 모를 분쟁을 미연에 방지하는 좋은 방안이 될 것이다.

6) 상대적으로 높은 금융비용

채권금융기관은 PF 취급 시 사업성 검토에서부터 금융구조를 짜고 대주단을 구성하는 등 실제 자금이 공여되기까지 상당한 비용과 시간이 수반될 뿐만 아니라 금융절차가 복잡하고 여러 가지 발생 가능한 위험도 일반 기업금융에 비하여 훨씬 크기 때문에 상대적으로 높은 금리와 수수료를 요구하고 있다.

제2절 PF의 구조

2.1 일반적인 프로젝트 파이낸싱 구조

선 분양사업이 일반화된 우리나라에서 부동산개발 프로젝트 파이낸싱은 사실상 시공사 지급보증을 통한 토지 중도금·잔금대출 성격이 짙고, 개발사업자는 피분양자가 납입한 분양대금으로 토지대금의 대부분과 초기사업비, 건축물에 대한 공사비를 충당하는 구조이다.

부동산 PF에서는 통상 <그림 15−5>와 같이 사업 시행사가 토지대금 총액 중 10%를 계약금 명목으로 지급한 뒤 시공사를 선정해 은행을 비롯해 증권회사, 보험사, 저축은행 등에 PF의 가능성을 타진한다. 사업 시행사가 부동산 PF 대출을 요청하게 되면, 은행 등의 금융기관은 해당 사업의 사업성, 미분양담보대출확약, 시공사의 책임준공·연대보증 등 제반 사항을 면밀히 검토한 후 문제가 없다고 판단되면, 신탁회사가 발행하는 담보신탁수익권증서에 기초해 담보 설정을 한 다음 대출을 실행하게 된다.[7]

그림 15−5 일반적인 프로젝트 파이낸싱의 구조

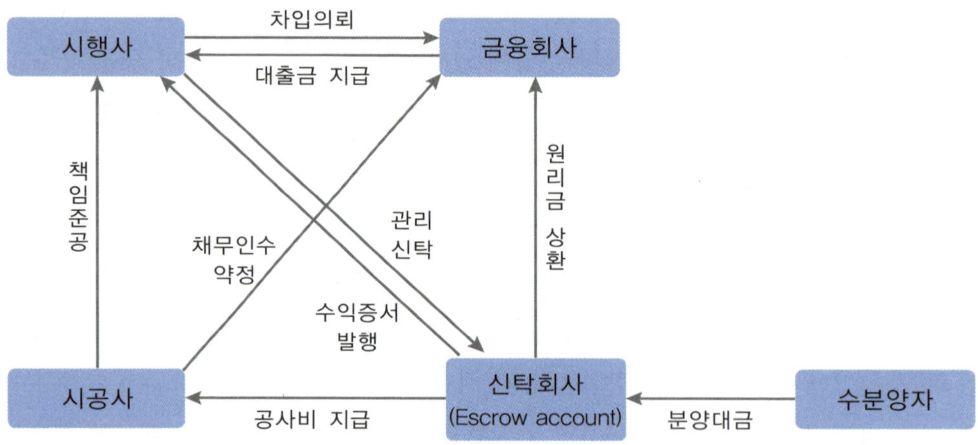

출처: 류근묵, 프로젝트 파이낸싱 리스크 평가모형에 관한 연구, 2009, p.13

7 홍우상(2022), 「크라우드 펀딩 방식을 활용한 부동산 프로젝트 파이낸싱 투자의사 예측과 활성화 방안」, p.107

2.2 미분양 담보확약 방식의 프로젝트 파이낸싱 구조

그림 15-6 미분양 담보확약 방식의 프로젝트 파이낸싱의 구조

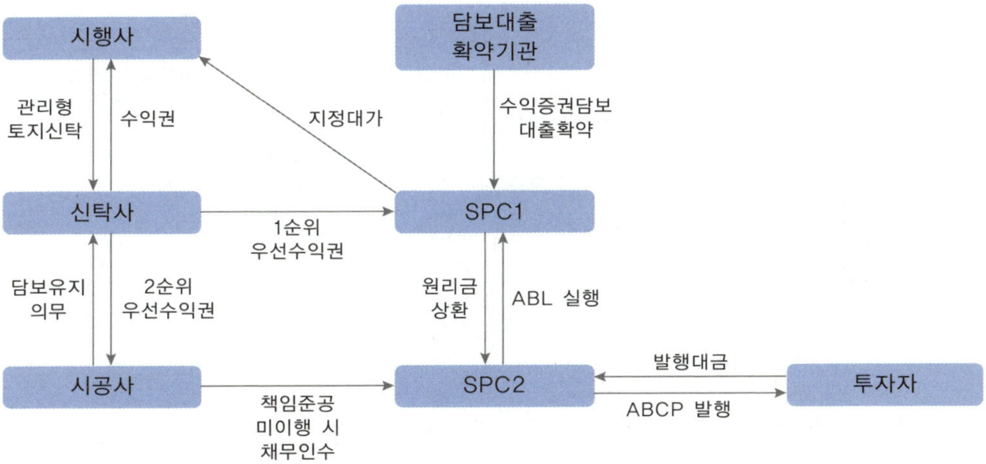

출처: 신일수(2013), 「국내 부동산 PF, 이제는 "REAL PF"가 해답이다」, 한국신용평가(주), p.10

시공사 채무보증을 통한 기존 전형적인 부동산 PF 자금조달 구조는 시행사의 경우, 자금조달의 편의성, 건설사의 경우 사업확장의 용이성 및 신용공여에 따른 대가수취(시공이익의 확대), 금융회사의 경우 리스크의 감소라는 각각의 이점 때문에 2008년 글로벌 금융위기 전까지 각 참여자 간 큰 이견 없이 유지되어 왔다.

그러나 부동산 경기 하강기가 도래한 2009년 이후 다수의 시공사와 은행권의 관련 대출자산의 부실화로 인해 기존 금융구조의 문제점이 그대로 노출되었다.

이에 따라 2009년 이후에는 시공사가 준공과 담보물 제공까지의 위험을 부담하고 분양성과 관련된 시장위험은 담보대출확약기관이 부담하는 구조로서 전체 금융구조에서 시공사의 부담요인을 경감함으로써 관련 대출의 상환 안정성을 제고하는 구조이다. 하지만, 이 구조 또한 시공사와 담보대출확약 금융기관이 소구 부담을 사업 단계별로 분담하는 구조로서 PF 위험이 해당 프로젝트에 한정되지 않고 다른 프로젝트에 전이될 수 있는 취약성을 여전히 안고 있어 근본적인 구조 개선과는 거리가 있다고 판단된다.[8]

8 신일수(2013), 「국내 부동산 PF, 이제는 "REAL PF"가 해답이다」, 한국신용평가(주), pp.9－10

2.3 PFV 프로젝트 파이낸싱 구조

그림 15-7 PFV를 활용한 프로젝트 파이낸싱의 구조(대전엑스포)

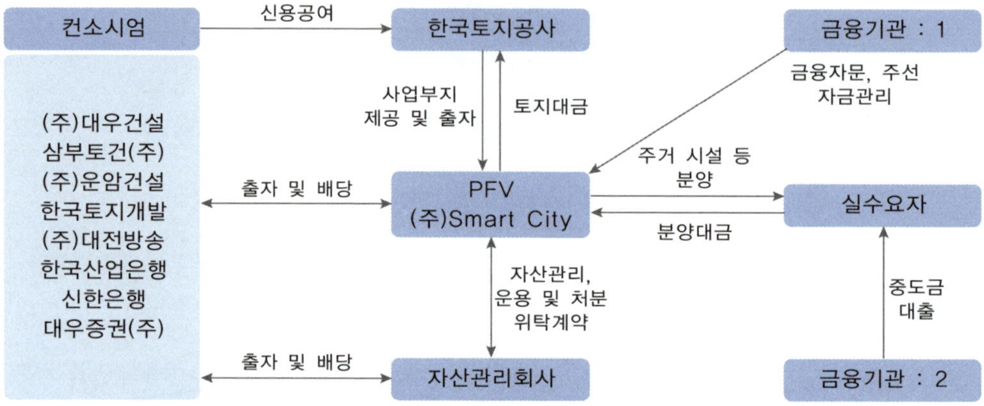

출처: 이승우 · 엄근용(2008), 「민관 합동형 PF사업의 현황 및 효율화 방안」, p.20

2004년 「법인세법」의 개정으로 제한적으로 프로젝트 파이낸싱 투자회사(PFV: Project Finance Vehicle) 설립의 길이 열리게 되었다. PFV는 기존 특수목적회사(SPC)와 달리 각종 개발사업 추진 때 자본금 50억 원 이상, 금융기관 5% 이상 출자, 별도 자산관리회사 구성 등 요건을 만족할 경우 취·등록세 50% 감면과 이익의 90% 이상 배당 시 법인세 감면이 가능하게 됐다. 설비투자, 사회간접자본시설 투자, 자원개발, 그 밖의 상당한 기간과 자금이 소요되는 특정사업 등에 회사의 자산을 운용하고 배당가능 이익의 90% 이상을 배당하는 경우에는 그 금액을 소득금액에서 공제해 주도록 하고 있다.

법인세 과세 대상 금액의 공제뿐만 아니라 PFV가 취득하는 부동산에 대한 취·등록세 50% 감면 혜택이 부여되어 대규모 개발사업을 보다 원활히 추진할 수 있게 된 것이다. 이에 따라 공공기관이 추진하는 민관 합동형 PF 사업의 대부분이 PFV 방식으로 추진되고 있다. PFV는 출자기업과 무관하게 단독회계 처리를 하는 독립경영이 가능해 투명성을 제고할 수 있을 뿐만 아니라 해당 PFV가 부도 나더라도 출자기업에는 영향을 미치지 않는 장점이 있다. 토지공사의 대전엑스포 사업은 「법인세법」상의 PFV 요건에 맞춰 진행된 대표적 사업이다.[9]

9 이승우·엄근용(2008), 「민관 합동형 PF사업의 현황 및 효율화 방안」, 한국건설산업연구원, p.20

2.4 자산유동화를 통한 프로젝트 파이낸싱 구조

그림 15-8 PF(1단계)와 자산유동화(2단계)의 구조

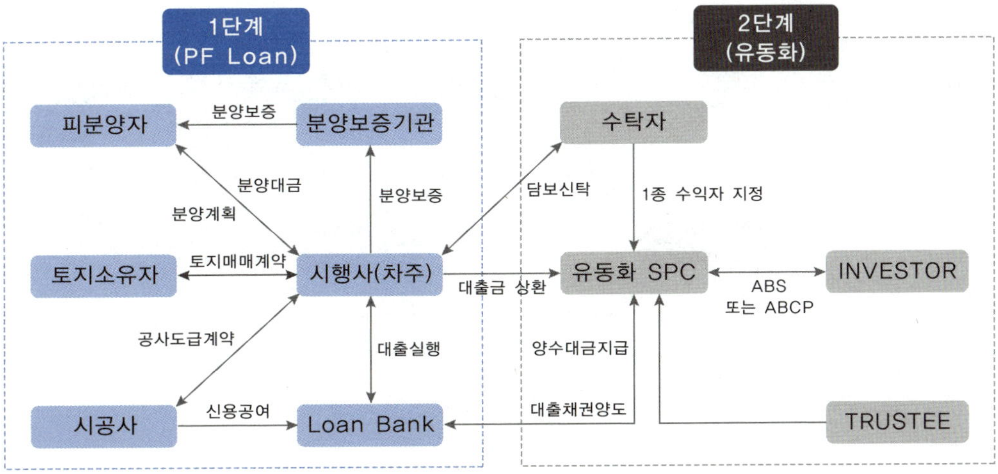

출처: 최은영(2008), 「부동산 개발사업 관련 PF 유동화의 현황 및 시사점」, 주택금융월보, p.29

PF 유동화는 부동산개발사업의 시행사가 PF Loan을 기초자산으로 유동화증권을 발행하는 것으로 아파트, 주상복합, 상가, 오피스텔, 아파트형공장 등의 건축물을 신축하여 분양하는 부동산개발사업에 소요될 자금을 조달하는 것을 목적으로 한다. 대체로 부동산 개발사업과 관련되어 유동화가 될 수 있는 자산 유형은 분양대금, 공사대금, 대출채권, 미분양 부동산이 있다. 이중 가장 일반적인 자산형태는 분양대금이다. 사실 공사대금이든 신탁수익증권이든 결국 현금흐름은 수분양자가 지불하는 분양대금에 기초하고 있다. 따라서 분양대금을 완전하게 회수 가능한 구조로 유동화를 하기 위해 많은 신용보강이 이루진다.

현재 부동산 PF 유동화의 상환능력은 원칙적으로 대출채권의 차주인 시행사의 신용도에 의존하게 되는데, 우리나라의 시행사는 대체적으로 소규모 자본이고 신용도가 취약한 것이 일반적이다. 따라서 대주의 입장에서는 신용보강을 요구하게 되고 이는 부동산개발에 참여하는 시공사가 신용보강을 하는 구조로 되어 있다.[10]

10 최은영(2008), 「부동산 개발사업 관련 PF 유동화의 현황 및 시사점」, 주택금융월보, p.29

그림 15-9 개발 단계별 부동산 PF 대출 및 위험요인

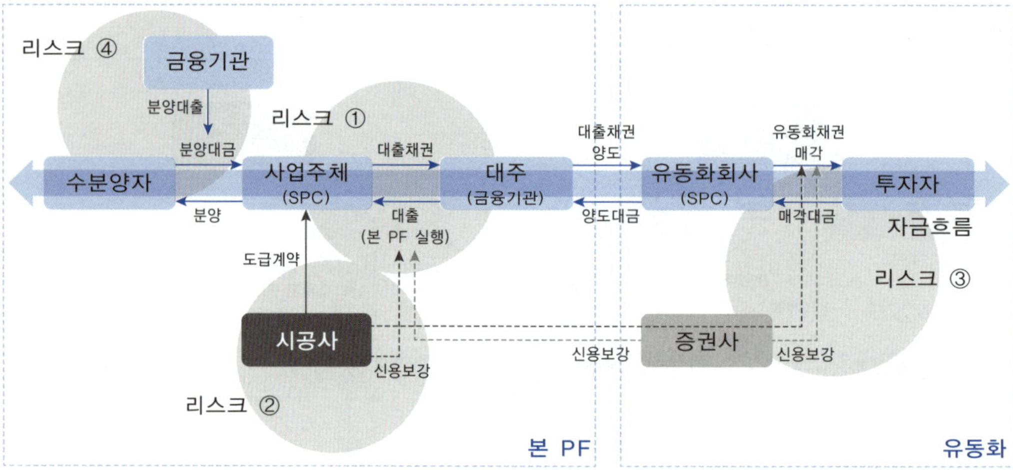

출처: 한국은행(2023), 「인천지역 부동산 PF 리스크 평가」, p.5

다만, 최근의 주택시장 여건, 부동산 PF 자금조달 방식 구조 변화 등은 과거에 비해 확대된 잠재리스크 요인으로 작용하고 있고, 주택시장 가격 하락폭이 과거에 비해 크고 유동화증권 발행 확대 등에 따라 자본시장과의 연계성이 높아졌으며 사업다각화 목적 등으로 비은행권 참여가 증가하고 있다. 은행에 비해 상대적으로 자본구조가 취약한 비은행권의 참여 확대는 부동산 PF 리스크 전이 경로를 확장시키면서 개별 금융기관 및 금융시스템의 리스크 요인으로 작용하고 있다.

이에 따라 실물 및 부동산 경기 악화로 부동산 PF 부실이 현실화되는 경우 과거에 비해 광범위한 경제주체들이 부정적 영향을 받을 가능성이 있고, 자금을 대출한 금융기관과 함께(리스크 ①) 신용을 보강한 시공사와 시행사 및 부동산신탁사(리스크 ②)가 영향을 받을 우려가 있고, 유동화증권을 발행·신용보강한 증권사와 투자자(리스크 ③), 분양대금 대출을 받은 수분양자(가계)에 이르기까지(리스크 ④) 연쇄적으로 리스크가 파급될 우려를 배제할 수 없다.

이러한 실정을 감안하면 우리의 PF 시장 여건도 미국이나 일본처럼 디벨로퍼의 에퀴티(Equity) 비중을 높이고 자금조달구조를 다각화하는 방안을 적극 검토하고 제도적으로 장려해야 할 것이다. 미국과 일본 사례도 살펴보자.

2.5 미국의 부동산 PF 구조

미국을 비롯한 서구의 부동산 PF에서는 기본적으로 자기자본 및 메자닌 금융으로 착공이전 단계에 토지매입을 위한 자금을 조달한 후에 건설기간에 사용하는 건설자금(Construction Loan)과 목적물 완공 후 모기지 형태로 건설자금을 대환하는 장기자금(Permanent Loan)으로 잔여 자금을 조달하는 방식이 일반적이다.

표 15-3 미국의 부동산 PF 자금조달구조현황

구분	개발준비단계	착공이전단계	건설단계	운영단계
자금조달상품	자본금	자본금 및 메자닌금융	메자닌금융 및 건설금융	장기자금
자금소요	토지 계약금지급	토지대금지급	건설자금 및 판매비용	건설자금 차환
자금조달기관	Developer	Developer, REITs, 부동산 펀드, 투자조합, 개인, 연기금 등	상업은행, 보험회사 Credit Company, 부동산 펀드, REITs 등	보험회사, 연기금 등
신용보강수단	–	출자형태별 손실충당순위	1순위 담보권 Standby Commitment 시행사의 제한적 형태의 채무보증/자금보충	1순위 담보권

출처: Richard B. Peiser and David Hamilton(2012)

전형적인 미국의 부동산 PF 구조는 Developer가 주도하는 금융구조이며, 기본적으로 상기와 같이 사업 단계별 파이낸싱 구조가 정립되어 있다.

우선적으로 착공이전 단계에서는 Developer 주도하에 자본금과 메자닌 금융만으로 자금을 조달하여 토지비용과 필수사업비를 조달한다. 자본금 조달 시 시행사가 전체 자본조달액의 10%를, 그리고 90%는 여러 형태의 자본투자자를 모집하여 조달하는 것이 일반적이다. 미국 부동산개발사업에서 Developer가 활용할 수 있는 자본 조달원 중에서 사모펀드나 개인투자조합이 가장 큰 비중을 차지하고, 리츠 및 연기금이 다음을 차지하고 있다.[11]

11 신일수(2013), 「국내 부동산 PF, 이제는 “REAL PF”가 해답이다」, 한국신용평가(주), pp.11－12

그림 15-10 전형적인 미국부동산 PF 구조

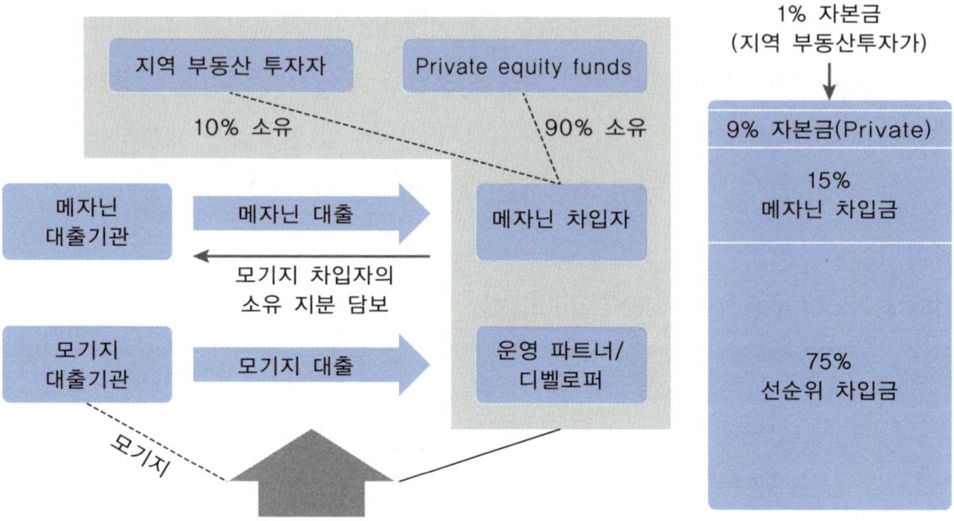

출처: Charles Long(2012), 「Finance For Real Estate Development」, Urban land Institute

미국의 부동산 PF 구조는 Developer 주도하에 사업목적회사를 통해 사업을 진행하는 제한적 형태의 비소구형 금융구조이며, 금융기관, 투자자가 투자선호순위(위험선호순위)에 따라 자본출자나 대출을 하고 시공사는 단순 도급만을 맡게 된다. 미국의 부동산 PF를 주도하는 주요 대형 Developer는 이러한 부동산개발사업을 통하여 대규모 자본이 축적된 업체로서 대부분 개인회사 형태로 운영되고 있다. 각 부동산 개별 프로젝트에서 시행사가 합자회사 형태일 경우에는 GP(General Partner), 즉 무한책임사원으로 참여함으로써 해당 채무에 대해 변제 책임을 직접적으로 지고, 시행사가 PFV나 유한회사 형태일 경우에도 자금보충이나 제한적인 채무보증을 통해 관련 건설금융을 조달하는 데 주도적인 역할을 하고 있다. 미국의 Developer가 대부분 개인회사로서 자금조달상 한계가 있음에도 불구하고 부동산개발 시장에서 크게 성장할 수 있었던 것은 자본조달원이 다양하게 발달되어 있고 개발사업 단계별 리스크 특성에 맞게 계층화하여 자본 및 차입금을 조달할 수 있는 미국의 부동산금융시장 환경에 기인한 것으로 분석된다.

2.6 일본의 부동산 PF 구조

일본도 한국과 같이 1990년대 초반까지 주로 기업금융 형태로 부동산 PF가 이루어졌으나, 1990년대 버블붕괴 이후 기존 기업금융 위주의 부동산 개발방식이 실효성을 잃게 됨에 따라 서구의 비소구 금융기법이 도입되었다. 일본의 경우 Developer 중심의 부동산 PF가 버블 붕괴 이후부터 본격화되었기 때문에 미국처럼 자생적으로 Developer들이 자본을 축적하여 대형화될 수 있는 여건은 아니었다. 이에 따라 모리빌딩과 같은 예외도 있으나 주요 금융기관, 대기업, 종합건설회사 등이 부동산개발업체를 설립하는 방식으로 주요 부동산 Developer가 탄생하였다. 일본의 경우 1990년대 10년 동안 부동산 자산가치 하락과 부동산개발이 지연되어 도심지역이 노화되고 전반적인 도시경쟁력이 저하되는 결과를 초래되었다. 이를 개선하기 위하여 2000년대 초반부터 일본 정부를 중심으로 도시재생본부가 설립되고 2002년에는 도시재생특별조치법(10년 동안 민간제안에 의한 도시재생사업 지원)이 발효되면서 관련 도시재생사업이 활발하게 진행되었으며, 이를 통하여 일본의 Developer들이 성장할 기회를 가지게 되었다.

그리고 부가적으로 2000년대 초반부터 일본의 리츠 시장의 급속한 성장으로 주요 리츠가 도심재생사업으로 개발된 부동산 자산을 매입해주는 주요 수요처가 되어줌으로써 이러한 일본의 부동산 Developer의 성장에 간접적으로 기여한 것으로 분석된다. 일본의 주요 Developer인 미츠비시 부동산, 미츠이 부동산 등은 주주 구성이 대형 금융기관이나 대기업으로 구성되어 있어 상당한 자본력을 확보하고 있다(미츠비시 부동산의 경우 2013년 3월 말 기준 총자산 47조 엔). 이에 따라 일본의 부동산 PF는 대체적으로 자본력 있는 Developer가 사업비의 10~30%를 자본으로 투자하고 잔여 지분투자는 보험사 등의 금융기관이나 건설업체가 투자하여 전체 사업비의 30~40%를 확보, 토지매입을 한 후에 건설금융 조달을 위해 부동산 펀드에서 메자닌 금융, 그리고 금융기관을 통한 대출, 회사채 발행 등이 이루어진다.

그림 15-11 일본 아키하바라 UDX 프로젝트

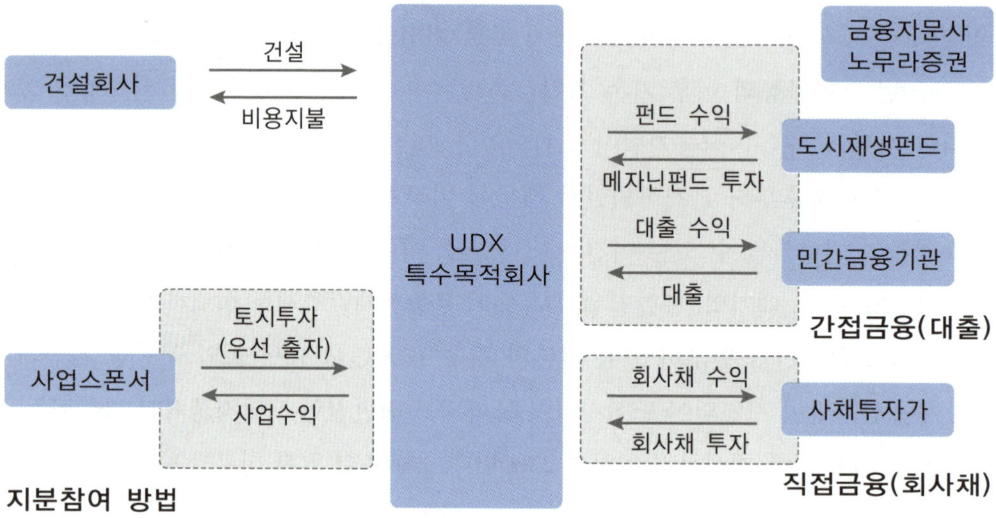

출처: 최종석, 일본도시재생사업의 PF 자금조달 연구, p.67

아키하바라 UDX의 개발비용은 약 900억 엔으로 NTT 도시개발과 카지마건설이 320억 엔 지분투자를 통해 토지 매입한 이후에 노무라 증권을 통해서 약 270억 엔 가량의 특수목적회사의 회사채 발행(선순위 채권)과 일본 주요 금융권의 신디케이션을 통한 특정 목적 차입(선순위 대출) 약 270억 엔을 조성, 이후에 5년 만기 완공 후 2년부터 대출 상환 약정으로 약 30억 엔을 도시재생 펀드를 통한 메자닌 파이낸싱으로 단계적으로 사업 자금을 확보 하였다. 우선 토지 매입을 위한 지분투자를 한 사업 스폰서인 NTT 도시개발과 카지마건설은 PF에서의 개발업자(시행사)가 되고 토지 제공자인 동경도는 토지지주, 민간금융기관과 사채투자가, 도시재생 펀드는 투자자로 분류 할 수 있다. 아키하바라 UDX프로젝트에서 나타난 PF 자금 조달방식은 NTT 도시개발과 카지마건설의 우선출자를 통한 지분참여, 도시재생펀드와 민간 금융기관, 회사채 투자가들로 이루어진 직접 금융과 간접금융이 복합된 구조로 볼 수 있다.[12]

12 최종석(2011), 「일본도시재생사업의 PF 자금조달 방식 연구」, pp.66-68

제3절 민관 합동형 PF[13]

3.1 민관 합동형 PF 사업의 개념

민관 합동형 개발사업이란 민간과 공공의 합작에 의한 개발 방식으로 제3섹터형 개발방식이라고도 불린다. 대표적으로 LH공사가 택지개발지구의 중심상업지구를 대상으로 수행하고 있는 복합개발 PF 사업과 같은 형태를 민관 합동형 개발사업 방식으로 분류할 수 있다. 이 방식은 도시개발 차원에서 공공이 토지를 제공하고 민간이 건설을 수행하여 그 이익금으로 토지대를 납부하는 방식으로, 공공은 추가적인 부담 없이 개발을 하고 민간은 초기 투자비의 부담 없이 수익을 창출하는 개발사업의 한 형태이다. 민간은 사업계획 등 개발에 필요한 아이디어와 자본을 제공하고, 공공은 토지자본을 제공하여 민간의 사업진행을 돕고 토지에 대한 인허가 업무를 담당한다.

민관 합동형 개발사업 방식은 영국이나 일본 등 선진국에서 활용하고 있는 민간참여형 공공사업 방식을 변형시킨 것으로 볼 수 있다. 민관 합동형 부동산개발사업은 자금 조달 수단으로서의 프로젝트 파이낸싱의 의미와 달리, 개발사업을 위한 사업 도구를 수립하는 것을 의미한다. 개발사업을 시행함에 있어서 민간에 토지를 판매하고 토지대를 회수하는 일반적인 방법(토지의 개발은 민간 의도에 따라 이루어짐)이 아니라 ① 토지라는 자본을 민간에 출자하여, ② 개발을 위한 사업자의 하나(consortium, 컨소시엄)로 참여하여 SPC를 구성하여 개발을 하고, ③ 그로 인해 발생하는 현금흐름으로부터 토지대(혹은 이익배당 포함 가능)를 회수하는 방식을 의미한다. 이와 같은 사업 방식의 특징을 간략히 요약하면, SPC를 설립하여 공공이 지분을 가지고 개발에 참여하며, 개발이후 토지대와 이익금을 분배받는 것을 기본 원칙으로 한다. 따라서 이러한 사업 방식은 SPC 설립형 부동산개발사업이라고 지칭할 수 있다.

13 본 절은 '이승우·엄근용(2008), 「민관 합동형 PF사업의 현황 및 효율화 방안」 자료를 근간으로 작성하였다.

그림 15-12 민관 합동형 PF 사업의 구조 예시

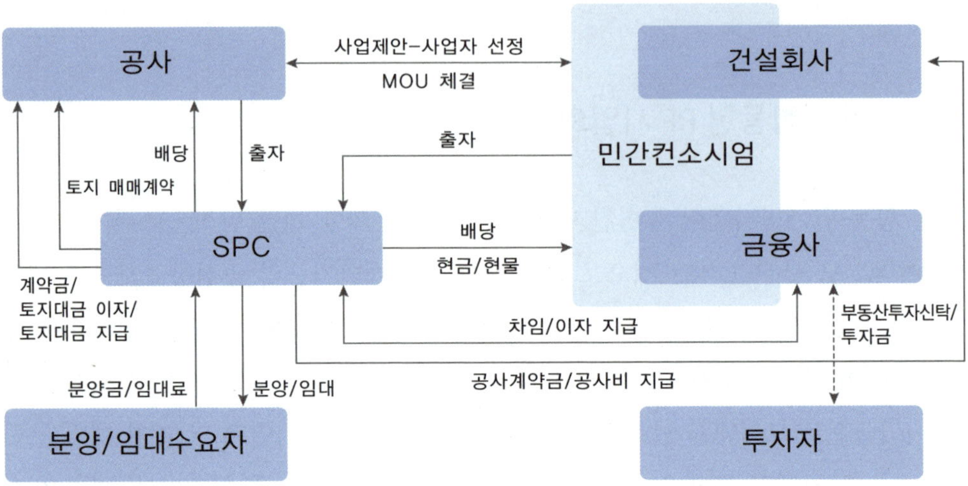

출처: 이승우 · 엄근용(2008), 「민관 합동형 PF사업의 현황 및 효율화 방안」, 한국건설산업연구원, p.12

3.2 민관 합동형 PF 사업과 프로젝트 파이낸싱의 관계

민관 합동형 PF 사업의 개념을 보다 구체화하기 위해서는 원론적 프로젝트 파이낸싱과 비교해서 고찰할 필요가 있다. 현재 부동산개발사업에 이용되는 민관 합동형 PF 사업은 일반적인 프로젝트 파이낸싱의 특징을 모두 가지고 있지는 않다. 민관 합동형 PF 사업은 상환재원을 프로젝트가 산출하는 현금수지 또는 수익에 의존하고 있지 않기 때문이다.

하지만 그렇다고 해서 공기업의 시행사업이 프로젝트 파이낸싱 기법을 이용한 것이 아니라고 할 수는 없다. 공기업의 PF 사업은 법률적·회계적으로 독립된 프로젝트회사를 설립하여 자금 조달·관리 및 리스크 관리를 하고 소구를 제한한다는 점 등에서 프로젝트 파이낸싱이 갖는 대부분의 특징을 보여주고 있다. 또한 상환재원을 미래의 현금수익에 의존하고 있지는 않지만 자금 조달 측면에서 공기업이 관여하는 사업의 장래성이 대주들의 대출여부 결정에 영향을 주고 있는 것이 사실이다.

민관 합동형 PF 사업이 원론적인 PF 사업과 비교하여 많은 차이점이 있음에도 불구하고 PF 사업이라고 불리는 이유는 토지대를 사업완공에 따른 이익금으로 충당하기 때문이

다. 일반적으로 개발사업에서 프로젝트 파이낸싱 혹은 PF를 일으킨다는 것은 금융권 등으로부터 토지대와 같은 투자금을 대출하여 납부하고, 추후 사업이익이 발생하였을 때 금융권 등에 대해 상환하는 형태를 취하는 것을 의미한다.

이러한 금융권의 역할은 공공의 토지소유자가 토지대를 사업완공 이후 후불로 납부받기 때문에 PF 사업이라는 용어가 사용된 것이다. 보다 정확히 표현한다면 SPC 설립형 부동산 개발사업이라 부를 수 있는 것이다. 이와 같은 PF 사업을 원론적인 프로젝트 파이낸싱과 비교하였을 때, 공통점은 프로젝트 사업성을 기초로 하여 미래의 현금흐름을 토지대에 대한 상환재원으로 한다는 것이며, 차이점은 자금 조달을 위한 금융수법이 아니라 보다 광의적인 의미의 사업구도라는 것이다.

3.3 민관 합동형 PF 사업의 유형

민관 합동형 PF 사업의 유형은 택지개발지구·신개발지의 중심상업지구 개발과 기성시가지 내 복합개발, 민관 합동형 PF 사업(민자역사 PF 사업, 도시재정비형 복합개발, 민관 합동형 PF 사업)으로 구분할 수 있다.

택지개발지구의 중심상업지구 개발에 민관 합동형 PF 사업이 도입된 이유는 1990년대의 신도시 개발 과정에서 개발의 시차와 계획적 개발의 어려움으로 당초의 장기발전 전략이 제대로 달성되지 못했기 때문이다.

기존의 신도시 상업지역은 개발 기본 방향을 설정하여 택지개발 계획을 수립하고 상업지역에 도시설계 수법을 통해 용도계획, 용적률 구상, 필지계획, 건축물 높이계획 등으로 입체적 규제를 실시한 후 입찰 방식으로 토지를 민간 사업자에게 매각하는 방식으로 개발되었다. 이러한 방식은 상업시설의 개발 시기를 적정하게 통제하지 못했고, 도시설계 수법을 적용하였으나 구체적인 계획의 질을 현실성 있게 통제하지 못하는 한계를 지니고 있었다. 그로 인하여 상업지역 성숙시기가 늦어지고 일부 지역에서는 용도변경을 통해 상업지역이 주거시설로 채워지는 등 성장관리 측면의 문제점이 발생하였다.

실제로 지난 1990년대 초반에 건설된 수도권 제1기 신도시인 분당, 일산, 평촌 등은 아파트의 입주가 완료된 뒤에도 상당기간을 지나서야 주민들의 생활기반 및 편의제공을 위한 중심상업 용지의 개발이 이루어져 입주 초기 주민들의 불편이 컸다. 분당의 경우 대형 상업시설이 입지하기까지 5~7년의 시간차가 발생했으며, 일산이나 평촌 등에서도 2~6년의 지연이 있었다. 그리고 사업시행자가 중심상업지역 등의 토지를 모두 민간에게 분양했지만 이를 매입한 민간은 수익성과 환금성을 감안해 상권 등 여건이 충분히 성숙된 뒤에야 토지의 개발에 나섰다. 이로 인해 하나의 신도시가 주거·상업·기반·문화·업무 등 도시의 여건을 완전히 갖추는 데 10년 이상 소요되었다. 또한 상업 용지가 소규모 분할 매각됨에 따라서 계획적인 개발의 어려움이 발생하였고, 이에 따라 도시의 장기적 발전을 위한 전략적 핵심시설(백화점, 호텔, 대규모 문화시설 등)이 유치되지 못해 도시의 중추기능 및 자족기능이 미흡한 경우가 발생했다. 이러한 문제를 개선하고 1998년 외환위기 이후 토지 매입에 따른 건설업체의 자금 부담을 덜어줘 건설 경기 활성화를 선도한다는 취지에서 한국토지공사가 최초로 용인시 죽전지구 역세권 개발에 공공·민관 합동형 PF 개발사업을 도입하였다.

민관 합동형 PF 사업은 민간과 공공이 협력하여 도시개발의 효율성을 극대화하는 사업 모델로, 그린시티, 쥬네브, 메타폴리스, 스마트시티, 모닝브릿지, 레이크파크, 알파돔시티 등의 프로젝트를 통해 다양한 도시개발 사례를 제시하고 있다. 그린시티는 용인 죽전 지역의 역세권 개발을 중심으로 6년간 진행되었고, 주거와 상업시설을 조화롭게 배치하여 지역 활성화를 도모하였다. 쥬네브는 용인 동백 지역에서 테마형 쇼핑몰 개발을 목표로 진행되어 4년 7개월 만에 완공되었고, 상업 및 문화시설을 통해 지역 주민의 생활 편의성을 높였다. 메타폴리스는 화성 동탄에서 독립단지를 형성하여 주거, 상업, 호텔, 방송국 등이 결합된 복합개발의 대표 사례로 추진되었다. 스마트시티는 대전 엑스포 근처 지역에 주택단지를 조성하며, 단독주택과 커뮤니티 시설이 조화롭게 어우러진 계획으로 주목받았다. 모닝브릿지는 용인 동백 환경친화적 주택단지 PF 사업으로 커뮤니티 시설을 포함한 단독주택 중심의 개발을 이루었다. 레이크파크는 광주 수완호수공원 주변을 개발한 사례로, 할인점과 쇼핑몰 등 다양한 생활편의시설을 통해 지역 경제 활성화에 기여하였다. 마지막으로 알파돔시티는 성남 판교에서 7년간 추진된 복합단지 개발로, 쇼핑몰과 업무 시설, 문화시설을 아우르는 대규모 개발로 판교 테크노밸리와의 연계성을 강화하였다. 이러한 사례들은 민관 합동형 PF 사업의 다각적 접근과 지역별 특성에 따른 맞춤형 개발 방식을 잘 보여준다.

표 15-4 LH공사의 주요 민관 합동형 PF 사업 사례

구 분	그린시티	쥬네브	메타폴리스	스마트시티	모닝브릿지	레이크파크	알파돔시티
사업명	용인죽전 역세권개발 PF사업	용인동백 테마형 쇼핑몰 PF 사업	화성동탄 복합단지 PF사업	대전엑스포 컨벤션 복합센터 PF 사업	용인동백 환경친화적 주택단지 PF 사업	광주수완 호수공원 쇼핑몰 PF 사업	성남판교 복합단지 PF 사업
사업 면적	49,279m²	44,310m²	95,494m²	170,529m²	62,024m²	33,537m²	137,500m²
건축 연면적	267,157m²	212,446m²	812,502m²	522,298m²	25,934m²	116,466m²	1,216,010m²
사업비	4,628억 원	4,187억 원	17,276억 원	10,284억 원	1,483억 원	2,459억 원	50,671억 원
토지비	1,132억 원	958억 원	3,100억 원	1,754억 원	474억 원	659억 원	23,601억 원
사업 기간	6년 2개월 (2002.1~2008.3)	4년 7개월 (2003.5~2008.12)	7년 8개월 (2004.4~2011.12)	5년 6개월 (2004.6~2009.12)	3년 9개월 (2005.6~2009.3)	5년 (2006.12~2011.12)	7년 (2007.12~2014.12)
유치 시설	백화점, 할인점, 주차빌딩, 오피스텔	할인점, 영화관, 문화센터, 교육시설 등	주거시설, 할인점, 호텔, 방송국, 벤처센터 등	공동주택, 호텔, 오피스텔, IBC, 방송국 등	단독주택, 커뮤니티 시설 등	할인점, 쇼핑몰, 멀티플렉스, 스포츠센터 등	쇼핑몰, 백화점, 업무시설, 문화시설 등

출처: 이승우 · 엄근용(2008), 「민관 합동형 PF 사업의 현황 및 효율화 방안」, 한국건설산업연구원, p.28

아울러, 기성 시가지 내 복합개발 민관 합동형 PF 사업 중 민자역사 PF 사업을 살펴보면 1989년에 국내 최초 민자역사인 舊 서울역이 준공되었으며, 동인천역, 영등포역 등이 차례로 개발되었고, 이후 산본, 부천역사가 문을 열었다. 2000년대 이후 부평, 수원, 안양, 대구, 평택, 의정부 등의 민자역사가 속속 준공되어, 2023년 기준 총 18개소(新·舊서울역을 각각 산정함) 중 14개소가 운영 중이고, 점용허가기간(30년)이 경과한 3곳 중 서울역과 영등포역은 국가로 귀속되었으며, 동인천역은 철거 및 복합개발이 추진될 예정이다. 창동역은 유일하게 현재 공사 중에 있다.[14]

14 조은경(2024), 「한국과 일본의 철도역 비교분석을 통한 우리나라 민자역사 사업의 발전방안 실증 연구」, p.49

마지막으로 도시재정비형 복합개발 민관 합동형 PF 사업은 도심재개발 사업, 기타 이전적지 등에서 발생하는 도심 재생사업 등이 있고, 대표적인 대규모 도심재정비 프로젝트인 서울 용산 국제업무지구 개발사업은 2024년 12월에 한국철도공사(코레일)가 용산국제업무지구 도시개발사업 시행자로 지정된 이후 관련 사업을 진행 중에 있다.

그림 15-13 서울 용산국제업무지구 조감도

출처: 서울특별시

제4절 리츠와 부동산 펀드

4.1 리츠와 부동산 펀드 개념

리츠(REITs, 부동산투자회사)와 부동산 펀드, 무엇이 다른가? 두 상품 모두 기관, 개인의 자금을 모아 부동산에 투자하고 임대수익과 매각 차익에 따른 수익을 얻는 대표적인 부동산 간접투자 금융상품이다. 차이가 있다면 리츠는 회사(부동산투자회사)에 투자하는 것이고, 부동산 펀드는 부동산 실물 자산에 직접 투자하는 것이다. 말하자면 리츠 투자자 입장에선 투자한 회사의 수익이 중요하고, 부동산 펀드 투자자 입장에선 매입한 빌딩이나 오피스의 가치와 임대수익률이 오르는 게 중요하다. 자산을 현금으로 전환하는 유동성 측면에서도 두 상품은 차이가 있다. 부동산 펀드는 부동산을 편입해 매각하는 시점까지 오래 기간이 소요되고 그에 따라 환매가 불가능하거나 가능하더라도 환매 수수료가 높다. 반면, 리츠는 주식을 사고파는 것과 같다. 일반 주식거래와 마찬가지로 원하는 시점에 매매 가능하고 환매 수수료도 없다.

또 하나의 차이점은 부동산 펀드가 한 개의 펀드에 하나의 실물자산을 편입하는 데 반해 리츠는 부동산회사이므로 회사가 여러 개 자산을 보유할 수 있다는 점이고, 리츠는 다양한 자산에 분산 투자하는 효과를 볼 수 있다.

리츠는 소액으로도 부동산에 투자하여 수익을 올릴 수 있고, 엄밀히 말해 투자한 부동산투자회사의 수익에 대해 배당수익을 받는 것이다. 「부동산투자회사법」에 의하면 수익의 90% 이상을 배당하도록 되어 있어 투자자 입장에서는 소액으로도 부동산을 소유하여 안정적인 임대수익을 얻는 것과 같은 효과를 낸다.

따라서 상대적으로 자산이 많지 않고 투자할 여력이 적은 사람에게도 리츠는 큰 관심을 불러일으킨다. 여기에 퇴직연금 적립금도 상장리츠에 투자하는 것이 허용됨으로써 투자수단으로 활용될 가능성이 더욱 넓어졌다.

4.2 리츠와 부동산 펀드 개념 도해

그림 15-14 리츠(REITs) 이해도

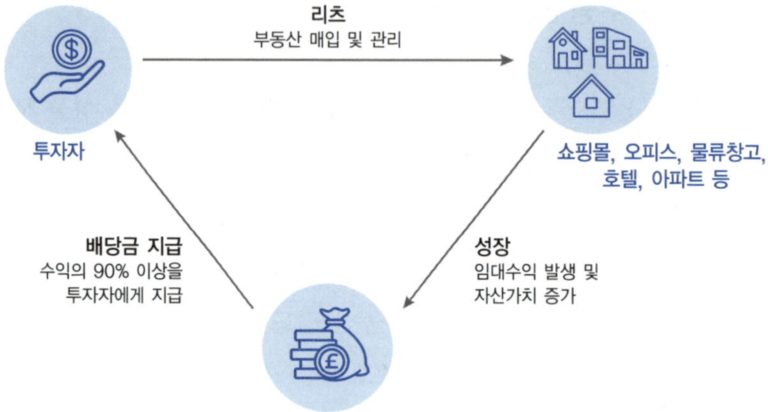

출처: www.raisin.co.uk

그림 15-15 부동산 펀드 예시(사업 모델)

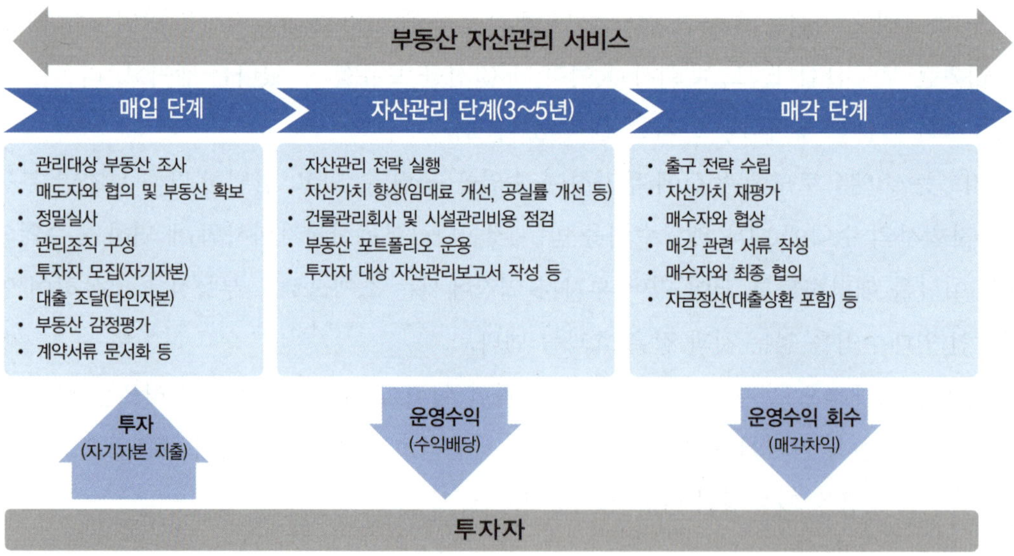

출처: en.b-lot.co.jp

리츠는 <그림 15-14>와 같이 상가, 오피스, 물류창고, 호텔, 아파트 등을 취급하는 회사에 투자하는 것으로 마치 주식처럼 매월 정기적으로 배당도 가능하다. 이는 법적으로 수익의 90% 이상을 배당하도록 규정되어 있기 때문이다.

4.3 리츠와 부동산 펀드 차이점

부동산 펀드는 실물 부동산을 살 때(Buy) 투자(Investment)를 하고, 건설 또는 운영(Manage) 기간(대략 3~5년) 동안 배당(Profit)을 받고, 실물 부동산을 매각(Sell Property)할 때 매각차익(Capital Gain) 등을 분배받는 구조이다. 여러 사람이 모여서 실물 부동산을 매입 또는 개발하는 것과 같은 효과가 있어서 리츠처럼 임의 시점에 처분할 수 있는 상품이 아니다.

부동산 펀드와 리츠는 모두 부동산에 대한 간접 투자를 가능하게 하는 금융 상품이지만, 여러 측면에서 중요한 차이를 보인다. 첫 번째로, 법적 근거와 설립 절차에서 차이가 나타난다. 부동산 펀드는 「자본시장법」에 따라 금융위원회에 신고 후 설립되는 반면, 리츠는 「부동산투자회사법」에 따라 국토교통부의 인가가 필요하다. 또한 펀드는 신탁형 또는

표 15-5 부동산 펀드와 리츠 차이점

구분	부동산 펀드	리츠
근거법령/설립	자본시장법(금융위원회 신고)	부동산투자회사법(국토교통부 인가)
형태	신탁형/회사형	주식회사
최소자본금	규제 없음	위탁 50억 원, 자기관리 70억 원
주식분산	신탁형: 없음 회사형: 금융업법 등으로 제한	1인지분 40% 초과 금지 공모 예외, 기관은 1인 100% 투자 가능
자금 차입	제한 없음	개발리츠는 70% 이상 가능
자금 대여	가능	불가
세제 혜택	90% 이상 배당 시 법인세 비과세	90% 이상 배당 시 법인세 비과세 (자기관리 리츠는 제외)

출처: 김형성 외(2022), 「대규모 개발사업 재원조달 다각화 방안 연구」, 토지주택연구원, p.61

회사형으로 운영되지만, 리츠는 주식회사 형태로 설립된다. 이러한 법적 차이로 인해 펀드는 비교적 설립이 용이한 반면, 리츠는 보다 엄격한 설립 절차를 거친다.

두 번째로, 자금 차입과 대여에 대한 규제에서도 차이가 있다. 부동산 펀드는 자금 차입에 제한이 없고, 대여도 가능하다는 점에서 운용의 유연성이 높다. 반면 리츠는 개발리츠의 경우 70% 이상의 자금 차입이 가능하지만, 자금 대여는 불가능하며, 상대적으로 안정적인 운용을 강조하는 방식으로 운영된다.

그림 15-16 리츠의 개념

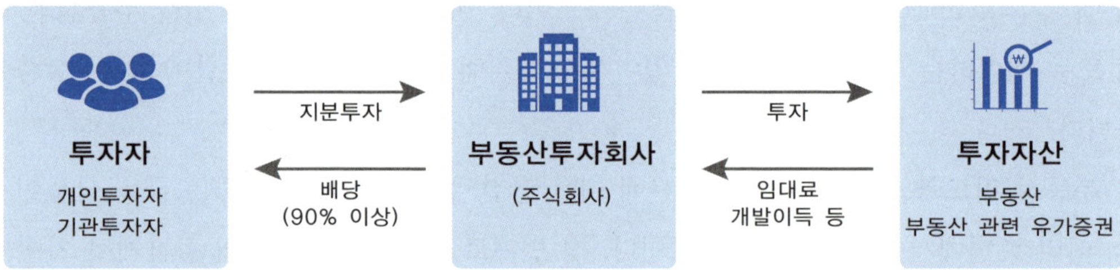

출처: 리츠정보시스템, reits.molit.go.kr

표 15-6 해외 리츠 현황(2020년 3월 기준)

구분	미국	호주	일본	싱가포르	홍콩
도입	1960년	1971년	2000년	2002년	2003년
규모	227개, 1,183조 원 (1개당 5.2조 원)	56개, 113조 원 (1개당 2.0조 원)	58개, 114조 원 (1개당 2.0조 원)	36개, 55조 원 (1개당 1.5조 원)	12개, 29조 원 (1개당 2.4조 원)
유형	제한 없음(대부분 회사형, 자기관리)	신탁형, 위탁관리 (결합증권형 가능)	회사형, 위탁관리	신탁형, 위탁관리	신탁형, 위탁관리

출처: 리츠정보시스템, reits.molit.go.kr, 2024년 검색 기준

<그림 15-16>은 리츠(REITs)의 기본 구조를 보여준다. 리츠는 주식회사 형태로 설립되며, 개인 및 기관 투자자들로부터 자본을 모아 부동산 자산에 투자하게 된다. 리츠가 투자하는 부동산 자산은 주로 상업용 부동산, 오피스 빌딩, 쇼핑몰, 아파트 등 다양한 부동산 관련 유가증권으로 구성된다. 리츠는 이러한 자산을 관리하며 임대료 수익과 개발

이익을 통해 수익을 창출하고, 이를 다시 투자자들에게 배당으로 분배한다. 이 과정에서 투자자들은 리스크를 분산하면서도 부동산 시장의 혜택을 누릴 수 있다.

해외 리츠는 2000년대 이후 자본시장과 부동산 시장의 통합이 전 세계적인 추세로 발전하면서 부동산 유동화 및 증권화의 방편으로 리츠가 빠르게 확산되었다. 리츠 제도는 1960년 미국에서 최초 도입을 시작으로 2000년 이후 유럽 및 아시아 지역에 급속히 확산

표 15-7 리츠의 비교

종류	자기관리리츠	위탁관리리츠	기업구조조정리츠
투자대상	일반부동산/개발사업 등	일반부동산/개발사업 등	기업구조조정 부동산
영업개시	국토교통부 영업인가(공모, CR리츠는 금융위 사전협의)		
설립주체	발기인(발기설립)		
감독	국토부, 금융위	국토부, 금융위	국토부,금융위
회사형태	실체회사(상근 임·직원)	명목회사(상근 없음)	명목회사(상근 없음)
최저자본금	70억 원	50억 원	50억 원
주식분산	1인당 50% 이내	1인당 50% 이내	제한 없음
주식공모	주식 총수의 30% 이상	주식 총수의 30% 이상	의무사항 아님
상장	요건충족 시	요건충족 시	의무사항 아님
자산구성 (매분기말)	부동산: 70% 이상 (부동산, 부동산 관련 증권 및 현금 80% 이상)	부동산: 70% 이상 (부동산, 부동산 관련 증권 및 현금 80% 이상)	기업구조조정 부동산: 70% 이상 (부동산, 부동산 관련 증권 및 현금 80% 이상)
자산운용 전문인력	5인(리츠 상근 고용)	자산관리회사(5인)에 위탁운용	자산관리회사(5인)에 위탁운용
배당	50% 이상 의무배당 (초과배당 가능)	90% 이상 의무배당 (초과배당 가능)	90% 이상 의무배당 (초과배당 가능)
처분제한	1년	1년	제한 없음
	개발사업 후 분양하는 경우에는 처분 제한기간 없음		
자금차입	자기자본의 2배 이내(주총 특별의결 시 10배)		

출처: 리츠정보시스템, reits.molit.go.kr

되었으며, 1994년 5개 국가에서만 시행되었으나, 2016년 말 기준 37개 국가에서 시행되고 있다.

리츠는 크게 자기관리리츠, 위탁관리리츠, 기업구조조정리츠로 구분되며, 각각의 특징과 운용 방식에 차이가 있다. 첫 번째로, 자기관리리츠는 리츠 자체가 부동산을 직접 관리하고 운영하는 방식이다. 투자 대상은 일반 부동산과 개발 사업에 초점이 맞춰져 있으며, 최소 자본금은 70억 원이다. 이 리츠는 주식회사로 설립되어 자산의 관리와 운영을 리츠 자체가 수행하는 점에서 다른 유형과 구별된다. 자기관리리츠는 배당 의무는 있지만 개발 사업에 대한 제한이 존재하여 주로 안정적인 수익을 추구한다.

위탁관리리츠는 자산을 관리하는 회사가 별도로 존재하여 부동산을 운영하는 방식이다. 이 리츠는 최소 자본금이 50억 원이며, 주식 분산 비율도 자기관리리츠와 유사하게 적용된다. 위탁관리리츠는 부동산의 운영과 관리에 대한 전문성을 갖춘 외부 회사를 활용하기 때문에 리스크를 분산할 수 있으며, 관리의 효율성을 높일 수 있다. 또한, 배당 의무가 90% 이상으로 설정되어 있어 안정적인 배당 수익을 기대할 수 있다.

마지막으로 기업구조조정리츠는 기업 구조 조정을 목적으로 부동산을 취득하고 운영하는 리츠이다. 이는 주로 기업 부동산을 인수하여 구조조정을 돕거나 자산을 재편하는 방식으로 운용되며, 다른 리츠와는 달리 외국인 투자자에게도 제한 없이 투자가 가능하다. 이러한 특성 덕분에 기업구조조정리츠는 부동산 시장의 유동성을 높이는 데 기여하고, 기업의 재무상태를 개선하는 데에도 중요한 역할을 한다.

제16장

도시개발의 미래

제1절 도시개발의 변화 요인

1.1 인구통계학적인 변화

1) 초고령 사회

국제연합(UN)의 기준에 따르면 전체 인구에서 65세 이상이 차지하는 비율인 고령자 인구 비율이 7% 이상이면 고령화 사회, 14% 이상이면 고령 사회, 20% 이상이면 초고령 사회로 구분된다. 우리나라의 경우 고령화 속도가 매우 빨라 2000년에 고령자 인구 비율이 7.2%에 이르러 고령화 사회로 진입한 데 이어 2018년에는 14.3%로 고령 사회로 진입하였고, 2024년 12월 23일 기준 65세 이상 주민등록 인구가 1,024만 4,550명으로 전체 주민등록인구 5,122만 1,286명의 20% 이상으로 초고령사회에 진입하였다. 인구 고령화를 겪는 사회는 노동력 부족, 생산성 저하 등으로 경제 성장이 둔화되고 노인 부양비 상승과 의료 및 복지 비용 증가 등의 경제적 부담을 안게 된다.[1]

고령자는 신체적 노화 과정을 거치면서 그에 적합한 연결성 요인이 갖추어진 환경이 필요하게 된다. 주요 연결성 요인은 교통 접근성, 보행 친화적 환경, 집안 내에서의 활동에 맞는 주택설계, 사회서비스 및 정보접근성 강화를 위한 교육 등이 필요하다. 노인들이 생활하면서 큰 지장이 없도록 욕실 구조에서부터 필수 교통로에 대한 엘리베이터 등은

1 기획재정부 및 행정안전부 자료(2024) 등 참조

고령자뿐만 아니라 가족 등 동반자에게도 꼭 필요한 장치이다. 초고령자 사회는 하드웨어 뿐만 아니라 사회적 연결 요인인 소프트웨어 분야도 고령자들이 쉽게 접근할 수 있도록 사회적 배려가 필요하다. 이러한 다양한 연결 요인은 [표 16-1]에서와 같이 차량 접근성, 건물 및 도시설계를 통한 접근성, 관련 분야의 서비스, 이용 가능한 활동 등을 들 수 있다.

표 16-1 고령층이 자택에서 노후를 보낼 수 있도록 연결성을 높이는 방안

연결성 요인	예시
활동, 사람, 재화, 서비스 등에 대한 차량 접근성	운전, 기존의 고정 노선을 이용하는 대중교통, 수요를 기반으로 하는 대중교통, 승차공유, 자율 주행 차량, 운송 지원 시스템, 다목적 토지 이용
토지 이용, 건물 및 도시 설계를 통한 접근성 개선	보행자 친화적인 거리, 건물 재설계, 장애물 없는 동네, 계획에 따라 지어진 성인 중심 지역 사회
집에서 이용 가능한 활동, 재화, 서비스, 돌봄	주택 공유, 재화 배송서비스, 현장에서 진행되는 사회적 지원, 유료 의료 지원 및 재택 간호
고령 인구가 집중된 지역에서 이용 가능한 활동, 재화, 서비스, 돌봄	자연 발생적인 은퇴 공동체를 겨냥한 서비스, 지원 서비스가 제공되는 노인 주택, 노인들이 거주하는 마을, 공동주택
정보 기술을 비롯한 여러 기술을 통해 제공되는 활동, 재화, 서비스, 돌봄	이메일, 줌, 페이스타임, 소셜 미디어, 스마트 홈, 원격 의료, 로봇기술

출처: Alan Mallach(2023), 「축소되는 세계」, 김현정 역, 사이, p.366

1인 가구의 증가는 단순히 원룸형의 주거형태뿐만 아니라 일정 공간을 공유하는 공유형 생활공간에 대한 다양한 연구 검토가 진행되었고, 여러 형태의 공유 주거 형태가 나타나고 있다. 1인 가구를 고려한 공간배치와 1인 가구에서 흔히 나타나는 사회적 고립을 해결하고 사용빈도가 상대적으로 낮으나 꼭 필요한 공간(세탁실, 주방 등)을 공유하여 사회적 교류를 증진시키는 사례도 있다.

2) 인구 감소

'도시의 스폰지화' 현상이란 인구가 줄어들면서 빈집과 공터가 무작위로 발생하여 도시가 스폰지(sponge)처럼 되어 버리는 현상이다. 이 문제는 21세기 들어 일본 도시들에서 많이 나타나기 시작하면서 일본에서 도시 전문가들이 많이 사용하는 용어가 되었다. 일본은 심각한 인구의 감소를 경험하면서 2000년대 후반부터 도시의 스폰지화가 새로운 이슈로 등장하기 시작했다. 도시 인구가 줄어들면서 도시의 크기는 변하지 않은 채 빈집이나 공터가 무작위로 출현하고 있다. 일본 도시에서 일어나는 스폰지화는 도심부와의 거리에 상관 없이 일어나는 것이 특징이다.[2]

통계청이 2019년 발표한 '2017~2067년 장래인구특별추계'에 따르면 우리나라 총인구는 지난 2017년 5,136만 명 수준에서 2028년 5,194만 명까지 증가한 후 감소하기 시작할 것으로 예상되고, 이는 출산율과 기대수명, 국제순이동 등 인구 변동 요인이 중간 수준일 것으로 가정했을 경우(중위 추계)의 시나리오다. 우리가 일본의 사례를 바탕으로 인구 감소의 시대를 대비해야 하는 것은 선택의 문제가 아니라 국가 존립의 기로에 서 있기 때문이다. 예전에는 인구증가율 억제를 위해 다양한 활동을 하던 시기가 있었지만 현재는 국가 차원에서 출산을 위한 사회적 환경 조성이 필요한 시점이다.

인구 감소가 초래할 수 있는 잠재적인 영향은 도시개발의 미래를 예측하는 데 중요한 요소로 작용하며, 인구통계학적 측면에서 인구 감소는 고령 인구의 비중 증가와 1인 가구의 증가를 가져오며, 이에 따라 생산 가능 인구는 감소하고 청소년 인구 비중 또한 하락하게 된다. 이러한 변화는 노동력 부족과 경제 성장 둔화를 초래하여 장기적으로 국가 경쟁력에 부정적인 영향을 미칠 수 있다. 특히 특정 지역에서는 인구 감소로 인해 주택공급과 수요가 불균형을 이루고, 학생 수가 감소하여 학교와 같은 교육시설 운영에 어려움을 초래할 수도 있게 된다.

이와 더불어 인구 감소는 사회 구조의 변화를 초래하여 사회적 불평등이 심화될 가능성이 있다. 생산성과 혁신성 감소로 인해 도시와 지방 간 경제적 격차가 확대되고, 이로 인해 지방 도시가 점차 쇠퇴할 수 있다. 또한 지역사회의 공동체 활동이 약화되고, 주민 간 연대감이 감소하여 사회적 고립과 같은 문제가 발생할 수 있으며, 인구 감소 지역에서는

2 Aiba, Shin(2017), 「도시 접어두기: 인구감소시대를 디자인하는 도시계획」, 민범식 역, 국토연구원, p.79

필수 서비스 제공에 대한 수요가 줄어들면서 사회복지 서비스의 질이 낮아질 수도 있다.

경제적 측면에서도 인구 감소는 일반적으로 경제 성장 둔화와 소비 위축을 초래한다. 특히 고령화로 인한 노동력 부족과 생산성 저하는 기업 활동의 위축으로 이어져 투자와 자본 시장에도 부정적인 영향을 미친다. 정부 입장에서는 세수 감소와 재정적 부담이 증가하게 되어 사회복지와 공공서비스 제공에 어려움을 겪을 수 있으며, 주택시장 역시 주택 수요 감소와 공실률 증가로 인해 침체를 겪으며, 부동산 가격 하락과 같은 경제적 충격이 발생할 가능성이 높다. 이러한 인구 감소의 잠재적 영향은 도시개발의 미래에 있어 중요한 변수로 작용할 것이며, 이를 극복하기 위한 도시 정책 및 계획의 수립이 필요하다.

표 16-2 인구 감소가 초래할 수 있는 잠재적인 인구통계학적, 사회적·경제적 영향

구분	전국에 미치는 영향	각 지역에 미치는 영향
인구 통계	고령 인구증가	고령 인구를 위한 서비스와 복지 시설에 대한 지출수요 증가
	1인가구 증가	주택 공급과 수요의 불일치
	생산 가능 인구 감소와 고령화	숙련노동자 부족, 두뇌유출
	아동인구 감소	학교를 비롯한 아동 관련 시설 수요 감소
경제 성과	소비에 영향	상업활동감소, 소매 공간 수요 감소, 판매세 수입 감소
	생산성과 혁신에 영향	산업 성장 감소, 숙련노동자 부족, 고급인력 유출
	투자와 자본 시장에 영향	기존 시설에 대한 투자 중단, 새로운 개발과 경제 활동을 위한 자본 조달의 어려움
경제적 평등	지역 간 경제적 격차 확대	주변 도시와 도시 주변 지구의 쇠퇴 가속화
	경제적 불평등 확대	경제적 불평등 확대, 낙인 찍히거나 소외된 계층에게 돌아가는 기회 감소
	부정적인 미래 전망	인구 유출 증가

재정 및 정부	공공 세수 감소	지자체 세수 감소, 지자체 서비스의 질 감소
	연금과 복지 서비스 지출 수요증가	사회복지 지출 수요 증가
	공공시설과 인프라의 잉여화	공공시설과 인프라의 잉여화, 공공시설과 인프라의 질 저하
주택시장	주택공급과 수요의 불일치	빈집 증가, 도심과 교외에서 나타나는 인구의 공간적 재구성
	정체 혹은 하락하는 주택 가치	주택 투자 감소 및 주택 가치 하락
사회와 정치	양극화와 분리	시민 참여 감소, 포퓰리즘과 민족주의에 대한 지지 증가

출처: Alan Mallach(2023), 「축소되는 세계」, 김현정 역, 사이, pp.183–184

1.2 다문화 사회

"다양성"의 의미에 대해서는 그것이 시대적으로 또는 문화경계 내에서 그리고 경계를 넘어서서 그 의미가 다양하다는 것을 인식할 필요가 있다. 문화다양성은 전 지구적인 지배문화가 허용하는 한도 내에서 각 민족과 인종의 문화를 허용하는 것이다. UN은 다양성을 여러 가지 측면에서 인권과 결부시키면서, 문화에서의 다양성을 자유를 위해 필요한 저수지로서 또는 민주적 틀과 분리할 수 없는 것으로 이해하고 있다. 「UN 개발프로그램의 인력개발보고서(United Nations Development Programme, 2004)」에 따르면 "문화적 자유"라는 표현이 사용되며 이를 "주체성의 선택을 포함하여 인간이 살아가는 능력 및 자신들이 선택하는 것으로 되는 것"으로 정의한다. 이 보고서는 다양성을 "개인의 자유"로 "개인적 선택의 확대"로 이해하고 다양성을 선택과 연결시키고 있다. UNESCO는 문화다양성을 "집단이나 사회 내에서 문화가 표현되는 다양한 방식"으로 정의한다.[3]

문화다양성은 인종적 색깔이나 외국 음식과 같은 문화적 소비에만 국한되지 않으며, 오히려 이러한 표면적인 것에 집중하는 것은 다양한 색깔의 인종이 사회의 주된 행위자임을 인식하지 못하는 우(愚)를 범하게 된다. 다양성이 도시개발 과정에서 긍정적인 역할을 하는 것은 기술 및 지식 개발, 기업활동, 창의성 및 혁신, 디아스포라 비즈니스 네트워

3 이종열(제6장 저자)(2024), 「도시의 미래: 진단과 처방」, 한국도시행정학회, 박영사, pp.146–147

크는 물론 다양한 도시환경을 생산한다. 이러한 차원은 종종 서로 강하게 얽혀 있지만, 그것들을 분리하면 다른 문제에 대한 더 명확한 분석이 가능하다. 도시경제 성장을 지원하기 위해 노동력 부족 영역을 잘 극복하고 있다. 이 중에서도 고숙련 노동의 흐름이 특히 주목받고 있는데, 경제적 경쟁력을 유지하는 것은 높은 기술, 높은 가치, 높은 생산성과 혁신경제의 존재를 전제로 하는 성장모델이 필요하다. 우리는 타 국가에 비해 다문화에 대한 포용성이 낮은 보수적 성향을 보이고 있다. 인구통계학적인 측면에서 다문화사회로 갈 수밖에 없는 실정에서 이를 배타적인 사고로만 대응할 경우 우리 사회는 경쟁력을 잃고 쇠약해질 수밖에 없다. 성장을 위해 다양성을 포용하고 도시발전을 이루어가야 할 시점이다.

1.3 기후 변화

주요 7개국(G7)에 속한 다수 유럽 국가 시민들이 러시아의 위협만큼 기후변화 등이 초래할 대규모 난민 유입 문제를 심각한 안보 위협 요인으로 인식하고 있는 것으로 나타났다. 프랑스인들은 대규모 이주를 이슬람 극단주의 테러에 이은 두 번째로 심각한 위협으로 봤고, 이탈리아 시민들은 극한 기후 및 산불을 1순위 안보 위협으로 꼽고, 전반적인 기후변화와 대규모 이주를 각각 두 번째와 다섯 번째 위협으로 꼽았다.[4]

그림 16-1 위기의 북극곰(좌), 유럽으로 이주를 희망하는 기후난민(우)

출처: YouTube · YTN 사이언스(좌), 한겨레 보도(2024.2.13.)

4 한겨레(2024.2.13), 「유럽 시민들 '러시아보다 기후난민 유입이 더 두려워'」

<그림 16−1>의 좌측 사진은 지구온난화로 북극의 바다 얼음이 줄어들며, 바다 얼음 위에서 바다표범과 같은 먹잇감을 주로 잡아먹으며 살아가는 북극곰의 삶이 위협받고 있는 모습을 보여 주고 있다.

기후변화는 도시 환경과 삶의 질에 다양한 방식으로 부정적인 영향을 미칠 가능성이 크다. 우선, 기온 상승은 도시 내 폭염 발생 위험을 증가시켜 시민들의 건강에 심각한 위협을 줄 수 있다. 이로 인해 냉방 수요가 급증하고, 에너지 사용량이 증가하며, 이는 도시 열섬 현상을 더욱 악화시킬 수 있다. 해수면 상승 역시 해안 지역의 도시들에 심각한 위기를 초래할 수 있으며, 특히 저지대에 위치한 도시들은 홍수와 침수 피해로부터 안전하지 않다.

1.4 탄소중립[5]

대기 중 온실가스 농도 증가를 막기 위해 인간 활동에 의한 배출량을 감소시키고, 흡수량을 증대하여 순배출량이 '0'이 되는 것을 탄소중립 혹은 '넷제로(Net−Zero)'라고 한다. <그림 16−2>는 2021년 독일의 홍수와 캐나다의 산불 사진이다. 당시 독일, 벨기에 등지에서는 1,000년 만의 기록적 폭우로 200명 이상의 사상자가 발생했고, 캐나다는 역대 최고 온도 기록을 갱신하는 등 폭염이 지속되는 한편, 일본과 중국에서도 폭우로 많은 사상자가 발생했다.

그림 16−2 세계의 기상재해[독일의 홍수(좌), 캐나다의 산불(우)]

출처: 2050 탄소중립위원회 시나리오

5 2050 탄소중립위원회의 '2050 탄소중립 시나리오(2021)'를 바탕으로 작성되었다.

국제사회는 포스트 교토(Post-Kyoto)라 불린 2012년 이후 선진국만이 아니라 개도국도 참여하는 새로운 기후체제를 만들자는 합의를 담은 2007년 제13차 기후변화대응 당사국총회(COP13)의 발리로드맵(Bali Roadmap)에 따라 2009년 덴마크 코펜하겐에서 열린 제15차 당사국총회까지 새로운 합의를 도출하려 하였으나 실패하였다. 이후 장기간의 협상 끝에 선진국, 개도국 모두가 참여하는 '파리협정(Paris Agreement)'이 2015년에 채택되었다. 각국의 적극적인 호응으로 국가별 비준이 빠르게 이루어져 2016년 11월 4일 협정이 발효되었다. 우리나라는 2016년 11월 3일에 파리협정을 비준하였다.

탄소중립은 재생에너지, 전기·수소차, 연료 및 원료 대체 산업공정 스마트화, 제로에너지 건축물, 그린리모델링뿐만 아니라 농축산 및 폐기물 부문까지 포함하는 통합적 실행계획이다.

극단적인 기후 현상으로 인해 태풍, 허리케인, 집중호우 등의 자연재해 발생 빈도가 증가할 가능성이 크다. 이러한 재해는 강변에 위치한 도시들뿐만 아니라 중간 위도의 도시들에도 영향을 미쳐, 도시의 인프라와 주거환경에 심각한 손상을 줄 수 있다. 산불의 빈번

표 16-3 기후 변화가 도시에 초래할 영향

영향의 본질	도시에 미치는 영향
기온 상승	건강에 심각한 영향을 미칠 수 있는 도시 내 폭염 발생 위험 증가
해수면 상승	해안 지역, 특히 저지대 강 하구에 있는 도시에서 홍수가 발생할 위험 증가
더욱 심각한 폭풍	• 허리케인이나 태풍이 영향을 미치는 지역에 위치한 도시와 폭우로 인해 홍수가 발생할 가능성이 있는 강변 도시의 위험 증가 • 중간 위도 지역에 위치한 도시의 위험 증가
산불 증가	가뭄에 취약하고 산림이 우거진 지역에 있는 도시가 파괴될 위험 증가
가뭄과 사막화 증가	가뭄에 취약한 지역에 위치한 도시의 경기 침체와 빈곤
식량 생산 감소	부족한 공급품에 대한 차별적인 접근으로 불평등 증가
강제 이동과 이주 증가	기후 변화의 영향을 많이 받는 도시의 인구 손실 증가
경제 활동 감소와 경기 침체	도시 경제에 대한 경제적 압박과 빈곤 증가

출처: Alan Mallach(2023), 「축소되는 세계」, 김현정 역, 사이, p.265

한 발생은 산림이 인접한 도시들에 더욱 큰 위협을 가하고 있으며, 이는 인명 피해, 경제적 손실로 이어질 수 있다. 또한, 기후변화로 인해 농업 생산량이 감소하면서 식량 공급의 불안정성이 증가하고, 이에 따라 도시 내 사회적 불평등과 갈등이 심화될 수 있다.

마지막으로, 기후변화는 강제 이동과 이주를 초래하여 도시 인구 구조에 큰 변화를 가져올 수 있다. 기후 변화의 영향을 크게 받는 지역은 인구가 줄어들며, 도시 경제에 대한 경제적 압박과 빈곤이 심화될 우려가 크다.

기후 변화의 단적인 사례인 몰디브 플로팅 시티는 다른 많은 저지대 해안 지역과 마찬가지로 기후 변화로 인한 해수면 상승의 위협에 직면해 있어서 플로팅 시티를 계획하고 진행 중에 있다.

그림 16-3 몰디브 플로팅 시티(Maldives Floating City)

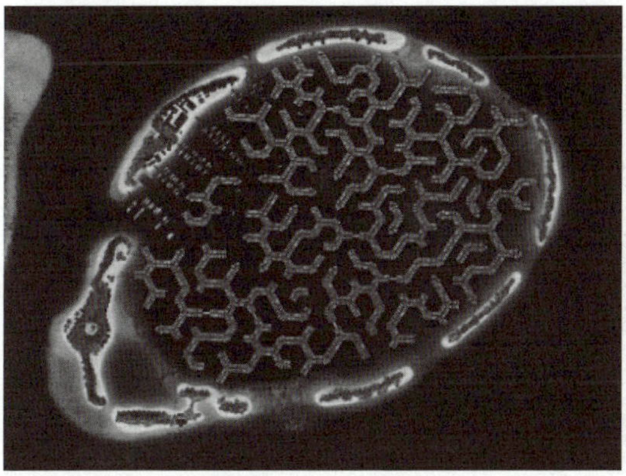

출처: www.constructionweekonline.com

인도네시아 수도인 자카르타는 세계에서 가장 빠르게 가라앉고 있는 도시 중에 하나이다. 현재 속도라면 2050년에는 도시의 약 3분의 1이 물에 잠길 것으로 추정된다. 통제 없이 계속되어 온 지하수 추출과 기후변화로 인한 해수면 상승이 자카르타 침수를 가속화하고 있다. 2019년 조코위 대통령은 자바보다 크지만 인구가 적은 보르네오섬 동칼리만탄 주의 한 지역으로 수도를 옮기겠다고 최종 발표했고, 2022년 7월 공사가 착공되어, 누산타라 수도(Ibu Kota Nusantara, IKN) 공사가 진행 중이다.

그림 16-4 자카르타-누산타라 수도(IKN) 위치

출처: www.guideoftheworld.com/indonesia-map.html

1.5 미래재난 위험

미래 재난은 불확실성, 파국성, 무경험성, 연계성의 네 가지 특징이 있다. 불확실성은 재난의 발생 자체를 예측하는 것이 불확실하고, 재난 피해의 범위 및 전개 양상, 부수적으로 파생되는 영향들을 정확하게 예측할 수 없음을 의미한다. 파국성은 재난에 대한 대응 및 수습 자체가 불가능한 대재앙(Catastrophe) 수준의 피해가 발생하는 것을 의미한다. 무경험성은 과거부터 발생해온 전통적인 재난 이외에 전혀 경험해보지 못한 새로운 재난이 발생하는 것을 의미한다. 마지막으로, 연계성은 재난이 발생했을 때 단일 피해로 끝나지 않고, 도시의 여러 영역에 걸쳐 피해가 계속해서 확산되는 양상을 의미한다.[6]

행정안전부에서는 「미래 재난위험 전망 보고서」를 발간하여 우리나라가 직면한 미래 위험들을 예측하였다. 과학기술 분야의 AI, IoT, 사이버 공격 등 인류가 새롭게 직면한 미래재난 유형과 기후/환경 분야의 지구온난화 등으로 인한 여러 재난 유형과 인류를 3년간 공포에 떨게 한 코로나19 팬데믹과 같은 전염병 유형과 재난안전·방재 분야와 사회·경제 분야의 난민과 세계경제 붕괴 유형도 제시되었다.

6 윤동근(제10장 저자)(2024), 「도시의 미래: 진단과 처방」, 한국도시행정학회, 박영사, p.249

표 16-4 미래재난 위험 목록

대분류	미래재난 위험	대분류	미래재난 위험
과학기술	기술재난(인공지능 사고, 사물 인터넷 피해, 사이버 공격 등)	보건/의료	전염병
기후/환경	열염순환 정지	재난안전/방재	유전자 조작사고
	태풍		화산폭발
	가뭄		지진해일
	폭염		지진
	산불		대규모 산사태
	토네이도		코로나 질량 방출
	해수면 상승		소행성 충돌
	대기오염	사회/경제	대규모 실업
	자원 고갈		난민문제
	식량 부족		세계경제 붕괴

출처: 행정안전부(2018), 「미래 재난위험 전망 보고서」

제 2 절 디지털 전환

2.1 5차 산업혁명

'산업의 변화'는 사회, 국가를 넘어 글로벌 패권에도 지대한 영향을 미친다. 산업의 변화를 파악하는 것이 단순히 시대의 트렌드를 파악하는 수준을 넘어 부동산개발, 도시개발 분야에서 중요하기 때문에 기존의 산업혁명과 이미 다가온 5차 산업혁명에 대해 고찰하고자 한다.

1) 예고 없이 찾아온 5차 산업혁명의 시대

'산업혁명'이라는 단어는 1827년 8월 12일자 프랑스의 '예술가 저널(Journal des Artistes)'에서 '예술이 산업대혁명(Grande Revolution Industrielle)에 미치는 영향'을 언급하며 처음 알려진 것으로 파악되고 있으며, 당시 기사의 필자는 확인되지 않았다. 이후 유럽의 일부 학자들에 의해 산업혁명이 언급되기도 하였지만, '산업혁명'이라는 용어를 널리 전파한 인물로는 영국의 경제사학자 아널드 토인비(Arnold Toynbee)가 꼽힌다. 그는 산업혁명의 결과로 급속한 인구 증가, 영국 남부와 북부의 인구 밀도 차이, 농업혁명, 공장제도, 무역팽창, 지대상승 등에 대한 강연을 하였다. 1852년생인 아널드 토인비는 1881년 10월에서 1882년 여름까지 옥스퍼드대학교(University of Oxford)의 베일리얼칼리지(Balliol College)에서 강의를 하였고, 이듬해인 1883년 30대 초반에 참으로 짧은 생을 마감하였다. 1884년 5월에 『18세기 영국 산업혁명 강의, 대중 연설, 노트 그 밖의 단편(Lectures on the Industrial Revolution in England. Popular Addresses, Notes and Other Fragments)』이라는 책으로 '산업혁명'을 학술적으로 정리하여 세상에 알리게 되었고, 비록 책은 저자 사후에 만들어 졌지만, 아널드 토인비가 강의 당시 만든 강의록 원고 첫 장 첫 번째 각주에서 아널드 토인비는 자신의 강의를 모아 출판할 경우 책의 제목을 『산업혁명(Industrial Revolution)』으로 할 것임을 밝혔다. 이렇게 인류 역사의 큰 획을 그은 '산업혁명'이라는 단어는 세상에 널리 전파되었다.

최초의 산업혁명인 1차 산업혁명은 증기기관을 통해 기계적인 힘의 사용과정을 혁신시킨 '증기기관의 기계화' 시대이다. 물론 수증기의 열에너지를 이용해서 장치를 작동시키는 아이디어는 서기 1세기 무렵 그리스 수학자 헤론(Heron)이 '아에올리스의 공(Aeolipile)'을 설계하였고, 토머스 세이버리(Thomas Savery)가 1699년에 광산에서 사용할 초기 형태의 증기기관을 발명하였으며, 이 증기기관의 설치 및 수리작업을 담당했던 토머스 뉴커먼(Thomas Newcomen)이 1712년에 세이버리와 파트너십을 체결하고 성능을 개선 후 세이버리의 특허가 적용되는 뉴커먼 기관을 판매했다. 이후 1769년 제임스 와트(James Watt)는 기존 뉴커먼 기관의 냉각 처리 문제를 개선하고 '화력기관에서 증기와 연료의 소모를 줄이는 새롭게 고안한 방법'에 관한 특허를 취득했다. 그 덕에 제임스 와트는 열효율을 획기적으로 향상시킨 증기기관의 대표적인 인물이 되었다. 또한 1764년 제임스 하그리브스(James Hargreaves)가 손으로 돌리는 '제니 방적기(Spinning Jenny)'를 발명하였고, 이후 리처드 아크라이트(Richard Arkwright)가 1769년 특허를 얻어 수력(water-powered)으로 기계화된 생산을 시작한 것이 근대식 공장 시스템의 시초로 볼 수 있고, 증기를 이용한 인류 최초의 근대 자동화 공정이 생겨나면서 산업혁명이 시작되었다고 볼 수 있다. 노동자의 출퇴근과 공장 생산품 이동을 위한 철도 노선과 정차역이 신설되면서, 철도역을 중심으로 도시가 새롭게 형성되기도 하였다.

2차 산업혁명은 19세기 말부터 20세기 초의 기간을 일컫는데, 이 기간에는 영국 외에도 미국, 독일의 공업 생산력이 증대된 시기이다. 이 시대에는 전기, 석유, 철강 및 화학분야에서 기술혁신이 진행되었고, 대표적으로 '전기에너지 산업화'의 시대라 할 수 있다. 자동차를 비롯한 운송수단의 혁신과 영화, 라디오와 축음기의 개발로 대중의 요구에도 부응한 시대이다. 석탄에 비해 월등히 효율이 좋은 석유가 등장하면서 성능이 좋은 대형 기계들을 마음껏 사용할 수 있게 됐고 이를 가동시키는 전기도 탄생하면서 인류의 생산성이 비약적으로 증가했다.

3차 산업혁명은 경제학자 제레미 리프킨(Jeremy Rifkin)의 2011년 저서 제3차 산업혁명(The Third Industrial Revolution)에서 언급되었다. 이전에 앨빈 토플러(Alvin Toffler)가 1980년에 그의 저서 『제3의 물결(The Third Wave)』에서 정보화 사회로의 전환을 언급하기는 했지만 제3차 산업혁명을 직접 사용하지는 않았다. 시기적으로 좁게는 1970년대에서 1990년대 중반까지 분류되며, 이 시기에 컴퓨터, 인공위성, 인터넷 등의 발명으로 촉진되어 일어난 '컴퓨터, 인터넷, 정보화'의 시대라 할 수 있다. 컴퓨터와 인터넷의 대중화로 전자기술과 IT가 일상에 깊숙이 자리 잡았으며, 컴퓨터 기술이 발전하고 소형화되면서 개인용 컴퓨터의 보급이 급격히 증가했다. 특히, 인터넷이 상용화되면서 누구나 손쉽게 정보를 검색할 수 있게 된 점이 가장 큰 변화였다.

4차 산업혁명은 2016년 스위스 다보스에서 열린 제46차 세계경제포럼(World Economic Forum, WEF)에서 이 포럼 의장이자 독일의 경제학자인 클라우스 슈바프(Klaus Schwab)가 언급하고 그의 저서 『제4차 산업혁명(The Fourth Industrial Revolution)』에서 기술하면서 널리 인용되었다. 국내에서도 2017년도에 '대통령직속 4차산업혁명위원회'를 만들었고, 4차 산업혁명은 D.N.A(데이터, 네트워크, 인공지능) 등의 지능정보기술을 기반으로 다양한 기술 분야 산업과 융합해 국가사회 전반에 혁신을 일으키고 있다고 언급하고 있으며, 4차 산업혁명의 시대정신은 뷰카(VUCA)로 요약하고 있다. 뷰카는 변동성(Volatility), 불확실성

(Uncertainty), 복잡성(Complexity), 모호성(Ambiguity)이 특징이다. 인공지능과 과학기술의 빠른 발전 속도로 인해 개인, 회사 조직을 넘어 정부 차원에서 기민하게 대응할 필요가 있다. 4차 산업혁명을 대표하는 핵심 기술인 인공지능, 빅데이터, 사물인터넷은 온라인과 오프라인의 정보를 기반으로 상호 연결·융합되며, 더욱 지능화된 사회로의 변화를 촉진하고 있으며, 이러한 기술들은 전 산업 분야에 걸쳐 다양한 변화를 일으키며 혁신을 주도한 '인공지능, 빅데이터, 초연결 지능화'의 시대라고 할 수 있다.

5차 산업혁명을 언급하는 것이 아직 이르다는 의견도 다수 존재한다. 하지만 유럽위원회(European Commission)에서 2021년 1월에 「산업 5.0 – 지속 가능하고, 인간 중심적이며, 회복력 있는 유럽 산업을 향하여(Industry 5.0 – Towards a sustainable, human–centric and resilient European industry)」라는 보고서를 통해 기존의 Industry 4.0(4차 산업혁명)을 넘어서는 새로운 산업 패러다임을 제안했고, 2023년 11월에는 'Industry 5.0 실천 커뮤니티'를 발족시키면서 기존의 4차 산업혁명을 보완하는 개념으로 연구 및 혁신을 지속가능하고 인간 중심적이고 회복력이 강한 산업으로의 전환을 꾀하고 있다.

2) 제5차 산업혁명의 문턱에서

유럽위원회가 제안한 'Industry 5.0'의 방향은 크게 세 가지로 요약할 수 있다. 지속가능성(sustainable), 인간 중심(human–centric)과 산업의 회복탄력성(resilient European industry)이다. 유럽위원회가 제안한 Industry 5.0(5차 산업혁명)의 방향이 전 세계적으로 적용하기에는 제약사항이 있을 수 있으나, 그 추구하는 세 가지 방향은 큰 의미가 있으며, 산업이 가지는 큰 영향력이 가정, 사회, 국가의 변화를 이끌게 되기 때문이다. 2024년 1월에 미래학자인 '마이크 월시(Mike Walsh)'와 딜로이트(Deloitte)의 글로벌 생성 AI 혁신 리더인 '니틴 미탈(Nitin Mittal)'이 공동으로 포춘지(Fortune)에 기고한 기사 '5차 산업혁명은 기계가 아닌 마음에 의해 추진될 것(Industry 5.0 will be fueled by minds, not just machines)'에서 5차 산업혁명 시대에는 인지적 효율성(Cognitive Efficiency)이 중요하며, AI와의 협업이 미래를 결정한다고 강조했다. 또한, 글로벌 패권과 관련하여 인공지능(AI) 산업은 각국의 이해관계 속의 중심에 자리 잡고 있는데, 2025년 2월 10일에서 11일까지 프랑스 파리에서 열린 'AI 행동 정상회의(AI Action Summit)'의 폐막일에 미국 부통령 JD 밴스(Vance)는 지금의 상황이 증기기관이나 강철의 발명과 동등한 '새로운 산업혁명(New Industrial

Revolution)'에 직면해 있다고 말하면서 AI 산업의 자유와 개방성을 강조하였다.

최소한 2025년 우리가 목도하고 있는 현실은 2016년 세계경제포럼에서 클라우스 슈바프 의장이 얘기한 4차 산업혁명의 기술들이 점진적으로 발전하는 것이 아닌 예상치 못한 급격한 기술의 변혁을 맞이하고 있고, 생성형 AI, 인간형 로봇, 양자 컴퓨터 개발 등의 급격한 발전으로 5차 산업혁명을 목도하고 있는 것이다.

OpenAI의 '챗GPT(ChatGPT)'와 일론 머스크의 AI 기업 xAI에서 출시한 '그록 3(Grok 3)' 등 다양한 생성형 AI와 인간 형태를 닮은 휴머노이드(Humanoid) 로봇의 움직임을 보면 '사람은 로봇춤을 추는데, 로봇은 사람춤을 추는 시대'가 된 것 같다. 어쩌면 사람들이 극도로 빨리 변하는 기술의 변화를 따라가지 못해서 생기는 아이러니일 수도 있다. 현재의 생성형 AI는 거대언어모델(LLM: Large Language Model)에 기반해서 원고 작성, 이미지 생성, 웹 레이아웃 생성 등의 텍스트(Text) 기반의 역할을 수행하고 있지만, 몇 년 안에 거대행동모델(LAM: Large Action Model)의 등장은 챗GPT와 같이 언어를 기반으로 한 LLM을 넘어 물리적인 실제 세상에서 작동하는 AI를 만나게 될 것이다. SF 영화에서처럼 휴머노이드 로봇이 가사 노동뿐만 아니라 자녀 교육, 정서 교감 등의 일들을 할 수 있게 된다.

5차 산업혁명 시대에는 앞서 살펴본 생성형 AI, 휴머노이드 로봇, 양자 컴퓨터(Quantum computer) 등이 대표적인 기술이 될 것으로 예상되고, 이중 양자 컴퓨터는 기존 슈퍼컴퓨터와는 근본적인 차이가 있다. 슈퍼컴퓨터는 비트(0 또는 1)를 순차적으로 처리하는데, 예를 들어 미국의 '프론티어(Frontier)' 슈퍼컴퓨터는 초당 1.102경 연산을 수행해서 기후 모델링 같은 복잡한 시뮬레이션을 돌리는 반면, 양자 컴퓨터는 큐비트(qubit: quantum bit)를 활용해 0과 1을 동시에 나타내며, '양자 중첩(superposition)'과 '얽힘(entanglement)'을 통해 병렬 연산 능력을 극대화한다. 구체적인 사례로, 2019년 9월에 슈퍼컴퓨터로는 1만 년이 걸릴 특정 문제를 구글의 양자 컴퓨터 '시커모어(Sycamore)'는 3분 20초 만에 풀어서 과학계와 공학계에 파장을 일으켰다. 이는 암호 해독, 신약 개발, 최적화 문제에서 양자 컴퓨터가 기존 슈퍼컴퓨터를 넘어서는 잠재력을 보여주며, 단순히 속도가 아닌 새로운 계산 패러다임을 제시하였고, 향후 초저온(−273℃) 환경과 진공 상태 여건 등을 해소하면 양자 컴퓨터의 시대가 열릴 것이다.

3) 향후 5차 산업혁명 모습

2020년경 코로나19(COVID-19)로 인해 물리적 공간의 이동, 인적인 대면 교류 등의 제약이 발생되었고, 이를 타개하기 위해 디지털 혁신에 전 세계적인 막대한 투자가 있었으며, 최근 생성형 AI의 발전, 데이터 집합체인 데이터 세트(Data Sets), 처리속도와 규모를 확장한 컴퓨터의 발전(More compute) 등이 5차 산업혁명의 토대를 마련하였다. 역사적으로 보면 새로운 산업혁명은 앞선 시대의 산업혁명의 기술을 근간으로 발전해왔으며, 5차 산업혁명의 기술들도 근본적으로 4차 산업혁명의 틀 위에서 출발되었다. 즉, 5차 산업혁명은 4차의 연장선에서 생성형 AI, 휴머노이드 로봇, 로보틱스, 양자 컴퓨터, 통신망, 블록체인 기술, 디지털 트윈, 모빌리티의 혁신, 초연결성 등이 발전하였고, 방향성 측면에서 사람 중심의 혁신이라는 개념적 전환을 꾀하고 있다.

실생활에서 체감될 사항들을 먼저 살펴보면 이동방식 관련 모빌리티(Mobility) 혁신은 단순히 자율주행을 넘어 통합모빌리티 서비스(MaaS: Mobility as a Service)를 이용해서 서울에서 울릉도 여행을 갈 경우를 가정해보면 버스, 택시, 기차, 여객선, 호텔, 민박 등을 하나의 핸드폰 앱과 같은 MaaS를 통해 한 번에 예약, 이용할 수 있게 되고, 각 교통시설이 하이퍼루프(Hyperloop)나 Level 5 수준의 완전 자율주행(Full Driving Automation) 자동차 또는 일상화된 도심 항공 교통(UAM: Urban Air Mobility)을 통해 이동할 수 있게 된다.

가정 내에서는 휴머노이드 로봇의 조력을 받아 일상생활을 영위하게 될 것이다. 또한 통신기술의 발달은 5G 기술을 지나서 7G 통신망을 통해 빠른 속도, 낮은 지연 시간, 더 많은 연결성을 제공받게 되고, 로봇 기술은 도시 물류(드론 배송 등)와 방범 순찰 로봇, 원격 의료 지원 로봇 등 다양한 형태로 확산되어 도시 서비스를 자동화하면서도 인간을 지원하는 방향으로 적용되고 있다.

이러한 4차 산업 기반의 5차 산업 핵심 기술들은 우리가 예측하는 통상의 범위에 있었지만 최근 엔비디아(NVIDIA) 연구진이 AI 기술을 활용하여 5억 년의 단백질 진화 과정을 시뮬레이션하는 단계까지 이르러, AI 기술의 한계를 가늠하기 어려운 경지까지 올라왔다. 또한 일론 머스크가 밝혔던 xAI의 그록 3(Grok 3)을 만든 목적이 '우주를 이해하기 위해서(to understand the universe)'라는 말처럼 5차 산업혁명 시대에는 혁신적으로 진보된 기술로 인해 우주산업의 큰 변혁이 일어날 것으로 예상된다.

5차 산업혁명의 시대에는 기술의 진보뿐만 아니라 인간 중심, 지속가능성, 회복가능성을 증진하는 방향으로 나아가야 할 것이다. 기본적으로 인간이 행복하지 않은 기술의 발전은 무의미하기 때문이다.

4) 앞으로 나아갈 방향

현재의 상황을 파악하기 위해 과거를 살펴보면, 영국에서 1769년 수력(water-powered)으로 기계화된 생산이 시작된 지 100여 년이 지난 이후인 1881년에 영국 경제사학자 아널드 토인비가 산업혁명에 따른 인구 증가, 지역 간 인구 밀도 차이, 농업혁명, 공장제도, 무역팽창, 지대상승 등을 분석하고 강의를 시작하였다.

하지만 5차 산업혁명의 핵심 기술로 떠오르는 생성형 AI, 양자 컴퓨터, 모빌리티(Mobility) 혁신 등이 앞으로 우리 인류의 생존, 번영에 미치는 영향이 가히 혁명적 수준이므로 '선제적으로' 5차 산업기술이 우리가 살아가는 공간에 미치는 영향을 살펴보아야 할 것이다.

옥스퍼드대학교 교수인 이언 골딘(Ian Goldin)과 도시학자인 로버트 머가(Robert Muggah)가 2021년에 공동 집필한 저서 『앞으로 100년(Terra Incognita: 100 Maps to Survive the Next 100 Years)』에서 우리 인류가 직면하고 향후 100년의 생존을 위해 해결해야 할 문제로 '세계화로 인한 국가 간 흐름 증가에 따른 여러 문제', '녹아내리는 빙하와 해빙, 해수면 상승과 도시의 수몰 등 기후문제', '아프리카와 아시아 중심으로 도시 취약성이 심각해지는 도시화 문제', '약이 될 수도, 독이 될 수도 있는 기술의 발전', '국가 내, 국가 간 불평등 문제', '75년간 이어져 온 자유주의 질서의 종말과 단극체제에서 다극 체제로 지각 변동이 일어나는 지정학적 문제', '전쟁과 폭력의 문제', '대부분 국가의 인구성장 속도의 급격한 감소 문제', '정신질환과 자살 관련 건강 문제', '문화 다양성과 문화전쟁'과 같은 이슈를 다루었는데, 이러한 이슈들은 앞으로 100년간 우리 인류의 생존을 위해서 반드시 해결해야할 문제들이다. 5차 산업혁명의 기술, 그 자체는 생존과 번영에 대한 양적 크기(Scalar)에 크게 기여할 뿐, 기술 자체가 번영으로 이끄는 방향성(Vector)은 제시하지 않기 때문에 기술 진보의 방향성은 국가와 국제사회가 가이드라인을 제시할 필요가 있다.

미국의 컴퓨터과학자인 앨런 커티스 케이(Alan Curtis Kay)의 명언인 "미래를 예측하는 가장 좋은 방법은 그것을 발명하는 것이다(The best way to predict the future is to invent it)." 처럼 5차 산업혁명의 급진적 기술들이 우리에게 득이 많을지 실이 많을지 모호할 때, 혁신적인 기술들을 지속가능하고, 인간 중심적이고, 회복탄력성이 있는 미래를 만들어가는 데 도구로 사용되어야 할 것이다. 미래를 결정하는 가장 좋은 방법이 바로 그 미래를 만드는 것이기 때문이다.

<그림 16-5>에서 '산업혁명의 변화' 과정이 1차 산업혁명에서 4차 산업혁명까지는 점진적인(Incremental) 기술의 발전이라면, 5차 산업혁명은 4차 산업혁명의 기술을 기반으로 하지만 그 발전속도가 혁명적이고, 예측을 넘어서는 산업혁명이다.

그림 16-5 산업혁명의 변화

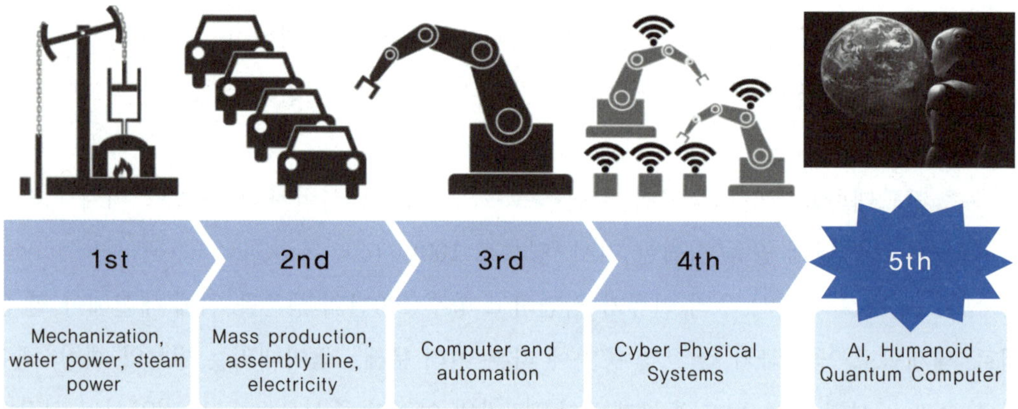

출처: 저자 작성, 5차 산업혁명 이미지는 저자가 'Grok 3' 사용하여 생성

2.2 지능정보기술의 개념

지능정보기술은 사람과 기계, 기기 간의 상호작용을 데이터로 연결하고 이를 분석하여 새로운 가치를 창출하는 기술이다. 사물인터넷(IoT), 모바일, 클라우드 및 빅데이터, 인공지능(AI) 등 네 가지 주요 요소로 구성된다. 첫 번째 요소인 사물인터넷(IoT)은 모든 기기와 인간으로부터 데이터를 수집하는 역할을 한다. 예를 들어 CCTV, 자동차, 스마트폰, 의료기기, 가전제품 등 다양한 기기가 상호 연결되어 실시간으로 데이터를 주고받는다.

두 번째 요소인 모바일 기술은 이러한 데이터를 인간과 상호작용하는 과정에서 수집하고 전달하는 매개체 역할을 한다. 스마트폰을 통해 사용자의 위치 정보, 건강 정보, 소비 패턴 등이 수집되며, 이는 개인 맞춤형 서비스와 관련 산업의 발전을 가능하게 한다. 세 번째 요소는 클라우드 및 빅데이터 기술이다. 클라우드는 방대한 양의 데이터를 저장하고 처리할 수 있는 인프라를 제공하며, 빅데이터 기술은 이 데이터를 고도화된 분석을 통해 정보로 변환한다. 이를 통해 과거와 현재의 데이터를 분석하여 미래를 예측하고, 새로운 통찰을 얻을 수 있다.

그림 16-6 지능정보기술의 개념 및 구성요소

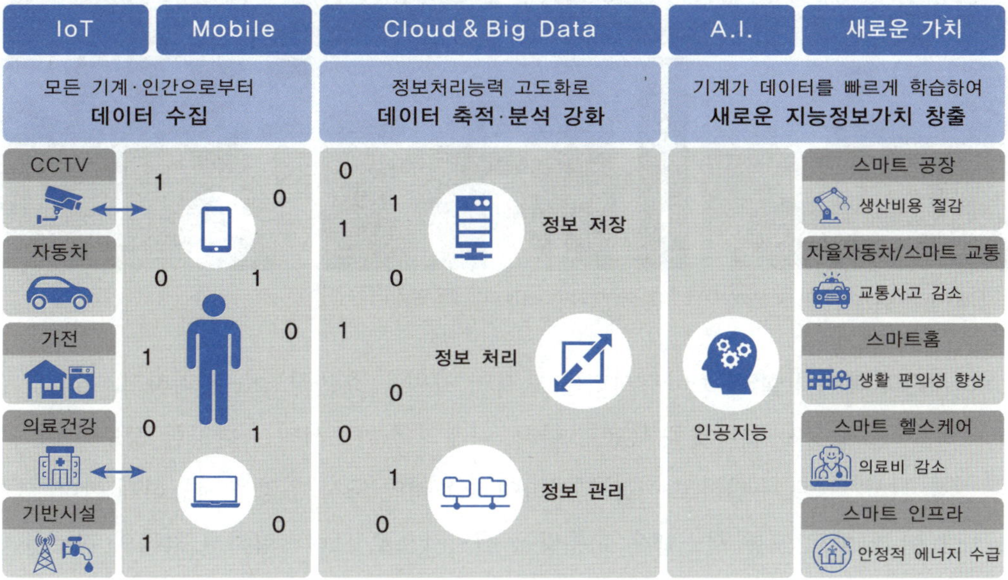

출처: 미래창조과학부(2017), 「지능정보기술을 통한 사회경제 혁신 방안」, p.18

2.3 미래의 스마트 공간

그림 16-7 미래의 스마트 공간

출처: www.infineon.com 및 www.hankookandcompany.com(모빌리티공간)

- **시간과 에너지 절약:** 스마트시티는 도시의 자원을 효율적으로 관리하고, 시민의 삶의 질을 향상시키는 것을 목표로 한다. 미래의 스마트시티는 다양한 정보와 데이터를 실시간으로 수집하고 이를 분석하여 효율적인 도시 운영을 가능하게 한다. 예를 들어, 스마트 교통 시스템은 교통량을 실시간으로 모니터링하고 최적의 경로를 안내함으로써 차량의 이동 시간을 줄이고 교통 혼잡을 완화한다. 또한, 스마트 에너지 관리 시스템은 각 건물의 에너지 사용량을 분석하고, 필요에 따라 자동으로 조절하여 에너지 소비를 최소화한다. 이를 통해 도시 전체의 에너지 효율을 높이고, 불필요한 자원 낭비를 줄일 수 있다.
- **스마트시티의 한 축으로서의 스마트 홈:** 스페인의 산탄데르(Santander)에서 사용되고 있는 스마트 쓰레기통의 예를 보여주고 있다. 이는 스마트시티의 구성 요소 중 하나로서, 쓰레기통에 설치된 센서가 쓰레기의 양을 감지하고 이를 실시간으로 중앙 관리 시스템에 전달한다. 이를 통해 쓰레기 수거 차량은 효율적으로 경로를 계획하고, 필요할 때만 수거함으로써 시간과 비용을 절감할 수 있다. 스마트 홈 역시 스마트시

티의 중요한 축으로서, 각종 스마트 기기들이 가정 내의 에너지 사용량을 관리하고, 보안을 강화하며, 생활의 편리함을 제공한다. 스마트 홈 시스템은 가정의 에너지 소비를 최적화하고, 사용자의 생활 패턴에 맞추어 조명, 난방, 가전제품 등을 자동으로 제어한다.

- **환경보호와 에너지 효율:** 세 번째 그림은 도시 내의 환경 보호와 에너지 효율을 강조한다. 도시 농업, 녹색 건축, 친환경 에너지 사용 등은 스마트시티의 필수 요소로 자리 잡고 있다. 예를 들어, 도시 내의 빈 공간을 활용한 도심 농업은 신선한 농산물을 공급하고, 도시의 환경 개선에 기여한다. 또한, 스마트시티는 태양광 패널, 풍력 터빈 등의 재생가능 에너지원과 건물의 에너지 효율을 극대화하는 기술을 결합하여 탄소 배출을 줄이고 지속가능한 도시를 만든다. 이러한 환경 보호와 에너지 효율화 노력은 스마트시티의 지속 가능성을 보장하는 핵심 요소이다.
- **전기로 구동되고 건축과 연결되는 모빌리티 공간:** 네 번째 그림에서는 전기로 구동되는 모빌리티 공간을 보여주고 있다. 아픈 환자의 큰 곤욕은 아픈 몸을 병원까지 이동해서 수속을 밟고, 진료 후 병실로 이동하는 그 긴 과정일 것이다. 모빌리티의 혁명은 환자가 침대에서 굳이 내리지 않아도 된다. 병동 유닛이 집에서 그대로 병원까지 이동하는 날도 곧 올 것이다. 이뿐만이 아니라 자동차와 연결된 모빌리티 공간 등도 잘 활용될 것이다.
- **보안과 안전:** 마지막 다섯 번째 그림은 스마트시티에서의 보안과 안전을 강조하고 있다. 스마트시티에서는 고화질 CCTV, 얼굴 인식 기술, 지능형 화재 경보 시스템 등 다양한 보안 기술이 사용된다. 이러한 기술들은 도시 내에서 발생할 수 있는 각종 범죄와 사고를 예방하고, 신속하게 대응할 수 있도록 돕는다. 예를 들어, 지능형 CCTV는 특정 패턴의 움직임을 감지하여 이상 상황이 발생하면 즉시 경보를 발령하고, 인근 보안 요원에게 알림을 보낸다. 또한, 건물 내에서는 스마트 화재 감지기가 연기와 열을 감지하여 초기 화재 발생 시 신속하게 대응할 수 있도록 돕는다.

스마트시티는 이러한 다양한 기술들을 통합하여, 더욱 편리하고 안전한 도시 환경을 제공하며, 지속가능한 미래 도시의 모델을 제시하고 있다.

제3절 모빌리티의 미래

3.1 자율주행과 공간의 변화

SAE(미국자동차공학회)에서 정의한 자율주행 기술의 단계는 총 6단계로 나뉜다. 이 단계들은 운전자 역할의 유무와 시스템의 자동화 수준에 따라 구분된다. 여기서, Level 4는 '고도의 자율주행' 단계로, 시스템이 대부분의 주행 상황에서 자율적으로 운행을 수행할 수 있으며, 운전자가 개입하지 않아도 된다. 즉, 해변, 사막 등 비정상적 상황이 아닌 일반적 도로에서는 자율주행이 가능하다는 뜻이다. 마지막으로, Level 5는 '완전 자율주행' 단계로, 운전자의 개입 없이 모든 도로와 환경에서 완전한 자율주행이 가능한 상태를 의미한다.

표 16-5 SAE(미국자동차공학회)의 자율주행 자동차 기술단계

SAE 단계	정의	개요 및 운전자 역할
Level 0	비자동 (No Driving Automation)	항시 동적 운전에 대한 모든 것을 운전자가 담당
Level 1	운전자 보조 (Driver Assistance)	운전자는 계속 주행환경을 주시하면서 차선 유지 외 다른 필요한 운전 기능은 반드시 수행
Level 2	부분 자율주행 (Partial Driving Automation)	운전자는 도로주행환경을 반드시 모니터링해야 하고 시스템은 차선유지와 차간간격 등을 자동 유지
Level 3	조건적 자율주행 (Conditional Driving Automation)	운전자의 적절한 대응을 전제로 모든 동적 운전을 자동화하는 단계
Level 4	고도의 자율주행 (High Driving Automation)	운전자의 적절한 대응 없이도 모든 동적 운전을 자동화하는 단계
Level 5	완전 자율주행 (Full Driving Automation)	사람이 운전할 수 있는 모든 도로와 환경 조건에서 완전한 자동화가 가능한 단계(운전자 불필요)

출처: www.sae.org

자율주행 기술이 발전함에 따라 우리의 생활과 도시공간은 크게 변화할 것이다. 우선, 자율주행 차량이 보편화되면 개인이 차량을 소유할 필요가 줄어들 것이다. 대신 차량 공유 서비스가 확산되면서, 차량 호출 후 목적지까지 이동한 뒤 자동으로 다음 사용자를 위해 이동하는 형태가 일반화될 것이다. 이는 도시의 주차 공간을 줄이고, 도로의 혼잡을 완화하며, 교통사고 발생률도 감소시킬 수 있다.

또한, 자율주행 차량은 전기로 구동되는 경우가 많기 때문에, 도시의 대기 질 개선에도 기여할 것이다. 자율주행 차량의 도입으로 인해 물류 시스템도 혁신적으로 변화할 것이다. 자율주행 트럭과 드론이 결합된 물류 시스템은 24시간 연중무휴로 운영되며, 물류 효율성을 극대화할 수 있다. 이는 도심의 교통 혼잡을 줄이고, 배송 시간을 단축시키며, 물류 비용을 절감하는 효과를 가져올 것이다.

결국 자율주행 기술의 발전은 도시 공간을 더욱 효율적이고 친환경적으로 바꾸어 놓을 것이다. 자동차 전용 도로와 주차 공간은 줄어들고, 그 자리는 보행자와 자전거를 위한 공간으로 재편될 것이다. 또한, 차량 내부가 사무실이나 휴식 공간으로 변모할 수 있어, 이동 시간의 활용도가 크게 증가할 것이다. 자율주행 기술은 도시의 구조와 우리의 일상을 변화시킬 강력한 도구로 자리 잡을 것이다.

그림 16-8 자율주행 차량 예시

3.2 UAM

도심 항공 교통(UAM: Urban Air Mobility)은 1930년대 미국에서 자이로콥터(gyrocopter)를 이용하여 우편물을 배달하거나 1950~1970년대 후반까지 헬리콥터를 이용해 뉴욕 도심에서 인근 공항까지 승객을 수송한 것을 시초로 본다. UAM은 도시 과밀화로 인한 지상 교통 문제를 해결하기 위한 항공 기반 도심 교통체계다. 전 세계적으로 도심화가 빠르게 진행됨에 따라 도로·철도 등 대중교통의 확장에도 불구하고 극심한 지상 교통 정체와 환경오염 유발로 사회·경제적 손실이 증대되고 있다. UAM은 이러한 도시의 교통 문제를 근본적으로 해결할 수 있는 항공 기반 도심 교통체계다. UAM은 기체, 통신·항법·감시, 교통관리, UAM 기체가 이착륙할 수 있는 버티포트(vertiport) 등의 안전 운항 인프라뿐만 아니라 육상 대중교통 체계와의 연계를 포함한다. 특히 출발지부터 목적지까지 이용할 수 있는 모든 교통수단을 고려하여 최적의 교통수단을 찾아 제공하는 통합 연계 교통 서비스(MaaS: Mobility as a Service)는 UAM의 핵심 서비스 중 하나이다.[7]

그림 16-9 두바이에서 선보인 플라잉 에어 택시

7 IT용어사전, 한국정보통신기술협회

3.3 공유교통

공유경제 교통서비스의 시작은 공공자전거로 볼 수 있다. 2000년대 후반에 전 세계적으로 기후변화와 에너지 고갈을 심각하게 고민하기 시작했으며 이에 대비하기 위한 노력들이 이루어지기 시작했다. 무탄소 교통수단인 자전거 이용을 활성화하는 것이 교통부문에서의 실천과제 중 하나로 검토되면서 전 세계 여러 도시들이 공공자전거를 경쟁적으로 도입하기 시작하였다. 과거의 공공자전거와 달라진 점은 칩을 이용한 IC 스마트 카드로 자전거를 대여하기 때문에 대여자의 신원 및 인적사항을 파악할 수 있게 된 것과 자전거에 GPS 장치를 부착하여 자전거를 실시간으로 관리할 수 있게 된 점이다. 즉 공공자전거의 가장 큰 문제점인 도난과 파손 재배치의 문제를 기술로 해결했다고 볼 수 있다.[8]

그림 16-10 서울시 공공자전거 따릉이

출처: 서울시 공유허브, sharehub.kr

8 서울시 공유허브, sharehub.kr

공유경제형 교통서비스 중 가장 많은 주목을 받는 서비스는 카쉐어링과 라이드쉐어링일 것이다. 최초의 카쉐어링 서비스는 1950년대 스위스의 공동체 서비스로 알려져 있다. 상업적인 카쉐어링 서비스가 도입된 것은 1990년대 후반으로 인터넷 보급이 활성화되기 시작할 무렵이다. 인터넷을 통한 실시간 자동 예약이 가능해짐에 따라 서비스가 가능해졌다고 볼 수 있다. 그로부터 10년 정도가 지난 2000년도 후반에서야 손익분기점을 넘어서게 되었는데 스마트폰이 등장한 시점과 일치한다. 스마트폰이 등장함에 따라 위치기반 서비스가 가능해졌고 실시간으로 업그레이드가 되었기 때문에 이용 편리성이 크게 향상된 것이다. 또한 2000년대 후반은 세계적인 금융위기가 시작된 시점과도 일치하는데 그로 인해 정상적인 소비를 하지 못하는 경제적 약자들이 크게 증가하여 일정 시간만 차를 빌려 쓰는 틈새시장의 이용수요가 크게 증가하였다. 즉 2000년대 후반에 카쉐어링 시장이 폭발적으로 성장한 것은 경제위기로 인한 틈새시장의 출현과 스마트폰의 등장으로 서비스가 기술적으로 실현 가능해진 것이 그 원인이라고 볼 수 있다.

그림 16-11 카쉐어링 개념도

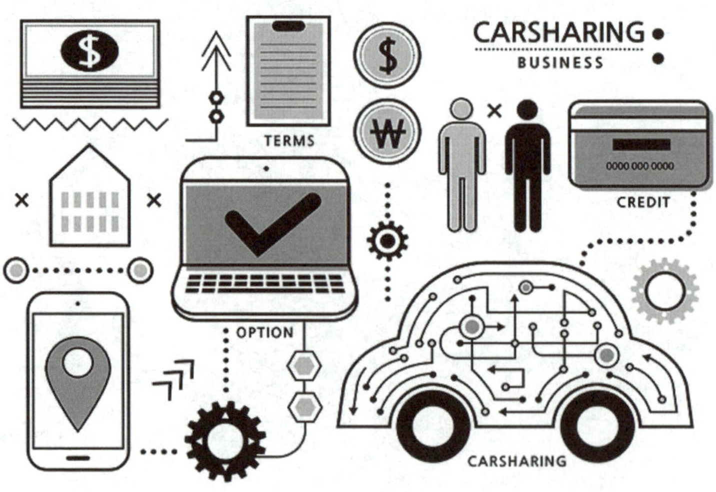

출처: 한국자동차모빌리티산업협회(KAMA); 서울시 공유허브에서 재인용

3.4 하이퍼루프

하이퍼루프(Hyperloop)는 진공 튜브 속에서 고속으로 이동하는 새로운 형태의 교통 시스템이다. 이 기술은 일론 머스크(Elon Musk)가 2013년에 처음 제안한 이후, 여러 기업과 연구기관에서 개발을 진행하고 있다. 하이퍼루프의 가장 큰 특징은 공기 저항과 마찰을 최소화하여 기존의 교통수단보다 훨씬 빠른 속도로 이동할 수 있다는 점이다. 진공 상태에 가까운 튜브 안에서 캡슐 형태의 차량이 전기 모터와 자기 부상 기술을 이용해 이동하며, 시속 1,000km 이상의 속도에 도달할 수 있다. 이러한 속도는 기존의 고속철도보다 약 2~3배 빠르며, 항공기와 비슷한 수준이다.

하이퍼루프가 상용화되면 사람들의 생활 방식에도 큰 변화가 있을 것이다. 예를 들어, 서울에서 부산까지의 거리를 하이퍼루프를 이용하면 약 30분 만에 주파할 수 있다. 이는 현재의 KTX를 이용했을 때보다 훨씬 짧은 시간으로, 일일 생활권의 범위가 크게 확장될 것이다. 이러한 이동 시간의 단축은 직장과 주거지를 멀리 떨어진 곳에 두고도 일상생활을 하는 것이 가능하게 하며, 교외에 거주하면서 도시 중심부에서 근무하는 생활 방식이 보편화될 수 있다.

그림 16-12 미래도시의 하이퍼루프 가상 이미지

3.5 MaaS

공유경제가 활성화되면서 자동차 산업은 플랫폼 사업자에 의해 '소유 중심'에서 '공유 중심'으로 흐름이 바뀌고 있다. 게다가 대중교통의 이동수단은 버스, 지하철, 택시 외에 다양한 대체 교통수단이 증가하고 있으며, 수송 산업에서 온디맨드 서비스(On-Demand, 공급 중심이 아니라 수요가 모든 것을 결정하는 시스템이나 전략)가 점점 더 확산되고 있다는 것은 이용자들에게 더 많은 선택지를 제공함으로써, 더 나은 서비스를 받을 수 있게 되었음을 의미하게 되었다.

통상 대중교통 수단을 이용할 때 도보로 버스 정류장이나 지하철역으로 이동한 후 몇 가지 교통수단으로 환승하여 이동하는데, 최근에는 택시 외에 렌터카와 비슷하면서도 결이 다른 카셰어링 플랫폼을 이용하는 경우도 많은데, 더 나아가 택시, 버스, 철도, 전철, 선박, 비행기 등 이동에 관련된 모든 플랫폼이 하나의 앱에서 구동된다면 얼마나 편리한 세상이 될까? 이러한 서비스는 곧 현실화될 예정이다.

그림 16-13 통합모빌리티서비스, MaaS

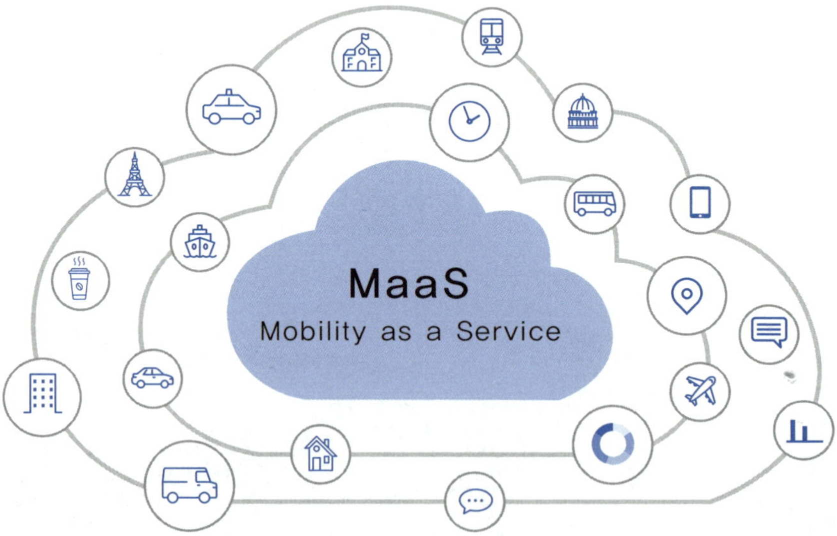

출처: https://enterprise.kt.com

K사의 MaaS 플랫폼 구성안은 다양한 교통수단의 통합 결제와 인증 기능을 포함하고 있다. 이용자는 NFC, QR 코드 등의 간편한 인증 방식으로 이동 수단을 손쉽게 이용할 수 있으며, 결제 또한 다양한 옵션을 통해 한 번에 처리할 수 있다. 이는 대중교통 이용의 편리성을 크게 향상시키며, 교통수단 선택의 폭을 넓혀 준다.

또한, MaaS는 자가용 의존도를 낮추어 차량 소유에 대한 필요성을 줄인다. 이는 주차 공간 부족 문제를 해결하고, 교통 혼잡을 완화하는 데 긍정적인 영향을 미친다. 특히, 도심에서는 다양한 공유 이동 수단을 통해 더욱 효율적이고 유연한 이동이 가능해져, 보다 경제적이고 환경 친화적인 생활이 가능해진다. 또한, MaaS는 고령자나 장애인 등 교통약자에게도 더 나은 이동 편의를 제공할 수 있어, 모두에게 접근 가능한 교통 환경을 조성하는 데 기여한다.

MaaS의 도입은 도시공간의 구조와 운영 방식에도 중요한 변화를 가져올 것이다. 우선, 다양한 교통수단이 통합된 MaaS 시스템은 대중교통의 활용도를 높여, 도심의 차량 통행량을 줄이고, 보행자 중심의 공간을 확대할 수 있다. 차량 통행량 감소로 인해 도심의 도로 공간을 효율적으로 재배치하고, 자전거 도로나 보행자 전용 도로와 같은 친환경 교통 인프라를 구축할 수 있게 된다.

그림 16-14 'K'사의 MaaS 플랫폼의 시스템 구성(안)

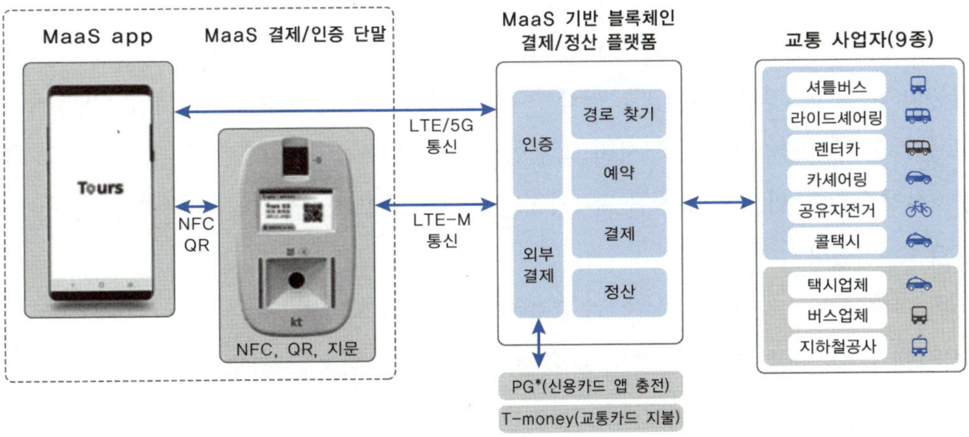

출처: https://enterprise.kt.com

제4절 도시공간의 미래

4.1 지속가능한 도시

그림 16-15 UN 지속가능발전목표(UN-SDGs)

지속가능한 도시를 위해 UN 지속가능발전목표(UN-SDGs)의 11번은 회복력 있고 지속가능한 도시 및 거주지 조성을 목표로 하고 있다. 이는 2030년까지 적정 가격의 안전하고 충분한 주거공간 및 기초 서비스의 접근 보장과 저소득층 개발을 염두에 두고 있다. 또한, 취약계층의 필요에 초점을 둔 지속가능한 교통체계 제공 및 지속가능한 도시화를 목표로 하고 있다.

6번 과제(깨끗한 물과 위생 보장)와 관련해서 도시의 지속가능성을 위해 깨끗한 물과 위생 시설의 보장은 필수적이다. 상수도와 하수도 인프라를 개선하고, 물 관리 시스템을 효율적으로 운영해야 하며, 7번 과제(적정한 가격의 청정에너지 보장)처럼 청정에너지의 사용을 촉진하고, 에너지 효율을 높여야 한다. 태양광, 풍력 등의 재생가능 에너지를 도시 에너지 시스템에 통합하고, 에너지 소비를 줄이기 위한 정책을 마련해야 한다.

도시에 사람이 계속 모여들고 매력적인 도시가 되기 위해서는 8번 과제(지속가능한 경제 성장과 일자리 제공)가 필수적이다. 도시의 경제적 지속가능성을 위해서는 일자리 창출과 경제 성장을 촉진하는 것이 중요하며, 이를 위해 창업 지원, 스타트업 인큐베이터, 녹색 일자리 창출 등의 정책을 도입해야 한다.

9번 과제(산업, 혁신 및 인프라 구축)를 이행하기 위해서는 스마트 인프라와 혁신적인 기술을 도입하여 도시 문제를 해결해야 한다. 예를 들어, 스마트시티 프로젝트를 통해 교통 관리, 에너지 관리, 쓰레기 처리 등의 도시 문제를 효율적으로 해결할 수 있다. 10번 과제(불평등 감소)는 포용적 도시로 가기 위한 전제조건이다. 모든 구성원이 사회의 일원으로 인정받고 피부색이나 가치관 등의 차이로 차별받지 않는 사회 시스템이 갖추어져야 할 것이다. 이를 위해 주거 복지, 사회적 지원 프로그램, 접근 가능한 공공서비스를 제공해야 한다.

11번 과제(지속가능한 도시와 공동체)는 지속가능한 도시개발의 핵심 목표로, 모든 시민이 안전하고, 회복력 있으며, 지속가능한 환경에서 생활할 수 있도록 도시를 관리하고 계획하는 것을 목표로 한다. 이는 적절하고 안전한 주거 제공, 대중교통의 접근성 향상, 재난에 대비한 도시 복원력 강화 등을 포함한다. 12번 과제(지속가능한 소비와 생산 촉진)처럼 자원 소비를 최소화하고, 자원의 재사용과 재활용을 촉진해야 한다. 이를 위해 순환경제 모델을 도입하고, 폐기물 관리 시스템을 개선해야 한다.

13번 과제(기후 변화 대응) 또한 지속가능한 도시개발의 핵심 목표라 할 수 있다. 기후 변화에 대비하기 위해서는 도시의 탄소 배출을 줄이고, 기후 회복력을 강화해야 한다. 이를 위해 에너지 효율을 높이고, 재생가능 에너지 사용을 촉진하며, 기후변화로 인한 재해에 대비한 인프라를 구축해야 한다.

지속가능한 도시는 모든 시민이 안전하고 건강하게 살아갈 수 있는 환경을 제공하는 도시이다. UN의 지속가능발전목표는 이러한 도시를 만들기 위한 구체적인 방향성을 제시하고 있으며, 각 도시가 이에 맞는 정책을 수립하고 실천해 나가야 한다.

그림 16-16 탄소중립도시: 통합적 접근방식

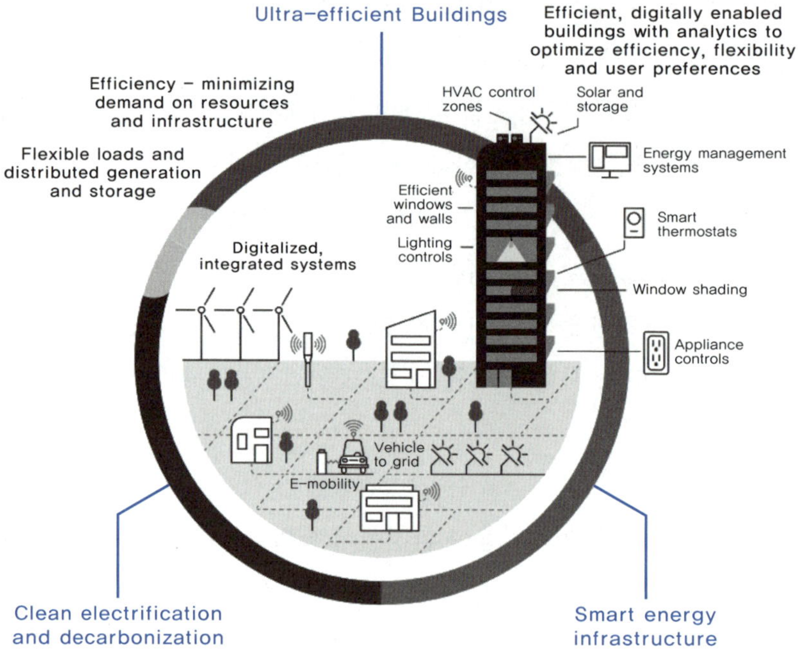

출처: World Economic Forum, 2021

지속가능한 도시는 탄소중립을 목표로 하여, 에너지 효율을 극대화하고 자원 소비를 최소화하는 방향으로 개발되어야 한다. 초고효율 건물(Ultra-efficient Buildings)을 중심으로 한 도시의 통합적 접근방식을 가져야 한다. 또한 지속가능한 도시는 스마트 기술을 기반으로 청정 전력화와 탄소 감축을 실현할 수 있다. 이미지에서 보여지는 것처럼, 전기차와 그리드(vehicle-to-grid) 기술은 전기차의 배터리를 에너지 저장 장치로 활용하여 전력망의 안정성을 높이고, 에너지 수요 관리에 기여한다.

4.2 스마트시티

1) 현실 세계와 가상 세계의 융합 개념

스마트시티는 기술의 발전에 따라 현실 세계와 가상 세계의 경계를 넘나드는 융합적 개념으로 발전하고 있다. 이 개념은 현실의 물리적 시스템과 디지털 공간이 상호 연계되어, 데이터를 중심으로 실시간 모니터링과 분석이 이루어진다. 특히 가상세계에서는 다양한 시뮬레이션을 통해 도시의 운영 효율성을 극대화하고, 현실 세계에서는 그 데이터를 바탕으로 보다 나은 의사결정을 내릴 수 있게 된다. 이러한 상호작용을 통해 교통, 환경, 에너지 등의 분야에 예상되는 문제를 사전에 예측하고 그 해소 방안을 강구할 수 있게 되었다. 이를 통해 시민의 삶의 질을 향상시키는 방향으로 스마트시티가 구축되고 있다.

사이버물리시스템과 디지털 트윈을 활용한 융합 모델은, 현실 세계의 변화를 즉각적으로 반영하고 예측하는 데 중요한 역할을 한다. 예를 들어, 가상 세계에서 VR 및 AR 기술을 활용해 도시의 변화를 시뮬레이션하고, 데이터를 통해 모니터링과 예측, 분석 등을 실행할 수 있다. 이처럼 현실 세계와 가상 세계가 융합된 시스템은 도시의 안전, 환경 보호, 그리고 에너지 관리 등과 관련된 미래 도시 운영의 새로운 패러다임을 제시하고 있다.

그림 16-17 현실 세계와 가상 세계의 융합 개념도

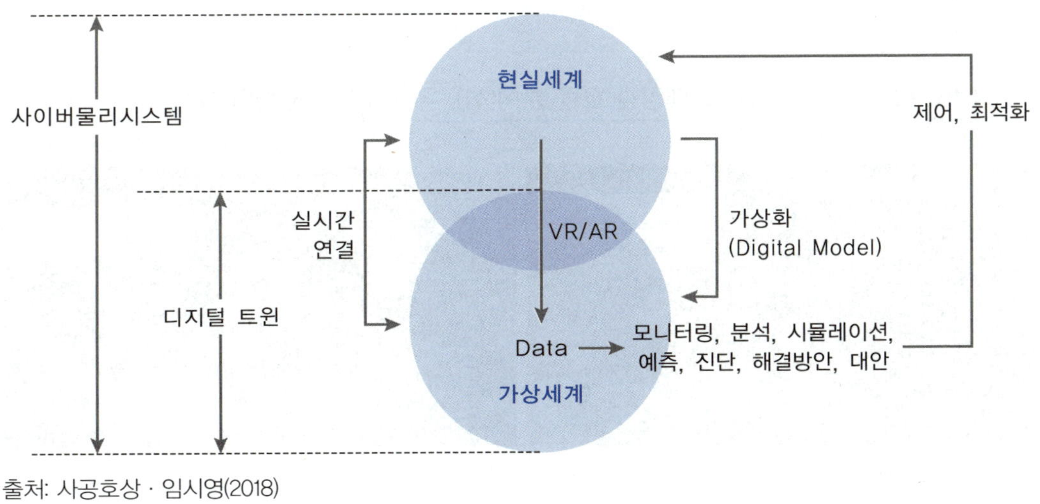

출처: 사공호상 · 임시영(2018)

2) 버추얼 싱가포르

버추얼 싱가포르는 스마트시티의 대표적인 사례로, 도시의 데이터를 기반으로 한 가상 시뮬레이션과 분석이 가능하게 하는 플랫폼이며, 이 시스템을 통해 도시 내 다양한 환경 데이터를 수집하고, 이를 시각화하여 효율적인 도시 운영을 돕고 있다. 예를 들어, 버추얼 싱가포르에서는 태양광 효율을 분석하여 각 건물의 태양광 패널 설치 위치나 에너지 생산량을 시뮬레이션할 수 있다. 이러한 분석 결과는 에너지 자원의 최적화된 활용을 가능하게 하여 지속가능한 도시로 발전하는 데 큰 기여를 할 수 있다.

또한 버추얼 싱가포르에서는 유독가스의 피해 범위를 예측하여 도시의 안전 관리를 더욱 효율적으로 할 수 있다. 유독가스 발생을 가정하여 이를 가상 공간에서 분석하여 피해 범위를 산정하고, 주민 대피 계획과 긴급 대응 체계를 미리 준비할 수 있게 된다. 이러한 시뮬레이션은 현실에서의 위기 대응 시간을 단축하고, 피해를 최소화하는 데 중요한 역할을 하며, 도시의 안전성을 높이는 데 기여하게 된다.

한국수자원공사에서도 기후재난에 대응하는 차원에서 물 자원 관리를 기존의 전문가 인력의 경험에 의지하던 것을 디지털 트윈이 적용된 물관리 플랫폼으로 실시간 모니터링과 시뮬레이션을 통해 현실에서 발생할 수 있는 다양한 상황을 3D 모델로 사전 확인하여, 3차원 지형지도를 가상공간에 구현하고, 실시간 기상·수문 관측자료 등을 연동해 데이터를 시각화하는 방식으로 섬진강 유역 시범 구축 이후 5대강 유역으로 확대되어 가동 중에 있다.

그림 16-18 버추얼 싱가포르 태양광 효율 분석(좌), 유독가스 피해범위 산정(우)

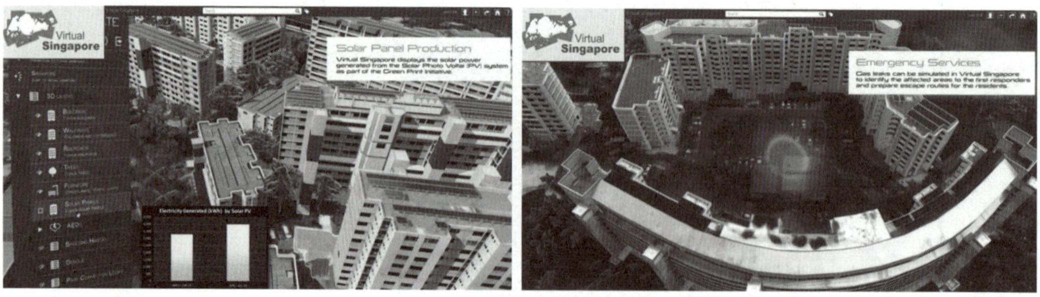

출처: Virtual Singapore

3) 서울 S-Map

서울 S－Map은 서울시 전역을 3차원 가상현실로 구축하여 안전, 환경, 도시계획 등 다양한 분야의 정책 수립 지원 및 도시 문제 해결을 위한 서울시 대표 3차원 지도이다. S－Map이 표방하는 스마트시티는 기술 중심이 아니라 사람 중심으로 구현하고자 노력한 모습이 보인다. S－Map의 레이어(Layer) 구성은 지형정보, 지하시설물, 2D 공간정보 위에 건물 및 교통정보, 3D 실내공간정보(일부 공공건축물 등에 한정), 3D 실외공간정보와 POI(Point of Interest, 관심지점)별 콘텐츠로 구성되어 있다. S－Map은 이러한 2D/3D 공간정보, 텍스트, 동영상, VR 등 각종 정보를 시각화하였다.

그림 16-19 S-Map 레이어 구성(좌), 3D 공간 구성 예시(우)

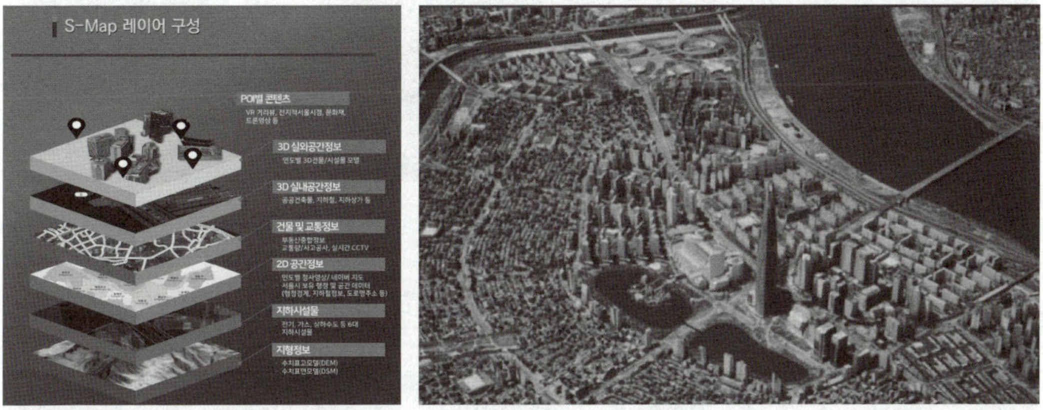

출처: http://openlab.eseoul.go.kr

서울시가 보유 중인 공간정보 및 행정정보를 활용해서 시민들이 도시문제를 해결하기 위해 분석지도를 제작하거나, 연구자 및 스타트업 등이 개발한 신기술(AI, 자율차, 드론 등)을 실증할 수 있는 토대를 제공한다는 차원에서 지자체의 긍정적인 역할이라고 할 수 있겠다.

실제로 자율차나 드론 등의 시뮬레이션에는 적용할 공간이 필요하며, 다양한 시뮬레이션을 위해서는 광역도시 규모의 데이터가 필요하지만 전 세계에서 광역도시 단위의 실물 데이터를 구축한 사례가 드물어서 서울 S－Map이 대도시 단위의 테스트베드(Test bed) 역할도 톡톡히 수행하고 있다.

S-Map 오픈랩 활용 공모전에 당선된 '꽈당위험 도로' 분석 방식은 스마트기술이 보행자의 안전과 편의성을 증진시키는 데 기여함을 볼 수 있는데 이러한 검토는 도로 레벨(Level)의 차이와 도로 길이 등을 정량적으로 분석해서 보행안전성을 평가하여 넘어질 우려가 높은 도로를 표현한 지도가 되겠다. 현재는 서울에서 각종 평가나 도시계획 수립 시 적용되고 있지만 향후에는 보다 폭 넓은 데이터가 개방되기를 기대해 본다.

그림 16-20 반포4동 꽈당위험도로 표시(좌), 해당 지역 경사도로(우)

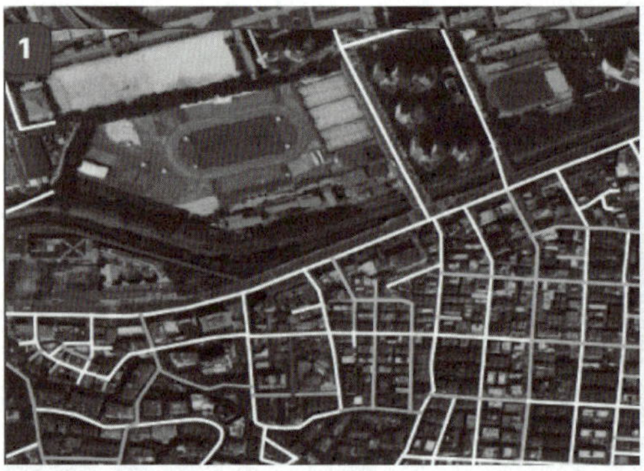

출처: http://openlab.eseoul.go.kr

그림 16-21 다세대 지하주거 위험순위 Level(좌), 반지하 침수현장 사례(우)

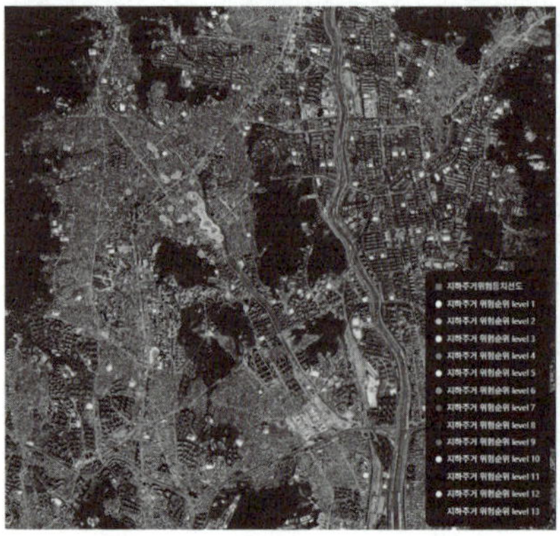

출처: http://openlab.eseoul.go.kr

다세대 지하주거 위험맵(Map)도 S-Map 오픈랩 활용 공모전에 당선된 사례이다. 예전 방식으로는 지자체에서 과거 침수 사례 등을 바탕으로 사전 대비하는 방식이었다면, 앞으로는 지형과 포장상태 및 우수관 맨홀 등의 데이터(Data)를 통해 위험 위치를 파악할 수 있다.

4) LH공사 디지털트윈(Digital Twin)

도시개발 관련 국가공기업인 LH공사의 대국민서비스에는 LH에서 제공하는 부동산 정보를 한눈에 볼 수 있는 '씨:리얼(seereal.lh.or.kr)', LH공사의 토지판매, 주택·상가 분양 및 주택 공급계획 정보서비스 플랫폼인 'LH집어디(bizmap.lh.or.kr)'와 3기 신도시 가상체험 서비스인 '디지털트윈(dtinfo.or.kr)'이 있다. 특히 디지털트윈 플랫폼에서는 3기 신도시의 상세 정보와 시각화 자료, 3D 이미지를 통해 해당 블록별 실내 정보뿐만 아니라 외부 조망까지 살펴볼 수 있다.

LH의 디지털트윈,[9] GeoAI[10] 등의 공간정보기술의 수준은 세계의 표준으로 자리 잡고 있으며, UN과도 2023.11.9.일자에 협의의사록(RoD)[11]를 체결하였다. 이러한 기술이 전 세

그림 16-22 계양신도시 3D 배치도(좌), 해당 지구 동·라인·층별 조망 시뮬레이션(우)

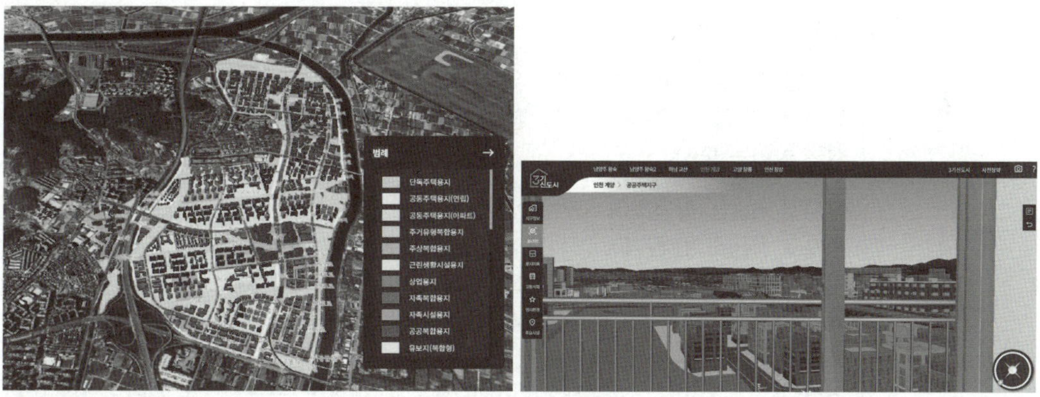

출처: http://dtinfo.lh.or.kr

9 현실 세계와 똑같은 쌍둥이 가상공간을 만들고 시뮬레이션을 통해 문제를 예측하고 해결하는 기술을 말한다.

10 공간정보와 AI(인공지능), 데이터 마이닝(대량의 데이터 속에서 의미 있는 정보 추출) 등의 방법을 결합하여 가치 있는 정보를 도출하는 분야를 말한다.

11 상대국 실시기관과 협력내용에 대하여 합의한 사항을 모아서 정리하고 서명한 문서를 말한다.

계에서 도시개발의 고도화가 필요하나 기술력이 부족한 도시의 변화를 이끄는 기술로 사용되고 있다.

5) 스마트시티가 나아갈 방향

이렇게 다양한 분야에서 구축되고 있는 스마트시티에 대한 정의는 각 기관 및 국가별 상황에 따라 조금씩 다양하다. 그 내용은 다음 [표 16-6]과 같다.

표 16-6 스마트시티 정의

구분	내용
ITU(2015)	스마트시티(Smart sustainable city)는 삶의 질, 도시 운영과 서비스의 효율성, 경쟁력 강화를 위해 ICT 등을 활용하는 혁신적인 도시이며, 경제·사회·환경·문화적 측면에서 현재 및 미래세대의 요구를 보장함
IBM	도시를 운영하기 위해서 핵심적인 시스템의 열쇠가 되는 정보를 ICT를 이용하여 수집하고 분석하며, 통합될 수 있는 도시
Gartner	다양한 서브시스템 간 지능형 정보교류를 기반으로 하며, 스마트 거버넌스 운영 프레임워크를 기반으로 지속적인 정보교환을 수행하는 도시
Smart Cities Council	정보와 정보통신기술을 활용, 거주성(Livability), 업무효율성(Workability), 지속가능성(Sustainability)을 향상한 도시
EU	디지털 기술을 활용하여 시민을 위해 더 나은 공공서비스를 제공, 자원을 효율적으로 사용, 환경에 미치는 영향을 최소화하여 시민의 삶의 질 개선 및 도시 지속가능성을 높이는 도시
European Commission	디지털 기술을 활용하여 시민을 위해 더 나은 공공서비스를 제공하고, 자원을 효율적으로 사용하며, 환경에 미치는 영향을 감소시킴. 기존의 네트워크와 서비스를 디지털 기술로 결합하여 그 효율성을 높임으로써 주민과 기업의 이로움을 높임. 자원을 적게 소비하고 탄소 배출을 감소하는 차원을 넘어서 더 똑똑한 교통, 상하수도, 조명과 냉난방 등을 포함하여 상호 소통을 높이고 시민의 요구를 만족할 수 있는 거버넌스, 도시 안전, 고령화 친화적 도시 등을 포함함. 궁극적으로 시민의 삶의 질을 개선하고 도시의 지속가능성을 높이고자 함
한국	스마트도시란 도시의 경쟁력과 삶의 질의 향상을 위하여 건설·정보통신기술 등을 융·복합하여 건설된 도시기반시설을 바탕으로 다양한 도시서비스를 제공하는 지속가능한 도시를 말함(스마트도시법 제2조)

출처: ITU, http://itu.int/en; 정충식(2021), 「스마트시티의 미래 2030」 윤성사에서 재인용

스마트시티가 나아갈 주요한 방향은 도시의 효율성과 지속가능성을 높이는 동시에, 인간에 대한 따뜻한 배려를 기반으로 한 환경을 조성하는 것이다. 영국 브리스톨(Bristol)의 기후 전략은 이러한 목표를 구체화한 대표적인 사례로, 도시 내 주요 인프라 간의 상호작용을 통해 기후변화 대응에 필요한 요소들을 종합적으로 고려하고 있다. 이 전략은 교통, 건축물, 에너지, 폐기물 관리 등 도시 운영의 다양한 측면에서 기후 변화와 환경 보호를 위한 계획을 세우고, 데이터를 기반의 효율적인 자원 관리, 공공의 지원 및 재정 확보를 통해 탄소 배출 저감과 에너지 효율성을 극대화하는 데 기여하고 있다.

그림 16-23 지속가능성을 위한 브리스톨의 10가지 전략

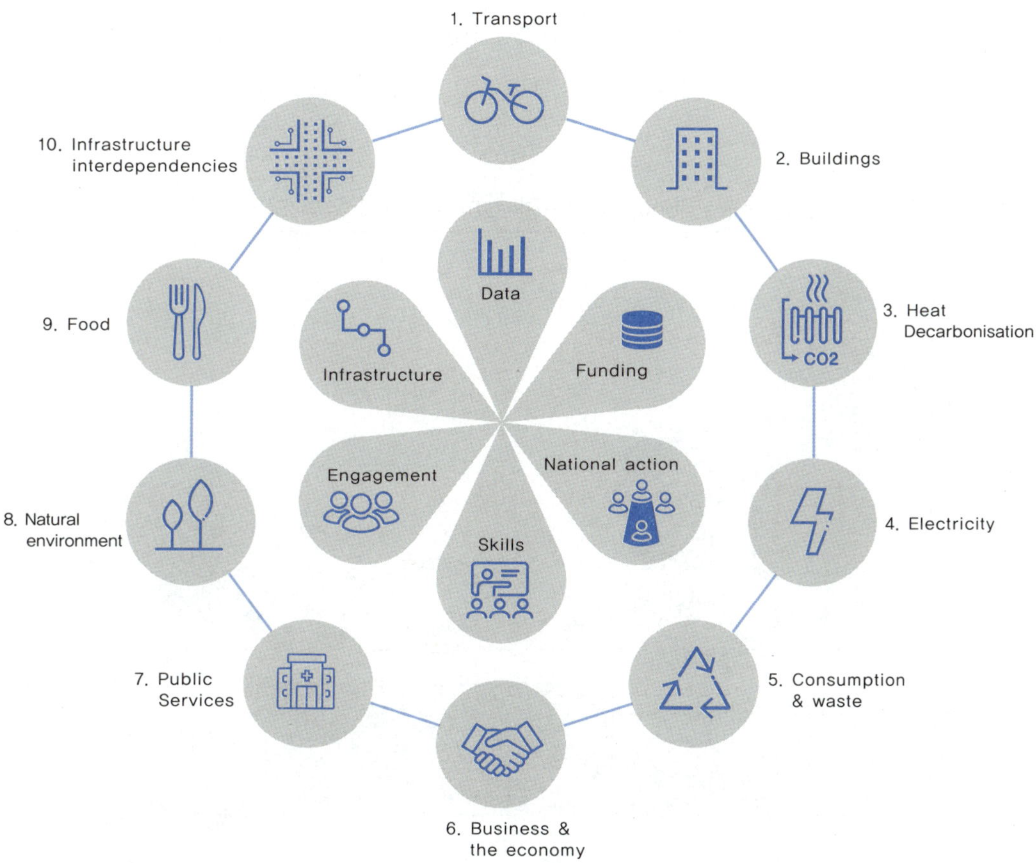

출처: 국토교통부 · 국토교통과학기술진흥원(2021), 「Smart City Top Agenda」, p.152

스마트시티는 도시 내 모빌리티와 물류 이동에 혁신적인 변화를 불러오고 있다. 스마트시티에서의 이동수단은 전통적인 방식에서 벗어나 자율주행차, UAM, 공유서비스(MaaS) 등 다양한 기술적 진보를 반영할 것이다. 이러한 이동수단은 교통 혼잡을 줄이고 에너지 효율을 높이며 시민들의 이동 편의성을 향상시키는 방향으로 발전하고 있다. 특히, 자율주행차의 도입은 도로 인프라를 재설계하게 만들고, 차량 간 통신을 통한 실시간 교통 데이터 분석으로 효율적인 교통 흐름을 유도하게 된다. 이로 인해 도시 내 도로 이용 방식은 변화하고, 교통체계가 보다 유연해지며, 기존의 주차 공간이나 도로 이용 패턴도 재구성될 것이다.

스마트시티에서 물류 이동의 패턴 또한 급격히 변화할 것이다. Sidewalk Labs의 스마트시티 구상에서 제안된 물류 터널과 같은 시스템은 물류 이동을 지하로 이동시켜 도로 공간을 더 효율적으로 사용할 수 있을 것이다. 이러한 시스템은 지상에서의 교통 혼잡을 줄이는 동시에 물류의 자동화와 효율성을 극대화할 수 있는 방법으로 제시되고 있다.

그림 16-24 구글 Sidewalk Labs에서 제안한 스마트시티의 물류 터널

출처: Alex Bozikovic(2017)

스마트시티의 도시 플랫폼은 교통, 환경, 에너지, 안전, 생활·복지, 경제 등 다양한 분야에서 데이터를 기반으로 도시 운영을 최적화하는 시스템이다. 교통에서는 자율주행차와 MaaS를 통해 효율적인 이동을 지원하고, 환경과 에너지 분야에서는 상수도 및 폐기물 관리, 스마트 그리드와 전기차 충전 인프라를 통해 자원 활용을 극대화할 수 있다. 또한 데이터 계층을 통해 도시 전반에서 수집된 정보를 실시간으로 분석하여 안전과 응급 대응 시스템을 강화하고, 스마트 네트워크와 헬스케어 시스템을 통해 시민의 삶의 질을 향상시키며 지속가능한 경제 성장을 도모하는 것이 특징이다.

4.3 다층·다기능 입체복합도시

1차 산업혁명 시기에는 철도를 따라 도시가 형성되고, 2차 산업혁명 때 자동차로 인해 도시는 외곽으로 확장되다가 현재는 인구정체와 인구감소의 시대를 살아가고 있다. 도시는 빈집이 늘어나고, 제한된 공공서비스와 교통망은 방대한 도심 전역에 공공서비스를 제공하기에는 치안, 소방, 행정 각 분야의 비효율을 초래하게 된다. 이미 국내의 지방 소도시 중 일부는 중소 도시 내의 행정 서비스 등을 집중하기 위해 콤팩트 시티(Compact City) 개념의 도심 교통 결절점을 중심으로 공간을 재편하는 방안을 검토 중이며, 인구가 감소하는 중소도시에는 행정적, 비용적 측면에서 교통 중심지역으로 공원, 행정, 학교, 편의시설 등의 복합적 배치가 고려되어야 하고, 글로벌 도시의 경우에도 도시의 핵심 역량 강화를 위해 교통 중심지역 중심으로 공간의 다층·다기능 입체복합화를 실시하여 도시의 경쟁력을 고도화할 필요가 있다.

'2040 서울도시기본계획'에는 노후하고 단절된 지역의 활성화와 서울의 미래 성장중심 공간을 조성하기 위해 장기적 관점으로 단계적인 철도 입체복합화를 검토하고 있다.

그림 16-25 서울의 지상철도 현황(입체복합화를 통한 공간창출)

출처: 2040 서울도시기본계획

아울러, 서울시는 2024년에 도시의 한계를 뛰어넘는 공원·도로 등의 입체화 도입을 통한 공공시설 융복합화는 서울 대개조 실현의 발판이 될 것이라고 밝혔다. 한정된 자원을 최대한 활용할 수 있는 서울시의 혁신적인 공간 전략으로, 접근성, 이용성 등을 충분히 고려한 지속가능한 입체도시를 실현시켜 나가겠다고 밝혔다.

그림 16-26 영동대로 복합환승센터 단면 조감도(예시) 및 토목공사 사진

출처: 서울특별시, mediahub.seoul.go.kr 및 서울경제, www.sedaily.com

서울 강남 입체복합도시 계획 사례는 그 규모와 기술적 난이도 측면에서 세계적인 프로젝트이다. 지하에 GTX, 지하철, 쇼핑과 문화공간을 두고 지상에 대규모 지상 공원데크를 두고 개방적인 공간을 배치하여 창조적인 도시의 면모를 갖출 예정이다.

제4절 '도시공간의 미래'는 제1절에서 살펴본 다양한 도시개발의 부문별 변화요인과 제2절의 디지털 전환, 제3절의 모빌리티의 미래를 통해 살펴본 것처럼 다양한 분야에서 도시공간의 미래를 열어가고 있다. 향후 여러 예상 항목 중 Floating Cities, High Speed Travel, AI+Robo, 도시국가(City States), 고령화(Older than ever) 등은 장래의 일이 아닌 지금 진행 중인 것들이다. 그럼에도 불구하고, 도시개발의 미래를 예측하기는 어렵지만 현재의 첨단 기술로 인류가 필요한 것들을 갖추어 가고, 인류가 직면한 위험으로부터 안전한 도시를 계획하고, 만들어가야 하겠다.

제5절 Urban AI[12]

Urban AI를 별도로 설명하는 것은 Urban AI 개념이 스마트도시의 한 부분이 아니라 최근 연구자 그룹에서 스마트도시의 다음 단계로 Urban AI를 제안하였고, 앞으로의 미래도시를 'Urban AI' 또는 '인공지능 도시'로 규정하고 있다.

5.1 Urban AI 등장배경 및 정의

Urban AI의 등장배경은 AI가 도시공간에 가져올 변화를 예측하고, 점진적으로 AI 기반의 도시를 만들기 위해 등장하였다. Urban AI는 기술이 도시를 변화시키는 것인지, 도시가 필요에 의해 선택적으로 기술을 수용하는 것인지에 대한 근본적 의문점을 제기하면서 기술을 도시화(Urbanize Technology)하는 관점으로 접근하였다. 온라인에서 수집한 대

12 이세원 외(2024), 「도시 AI(Urban AI) 구현을 위한 정책적 시사점」, 국토정책 Brief를 위주로 정리하였다.

그림 16-27 도시와 기술의 발전추세(좌), 도시와 AI의 관계(우)

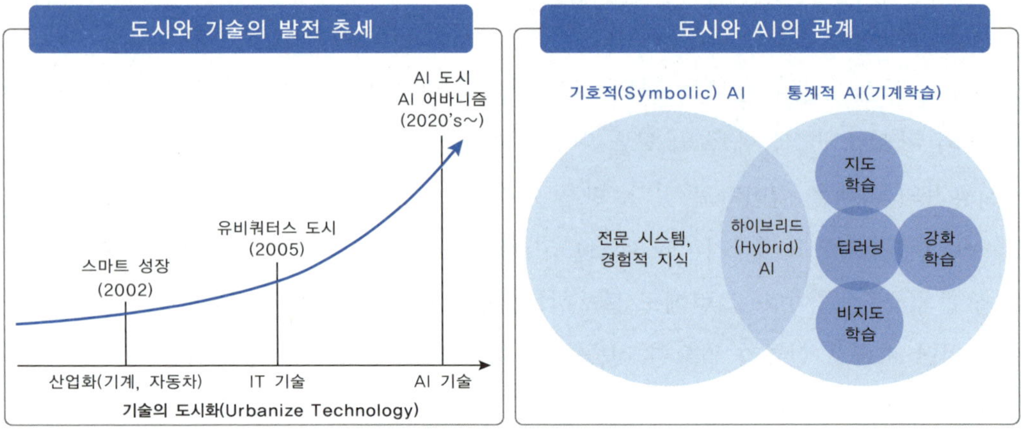

출처: 이세원 외(2024)

용량 데이터 기반의 초거대 AI 모델을 개발해서, 사용자 요구에 대응하는 Google 등 빅테크 기업과 같이 Urban AI 도시환경(오프라인)에서 수집되는 데이터와 AI 인프라를 통해 도시가 직면한 문제에 효율적 대응방안 마련이 가능하게 되었다.

2021년 Hubert Beroche는 12개 도시의 사례 발굴과 130명 이상의 AI 전문가를 만나 협의한 후, 'Urban AI'라는 개념을 정립하고, 글로벌 협의체(Think Tank)를 설립하였다. IAE Paris Sorbonne Business School의 ETI(Entrepreneuriat Territoire Innovation) Chair는 '15분 도시'를 제안했던 카를로스 모레노 교수가 소속된 기관으로, 스마트도시의 다음 단계로 Urban AI를 제안하고 개념적 가이드라인을 제시하였다.

Urban AI 개념이 추상적이어서 경험적으로 관찰할 수 있는 속성으로 바꾸어 정의해보면 광의의 Urban AI는 도시와 AI 기술이 혼합(Hybridity)된 AI 도시를 구현하기 위한 모든 행위이며, 협의의 Urban AI는 도시에 AI 기술을 도입하여 도시문제 해결과 지속가능성 확보를 시도하는 행위(정책·사업·서비스)를 포괄하는 개념이다.

그림 16-28 Urban AI 구조와 조작적 정의

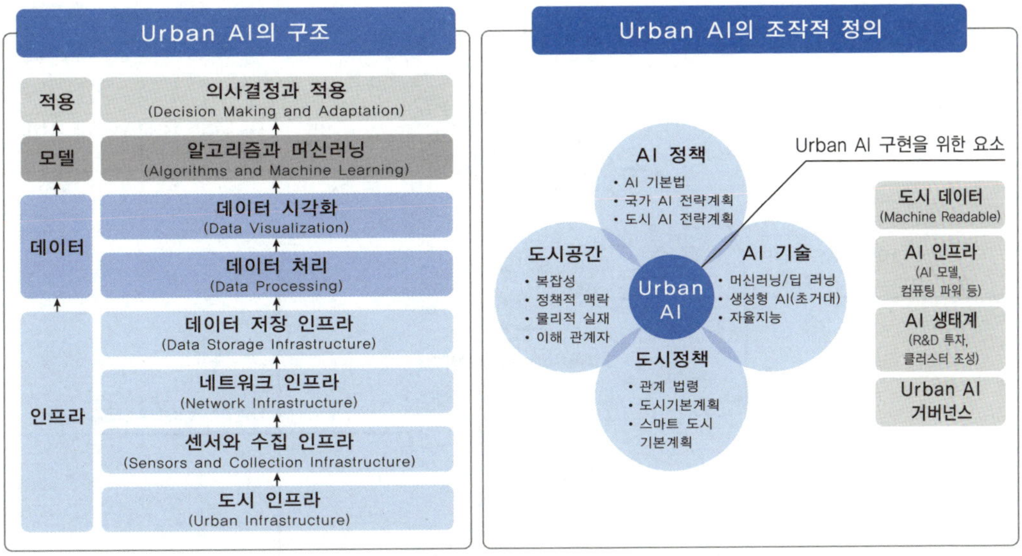

출처: 이세원 외(2024)

<그림 16-28>의 Urban AI의 구조에서 인프라 파트, 데이터 파트, 모델 파트, 적용 파트로 나뉘어 보면 도시인프라에서 수집된 데이터를 네트워크화하고, 이를 저장·처리 후 시각화하고, 알고리즘을 통해 분석한 결과를 의사결정에 반영하는 흐름을 보여준다.

<그림 16-29>는 Urban AI 구조도(Anatomy)에 대한 깊은 통찰력을 가지고 작성된 설명도이다. 향후 양자역학 기반의 극도로 고도화된 AI가 출현하더라도, 우리가 살아가는 도시는 사람의 통제와 판단하에 AI의 조력을 받아 더욱 아름답고 지속가능한 공간으로 발전해 나가야 할 것이다.

그림 16-29 Urban AI 구조도(Anatomy)

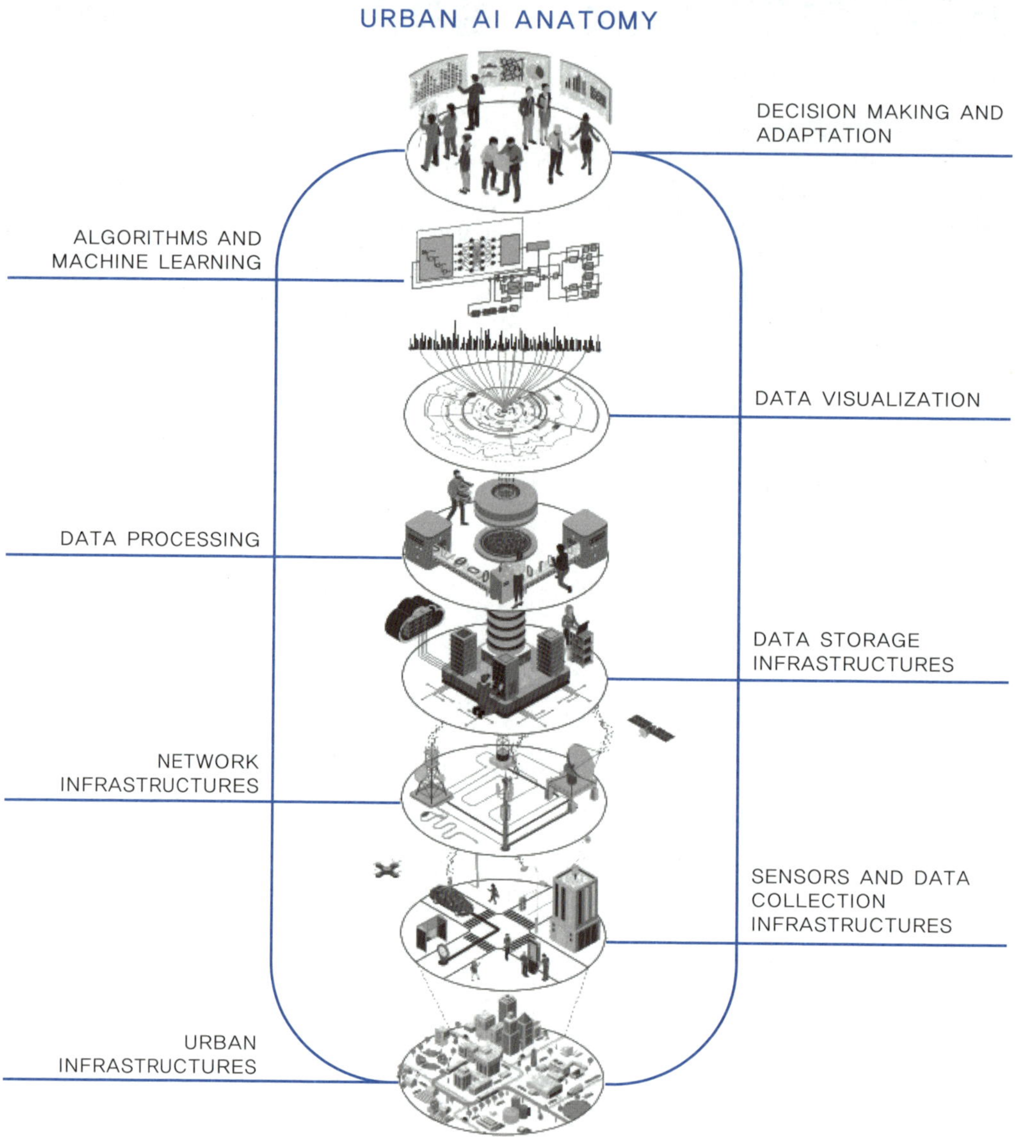

출처: Sarah Popelka et al., 「Urban AI Guide」

5.2 Urban AI 분야별 해외 사례

Urban AI의 분야별 사례를 대상으로 프로젝트 목적, 데이터 및 방법론, 솔루션 등 세부 사항을 고려하여 모빌리티, 도시·건축, 자원·환경, AI 도시 분야로 구분하였다. 모빌리티 분야는 자율주행 성능, 전기차 활용 등과 같은 모빌리티 자체 성능 향상보다는 교통수단별 네트워크 최적화, 이용자 편의성 확보, 자율차, 전기차 도입을 가정한 도시공간 변화(시간대별 공간 점유, 이동 패턴 등)가 고려되었다. 도시·건축 분야는 토지 이용, 개발밀도, 교통량 등이 최적화된 도시를 설계하기 위하여 AI 방법론을 활용하고 있으며, 도시계획에서는 도시 변화를 증강(AR·VR)해 이해 관계자들이 함께 관찰·수정·보완하면서 계획 협의와 데이터 기반의 의사 결정을 위해 활용하는 방안이 특징이다. 자원·환경 분야는 자원의 한정적·효율적 이용을 추구하기 위해 AI를 선행적으로 적용하여 점검하고, 환경은 도시 인프라로 인식되지 않았던 대상(수목, 대기 등)을 다양한 데이터(센서·영상 등)를 활용해 모니터링 시도하게 되었다.

분야별 AI 적용 사례에서 한 단계 더 나아가 도시 수준의 'AI 도시'를 지향하는 사례를 추가로 발굴한 결과 Urban AI 구현에 필요한 네 가지 요소(도시 데이터, 디지털 인프라, AI 생태계, AI 거버넌스)를 도출할 수 있다. 'City Brain'은 Alibaba Cloud와 중국 내 여러 도시 간 협력으로 2020년 말 전 세계 30개 이상 도시에서 종합적 도시문제 해결과 서비스 개선을 목적으로 '클라우드 인텔리전스 플랫폼'을 도입하였고, 'Metropolis'는 NVIDIA에서 'AI 도시' 구현을 위해 출시한 플랫폼으로 스마트도시, 소매 및 물류, 산업 및 제조, 보건 의료 등 다양한 분야에서 시각적 분석(Vision–AI)을 할 수 있도록 관련 인프라 지원하고 있다. 'Mila'의 경우 몬트리올 인재들이 대기업에 종속되지 않고 연구기관(Mila, Element AI 등)을 중심으로 창업과 협업으로 지식을 확산하는 비약탈적(Non–Predatory) AI 생태계 모델을 정착한 사례이다.

표 16-7 Urban AI 영역별 대표사례 및 구현 필수요소

구분	AI의 역할 및 특징	대표사례
모빌리티	• 교통수단별 네트워크 최적화 • 이용자 편의성 향상 • 자율차·전기차 기반 도시공간 변화 • 크라우드소싱 데이터 취득	• LA 도로 연석 공간계획관리 • 유럽 시민 참여 교통량 집계 • 뉴욕·싱가포르 온디맨드 자율주행
도시·건축	• 계획 수립 시 의사 결정 지원(AR·VR) • 토지 이용·개발밀도·교통량 최적화 • 도시설계 자동 생성 • 새로운 도시 데이터 취득(민원, 소음 등)	• MIT 증강 도시계획(CityScope, DeepScope) • 뉴욕 소음 모니터링(Sounds of NYC) • 구글 생성형 도시설계(Sidewalk Labs, Delve)
자원·환경	• 한정적 자원의 효율적 이용 • 재해·안전 관련 통합 솔루션 • 환경 센서, 영상 등 데이터 활용 확장	• 캐나다 위니펙 물 관리 • MIT 수목관리 • 리투아니아 대기질 관리
AI 도시	• 도시의 AI 시스템 및 인프라 • 공간계획과 디지털 계획의 통합 설계 • AI 연구·인력·기업의 클러스터 전략 • 도시 AI 공공서비스	• Alibaba Cloud(City Brain) • NVIDIA(AI City, Metropolis) • 토론토 스마트 도시개발 • 몬트리올 연구 생태계 • 도시계획분야 생성형 AI 적용 사례 등

Urban AI 구현 필수요소	⇩ 도시 데이터	⇩ 디지털 인프라	⇩ AI 생태계	⇩ AI 거버넌스

출처: 이세원 외(2024), 「도시 AI(Urban AI) 구현을 위한 정책적 시사점」, 국토정책, Brief 자료 재구성

Urban AI를 구현하는 필수요소 중 도시 데이터의 요소로는 AI를 위한 공공데이터 전략, 데이터 유통 채널 다각화가 있고, 디지털 인프라의 요소로는 수요별 AI 시스템·인프라와 공공형 AI 데이터 센터가 필요하며, AI 생태계로는 국가 AI 클러스터 육성과 AI 생태계 확산 및 인재 육성을 들 수 있으며, AI 거버넌스의 필수요소로는 책임감 있는 AI 정책과 다층적 AI 협의체 구성이 필요할 것이다.[13]

13 이세원 외(2024), 「도시 AI(Urban AI) 구현을 위한 정책적 시사점」, 국토정책 Brief

참고문헌

1. 국내문헌

가. 단행본

김의준·김재홍·김호연·구교준·마강래·이수기·임업, 2019. 지역·도시 경제학: 이론과 실종, 홍문사

Alan Mallach 지음, 2024, 축소되는 세계, 김현정 역, 사이

김흥순, 2021, 인물로 보는 서양 근대도시계획사, 박영사

남진·이지현, 2023, 도시정비론, 기문당

대한국토·도시계획학회, 2008, 전정판 도시개발론, 보성각

대한국토·도시계획학회, 2015, 토지이용계획론, 보성각

김석명, 2020, 도시개발 이론과 실무, KSCE

그레이디 힐하우스 지음, 2024, 도시를 만드는 기술 이야기, 윤신영 역, 한빛미디어

아이바 신 지음, 2017, 도시 접어두기: 인구감소시대를 디자인하는 도시계획, 민범식 역, 국토연구원

박종화·윤대식·이종열, 2024, 지역개발론, 박영사

서구원·배상승, 2005, 도시마케팅, 커뮤니케이션북스

안정근, 2024, 도시개발론, 기문당

이명우 외, 2021, 조경학의 이해, 기문당

Jan Gehl, 2020, 사람을 위한 도시, 이영아 역, 국토연구원

프라하도시계획개발연구원, 2023, 프라하 도시설계 매뉴얼: 공공공간, 강명구 역

한국도시행정학회, 2024, 도시의 미래: 진단과 처방, 박영사

나. 연구자료

권영상, 2022, 도시의 미래, 미래의 도시는 어떤 모습일까?, 서울대학교 지능정보사회 정책연구센터

김대일·김항집·박성찬·염춘호, 2020, 일본 도시재생정책의 변천과 군집분석에 의한 도시재생사업의 특성 및 시사점에 관한 연구, 국토계획

김예성, 2024, 노후계획도시의 미래도시 전환을 위한 재정비 방향 연구, 국토 516호, 국토연구원
김영수·박재곤·정은미, 2012, 산업융합시대의 지역산업생태계 육성방안, 산업연구원
기효성, 2023, 산업구조 변화 관점에서의 1기 신도시 평가와 정비방향, 국토연구원
류근묵, 2009, 프로젝트 파이낸싱 리스크 평가모형에 관한 연구, 건국대학교
사공호상·임시영, 2018, 4차 산업혁명을 견인하는 '디지털트윈 공간(DTS)' 구축전략, 국토연구원
신일수, 2013, 국내 부동산 PF, 이제는 "REAL PF"가 해답이다, 한국신용평가(주)
이세원·유재성·이기훈·정예진, 2024, 도시 AI(Urban AI) 구현을 위한 정책적 시사점, 국토정책 Brief
이승우·엄근용, 2008, 민관 합동형 PF사업의 현황 및 효율화 방안, 한국건설산업연구원
이진원, 1996, "크래런스 페리의 근린주구 이론분석", 대한건축학회논문집
이태희, 2023, 대한민국 도시재생의 중요한 분기점이 될 1기 신도시 재정비사업: 주요 쟁점 고찰, 도시계획가 제10권 제1호, 한국도시계획가협회
이현석, 2006, 부동산개발금융의 현황과 과제, 서울국제부동산세미나
임석회, 2014, 지가함수를 이용한 알론소 입찰지대이론의 경험적 고찰, 한국지역지리학회
조만·차문중, 2012, 글로벌 금융위기 이후 주택정책의 새로운 패러다임 모색, KDI
조은경, 2024, 한국과 일본의 철도역 비교분석을 통한 우리나라 민자역사 사업의 발전방안 실증연구, 서울과학기술대학교 박사학위 논문
정구익, 2008, 부동산개발금융(PF) 실무와 사례, 한국생산성본부
정봉현·오은열, 2023, 대중교통지향적 도시개발론(TOD): 이론과 정책, 마로니에
최영상·백인걸, 2017, 미국 도시재생 경험의 시사점과 교훈, 주택금융월보, 한국주택금융공사
최은영, 2008, 부동산 개발사업 관련 PF 유동화의 현황 및 시사점, 주택금융월보, 한국주택금융공사
최종석, 2011, 일본도시재생사업의 PF 자금조달 방식 연구, 대진대학교
홍우상, 2022, 크라우드 펀딩 방식을 활용한 부동산 프로젝트 파이낸싱 투자의사 예측과 활성화 방안, 광운대학교
오동훈, 2006, 도시마케팅의 개념정립을 위한 소고, 국토계획 제41권 제1호, 국토연구원
오지예, 2019, 5D TOD 계획요소와 지하철 승·하차 관계분석, 한국지리학회 학술대회논문집

다. 정부 지침

4차산업혁명위원회·관계부처합동, 2018, 도시혁신 및 미래성장동력 창출을 위한 스마트시티 추진전략

국토해양부, 2010, 보금자리주택 업무편람

국토해양부, 2010, 지속가능한 신도시 계획기준

국토교통부, 2018, 자율주택 정비사업 가이드라인

국토교통부, 2020 토지업무편람

국토교통부, 2021, 제3차 환승센터 및 복합환승센터 구축 기본계획

국토교통부, 2023, 도시업무편람

국토교통부, 2019, 제3차 스마트시티 종합계획

국토교통부, 2023, 2023년 상반기 도시재생사업 신청 가이드라인

국토교통부, 2024, 노후계획도시 선도지구 지정에 관한 세부기준

국토교통부, 2024, 노후계획도시정비기본방침

국토교통부, 2024, 노후계획도시 용도지역별 기준용적률 산정에 관한 지침

미래창조과학부, 2017, 지능정보기술을 통한 사회경제 혁신 방안

환경부, 2006, 비점오염원 관리 업무편람

환경부·국토교통부, 2014, 상수도 수요량 예측 업무편람

환경부, 2016, 닻올린 상수도 현대화사업

행정안전부, 2018, 우수유출저감시설의 종류·구조·설치 및 유지관리 기준

라. 지자체 지침

서울특별시, 2023, '2040 서울도시기본계획'

서울특별시, 2000, 상암 새천년 신도시 조성계획

서울특별시, 2006, 청계천복원사업 백서

서울시, 2021, 우리집 우리동네 정비사업가이드

서울특별시, 2017, 도시재생법해설서

서울시, 2021, 공동주택 재건축사업 업무 매뉴얼

서울시, 2021, 서울 공공디자인 가이드라인

서울시, 2015, 2030 준공업지역 종합발전계획

세종특별자치시, 2019, 세종특별자치시범죄예방환경설계 가이드라인

강원도, 2012, 평창동계올림픽 개발여건 분석보고서
성동구청, 2018, 성수동 붉은벽돌건축물 보전·관리계획용역 보고서
양천구청, 2023, 도시정비사업 가이드북

마. 기관 자료

한국은행, 2023, 인천지역 부동산 PF 리스크 평가
국토연구원, 2018, 사례로 보는 경제기반형 도시재생(역세권)
지방공기업평가원, 2021, 지방공기업 신규투자사업 타당성검토를 위한 일반지침 연구
한국교통연구원, 2010, 압축도시(Compact City) 중심의 미래도시 개발전략과 기본구상

LHI, 2012, LID 빗물관리시설 설치해설집 작성 및 모니터링 연구
LHI, 2017, 한국형 신도시 가이드라인 연구
LHI, 2017, 한국형 신도시 가이드라인 연구
LHI, 2017, 한국 도시개발의 경험과 성과
LHI, 2020, 3기 신도시 개발전략 및 계획기준 수립 연구
LHI, 2022, 대규모 개발사업 재원조달 다각화 방안 연구

한국토지주택공사, 2005, 생태환경도시개발편람
한국토지공사, 2000, 환경친화적 택지개발편람
울산발전연구원, 2018, 울산광역시 인구 변화와 도시공간구조 전망
유기성자원학회, 2006, 생활폐기물 수집·운반체계 개선 및 선진화 방안 연구
자본시장연구원, 2023, 국내 증권업 부동산 PF 위험요인과 대응방안
대한민국역사박물관, 2021, 인구로 보는 한국현대사 사람, 숫자

2. 해외문헌

Alex Bozikovic, 2017, Google's Sidewalk Labs signs deal for 'smart city' makeover of Toronto's waterfront. THE GLOBE AND MAIL

Cervero, R., and Murakami, J., Rail and Property Development in Hong Kong: Experiences and Extensions, Urban Studies, Vol. 46, No. 10, 2009

Charles Long, Finance For Real Estate Development, 2012, Urban land Institute

Frank S. So, David R. Mosena, Frank S. Bangs Jr., Planned Unit Development Ordinances.

G. Squires, E. Heukens, R. Peiser, Routledge Companion to Real Estate Development, Routledge companions.

John D. Finnerty, 2013, Project Financing: Asset-Based Financing Engineering, WILEY

Klassen, L. H., & Paelinck, J. H. P., 1979, The Future of Large Towns, Environment & Planning, Vol. 11, p.1096

Lever W. F., 1993, Reurbanization: the Policy Implications, Urban Studies, 30(2), p.269

Martin Neil Baily and Nicholas Montalbano, 2018, Clusters and Innovation Districts: Lessons from the United States Experience, The Brooking Institute

Mike E. Miles, Laurence M. Netherton, Adrienne Schmitz, Real Estate Development: Principles and Process, ULI

Mike E. Miles et al., 2020, Real Estate Development: Principles and Process, ULI

Nathan S. Collier, Courtland A. Collier et al., 2008, Construction funding: the process of real estate development, appraisal and finance, John Wiley & Sons

Peter Calthorpe, 1993, The Next American Metropolis

Richard B. Peiser and David Hamilton, 2012, Professional real estate development: the ULI guide to the business, ULI

Sarah Popelka, Laura Narvaez Zertuche, Hubert Beroche. 2023, Urban AI Guide

Schumpeter, Joseph A., 1939, Business Cycles: A Theoretical, Historical and Statistical Analysis of the Capitalist Process, McGraw-Hill

Spiekermann & Wegener, Urban and Regional Research

Stephen P. Peca, Real Estate Development And Investment

TOKYU CORPORATION, 2023, TOKYU CORPORATION

Van Den Berg, L., et al., 1983, Urban Europe: A Study of Growth and Decline, Town Planning Review, 54(2)

William Alonso, 1965. Location and landuse: toward a general theory of land rent, Harvard University Press

World Urbanization Prospects: The 2018 Revision

저자 약력

변병설

- 미국 펜실베이니아대학교(University of Pennsylvania) 대학원 도시계획학 박사
- 서울대학교 환경대학원 도시계획학 석사
- 현) 인하대학교 도시계획과 교수
  대한민국 건강도시 학술위원회 위원장
  도시건강학회 부회장
  인천광역시 도시계획위원회 위원
- 전) 환경부 그린시티 총괄책임자
  한국환경정책·평가연구원 연구위원
  대한국토도시계획학회 생태도시위원회 위원장
  한국환경정책학회 회장
  대통령자문기구 국가지속가능발전위원회 정책위원
  국무총리실 산하 신발전위원회 위원
  서울특별시, 인천광역시 도시계획위원회 위원
- 저서) 『도시계획론』, 『환경정책론』 외 다수

박석규

- 인하대학교 대학원 도시계획학 박사
- 한양대학교 대학원 건축공학 석사
- 현) 인하대학교 도시계획학과 겸임교수
  국방부, 인천광역시, 경기도 심의위원
  인천도시공사 팀장
- 영국 상업용부동산 감정평가사(MRICS)
- 미국 상업용부동산 투자분석사(CCIM)
- 건설VE전문가(CVP)

도시개발론

초판발행 2025년 6월 25일

지은이 변병설·박석규
펴낸이 안종만·안상준

편 집 이혜미
기획/마케팅 김민규
표지디자인 BEN STORY
제 작 고철민·김원표

펴낸곳 (주) 박영사
서울특별시 금천구 가산디지털2로 53, 210호(가산동, 한라시그마밸리)
등록 1959.3.11. 제300-1959-1호(倫)
전 화 02)733-6771
f a x 02)736-4818
e-mail pys@pybook.co.kr
homepage www.pybook.co.kr
ISBN 979-11-303-2290-2 93530

정 가 26,000원